CAMILLE FLAMMARION

★

(Conserver la Couverture)

MÉMOIRES

BIBLIOTHÈQUE NATIONALE R.F.

Biographiques et Philosophiques

D'UN ASTRONOME

7685

5891
176

AF458035

PARIS

ERNEST FLAMMARION, ÉDITEUR

26, RUE RACINE, 26

MÉMOIRES

BIOGRAPHIQUES ET PHILOSOPHIQUES

D'UN ASTRONOME

BIBLIOTHÈQUE NATIONALE R.F. IMPRIMÉS

8 Ln 27 58061

ŒUVRES DE CAMILLE FLAMMARION

OUVRAGES PHILOSOPHIQUES

La Pluralité des Mondes habités. 1 vol. in-12. 41e mille . . . . 3 fr. 50
Les Mondes imaginaires et les Mondes réels. 1 vol. in-12. 25e mille . 3 fr. 50
Récits de l'Infini. Lumen. — Histoire d'une Comète. La vie universelle et éternelle. 1 vol. in-12. 16e mille. . . . . 3 fr. 50
Lumen. Edition de luxe, illustrée par Lucien Rudaux. 1 beau vol. in-8o. 5 fr. »
Lumen. Edition populaire. 1 vol. in-18. 64e mille . . . . 0 fr. 60
Dieu dans la nature. 1 vol. in-12. 30e mille. . . . . 3 fr. 50
Les derniers jours d'un philosophe, de sir HUMPHRY DAVY. 1 vol. in-12 . . . . 3 fr. 50
La Fin du Monde. 1 vol. in-12. 16e mille . . . . 3 fr. 50
Uranie, roman sidéral. 1 vol. in-12. 34e mille . . . . 3 fr. 50
Stella, roman sidéral. 1 vol. in-12. 12e mille. . . . . 3 fr. 50
L'Inconnu et les problèmes psychiques. 1 vol. in-12. 22e mille. . . . 3 fr. 50
Les Forces naturelles inconnues. 1 fort vol. avec photog. 12e mille . 4 fr. »

ASTRONOMIE PRATIQUE

La planète Mars et ses conditions d'habitabilité. Encyclopédie générale des observations martiennes. Tome I (1890) de l'origine (1636) à 1899. Tome II (1909), de 1890 à 1900 (1000 dessins et 40 cartes). Chaque volume . . . . 12 fr. »
La planète Vénus. Discussion générale des observations (94 dessins), 1 br. in-8o. . . . . 1 fr. »
Les Etoiles doubles. Catalogue des étoiles multiples en mouvement. 8 fr. »
Les imperfections du Calendrier. Projet de réforme (1901) . . . . . 1 fr. »
Le Pendule du Panthéon (1902). 0 fr. 50
Études sur l'Astronomie. Recherches sur diverses questins. 9 vol. . 2 fr. 50
Grand Atlas céleste, contenant plus de cent mille étoiles. In-folio . . 45 fr. »
Grande Carte céleste, contenant toutes les étoiles visibles à l'œil nu . . 6 fr »
Planisphère mobile, donnant la position des étoiles pour chaque jour . 8 fr »
Carte de la Lune et de la planete Mars . . . . 6 fr. »
Globes de la Lune et de la planète Mars . . . . 7 fr. »

ENSEIGNEMENT DE L'ASTRONOMIE

Astronomie populaire. Exposition des grandes découvertes de l'Astronomie. 1 vol. grand in-8o illustré. 125e mille. . . . . 12 fr. »
Les Etoiles et les Curiosités du Ciel. Supplément de l'*Astronomie populaire*. 1 vol. grand in-8e illustré. 55e mille. . . . . 12 fr. »
Qu'est-ce que le Ciel? Précis d'astronomie. 1 vol. in-18, illustré. 20e mille. . . . . 0 fr. 60
Les Merveilles célestes. 1 vol. in-8e, illustré. 60e mille . . . . . . 2 fr. 60
Initiation Astronomique. 1 vol. in-12 illustré, 15e mille. . . . . . . 2 fr. »
Astronomie des Dames. 1 vol. in-12 illustré . . . . 3 fr. 50
Copernic et le Système du monde. 1 vol in-18 . . . . 0 fr. 60
L'invention des lunettes d'approche et Galilée. 1 br. in-8o. . . . . 1 fr. »
Annuaires astronomiques pour chaque annee . . . . 1 fr. 50

SCIENCES GÉNÉRALES

Le Monde avant l'apparition de l'Homme. 1 vol. gr. in-8o, ill. 56e mille. 12 fr. »
L'Atmosphère. Météorologie populaire. 1 vol. grand in-8o, ill. 40e mille. 8 fr. »
Mes Voyages aériens. 1 vol. in-12. 7e mille . . . . 3 fr. 50
Contemplations scientifiques. 1 vol. in-12. . . . . 3 fr. 50
Tremblements de terre et Eruptions volcaniques . . . . 3 fr. 50
Curiosités de la Science. Le Temps et le Calendrier. 1 vol. in-18. . 0 fr. 60
Les Phénomènes de la Foudre. 1 vol. in-8o, illustré . . . . 4 fr. 50
Les Caprices de la Foudre. . . . . 0 fr. 60

VARIÉTÉS LITTÉRAIRES

Dans le Ciel et sur la Terre. Tableaux et Harmonies. 1 vol. in-12. . . 3 fr. 50
Rêves étoilés. 1 vol. in-18. 138e mille . . . . 0 fr. 60
Clairs de Lune. 1 vol. in-18. 14e mille . . . . 0 fr. 60
Excursions dans le Ciel. 1 vol. in-18. 10e mille. . . . . 0 fr. 60
Promenades dans les Étoiles. 1 vol. in-12. . . . . 1 fr. 50

CAMILLE FLAMMARION

*

DÉPOT LÉGAL
Seine-et-Marne
66
1912

MÉMOIRES

BIBLIOTHÈQUE NATIONALE R.F. IMPRIMÉS

Biographiques et Philosophiques

D'UN ASTRONOME

PARIS
ERNEST FLAMMARION, ÉDITEUR
26, RUE RACINE, 26

Tous droits réservés.

Droits de traduction et de reproduction réservés
pour tous les pays.

Copyright, 1911,

by CAMILLE FLAMMARION

MÉMOIRES
Biographiques et Philosophiques
d'un Astronome

* *

AVANT-PROPOS

Je commencerai ces Mémoires par la fin, du moins en ce qui concerne leur introduction, car dans quelques instants nous allons prendre l'ordre logique. Or donc, un beau jour de l'année 1908, je reçus la visite des fondateurs d'une nouvelle Revue populaire, (*Nos Lectures*), mes sympathiques collègues du Conseil général de la Ligue de l'Enseignement, MM. Léon Robelin et Édouard Petit, me faisant l'honneur de venir me demander de rédiger mes Mémoires pour être publiés dans cette Revue. Très absorbé, particulièrement à l'heure de cette visite, par la solution d'un problème relatif à la planète Mars, sur laquelle j'imprimais mon second volume spécial à ce monde voisin, ma surprise ne fut pas médiocre. Je tombais de plus haut que les nues. En effet, l'idée d'écrire ses

Mémoires ne pourrait pas germer dans l'esprit d'un astronome. Vivant perpétuellement en face de l'Infini, mesurant chaque jour, chaque nuit, notre infériorité, appréciant notre néant, il nous serait impossible de supposer que nos pensées ou nos actions fussent susceptibles d'intéresser qui que ce soit. Que sommes-nous? Rien. Moins que rien, car nous sentons notre misère et la désespérance de la vie, qui nous tire de l'éternité pour nous y replonger. Atome racontant son existence! Une telle vanité paraît plutôt burlesque.

Mes bienveillants visiteurs arrêtèrent mes arguments.

— Ce globe de Mars, dirent-ils, en prenant en mains celui que j'avais sur ma table et sur lequel j'ai réuni l'ensemble des découvertes martiennes, est intéressant, sans aucun doute, mais la vie des savants qui contribuent à ces découvertes l'est plus encore, parce qu'elle nous montre le travail intellectuel dans sa plus belle activité. Nous sommes des hommes, et nous aimons nos frères. Toutes les sciences, tous les arts, toutes les industries pourraient être racontés par la biographie de leurs inventeurs. Permettez-nous de vous rappeler que vous avez été, en 1867, le premier président du Cercle parisien de notre Ligue de l'Enseignement, de cette Ligue qui compte aujourd'hui sept cent mille adhérents ; de vous rappeler aussi que vous avez fondé, en 1887, la Société Astronomique de France, dont vous avez été le premier président, où vous avez eu pour successeurs les plus illustres astronomes de l'Institut, et qui a réuni dans son sein les savants du monde entier ; que vous avez fondé l'Observatoire de Juvisy dont les travaux sont si estimés ; que vous avez là une station de climatologie agricole où vous avez créé une nouvelle branche de physique, la Radioculture; que vous avez été président de la Société aérostatique de France et que le récit de vos voyages aériens est du plus haut pittoresque; que vous avez écrit l'*Astronomie populaire* (qui en est aujourd'hui à son 125e mille), et une quarantaine de volumes presque aussi répandus dans le monde entier; que vous avez su montrer dans l'astronomie autre chose que l'étude aride des mouvements célestes et des lois de la gravitation, et voir, au lieu de points matériels, des mondes représentant la vie universelle; que vous avez exercé la plus heureuse influence non seulement sur le développement de l'Astronomie en France et dans tous les pays, mais encore sur l'Instruction publique tout entière; que, du temps de l'Empire, vous étiez rédacteur du *Siècle*, le grand journal républicain de l'époque; que vous avez fondé les conférences scientifiques et les projections, à Paris, avec un succès qui n'est pas oublié, quoiqu'il date d'avant la guerre, de 1866; que vous avez été en relation avec Le Verrier, Pasteur, Lamartine, Victor Hugo, Jean Reynaud, Henri Martin, Charton, Sainte-Beuve, Duruy, Renan, Jules Simon, Jules Ferry, Paul Bert, Grévy, Carnot, avec tous nos ministres de l'Instruction publique, avec des présidents de république, des rois, des reines, des empereurs, et avec presque tous les maîtres de la Science contemporaine; en un mot, pour tout dire, — et sans oublier l'Observatoire de Paris, — et sans oublier non plus, si vous le voulez bien, vos recherches dans les sciences psychiques, sur la nature et la vitalité de l'âme, dans les expériences de spiritisme et dans le domaine si vaste de l'Inconnu, que vous avez en mains tous les éléments pour écrire des Mémoires du plus vif intérêt, qui ne pourront manquer d'instruire nos lecteurs en les charmant par des images littéraires dont les tableaux variés défileront sous leurs yeux. Et puis, toute modestie à part, vous savez bien que vous êtes l'astronome le plus connu du monde entier, que vos ouvrages sont traduits dans toutes les langues, que jusqu'aux antipodes, on ne peut parler du ciel sans vous citer, et que vous êtes aussi populaire en Espagne, en Italie, en Grèce, en Roumanie, à Constantinople, en Scandinavie, aux États-Unis, au Brésil, au Mexique, en Colombie, dans la République Argentine ou en Patagonie et au Japon qu'à Paris et dans notre France, et peut-être même plus encore, comme on vous le prouve à chaque instant par les lettres et les visites que vous recevez constamment de tous les points du globe. Pourquoi? Parce que vous avez parlé aux cœurs, parce que vous avez initié l'humanité à la connaissance de l'univers, parce que vous avez fait comprendre et aimer le spectacle des cieux, parce que vous êtes le propagateur universel de la science des étoiles, parce que, sur cette science, vous avez fondé une philosophie qui, dans beaucoup d'esprits, remplace déjà les religions disparues.

« Et nous ajoutons que votre vie entière est un exemple d'énergie personnelle et d'indépendance si absolue, d'initiative privée, de désintéressement si rare, d'abnégation si complète, qu'il est bon et salutaire de la mettre en évidence. »

— Oh! répliquai-je, après une assez longue discussion, vous me comblez, vous m'accablez, vous m'écrasez, vous venez de réunir les discours dont m'ont honoré Faye, Janssen, Brisson, Perrotin,

Cruls, et d'autres amis trop élogieux : tout cela ne me rappelle que mieux mon imperceptible exiguité. Devant tous les efforts à faire pour connaître l'univers, ma vie tout entière est à peu près égale à zéro.

Vous insistez ? Eh bien, je vous promets de réunir mes souvenirs et de les présenter du mieux qu'il me sera possible. Vous me faites un honneur auquel j'aurais apparemment mauvaise grâce à me refuser. Croyez-vous au déterminisme ? Sans aucun doute. C'est la philosophie positive du vingtième siècle. Tout à l'heure, j'étais dans Mars, et j'espérais y rester longtemps. Vous arrivez, vous me ramenez sur la Terre. Nous ne faisons pas ce que nous voulons. Les événements nous conduisent. J'ai beau essayer de résister, vous me convainquez. Saint Augustin et Bossuet, Leibnitz et Kant, ont écrit des pages éloquentes sur le libre arbitre. L'année dernière encore, j'ai eu une longue discussion là-dessus avec Sully-Prudhomme. Un souffle éteint cette bougie.

Quoi qu'il en soit, vous pouvez compter sur moi.

J'ai donc entrepris la rédaction de ces souvenirs sur l'invitation trop amicalement persuasive de mes estimés collègues, et puisqu'un certain nombre de lecteurs de mes ouvrages ont également insisté pour les voir publiés en volumes comme complément de ces ouvrages, je le fais avec plaisir. C'est surtout pour eux qu'ils sont écrits.

Plus d'un jeune homme passe ou passera par des luttes intellectuelles analogues à celles que j'ai traversées, et trouvera ici les confidences d'un frère. Ces pages pourraient recevoir pour titre : *Comment se fait une vocation.*

J'ajouterai que des Mémoires ne doivent pas être étroitement personnels, et que leur lecture doit laisser derrière elle des notions de science, d'histoire, de géographie et de toutes les connaissances humaines auxquelles la vie du narrateur est attachée. D'autre part, n'est-ce pas là une sorte de cadre préparé, un genre de recueil où l'on peut dire bien des choses que l'on n'a pas l'occasion de raconter ailleurs? Je me livre donc, — et je commence sans plus long préambule.

Paris, 1911.

I

Naissance. — Famille. — Pays. — Histoire et géographie de l'arrondissement de Langres. — Les Lingons et les Romains. — Origines romaines et bourguignonnes. — Mes ancêtres depuis huit générations. — La prétendue hérédité intellectuelle.

Je suis né le samedi 26 février 1842, à une heure du matin (les astrologues ont déjà construit là-dessus des thèmes généthliaques), dans le bourg de Montigny-le-Roi, chef-lieu de canton du département de la Haute-Marne, village qui comptait alors 1267 habitants. On a fait remarquer que cette date de l'année est la même que celle de la naissance d'Étienne Montgolfier (26 février 1744), de François Arago (26 février 1786) et de Victor Hugo (26 février 1802). L'aérostation, l'astronomie, la poésie sont trois muses qui m'ont charmé.

1842 : Comme c'est déjà loin! J'ai sous les yeux l'Annuaire de mon département pour cette année-là. Or on lit en tête : « FAMILLE ROYALE DE FRANCE. LOUIS-PHILIPPE Ier, né à Paris le 6 octobre 1773; roi des Français le 9 août 1830 »; puis une généalogie fort étendue qui semble assurer la pérennité de la monarchie constitutionnelle en France. Quelle série de métamorphoses depuis cette époque!

Et peut-être même, ce débonnaire Louis-Philippe est-il encore plus ancien qu'il nous le paraît, puisqu'il avait pu voir Voltaire, mort en 1778.

Lorsque je vins au monde, ma bisaïeule maternelle vivait encore, âgée de quatre-vingt-dix-sept ans.

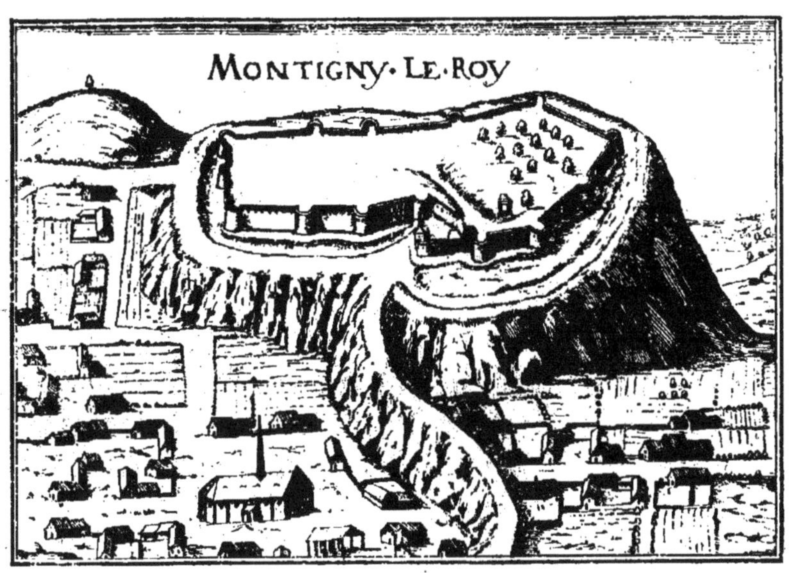

Montigny-le-Roi, d'après une gravure de l'an 1634.

Montigny-le-Roi, de l'arrondissement de Langres, est resté un pays un peu romain, comme son chef-lieu, capitale des Lingons, dont le diocèse civil date de l'administration romaine. On peut voir encore aujourd'hui, à Langres, des souvenirs de Constance Chlore, de Marc-Aurèle et de Sabinus; Jules César a habité Langres; les Romains sont incomparablement moins étrangers au pays que nos voisins les Allemands. Mon père est né dans une ferme qui porte le nom de

Belfays, dont l'étymologie dérive du mot *fagi*, « les hêtres » chantés par Virgile, comme on s'en souvient : *Sub tegmine fagi;* le bois de hêtre s'appelle encore là du « fayard ». Plusieurs noms de la contrée sont d'origine romaine. Le mien est de ceux-là. Le latin n'est pas complètement effacé de la langue locale. Je

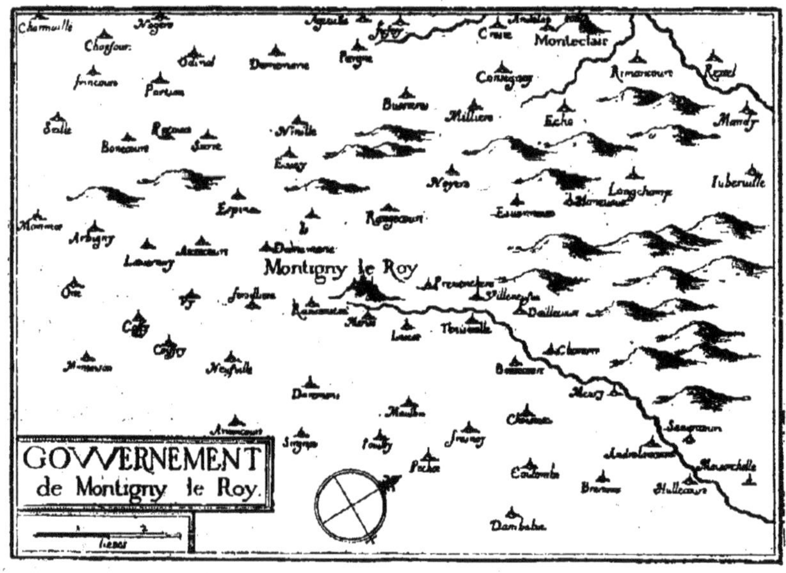

Gouvernement de Montigny-le-Roi, d'après une gravure de 1634.

me souviens d'avoir entendu, dans mon enfance, le mot *aujourd'hui* prononcé *hodié*, ou à peu près, et pour dire « il n'y a personne », il n'y a *nême* (*nemo*). Les parents qui veulent faire taire un enfant mutin lui disent : « Coge té, coge té donc », expression latine restée intégrale : « Tais-toi, reste tranquille ». On a remarqué que mon type physique est romain. Par aventure, il se trouve que mon prénom même l'est aussi. On peut reconnaître à Langres certains noms de rues qui sont restés latins ; par exemple, la rue du

Grand-Bie + (*Bie*, *Vie*, *Via* chemin) et la rue du Petit-Bie. Une voie romaine passe sur le territoire de Montigny même.

Lorsque cette contrée, l'arrondissement de Langres actuel, à peu près, cessa d'être romaine, elle appartint à la Bourgogne. En l'an 413, les Burgondes s'emparèrent du pays des Lingons et y fondèrent le royaume qui de leur nom s'appella Bourgogne. Grégoire de Tours rapporte qu'au moment où Clovis menaçait le royaume des Bourguignons, l'évêque de Langres, Apruncule, soupçonné de favoriser le roi franc, s'enfuit en Auvergne pour ne pas être inquiété. Nous voyons, en l'année 1178, Hugues III, duc de Bourgogne, propriétaire du comté de Langres, en faire cadeau à l'évêque Gauthier. Dijon et Langres sont toujours restées, d'ailleurs, en relation de bon voisinage, tandis qu'entre Langres et Chaumont, il y avait rivalité et presque antipathie. (Nous avons même, sur cette rivalité, toute une littérature assez curieuse). La terre de Montigny, rattachée à l'abbaye Saint-Bénigne de Dijon, passa en 1237 à Thibaut, comte de Champagne, roi de Navarre, et prit le nom de Montigny-le-Roi. On voit encore l'évêque de Langres, grand gouverneur du pays, faire cause commune avec la Bourgogne, au temps de Jeanne d'Arc, (1429), puis ne se soumettre, avec les bourgeois, à Charles VII, qu'en lui imposant des conditions. Montigny s'était séparé de Langres et rallié au roi. Nous avons donc été successivement Romains, Bourguignons et Champenois, de frontière discutable. Le château, construit en 1239, sur les ruines d'un oppidum romain, fut détruit en 1636, par ordre de Richelieu. Au temps de François Ier et de Henri IV, Montigny était le siège

+ Bie, Vie = Vicus et non Via.

d'un petit gouvernement, comme on peut le voir sur un atlas de l'an 1634, intitulé *Plans et profils des principales villes de la province de Champagne*. François Ier l'a visité le 16 août 1521. Une photographie moderne, représentant ce beau promontoire dominateur des plaines de Bassigny, est reproduite plus loin.

Sous la Révolution, Montigny-le-Roi, ayant une désignation malsonnante, fut appelé Montigny-source-Meuse. La rivière passe à ses pieds, au village de Provenchères, et prend sa source à dix kilomètres à l'est, à Pouilly; le premier village qu'elle arrose porte son nom : *Meuse*.

De 1801 à 1822, le diocèse de Langres, embrassant la Haute-Marne, a été annexé à celui de la Côte-d'Or, avec siège à Dijon.

Aussi loin que l'on a pu remonter dans ma généalogie, on voit qu'elle appartient en propre au pays, et l'on n'y trouve que des agriculteurs (*). Il y en a

(*) A l'époque de ma naissance, mon père et ma mère tenaient un petit commerce de draperie, de mercerie, d'objets usuels, mais pendant son enfance et sa jeunesse, mon père n'avait pas quitté les champs : son père était cultivateur, et le père de ma mère était vigneron. Comme curiosité, voici la liste de mes ancêtres paternels depuis l'époque où des registres communaux ont été tenus (sous Louis XIII) :

Ascendance paternelle :

Père : Etienne-Jules Flammarion, né en 1810, mort en 1891.
Aïeul : Jean-Isidore, né en 1777, mort en 1854.
Aïeule : Joséphine Chemin (1784-1854).
Bisaïeul : Jean-Noël Flammarion, 1748-1806.
4e *ascendant :* Jean, né en 1730.
5e — Claude, né en 1707.
6e — Estienne, né en 1682.
7e — Claude, né en 1654.
8e — Mathieu, né en 1619.

Tous agriculteurs sur le territoire de Montigny ou de la com-

encore aujourd'hui dans les environs de Montigny (notamment la patriarcale famille Flammarion d'Audeloncourt, qui règne là depuis plusieurs siècles).

Je suis donc fils de campagnards, véritable enfant de la nature. Dans un article de biographie écrit sur moi en 1866, par le juge de paix de Montigny, M. Lâpre, et publié dans les journaux de Chaumont, l'auteur qualifie ma famille comme représentant « la petite bourgeoisie ». C'est également vrai. Mon père et ma mère ne s'occupaient plus de culture que pour de petites propriétés personnelles, prés ou champs servant à l'entretien de la maison, et leurs relations étaient choisies parmi les notabilités de l'endroit, le curé, le maire, le médecin, l'instituteur, le notaire, le juge de paix, et deux ou trois familles de propriétaires. Ma mère avait plutôt des tendances aristocratiques, et me défendait de jouer avec les enfants du commun.

Elle pensait que son premier-né devait avoir une destinée intellectuelle toute spéciale et une glorieuse carrière. Elle était très soigneuse de ma petite personne et tenait essentiellement à me voir rester par-

mune voisine, Récourt. Au temps d'Henri IV, mort en 1610, mon 9e ascendant habitait cette commune.

Ascendance maternelle :

Mère : Françoise Lomon (1819-1905).
Aïeul : Nicolas Lomon, vigneron et meunier (1791-1873).
Aïeule : Marguerite Lomon (1788-1877).
Bisaïeul : François Lomon, propriétaire (1761-1830).
Bisaïeule : Françoise Aubert (1745-1844).
Trisaïeul : Joseph Lomon, greffier de la haute justice et seigneurie d'Illoud (XVIIIe siècle).

Tous propriétaires sur le territoire d'Illoud, près Bourmont, à 24 kilomètres au nord de Montigny.

faitement propre, physiquement et moralement. A l'époque de ma naissance, elle était une belle jeune femme de vingt-trois ans, petite, brune, admirablement constituée, et d'une activité infatigable. Mon père avait trente-deux ans et se montrait également doué d'une solide constitution.

Emplacement actuel de l'ancien château de Montigny.

Je suis l'aîné de quatre enfants, dont la naissance a été échelonnée d'abord de deux en deux ans : ma sœur, Mme Berthe Martin, née en 1844; mon frère Ernest, né en 1846, et plus tard, ma seconde sœur, Mme Marie Vaillant, née en 1856. Pressé d'entrer dans la vie, sans doute, je suis né à sept mois. Les circonstances ont voulu que, depuis ce moment, j'aie continué d'être extrêmement pressé, poussé en avant par les événements, regrettant, chaque jour, que le temps passe aussi vite, sans permettre de faire la moitié, le quart, le dixième de ce que l'on voudrait faire.

On me donna comme second prénom celui de Nicolas, nom de mon grand-père. Le même fait était arrivé pour le chanoine Copernic, fils d'un boulanger polonais, ancêtre des astronomes modernes, nommé également Nicolas, du nom de son grand-père.

Il me semble que les affirmations des physiologistes relatives à l'hérédité intellectuelle ne sont pas justifiées, et, pour ma part, il m'est impossible d'y souscrire, étant la preuve vivante du contraire. Aussi loin que je puisse remonter dans mes souvenirs, je me vois étudiant, travaillant, cherchant, sans jamais avoir pu m'intéresser un seul instant à un but matériel. Apprendre, apprendre sans cesse, pour le seul plaisir de savoir, a toujours été la passion dominante de mon esprit. A quatre ans, je savais lire; à quatre ans et demi, je savais écrire; à cinq ans, j'apprenais la grammaire et l'arithmétique; à six ans, j'étais l'élève le plus fort de ma classe. Il y avait deux classes à l'école communale : la petite, pour les enfants de quatre à neuf ans; la grande, pour ceux de dix à quinze ans. A six ans, donc, j'étais le premier et je recevais une croix dont j'étais très fier.

A cette époque, on ne connaissait pour écrire que les plumes d'oie, arrachées aux ailes du volatile, et qu'il fallait tailler soi-même, à l'aide d'un excellent canif. Depuis, l'invention des plumes d'acier a fort simplifié les préliminaires de l'écriture, et les plumes d'oie ont à peu près disparu. Plusieurs écrivains y ont tenu fort longtemps : Victor Hugo, par exemple, a toujours, me semble-t-il, continué à s'en servir.

L'instituteur, « Monsieur le Maître », comme on l'appelait, était un excellent homme, grand, de belle prestance, avec un toupet pareil à celui de Louis-Philippe, très convaincu de ses hautes fonctions. Aidé d'un sous-maître, il dirigeait les classes avec soin et dignité. Au lutrin de l'église, c'était aussi un chantre parfait; mais on sentait une certaine rivalité entre lui et le curé, car c'était à qui des deux dominerait le pays, et le curé l'emportait sûrement. Il était pourtant bon catholique pratiquant, et l'un de ses fils est devenu dominicain. Ce brave M. Crapelet avait pris ma petite personne en estime particulière et ne cessait de faire mon éloge. Il me resta très attaché jusqu'à la fin de ses jours, arrivée il n'y a pas fort longtemps, à un âge très avancé, et ne jurant, dès mon enfance, que par *les quarante* de l'Académie française, il n'a jamais compris mon refus perpétuel de me présenter en ce glorieux cénacle. Quand je lui répondais, il y a une vingtaine d'années, que, sans doute, des amis, appartenant à cette célèbre compagnie, Victor Duruy, Henri Martin, Charles Blanc, Ernest Legouvé, Henri de Bornier, Victorien Sardou, etc., me l'avaient proposé, mais que je n'ai jamais éprouvé, en rien, le moindre mouvement d'ambition, qu'en réalité je n'avais pas le temps, que je ne pourrais jamais faire une seule visite, que je préférais travailler, il ne l'admettait qu'après plusieurs minutes de réflexion sur mes travaux perpétuels.

Dans l'article dont je parlais tout à l'heure, le juge de paix de Montigny raconte que le préfet de la Haute-Marne, inspectant l'école avec les principaux édiles, fut tout surpris de voir un petit gamin frisé lever la main à chacune des questions posées, pour y répondre instantanément. Je ne m'en souviens guère, car cela me paraissait tout naturel, mais je me souviens fort bien d'avoir reçu un beau cornet de dragées que je rapportai à la maison sans en avoir goûté une seule.

C'était en 1848, et ce fut la date de mon premier voyage, dont je me souviens comme d'hier. Mais n'anticipons pas.

Je disais donc que l'hérédité intellectuelle ne me paraît pas démontrée du tout, et me semble contraire aux faits d'observation. Mon frère et mes deux sœurs ne ressemblent intellectuellement ni à nos parents ni à moi, et ont de tout autres aptitudes que les miennes. Mes goûts astronomiques datent de toujours, et ni mon père, ni ma mère, ni aucun de mes ancêtres n'ont jamais manifesté aucune tendance vers l'étude des sciences ou de la philosophie (*). Je questionnais

(*) Un ami m'a fait don d'un petit livre : « *Essais poétiques*, par ISIDORE FLAMARION, artiste du second théâtre français, Paris, 1823. » C'est un recueil fort intéressant. J'ai en vain cherché quelque indice pouvant faire supposer un lien de parenté quelconque entre cet auteur et ma famille. Cependant, son origine doit être Montigny, car tous les Flammarion dont on a pu retrouver les ascendants remontent au même pays. Quelquefois, une élision, facile à expliquer dans les signatures anciennes, a fait supprimer un *m*, comme dans le cas de l'auteur précédent et de mon cousin regretté le docteur Alfred Flamarion, membre du Conseil général, décédé à Nogent il y a quelques années, et dont le grand-père faisait cette suppression, dès lors restée dans cette branche, au grand regret du docteur qui voulait la réparer, comme il l'a écrit, mais qui, n'ayant pas de fils, s'en est abstenu.

A propos du nom de FLAMMARION, Lorédan Larchey, dans son Dictionnaire des noms propres, lui donne pour étymologie gallo-romaine : « *qui apporte la lumière* ». Pour ma part, je serais fier de mériter cette étymologie. On a quelquefois imaginé une origine tout à fait astronomique : *Flamma-Orion*, *Flamma-orionis*. Mais il y a ici pure fantaisie.

Au dix-septième siècle, on latinisait tout. Ainsi, Montigny s'écrivait *Mons Ignis*, *Montis ignei*, montagne de feu. Des signaux de feu, dont parle Jules César, ont pu, en effet, être transmis par ces hauteurs. Mais la terminaison *gny* signifie simplement loca-

sans cesse, pour n'obtenir, d'ailleurs, que des réponses insuffisantes. L'une des premières questions qui m'ont intrigué était de savoir sur quoi la Terre repose et, si elle ne repose sur rien, pourquoi elle ne tombe pas. Il serait impossible de trouver dans aucun de mes ancêtres un état d'esprit analogue. Mes

Maison natale de l'auteur.

parents, d'ailleurs, se sont toujours montrés opposés à l'indépendance de mon caractère, à mes rêves scientifiques et philosophiques, à mon dédain des situations officielles, à mon désintéressement de la fortune. Comme parents soucieux de l'avenir de leurs enfants, ils raisonnaient juste et pratiquement. Mais la ques-

lité. J'ajouterai encore, à propos de ce nom de FLAMMARION, que l'on a pensé, dit et écrit que j'avais choisi là un très heureux pseudonyme littéraire. On voit qu'il n'en est rien : ce nom est celui de mon père.

tion n'est pas là. Pas de ressemblance entre nos âmes : voilà le fait.

J'ai eu l'occasion de m'entretenir dernièrement avec un père de famille qui a cinq enfants : trois garçons et deux filles. Il les observe avec le plus constant intérêt depuis leur naissance et a constaté qu'ils diffèrent tous, radicalement et complètement, les uns des autres, par leur caractère et par leurs aptitudes. Aucune similitude d'aucun genre. Il est absolument impossible d'expliquer ces différences par l'hérédité. Mêmes parents, mêmes ancêtres, même milieu, même éducation, et pourtant différence absolue de chaque âme. (Ce père de famille est l'un de mes beaux-frères. Je pourrais en citer cent autres).

Si l'hérédité intellectuelle ne me paraît pas du tout démontrée (*), il n'en est pas de même de l'hérédité physique, qui est incontestable. Des parents sains et robustes donnent un cerveau sain et bien constitué, et placent évidemment en d'excellentes conditions physiologiques. C'est encore là, me semble-t-il, le meilleur héritage : une bonne santé vaut mieux qu'une grande fortune.

Le lieu de ma naissance peut n'avoir pas été sans influence sur mes goûts. Ce lieu est privilégié au point de vue des vastes contemplations. Situé à 435 mètres d'altitude, aux limites du plateau de Langres, Montigny domine, au sein d'un air pur et vivi-

(*) Quelques exemples historiques entre mille : Marguerite de Bourgogne était petite-fille de Saint Louis; le sage astronome Ulugh-Beg était petit-fils du monstre Tamerlan; Képler était fils d'un aubergiste; Shakespeare fils d'un boucher; Laplace avait pour père un pauvre paysan; etc.... Démosthène était fils d'un forgeron, Virgile d'un boulanger, Horace d'un affranchi, Molière d'un tapissier.

fiant, les vastes plaines du fertile Bassigny. La vue s'étend jusqu'aux Vosges, jusqu'aux Alpes même, car le Mont-Blanc y est parfois visible, à la distance de 261 kilomètres. Cette visibilité, à une pareille distance, est l'une des plus exceptionnelles sur la Terre entière. On aperçoit également le géant des Alpes, de Clefmont, au nord de Montigny, à 272 kilomètres de la haute cime, et à 478 mètres d'altitude, ainsi que de Langres, dont l'altitude est de 475 mètres et la distance de 249 kilomètres. Le château de Montigny domine l'altitude de la Meuse de plus de cent mètres.

La maison dans laquelle je suis né est une modeste demeure, formée d'un rez-de-chaussée et d'un étage, orientée au levant. Des fenêtres de l'étage, où j'avais l'habitude de faire mes devoirs à la suite des classes, la vue s'étend sur la plaine de la Meuse, qui coule comme un humble ruisseau vers Bourmont, Neufchâteau et la Lorraine. Cette maison, sur laquelle le conseil municipal a posé, en 1891, une plaque commémorative de ma naissance, en me faisant l'honneur de donner mon nom à la rue qui commence là, domine une petite place, sur le penchant de la colline couronnée autrefois par le château. Dans mon enfance, un sentier partant de notre jardin conduisait au sommet de la montagne, d'où la vue est légendaire, comme celle du château de Clefmont, son voisin, et des anciens remparts de Bourmont. Ces vues panoramiques immenses, presque sans bornes, rivalisent avec celle des remparts de Langres. Combien de fois ne me suis-je pas assis au bord de ce promontoire avancé, m'isolant des conversations banales, perdu dans la contemplation de l'immensité!

II

Premières années. — Souvenirs astronomiques. — Deux éclipses de soleil. — Voyage en Bourgogne. Tanlay, Saint-Vinnemer, le Canal de Bourgogne, l'Armançon. — La pêche aux écrevisses. — L'abbé Collin. — Autrefois et aujourd'hui. — L'établissement des chemins de fer.

Parmi mes plus anciens souvenirs d'enfance, je dois citer deux spectacles astronomiques, aussi rares qu'imposants, dont j'eus l'avantage d'être témoin aux débuts mêmes de ma vie : deux éclipses de soleil.

La première est celle du 9 octobre 1847. Elle était annulaire le long d'une zone tracée du Havre à Colmar, passant justement sur la Haute-Marne, et s'est produite le matin. Devant notre maison, tournée à l'est, comme je l'ai dit, ma mère avait placé un seau d'eau, et c'est là qu'elle nous fit observer l'éclipse, comme dans un miroir. Je dis « nous », car nous étions deux, moi, le plus grand, âgé de cinq ans et demi, et ma sœur Berthe, âgée de trois ans; mais nous n'étions guère plus hauts que le seau d'eau. Le spectacle d'une éclipse presque totale de soleil impressionne même les enfants. On voit l'écran noir de la lune s'avancer lentement, graduellement, inexorablement, devant le disque lumineux, la belle lumière du jour diminuer peu à peu, devenir blafarde et sinistre, menacer de s'éteindre à jamais. Autour de nous, quelques bonnes femmes parlaient de la fin du monde, faisaient des signes de croix, disaient leur chapelet. Au moment central de l'éclipse, la lune se place entièrement devant le soleil dont il ne reste qu'un anneau lumineux rayonnant tout autour. Tableau prodigieux, au sein du ciel pur, et vraiment inoubliable. Mais ce qui frappe plus encore peut-être, c'est de constater que l'événement céleste a été calculé et prévu par les savants. Même à l'âge de cinq ans, ce fait ne peut manquer de produire une impression profonde sur l'esprit, et, pour ma part, je ne l'ai jamais oublié.

La seconde éclipse dont j'ai été témoin arriva le 28 juillet 1851. Totale en Allemagne, elle devait être environ de 60 centièmes à Montigny. Elle se produisit dans l'après-midi d'une chaude journée d'été, et nous l'observâmes, non plus du devant de la maison, mais non loin du pignon du nord, et également dans un seau d'eau et, de plus, à l'aide de verres noircis à la fumée d'une chandelle. Cette fois-ci, nous étions trois enfants : l'aîné, de neuf ans, sa sœur de sept ans, et son petit frère, de cinq ans. L'émotion que j'avais ressentie lors du premier phénomène se renouvela, plus intense encore, et je n'eus cesse ni arrêt d'en avoir l'explication les jours suivants par l'instituteur.

Il trouva, je ne sais où, un livre de cosmographie, qui ne me parut pas très clair et que, désespérant de comprendre, je me mis à copier page par page. Les signes cabalistiques des planètes et du zodiaque m'intriguaient fort. Je copiai notamment les trois figures des systèmes de Ptolémée, de Copernic et de Tycho-Brahé, et j'appris les descriptions essentielles. Je sus alors que la Terre tourne sur elle-même en vingt-quatre heures et autour du Soleil en 365 jours un quart, et je commençai à concevoir qu'elle ne peut pas tomber, question que je posais sans cesse depuis que l'on m'avait affirmé qu'elle était isolée dans l'espace et ne repose sur rien. Mais je me sentais profondément ému et rempli d'admiration, à la pensée que les savants pouvaient calculer d'avance la marche des astres dans le ciel.

La période de 1842 à 1851 a été remarquable par trois célèbres éclipses visibles en France : 8 juillet 1842; 9 octobre 1847; 28 juillet 1851. J'ai pris plus tard la première comme origine des cycles que j'ai publiés dans mes ouvrages et que les livres copient depuis très servilement, sans se douter, probablement, de son origine; mais je ne l'ai pas observée moi-même, car elle a eu lieu le 8 juillet... et je n'étais âgé que de 4 mois et 11 jours. Cette éclipse totale de soleil de 1842 a coïncidé, comme on le voit, avec l'année de ma naissance.

J'ai dit plus haut que ma mère avait des goûts un peu aristocratiques et rêvait pour moi une situation non vulgaire. Le seul fait d'avoir montré un phénomène céleste à ses enfants indique déjà en elle une supériorité intellectuelle. Il est probable que, dans tout le pays, elle est la seule qui ait donné cette leçon de cosmographie. Mais, comme caractère, elle était très pratique, se contentant, d'ailleurs, du cadre des

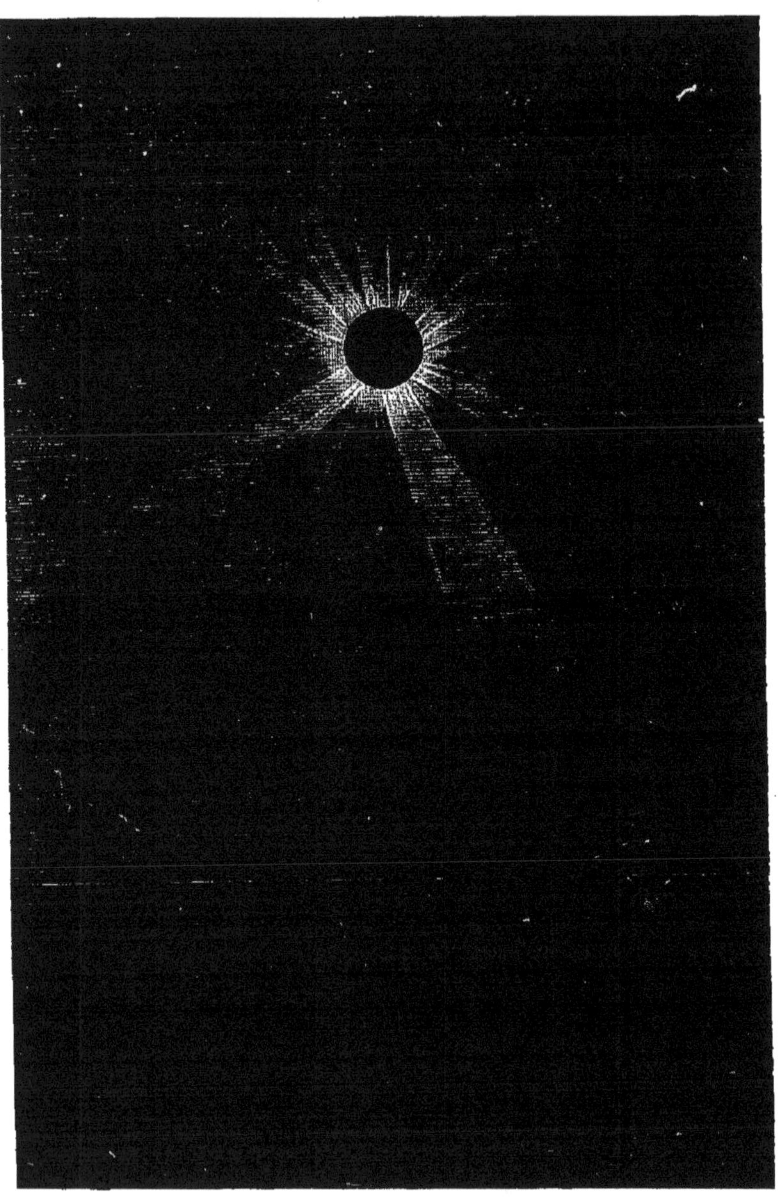

UNE ÉCLIPSE DE SOLEIL (9 octobre 1847).

enseignements de l'Église, et il serait difficile de trouver un rapport d'atavisme entre son esprit et le mien.

Mes parents tenaient à ce que je reçoive une solide instruction ; mais ils tenaient surtout à une éducation sévère. Le respect des parents, l'obéissance, le sentiment du devoir, l'honnêteté absolue dans les plus petites choses étaient des principes sans discussion possible. Les anciennes mœurs de la province se continuaient. Les enfants ne devaient pas manquer de souhaiter les fêtes, de réciter des compliments, d'écrire aux aïeux. Ces lettres de fêtes, ces devoirs envers les parents et les directeurs de la vie, je les ai toujours ponctuellement accomplis, jusqu'à vingt, trente ans et plus, et, en fait, jusqu'à la mort des anciens.

La maison était fort hospitalière et, de temps en temps, les personnages importants du pays étaient réunis autour de la table, bien garnie de mets savoureux préparés par ma mère, excellente et fine cuisinière, justement fière de ses talents. Après les repas, au lieu de ces toasts ennuyeux qui nous sont venus d'Angleterre, chacun devait chanter une chanson, et chacun s'en acquittait de son mieux. On nous envoyait coucher avant la fin.

Mon père était plutôt sceptique, en fait de religion, mais ma mère était absolument convaincue des enseignements de l'Église catholique et considérait les juifs, les protestants, les libres-penseurs, comme des païens. Il n'y avait rien pour elle qui pût être supérieur à la dignité sacerdotale. Il était, d'ailleurs, de tradition, depuis l'époque du château, qu'un enfant de Montigny devait être prêtre, et de fait, il y eut toujours, dans le diocèse de Langres, un prêtre en exercice né à Montigny. Que son fils fût curé, puis évêque, peut-être,c'était la plus grande gloire qu'elle pouvait rêver, position respectée de tous et d'une situation sûre. C'était aussi une garantie assez logique pour l'éternité future, car le paradis, l'enfer et le purgatoire étaient pour elle d'incontestables articles de foi, et jusqu'à sa dernière heure elle a vécu dans cette conviction.

Dès l'âge de cinq ans, elle m'emmena avec elle à la messe et aux vêpres, tous les dimanches, sans exception, et je fus placé, non avec le commun des fidèles, mais à côté du curé, puis ensuite, je servis la messe régulièrement, non seulement le dimanche, mais encore à toutes les cérémonies, mariages ou enterrements. Nous verrons bientôt que je ne tardai pas à apprendre le latin.

N'ai-je pas parlé tout à l'heure de mon premier voyage, fait à l'âge de six ans? Mes parents avaient un cousin très proche, M. Collin, vétérinaire à Montigny, qui m'avait pris en affection; sa femme et lui me considéraient un peu comme leur enfant. Une charmante fille devait leur naître, plus tard; mais, déjà mariés depuis longtemps, ils ne comptaient plus sur les joies de la famille et m'avaient en quelque sorte adopté. On avait décidé que, puisque j'étais le premier de ma classe et avais reçu « la croix d'honneur », on me récompenserait par un voyage de vacances, en une contrée fort pittoresque de la Bourgogne, non loin de Tonnerre.

Le frère de M. Collin était curé d'un gracieux village du département de l'Yonne, de Saint-Vinnemer, assis au versant sud de la colline de Tanlay, sur les bords du canal de Bourgogne et de l'Armançon : et ce fut là le but du voyage. Quel voyage! Quelle nouveauté ! Quelle joie ! Quelles découvertes ! Il me semble, en y repensant, que six ans, c'est la plus belle année de la vie.

Ni grand, ni petit, j'avais la taille moyenne de mon âge. Mon costume était une blouse bleu-ciel avec un ceinturon de cuir serré à la taille, manchettes et collet blanc rabattu, pantalon blanc. Casquette rarement sur la tête. Chevelure blonde et opulente, bouclée, que ma mère avait pris l'habitude de couper à la nouvelle lune. Cette couleur tourna au châtain vers l'âge de vingt ans. Détail qui peut intéresser quelques parents, je n'ai jamais rien mis sur ma tête pour dormir, je la garde généralement découverte, même en plein air, et j'ai conservé jusqu'à présent une chevelure abondante et toujours bouclée.

***

Nous partîmes, un beau jour d'été, de grand matin, dans le petit cabriolet de mon cousin, lui, sa femme, et moi entre eux deux, dans la direction de Chaumont, par une route ensoleillée, traversant trois villages de dénominations bizarres et de sonorité exotique : Is — Mandres — Bièles. La servante, Sœurette, qui est restée soixante-treize ans dans la famille Collin (morte récemment, en 1906, à l'âge de 93 ans), avait mis dans la voiture d'excellentes provisions, notamment des gaufres, des brioches et des confitures, sans oublier du bon vin de Coiffy pour nous servir en cas de besoin. Sait-on à quoi on peut être exposé en voyage?

C'était le temps des moissons. Que la campagne

était superbe! Que d'oiseaux! Que de fleurs! Que de papillons! Et quels parfums, surtout lorsqu'on traversait les bois!

Nous arrivâmes à Chaumont vers midi. C'est la première ville que je voyais, et ce qui me frappa dès l'entrée, ce sont ses pavés, qui faisaient un tapage retentissant sous les pas du cheval et les roues du cabriolet! J'étais tout heureux de me trouver au chef-lieu du département, avec préfecture, tribunal, lycée, et tout ce qui s'en suit. Mes yeux ne se lassaient pas de regarder chaque maison, chaque porte, chaque fenêtre. Mais nous entrons, avec la voiture, dans une grande cour. C'était la demeure d'un collègue de mon cousin, le vétérinaire de Chaumont. Je crois me souvenir qu'il s'appelait Lemoine. On ne tarda pas à se mettre à table, et l'on vanta mes succès, ma croix, mes livres, car j'avais déjà une bibliothèque d'au moins vingt volumes.

— Ah! tu as une bibliothèque, mon petit frisé! fit notre hôte, eh bien, je t'en félicite, et avant de prendre ta soupe, je vais te faire l'honneur de te montrer la mienne. Viens avec moi.

Il allume une chandelle et, à mon grand étonnement, me fait descendre un escalier. (Nous étions au rez-de-chaussée.)

— C'est drôle, me disais-je, de ne pas avoir ses livres auprès de lui.

Il me conduit à la cave. Mon cousin nous avait suivis.

— Tiens! la voilà, fit-il, ma bibliothèque, en me montrant d'un geste noble et grandiose une série de rayons meublés régulièrement de bouteilles innombrables. Voici notre bourgogne; voici le bordeaux; là du champagne; ici des liqueurs : eau-de-vie de marc du pays, kirsch des Vosges, cassis de Dijon, etc.

J'avoue que je fus aussi vexé que stupéfait. J'étais encore crédule, et je l'avais suivi avec conviction. Il me sembla qu'il se moquait de moi, et à six ans, on a, me semble-t-il, autant d'amour-propre que de crédulité. Je restai bouche bée et ne me ressaisis qu'au-dessus de l'escalier.

— Eh bien ! fit-il, avec ses bouteilles à la main et sous le bras, qu'est-ce que tu penses?

— J'aime mieux la mienne, répondis-je avec dignité.

— Mange ta soupe, ajouta-t-il, et à ton dessert tu auras du vin pur.

Cet amateur du fruit de la vigne était un fort excellent homme, mais sa plaisanterie m'avait paru manquer de respect aux livres, pour lesquels je ressentais une vénération inattaquable et que je considérais déjà comme la plus haute manifestation de la pensée humaine. Pendant tout le reste du repas, il se montra plein d'attentions pour le jeune et fier écolier.

Après une halte de trois heures, autant pour le cheval que pour nous, on se remit en route dans la direction de Châteauvillain, pour entrer bientôt dans la Côte-d'Or et arriver à Courban à l'entrée de la nuit. Souper et coucher. Le lendemain matin, dès le lever du soleil, nous étions en route de nouveau, et nous arrivions à Châtillon-sur-Seine à l'heure du déjeuner. Quels charmants paysages nous avions traversés ! Je voyais un nouveau département : la Côte-d'Or, et les vignes se multipliaient autour de nous. Nous avions traversé la Marne avant d'entrer à Chaumont et l'Aube avant d'arriver à Courban. Rien ne vaut les voyages pour apprendre la géographie.

L'hôtel où nous nous arrêtâmes et où, selon l'expression de l'époque, on logeait « à pied et à cheval »,

— Tiens ! la voilà, ma bibliothèque.

donnait sur une grande place. Soleil magnifique. On commanda le déjeuner, et en attendant qu'il fût prêt, je demandai à mes aimables cousins si on ne pouvait pas aller voir la Seine : la Seine qui allait passer par Paris ! On m'y conduisit ; je trempai mes mains dans l'eau du célèbre fleuve qui n'est là qu'une petite rivière et j'émis la proposition de remonter cette rivière jusqu'à sa source.

On me répondit que c'était trop loin et pas du tout sur notre chemin. Le déjeuner au restaurant me parut merveilleux. C'était bien meilleur qu'à Montigny. C'est la première fois que je mangeai des figues fraîches, et je leur trouvai un suc délicieux. Comme tout est bon hors de chez soi, et que le voyage de la vie est exquis, lorsqu'on n'a rien vu et qu'on ne sait rien !

On se remit en voiture sans retard, car il s'agissait d'arriver à destination avant la fin du jour. Sous l'illumination d'un ardent soleil, nous traversâmes les sites pittoresques de la Côte-d'Or, pour arriver au département de l'Yonne et à Ancy-le-Franc, et là, nous pensions toucher le but. A la sortie de ce village, célèbre par son château historique, une bifurcation de route nous engagea à demander notre chemin à des moissonneurs.

— En avons-nous encore pour longtemps ? ajoutâmes-nous.

— Oh ! non, répliquèrent-ils, une petite demi-heure.

Cette demi-heure passée, comme nous n'apercevions pas du tout le clocher de Saint-Vinnemer et commencions à sentir de légers tiraillements d'estomac, nous renouvelâmes la même question à un paysan rencontré sur la route :

— En avons-nous encore pour longtemps ?

— Oh ! non, une petite demi-heure.

Cette seconde demi-heure passée, nous n'arrivions toujours pas, et nous renouvelâmes la question.

— Vous en avez pour une petite demi-heure, répondit le brave rural.

Je partis d'un tel éclat de rire qu'il m'apostropha en termes véhéments, si rudes, si bizarres, que je me mis à rire de plus belle et sans pouvoir m'arrêter. Il prétendit que nous nous moquions de lui tous les trois et que nous savions aussi bien que lui où nous étions. Ne connaissant pas l'origine de mon éclat de rire et l'appliquant exclusivement à sa personne, il était dans son droit de se fâcher ainsi. Que de querelles sont venues de malentendus analogues ! On ne se comprend pas, on part d'impressions contraires qui s'enveniment peu à peu, et l'on finit par se battre, quand il n'y a qu'à rire.

Enfin, nous arrivâmes, et nous trouvâmes devant la porte du presbytère l'abbé Collin et sa gouvernante, déjà inquiets sur notre sort. Je tirai du coffre mon paquet de livres et mes cahiers — car j'avais des devoirs de vacances à faire — et l'on me conduisit à ma petite chambre.

Deux jours nous avaient suffi pour faire 130 kilomètres. Quel bon petit cheval nous avions là ! Les chemins de fer n'étaient pas encore en usage ; et la vapeur ne s'était pas substituée au Pégase sans ailes. On s'imaginait aller très vite. Ne sommes-nous pas, d'ailleurs, toujours disposés à penser que nous avons atteint la limite du progrès ? On ne devine pas les réserves qui sommeillent dans l'inconnu de l'avenir. Avant l'invention des chemins de fer, on admirait la vitesse des transports et des moyens de communication. Voici, comme curiosité, à ce propos, ce qu'on peut lire sous la signature d'Arago, dans l'*Annuaire du Bureau des Longitudes* de 1825. C'est une comparaison, justement élogieuse d'ailleurs, entre les moyens de communication en usage à soixante ans d'intervalle, entre 1766 et 1825.

En 1766, vingt-sept coches partaient chaque jour de Paris pour diverses provinces ; ils contenaient environ 270 voyageurs.

Maintenant, près de trois cents voitures sont dirigées par la capitale sur les départements. Ces voitures peuvent conduire plus de trois mille voyageurs.

Le prix du dernier bail de la ferme des Messageries, avant 1792, était de cent mille francs.

Le produit annuel de la taxe sur les voitures publiques est maintenant de près de quatre millions. Vers 1766, un voyageur payait trente francs pour se rendre de Paris à Lyon par le coche. Il y arrivait *le dixième jour.* Aujourd'hui, pour un prix moyen de soixante-douze francs, il arrive *en moins de trois jours.*

Le carrosse de Rouen mettait autrefois trois jours à s'y rendre : on payait quinze francs par place. On paye encore quinze francs aujourd'hui, mais *on n'est que douze ou treize heures* en chemin.

En 1766, on ne trouvait à Paris que quatorze établissements de roulage, maintenant on en compte soixante-quatre.

Ajoutons à cette petite statistique qu'en 1840 la diligence, pesant, toute chargée, 4.500 kilogrammes, emportait avec elle seize voyageurs à la vitesse de dix kilomètres à l'heure. Et puis, il y avait les montées, les chevaux de renfort, les ralentissements inévitables.

Il en était de même en 1848.

Actuellement, la locomotive, pesant, avec son tender en charge, environ 110.000 kilogrammes, traîne des trains de 300 à 400.000 kilos, à la vitesse de 100 kilomètres à l'heure, et plus.

Au lieu de mettre douze heures pour aller de Paris à Rouen, on y arrive en moins de deux heures, et au lieu de dix jours pour Lyon, on y arrive en dix heures. Au lieu de treize voyageurs par départ, c'est par centaines qu'on les compte.

Le nombre des voyageurs, en France seulement, est maintenant de 434 millions par an, et les recettes totales des diverses compagnies s'élèvent à 1 milliard 515 millions.

On peut dire qu'il n'y a aucune comparaison possible entre les voyages actuels et ceux qui précédèrent les chemins de fer. Cette invention a radicalement renouvelé la face du monde. Cependant, personne ne s'est douté de la transformation prodigieuse que la vapeur allait opérer. Dans son discours de 1838 à la Chambre des députés, Arago lui-même n'a-t-il pas déclaré que le transit diminuerait plutôt, et que deux tringles de fer posées de Paris à Bordeaux ne changeraient pas grand'chose aux habitudes !

C'est là une petite image du Progrès. Et nous devions profiter de la circonstance pour la ressusciter un instant.

Que dirions-nous aujourd'hui des aréoplanes !

*
* *

Nous voici donc arrivés au but de notre voyage.

L'abbé Collin était un petit homme d'une quarantaine d'années, se tenant droit comme un *i* pour ne pas perdre un pouce de sa taille, les yeux noirs, vifs, pétillants de malice, le crâne à peu près chauve, ne portant jamais de chapeau, recevant le soleil et la pluie sur la tête et sur la soutane, se consacrant aux devoirs de son ministère, faisant le bien partout où il pouvait, d'un désintéressement absolu, aimant la bonne chère, buvant sec le vin blanc de Chablis, récolté non loin de là, véritable curé de Bourgogne, passant la vie aussi agréablement que possible en rendant service à tout le monde. Une année de disette, il avait pendant un mois entier fait cuire du pain dans son four pour tout le village. Le presbytère était une ancienne maison contiguë à l'église, à rez-de-chaussée seulement, avec perron donnant sur un jardin exposé à l'ouest, au milieu duquel une charmille abritait une salle de bains. Treilles de chasselas, vue étendue sur la campagne. Il y avait, tout contre le jardin, une vigne, de quoi faire une ou deux pièces de vin, et un verger avec arbres fruitiers de bon rapport, d'excellentes prunes de mirabelle et de reines-Claude. Pommes et poires.

Dans la famille de l'abbé Collin, on était curé de père en fils, ce qui est plutôt rare. Son père, en effet, avait été curé constitutionnel sous la Révolution, s'était marié et avait eu des enfants. L'éducation de mon aimable et spirituel cousin avait été à la fois chrétienne et rationaliste, et aucun préjugé ne paraissait le gêner. Il m'a même semblé, plus tard, qu'il était d'un tempérament assez ardent.

La journée commençait par la messe de six heures, que je servais dévotement. A sept heures et demie, déjeuner d'une soupe au lait. Ensuite devoirs, jusqu'à dix heures. Puis on allait généralement se promener le long du canal de Bourgogne. Après le déjeuner, excursions aux environs, aux châteaux de Tanlay et d'Ancy-le-Franc, qui se complètent l'un par l'autre : Tanlay pour le style extérieur, Ancy-le-Franc pour l'ameublement intérieur. On allait parfois jusqu'à Tonnerre.

L'une des distractions les plus amusantes était la pêche aux écrevisses, dans l'Armançon. Ces jours-là, je partais à neuf heures, avec un camarade déjà vieux, car il avait bien le double de mon âge, et à onze heures nous revenions toujours avec une centaine de ces délicieux crustacés, qui n'attendaient que nous pour avoir l'honneur de figurer en haute couleur écarlate sur la table du curé. Nous nous servions pour cela d'une douzaine de balances, que l'on garnissait de quelques morceaux de mauvaise viande prise en passant à la boucherie, et que l'on disposait le long du bord de la rivière parmi les herbes, de cinq en cinq mètres environ. A peine la douzième balance était-elle posée qu'en revenant à la première on y trouvait déjà deux ou trois écrevisses occupées à tâter l'appât. On les cueillait à la main, on les mettait dans un panier, on continuait à la file, et la première tournée donnait une vingtaine de sujets seulement, car nous ne conservions que les grosses, celles de six, sept, ou huit ans, rejetant les petites dans la rivière.

Après cinq ou six tournées, c'est-à-dire en une heure et demie à peu près, nous avions notre centaine, et les deux paniers étaient pleins. Au déjeuner, tout cela était consommé avec un vrai plaisir, arrosé de bon vin blanc de Bourgogne, et agrémenté de mille remarques sur la gourmandise de ces crustacés, sur les trous du ruisseau dans lesquels on avait glissé, sur les pinces et les coups de queue, sans oublier les sauterelles et les papillons que l'on avait essayé de prendre.

L'après-midi, on allait souvent pêcher à la ligne dans l'Armançon. Goujons et ablettes mordaient assez bien. Mais j'y étais le plus maladroit, pensant à autre chose, regardant le miroir de l'eau reflétant le paysage, ou levant la tête pour suivre les oiseaux, trouvant le temps long, lisant quelquefois un livre, que j'avais mis dans ma poche. La passion de la pêche ne peut naître que chez des esprits d'une patience à toute épreuve et dont l'imagination n'a pas d'ailes trop frétillantes.

Depuis cette lointaine époque, j'ai revu souvent ce majestueux et tranquille canal de Bourgogne, bordé de ses hauts peupliers, et cette onduleuse rivière glissant à travers les prairies, avec ses saules, ses oseraies et ses noisetiers. Il n'y a plus d'écrevisses ni dans le canal, ni dans la rivière, et la rivière a certainement perdu le quart de son eau. J'en causais ces jours derniers avec mon érudit ami le président Cunisset-Carnot, de Dijon, et son impression est la même sur la diminution de l'eau des rivières en général, et de l'Armançon en particulier. Tout change, tout passe, tout se modifie, même pendant la vie si courte d'un seul homme.

Ces campagnes étaient alors silencieuses et parfaitement calmes. Maintenant, elles sont traversées par la ligne du chemin de fer de Paris-Lyon-Méditerranée, que l'on construisait précisément à l'époque dont je parle. Non loin de Saint-Vinnemer, vers Lezines, on perçait un tunnel sous la colline, et l'on m'y fit descendre par un puits. Ma première impression fut que les chemins de fer étaient vraiment construits en fer et sous la terre. On en parlait plutôt comme d'une curiosité que comme d'un événement de grand avenir;

on disait qu'on irait bientôt à Dijon en quatre heures et à Paris en dix heures, mais on ne souhaitait pas avoir une gare dans son voisinage. Trois grands hommes, qui exerçaient alors une importante action politique, Thiers, Arago et Lamartine, n'y croyaient pas, et pensaient bien ne jamais se servir de ce mode de locomotion. Quelques années après, en 1855, on construisit la ligne de Paris à Bâle, passant par Langres, où je faisais mes études classiques, et je vis que, là non plus, on ne devinait en aucune façon l'importance économique et sociale de l'invention. Au lieu de faire passer la ligne par les plateaux et par Langres même, on préféra lui faire suivre la vallée et passer à côté, au-dessous, sans contact avec elle, le long de la vallée de la Marne (*). Le conseil municipal de Montigny pensa de même, si bien que la gare en est à cinq kilomètres.

Ce premier voyage m'avait offert de charmantes vacances en pleine nature, en plein éveil de curiosité enfantine, en pleine vérité. On n'aurait pas pu dire de cette première envolée hors du nid, ce que mon ami Alphonse Daudet a écrit sur la sienne : « Premier voyage, premier mensonge. » C'étaient là de simples vacances, à la fois reposantes et instructives, et à ma rentrée à Montigny, j'étais tout prêt à reprendre l'école avec une nouvelle ardeur. J'entrai dans la classe des grands, et ne tardai pas à conquérir les premières places.

(*) Depuis l'établissement du chemin de fer qui touche Chaumont et laisse Langres à distance, la population de Chaumont a graduellement augmenté et celle de Langres a graduellement diminué.

III

L'école primaire. — Pensées d'enfant. — La mort. — Les militaires. — Les corrections corporelles. — Première bibliothèque. — La révolution de 1848; les arbres de la liberté. — Sensibilité et raison. — Le docteur Reverchon.

Dans cette sixième année, et dans celles qui suivirent, septième et huitième, je fis mes classes de français avec un véritable plaisir, grammaire, orthographe, arithmétique, histoire sainte, histoire de France, géographie, et je commençai à lire différents livres, ne trouvant presque aucun jeu intéressant, et songeant parfois à des sujets hors de mon âge, tels que le suivant, par exemple.

Les enfants pensent-ils à la mort?

Ou, pour être plus exact, à partir de quel âge l'homme pense-t-il à la mort?

J'avais sept ans, lorsque je me trouvai sur le chemin suivi par un enterrement. Le cercueil était porté sur deux brancards par quatre hommes. Des parents accompagnaient le mort avec des signes de profonde tristesse. Je demandai à un camarade plus grand que moi ce que c'était.

— C'est un mort, pardi ! me répondit-il d'un air assez dégagé.

Je m'informai un peu plus, et j'appris que c'était un homme qui avait cessé de vivre, que l'on portait à l'église, puis au cimetière pour l'enterrer.

— Cesser de vivre ! m'écriai-je en moi-même : ce n'est pas possible.

Et j'ajoutai à mon camarade, interloqué :

— Est-ce que je mourrai aussi ?

— Naturellement, répliqua-t-il, tout le monde meurt.

— Ce n'est pas vrai, répliquai-je de mon côté, on ne doit pas mourir.

J'y rêvai plusieurs jours, plusieurs semaines, plusieurs mois. La conviction que la mort n'existe pas a continué de dominer mon esprit, quoique je sache depuis longtemps qu'il meurt un être humain à chaque seconde sur l'ensemble de notre planète. C'est un mystère à résoudre, et l'on n'y est guère plus avancé à soixante ans qu'à sept ans. Mais l'idée innée reste la même. Nous ne pouvons pas être détruits.

Un autre souvenir, bien précis, date à peu près de la même époque. Des régiments passaient quelquefois à Montigny, avec des billets de logement pour leur étape. Nous avions toujours un officier à recevoir, et ma mère mettait tous ses soins à la table et au logement. Une belle après-midi d'été, après le départ de l'officier qui était arrivé le matin et qui se rendait au café près duquel la musique devait se faire entendre, je demandai à ma mère ce que c'étaient que les soldats et à quoi ils servaient. « A défendre la patrie », me fut-il répondu. Ayant reçu ensuite la définition de la patrie, j'appris qu'il y avait aussi des soldats en Allemagne, en Angleterre, en Espagne, en Italie, et dans tous les pays, et qu'ils faisaient constamment des exercices pour défendre la patrie. « Contre qui ? demandai-je. — Contre les ennemis. — Quels ennemis ? — Les étrangers. — Alors, maman, nous sommes les étrangers des Allemands et leurs ennemis? Nous sommes les étrangers des Belges, des Suisses, des Piémontais et leurs ennemis. — Oui, mon enfant, la société est organisée comme cela depuis longtemps. — Tiens! ajoutai-je, comme c'est drôle d'être ainsi divisés! Les hommes apprennent à se tuer entre eux. Mais pourquoi fait-on de la musique? — Tu le demanderas à ton grand-père, qui a été tambour, et il te répondra que Napoléon tenait beaucoup à ce qu'on se batte en musique ».

Alors aussi je m'efforçai de comprendre comment les nations sont nécessairement ennemies les unes des autres et je n'y parvins pas. Je n'y suis pas encore parvenu aujourd'hui. La musique reste toujours pour moi ce qu'il y a de plus intéressant dans tout l'appareil militaire.

Je me disais aussi que, s'il s'agit de résoudre une question d'intérêt ou de rivalité, le droit du plus fort ne prouve rien et reste étranger à la justice, et je ne comprenais pas plus les coups de poing que les duels.

Les hommes naissent avec le sentiment de la justice. Ce n'est pas l'éducation qui imprime ce sentiment dans le cœur des enfants : ils le possèdent naturellement, intuitivement, et souvent l'éducation le fausse en y ajoutant des justices de convention. Un enfant comprendra toujours qu'il reçoit une correction, s'il l'a méritée; en revanche, il ne pardonnera jamais une correction imméritée. Dans les classes, comme dans les jeux, les injustices le révoltent. Pour moi, à ce propos, je puis remarquer que les corrections corporelles m'ont toujours paru odieuses et que je souffrais énormément d'assister parfois aux punitions, aux coups de baguette que l'on donnait à tour de bras avec de grands joncs flexibles sur la main tendue, tout en admettant que les mauvais élèves méritaient des punitions. J'ai vu cela, en frémissant d'horreur, à l'école communale de Montigny et à la maîtrise de Langres. Je n'en ai jamais reçu qu'une fois, et même en diminutif, non à l'école, mais à la maison. (Je ne parle pas des fessées données par ma mère, quoique j'en aie reçu plus d'une, car elle avait la main leste, et j'étais d'une vivacité extrême entre mes heures d'études.) Mais, un jour, mon père m'obligea à tendre la main pour y recevoir des coups de règle. Il croyait que j'avais cassé une casserole de terre et je lui soutenais que non. J'avais sept ou huit ans. Cette casserole, d'un beau vert émaillé, était bien ébréchée, mais je n'y étais pour rien. Je reçus la correction avec une telle impression de fureur interne, que je ne l'ai jamais oubliée, et que, plus de quarante ans après, ce misérable tableau enfantin s'est représenté devant mes yeux au lit de mort de mon père. Les enfants sont, avant tout, parfaitement justes, pour eux-mêmes et pour les autres. Les animaux aussi, d'ailleurs.

Peut-être aussi, en certains cas, ont-ils trop de mémoire. Nous devrions ne nous souvenir que des heures fleuries et ensoleillées, et oublier les nuages qui, d'ailleurs, ont passé... comme des nuages.

J'avais l'esprit d'observation assez développé. Il me semble, du reste, que tous les enfants en sont doués, plus ou moins. Le coteau du château, qui aboutissait à notre maison, avait une petite source, dont le filet d'eau était assez fort après les pluies. J'en avais conclu que les sources ont les pluies pour origine. D'autre part, ayant souvent vu, chez mon grand-père maternel, des roues de moulin actionnées par le cours d'un ruisseau, j'avais construit avec du bois léger de boîtes d'allumettes une roue que j'avais installée au-dessous de la source après avoir fait une rigole et détourné l'eau en forme de petit bief. Ma sœur et mon frère s'y amusaient avec moi, et nous simulions même la meunerie en apportant de petits sacs de blé, en écrasant les grains, en fabriquant de la farine et en faisant de petits pains que l'on mettait cuire au four les jours où ma mère pétrissait et cuisait notre pain quotidien dans la chambre à four contiguë à notre maison. Ces jours étaient des jours de régal, surtout par les bonnes pommes cuites dans une enveloppe de pâte légère et succulente.

Les années 1848 et 1849 ont marqué le réveil des chants populaires et patriotiques, et je leur dois d'avoir appris la musique de très bonne heure. L'instituteur organisa, à l'issue de certaines classes, des leçons de solfège dans lesquelles je ne tardai pas à avoir le premier rang, grâce à une jolie voix de soprano. Aux grands jours, toute l'école célébrait les gloires de la patrie par la *Marseillaise* et le *Chant du départ*. La commune avait réorganisé la garde nationale avec une importante musique, d'air militaire, et les enfants de l'école avaient pris l'habitude de l'accompagner. De temps en temps aussi des régiments s'arrêtaient une journée à Montigny, comme étape entre Bourbonne et Langres; nous allions à leur rencontre jusqu'à l'entrée du village, et la vraie musique militaire faisait entendre ses éclatantes fanfares. Dans l'après-midi, en face l'hôtel du colonel, un concert était donné, et je m'étais arrangé de façon à toujours tenir le carton musical devant le chef d'orchestre. J'avais alors six à sept ans. Jusqu'à l'âge de onze ans, je chantai à l'église, en compagnie de l'instituteur et du curé, toutes les messes, toutes les vêpres, tous les services. Il paraît que je chantais avec une telle conviction que ma voix perçante traversait toute l'église, depuis l'autel jusqu'au portail, même dans les hymnes lugubres du *Dies iræ* et du *Miserere*, des services de morts, où des voix profondes de basse-taille eussent été mieux à leur place.

Parmi les souvenirs de cette époque, je ne voudrais pas oublier la plantation solennelle des ARBRES DE LA LIBERTÉ. A Montigny, c'était un jeune peuplier, au pied duquel je vis avec étonnement répandre *des sacs d'avoine*. Le maire, le conseil municipal, les pompiers, la garde nationale avec la musique, tambours, grosse caisse, cymbales, entouraient l'arbre symbolique, près duquel M. le curé pontifiait en habit de chœur, prononçant des prières spéciales et chantant des strophes auxquelles répondait l'instituteur. La cérémonie fut terminée par l'aspersion d'eau bénite et la bénédiction. Cet arbre ne dura pas longtemps. A l'avènement de l'Empire, on fut invité à les renverser tous (environ 60.000 en France), parce qu'ils rappelaient la République; celui de Montigny, du reste, ne pouvait subsister, car il était planté sur la côte, juste à l'endroit où l'on a bâti en 1853 une nouvelle mairie remplaçant l'ancienne, devenue insuffisante. Ces arbres de la Liberté de la seconde République n'étaient qu'une pâle image de la glorieuse effervescence populaire de 1792, qui avait voulu associer la nature à l'ère nouvelle de l'humanité.

Les jeudis, au temps de la fenaison, et quelquefois les autres jours après l'école, on allait dans les prés voir faire les foins. Les peupliers agitaient doucement leur tremblant feuillage, une atmosphère parfumée nous enveloppait, l'eau de la source était calme et limpide, on retournait les javelles, on faisait les bottes de foin, on les empilait sur la charrette, on les ramenait à la grange, tandis que le soleil se couchait dans un ciel d'or. La nature était belle, et la vie champêtre était douce dans la simplicité patriarcale.

Il y avait à Montigny un jeune et charmant médecin, le docteur Reverchon, né à Paris en 1825, qui venait souvent à la maison et, prenant plaisir à satisfaire ma curiosité toujours en éveil, m'emmenait avec lui dans son cabriolet visiter les pays d'alentour, où l'appelaient ses consultations. Avec lui, je visitai les sources de la Meuse, dont Walferdin, correspondant d'Arago, prenait la température avec des thermomètres de son invention; les bains de Bourbonne, qui remontent aux Romains; le vieux château de Clefmont, où l'on buvait encore du vin de la comète de 1811; les riches et fertiles campagnes du Bassigny; les fermes des environs, habitées et cultivées presque toutes par des Flammarion. Le docteur avait un caractère fort enjoué, chantant agréablement la chansonnette comique. Il me semble que sa gaîté naturelle l'a fort bien dirigé dans la vie, car aujourd'hui encore, il ne l'a pas perdue, et je lui envoie, dans son agreste retraite de Nogent, le souvenir d'heures délicieuses de mon enfance, qu'il a largement contribué à embellir.

Je n'ai jamais aimé souffrir, même des dents. Un jour qu'une dent de lait devait m'être arrachée, je m'y refusai de toute mon énergie, jetant des cris arrosés de larmes amères. « Voyons! fit l'aimable docteur que je regarde ta dent, je suis sûr qu'il n'y aura pas besoin de l'arracher. » L'ayant examinée : « Ah! dit-il, ce sera pourtant nécessaire. » Je me mis à crier de plus belle. « Non, ajouta-t-il, on ne l'arrachera pas. Tiens la voilà! » Il me l'avait cueillie des deux doigts, sans que je m'en aperçusse, et il me démontra que je pleurais pour rien. Alors, je me mis à rire, ayant encore les yeux pleins de larmes. C'était le soleil avec la pluie.

Je me dis que nous exagérons sans doute parfois beaucoup nos maux, par l'imagination, et qu'il serait mieux d'être plus raisonnables. Il ne faut pas avoir trop de sensibilité.

La vaillance physique n'est pas pour moi un sujet d'admiration (*), le plaisir de l'étude calme et tranquille m'a constamment dominé, et les querelleurs m'ont toujours paru des sortes d'animaux venimeux.

(*) L'excellent docteur Reverchon, âgé aujourd'hui de quatre-vingt-six ans, doyen des médecins de la Haute-Marne et président de leur Association, semble me contredire. Voici le billet qu'il m'écrivait après la lecture des pages précédentes :

« Mon cher Flammarion,

« Je viens de lire l'affectueux souvenir que vous me conservez : j'en suis très honoré et fort heureux.

« Je me remémore quelquefois le péril auquel vous avez échappé, quand j'habitais Montigny. Vous y êtes tombé très malade, atteint d'une congestion pulmonaire. Je vous avais trouvé le visage vultueux, la respiration difficile, précipitée, la température élevée, engorgement du poumon. Etat général

Je ne pourrais être ni militaire, ni duelliste, ni chirurgien, ni boucher. La vue du sang me fait horreur. En aucun genre la lutte ne me plaît ; la vie me paraît assez courte et assez intéressante en elle-même pour qu'on la passe tranquillement. Je n'appartiens pas à la catégorie des hommes qui recherchent le danger, et j'avouerai même que la plupart du temps je ne les admire pas. La superbe audace des spadassins modernes me fait également défaut, et non seulement je ne suis pas agressif, mais même, quoique j'aie toujours eu le courage de mes opinions, je ne les défends presque jamais dans aucune discussion, laissant ce soin à la plume, s'il y a lieu. Je ne crois guère, d'ailleurs, que les discussions convainquent jamais l'un ou l'autre des antagonistes. En général, chacun garde ses idées.

grave. Une intervention radicale devenait impérieuse : il y avait menace de mort imminente.

« Une seule indication me parut précise : la saignée.

« Je vous dis ; « Mon enfant, il faut que je te tire du sang avec ma lancette, ne t'effraie pas » ; et alors, vous me tendîtes sans hésiter votre petit bras, et le péril fut conjuré par révulsif *intus* et *extra*.

« Vous avez montré un courage extraordinaire chez un si jeune malade.

« Votre vieil ami,

« Dr Reverchon. »

J'avais sept ans, et je m'en souviens comme d'hier. Je me vois encore tournant une bobine dans la main et regardant mon sang couler. Ma mère paraissait très alarmée. Dans ma convalescence, une petite fille de mon âge vint me distraire avec des images découpées et coloriées par elle. Elle s'appelait Antoinette Chapitel, était d'une gentillesse charmante, et... j'en devins amoureux. Quelques années après, j'eus le premier grand chagrin de ma vie : cette gracieuse amie mourut à l'âge de dix ans.

IV

Paysages enchanteurs. — Collines géologiques. — Les fossiles, le déluge et Voltaire. — Les petits oiseaux et les raquettes. — La bonté des aïeux. — Tristesse des souvenirs. — La sorcellerie en Lorraine.

Je travaillais constamment, lisant beaucoup, en dehors de mes devoirs de classe, pour le seul plaisir d'apprendre, écrivant de temps en temps à mon grand-père, à ma grand'mère, à mes oncles et tantes, à des parents âgés. En août et septembre, les vacances s'imposaient. Elles se passaient tous les ans chez mon grand-père maternel, dans un petit village voisin de Bourmont, Illoud, étendu le long d'un ruisseau gazouillant qui, de mémoire d'homme, n'a jamais gelé. La vallée est étroite et semble perdue au sein des collines. J'avais, au premier étage, une petite chambre donnant sur le ruisseau et un verger, et j'aimais y écrire mes devoirs les jours de pluie ; autrement, j'étais toujours dehors. On ne peut faire un seul pas sans grimper. Les beaux jours, on n'était guère à la maison que pour dormir, l'oreille bercée par le gazouillement du ruisseau, car dès le matin on partait à la Côte, à la « Côte-la-Biche », pour ne rentrer qu'à la nuit, après avoir joyeusement dîné à midi dans la baraque pleine d'odeurs champêtres.

Cette petite côte est tout simplement un bijou de la nature. Ses pentes sont couvertes de vignes, les hauteurs sont couronnées de petits bois peuplés d'oiseaux, les terrains supérieurs que l'on traverse pour y arriver sont incultes, tapissés de thym et de serpolet broutés par de petits lièvres, râblés et dodus, qui bondissent en vous voyant venir; en haut les broussailles ou les bois, au-dessous les vignes, plus bas les champs, puis des prés bordant les rives du ruisseau. L'altitude est de 470 mètres. D'en haut la vue s'étend au loin, sur toute la vallée verdoyante de la Meuse, jusqu'à Clefmont, jusqu'à Montigny, jusqu'à Bourbonne, jusqu'aux Vosges, et, au premier plan, au delà de la rivière, se dresse triomphale la noble silhouette de la petite ville de Bourmont, qui semble une citadelle avancée dominant les marches de la Lorraine voisine. On en aura une idée par la photographie reproduite ici : la Meuse est cachée par les maisons du village qui s'étend au pied du coteau, le village de Saint-Thiébaut. La vue est charmée par la grandeur et l'élégance du panorama, l'oreille par le chant des oiseaux, le souffle du vent, le bruissement des insectes, l'odorat par le parfum des plantes et de la terre. C'est un paradis, surtout pour un enfant contemplatif. Notre enfance laisse quelque chose d'elle-même aux demeures, aux choses, aux paysages, sur lesquels ont rayonné nos jours de joie sans ombre, de rêves enfantins et de pure innocence, comme une fleur communique son parfum aux objets qu'elle a touchés.

En bas, le ruisseau, qui coule toujours, le tic-tac du moulin, ce « moulin Lomon » de la carte de l'Etat-Major, bâti par mon grand-père en 1823, et les méandres du ruisseau à travers les prairies fleuries. Et les sauterelles sautillantes, et les papillons, fleurs vivantes, et les buissons pleins de nids!

Vue de Bourmont, prise de la Côte-la-Biche.

De plus, ce sol est un enseignement. Il n'est pas nécessaire de beaucoup chercher pour ramasser des spécimens variés de curieux fossiles. On y trouve d'abord, en quantité remarquable, des « quilles » de toutes grandeurs, depuis un et deux centimètres jusqu'à quinze et vingt de longueur. Ces « quilles » noires et pointues sont appelées « pierres du tonnerre » par les vignerons. On les a considérées aussi comme des jeux de la Nature, des concrétions pierreuses, des stalactites, des dents de poissons, et quelquefois aussi on leur a donné le nom de « griffes du diable ». Elles sont si nombreuses qu'il n'y a pour ainsi dire qu'à se baisser pour en prendre. Ma curiosité native s'y intéressa passionnément jusqu'au jour où j'en connus l'origine. Ces pierres coniques pointues sont tout ce qui reste d'un mollusque céphalopode marin très répandu dans les mers de la période jurassique : ce sont des rostres de bélemnites. Il y en avait tant, qu'on les rencontre par tas énormes (on peut voir dans les collections géologiques du Muséum de Paris une plaque de schiste provenant du lias d'Angleterre, sur laquelle on compte plus de neuf cents rostres de bélemnites réunis dans un espace de cinquante centimètres carrés). Ces morceaux étaient d'ailleurs d'une conservation facile sur le fond de la mer, lequel, soulevé depuis, les a portés avec le sol sur lequel nous marchons aujourd'hui à quatre et cinq cents mètres de hauteur (pour ne parler que de nos pays). Avec ces rostres de bélemnites, les fossiles les plus communs que la nature place elle-même dans le panier d'une collection d'enfant, sont les térébratules et les rynchonelles. Un peu moins grosses que des noyaux d'abricots, ces coquilles pétrifiées offrent des formes qui ne sont pas sans élégance. Les premières sont allongées en amandes, l'une des deux valves empiétant sur l'autre par son sommet : les secondes ont les deux valves emboîtées sur des plans différents par des échancrures hermétiquement fermées. On les trouve parfois aussi en telles quantités que des blocs de pierre de plusieurs kilogrammes sont entièrement formés d'une agglomération exclusive de ces coquilles juxtaposées, et que l'on peut facilement les détacher les unes des autres, car elles ne sont reliées entre elles par aucun mastic. Les térébratules et les rynchonelles étaient des mollusques brachiopodes très répandus dans les mers jurassiques. Elles sont si communes que le ballast de la voie ferrée de

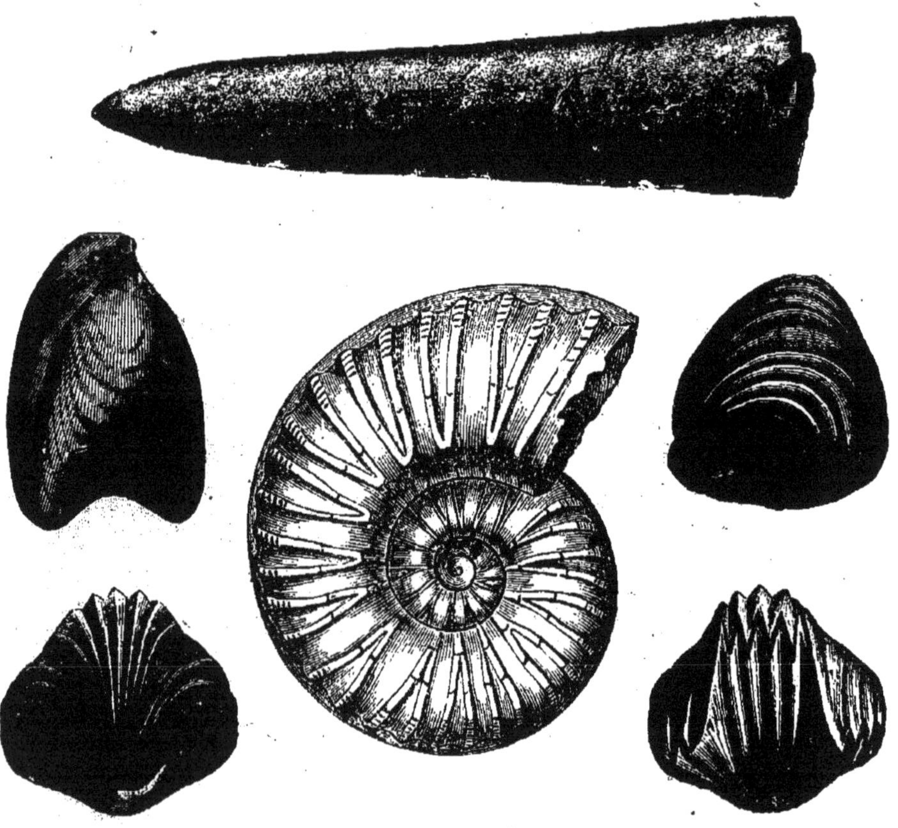

Fossiles des environs de Bourmont.
(Une ammonite, un bélemnite, deux térébratules, deux rynchonelles.)

Langres à Neufchâteau en est pour ainsi dire pavé par places, notamment au pied de Bourmont la vie rapide de nos jours humains circule sur les momies de millions d'êtres pétrifiés qui nous rappellent ces lointaines époques dont personne ne verra le retour.

Les hommes vivent là-dessus sans se douter de rien. Je sentais qu'il est plus agréable d'être instruit qu'ignorant, et je cherchais toujours à apprendre. La Meuse prend sa source dans ces coteaux, sur les versants desquels on trouve aussi des gryphées, des ammonites, des peignes, des polypiers, et coule, depuis les premiers âges de l'humanité, sur ce sol que la mer jurassique recouvrait de ses ondes.

Les ammonites datent de la même époque, et nous les recherchions avec plus d'avidité encore à cause de leur beauté artistique. Pour ma part, j'étais arrivé, vers l'âge de quatorze ans, à posséder une collection de plus de cent spécimens des fossiles de la période jurassique, et ce fut là l'origine de mon ouvrage *Le Monde avant l'apparition de l'homme*, dont je commençai la rédaction à l'âge de quinze ans.

Lorsque je questionnais sur ces fossiles, je recevais les réponses les plus contradictoires. En général, on les attribuait au déluge. Mais je ne pouvais concevoir que les eaux eussent jamais pu recouvrir ces terrains, dont l'altitude surpasse 400 mètres : cette eau, que serait-elle devenue? Elle aurait dû recouvrir, au même niveau, le globe entier, et non seulement à ce niveau, mais encore à celui des Alpes, des Pyrénées, et, dit la Bible, « des plus hautes montagnes de la Terre ». Il ne pouvait y avoir là qu'une légende, le souvenir d'un bouleversement géologique. Mais, comment expliquer la présence de ces débris d'animaux marins sur les montagnes?

Si la mer n'est pas montée là, il faut que le sol se soit soulevé. La logique ne peut sortir de ce dilemme.

J'avais à Illoud un cousin d'un certain âge, tisserand, assez érudit, voltairien fieffé, qui ne jurait que par Voltaire et Camille Desmoulins, et qui croyait

Habitants de la Haute-Marne à l'époque de la mer Jurassique.

savoir d'où venaient ces coquilles qu'il n'avait sans doute jamais regardées de près. Les unes étaient de simples jeux de la Nature; les autres avaient été oubliées par des pèlerins. Comme je restais un peu sceptique sur une pareille explication, il m'apporta un jour triomphalement un volume de Voltaire, le tome 30 de la belle édition de ses Œuvres complètes en 70 volumes publiés à Paris en 1825, et me fit lire à la page 566 les lignes suivantes :

« Est-ce d'ailleurs une idée tout à fait romanesque de penser à la foule innombrable des pèlerins qui partaient à pied de Saint-Jacques, en Galice, et de toutes les provinces pour aller à Rome, chargés de coquilles à leurs bonnets? Il en venait de Syrie, d'Égypte, de Grèce, comme de Pologne et d'Autriche. Le nombre des Romipèdes a été mille fois plus considérable que celui des hagi qui ont visité la Mecque et Médine, parce qu'on n'était pas forcé d'aller par caravanes. »

Cette plaisanterie de Voltaire revient plusieurs fois dans ses ouvrages, et il a l'air de l'avoir présentée sérieusement à ses innombrables lecteurs. Le philosophe de Ferney ne veut à aucun prix que les fossiles témoignent du séjour de la mer dans les contrées où on les trouve.

« Je ne nie pas, ajoute-t-il, qu'on ne rencontre à cent milles de la mer quelques huîtres pétrifiées, des conques de Vénus, des univalves, des productions qui ressemblent parfaitement aux productions marines; mais est-on bien sûr que le sol de la mer ne peut enfanter ces fossiles? La formation des agates herborisées ne doit-elle pas nous faire suspendre notre jugement? Un arbre n'a point produit l'agate qui représente parfaitement un arbre; la mer peut parfaitement n'avoir point produit ces coquilles fossiles qui ressemblent à des habitations de petits animaux marins. »

Toute cette petite guerre est évidemment dirigée contre le déluge biblique. Mais comment l'auteur du

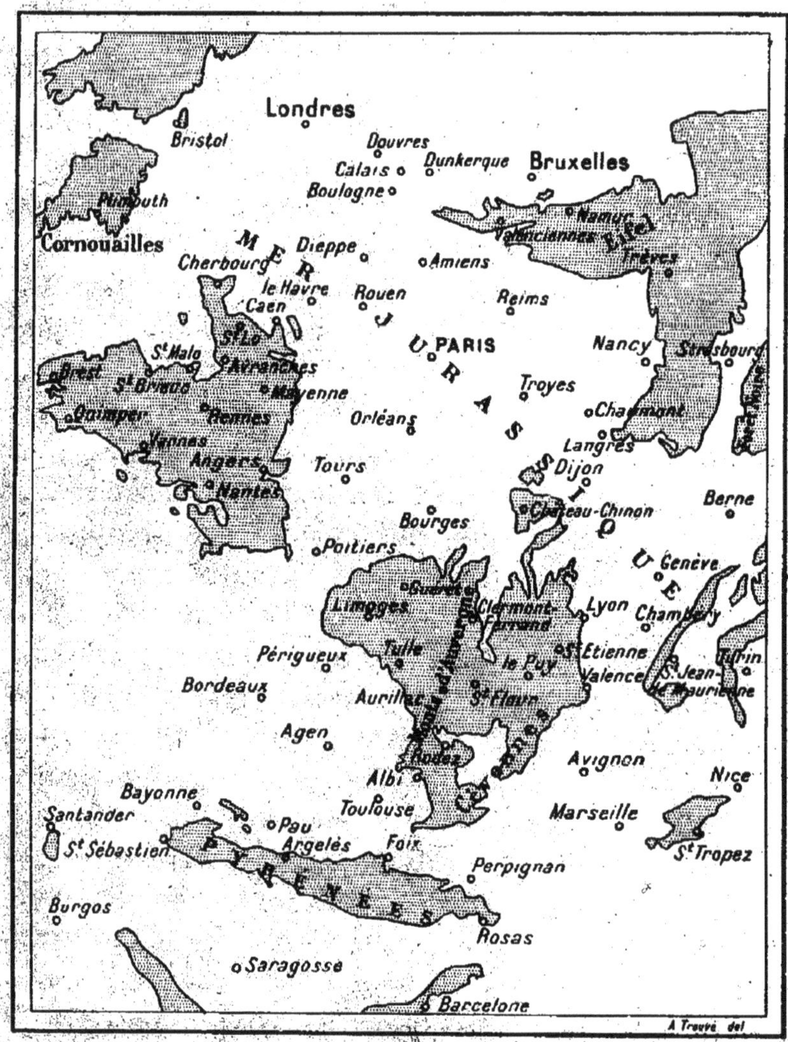

La France à l'époque de la mer Jurassique.

Dictionnaire philosophique n'a-t-il pas pensé que le sol des montagnes a pu se soulever ?

Je n'ai pas besoin d'ajouter ici que ces fossiles sont

parfaitement expliqués aujourd'hui et que les différentes époques géologiques qui se sont succédé sont déterminées par leurs terrains de sédiments superposés. Au temps où vivaient ces coquilles, ces crustacés, ces mollusques, ces poissons, la France était presque entièrement recouverte par la mer jurassique. Il n'y avait encore d'émergés que les terrains primaires et secondaires anciens, les quartz, les schistes, le silurien, le dévonien, le carbonifère et le triasique, c'est-à-dire les Pyrénées, les Alpes, les Cévennes, avec le massif central de l'Auvergne, la Bretagne, les Vosges, le Luxembourg. La mer couvrait de ses eaux les contrées où devaient fleurir plus tard Paris, Troyes, Chaumont, Langres, Dijon, Orléans, Tours, Bourges, Bordeaux, Toulouse, Avignon, Genève, Reims, Rouen, Dieppe, Boulogne, Douvres, Londres. C'était tout un autre monde que le nôtre. Le fond de la mer s'est ensuite soulevé lentement et a porté à plusieurs centaines de mètres de hauteur les restes des êtres qui y étaient restés et s'étaient fossilisés.

Ces événements préhistoriques se passaient il y a plusieurs *millions* d'années.

Je regardais ces fossiles avec un intérêt d'autant plus grand que je n'en avais pas encore l'explication, et je faisais une collection des plus beaux spécimens, surtout des rynchonelles blanches, dures, polies, qui sont de véritables petits bijoux de marbre. Le frère de ma mère, mon oncle Charles, toujours sur la montagne, avec son fusil en bandoulière et sa carnassière gonflée, m'en apportait assez souvent, et mon grand-père aussi, en y mêlant un peu de tout, des pierres trouées, ou de formes bizarres, qui n'avaient rien de fossile.

On me faisait aussi cueillir sur la montagne des plantes parfumées qui auraient pu former les premières pages d'une intéressante instruction botanique, science qui est loin d'être devenue populaire, comme elle le mériterait.

Les fleurs sauvages donnent au miel des abeilles de la montagne un arome particulier ; un cousin de mon grand-père avait une vingtaine de ruches dont il prétendait que les abeilles le connaissaient toutes. Le fait est qu'il jouait avec les essaims comme avec des tourbillons inoffensifs, et qu'il me fit observer un jour le départ d'une reine avec toute sa colonie sans craindre pour moi aucune piqûre.

Existe-t-il sur la terre des êtres plus adorables pour les enfants qu'un grand-père et une grand'mère ? Ils vous admirent sans cesse, vous choient, vous contemplent, vous font sauter sur leurs genoux, vous chantent de belles chansons, vous racontent des histoires épouvantables, vous mettent sur leurs épaules pour vous grandir, vous tiennent par la main dans les mauvais pas, vous couchent avec précaution dans un lit bien bordé, vous donnent des friandises au dessert. Pour eux, vous avez toujours raison, et les espiègleries les plus folles sont pardonnées d'avance. On n'est jamais grondé. C'est qu'ils n'ont pas, comme les parents, le souci de l'avenir de ces chers petits êtres. C'est qu'ils prennent les choses moins au sérieux, parce qu'ils ont beaucoup vu. C'est qu'ils s'amusent eux-mêmes des naïvetés d'un âge si lointain du leur. Pour moi, je ne quittais pour ainsi dire pas mon grand-père pendant les vacances. Il m'emmenait presque tous les matins dans la montagne. Je le regardais arranger la vigne, piocher dans les cailloux, rogner les arbres avec le sécateur, couper les raisins au jour de la vendange, en compagnie des bandes joyeuses et chantantes des vendangeurs, faire le vin dans les grandes cuves avec son fils, mon oncle Charles, goûter au vin nouveau, si sucré, distiller les marcs à l'alambic pour son eau-de-vie dont il était assez amoureux, mettre des cercles aux tonneaux avec un bruit sonore. Oh! l'admirable son des coups de maillet sur les cuves vides!...

Il m'avait appris à fabriquer des raquettes, à les tendre dans les bois et à récolter les petits oiseaux qui s'y faisaient prendre. Vous connaissez les raquettes? Rien n'est plus simple. On coupe dans le bois une longue branche flexible de noisetier, de coudrier, on perce le gros bout d'un petit trou, dans lequel on peut faire entrer une cheville sans l'enfoncer, on attache une ficelle à l'autre bout, on couche cette branche en demi-cercle, on fait passer la ficelle, qui est double, par le petit trou, et on pose la cheville en la maintenant par la ficelle. Ces raquettes, ainsi tendues en arcs, sont placées le long d'un sentier de distance en distance, le côté de la cheville en dehors, la raquette dissimulée entre les arbres. Pour amorcer les oiseaux, on suspend généralement une petite touffe de baies rouges au bout du cerceau, au-dessus de la cheville. L'oiseau passe, pose ses petites pattes sur la cheville qui, n'étant pas solide, tombe sous le poids de l'oiseau, dont les pattes restent prises dans la ficelle, ramenée subitement contre le bois par la tension de l'arc. Cette ficelle est terminée par un petit bout de bois qui l'empêche de traverser le trou.

Cette tendue de raquettes est faite le matin vers sept heures. Un peu avant le déjeuner, vers onze heures, on va visiter le sentier, et l'on trouve là de quoi se régaler : grives, mésanges, rouges-gorges, linottes, fauvettes, pinsons, chardonnerets, becfigues, pauvres petits êtres pendus par les pattes et qui cherchent inutilement à s'envoler. On leur serre le bec pour les étouffer immédiatement, et on les met dans sa petite gibecière. Les enfants sont-ils durs, indifférents à la douleur des bêtes? Je le croirais volontiers, car ils taquinent les chiens et les chats en les faisant souvent souffrir, et sans aucun remords; ils voient les écrevisses jetées vivantes dans l'eau bouillante, et ne le regrettent point ; la cuisinière de l'abbé Collin disait souvent : « Les écrevisses aiment à être cuites vivantes, l'anguille demande à être écorchée vive, le lapin préfère attendre », et nul de nous ne s'étonnait de ces locutions.

Il est bien certain que ni moi, ni aucun de mes camarades, n'avons jamais plaint ces petits oiseaux destinés à être rôtis au beurre et à chatouiller délicatement tout à l'heure les nerfs de l'odorat et du goût; au contraire, c'était un vrai plaisir de sentir ces corps chauds frémissant en mourant dans nos petites mains. On ne pense pas qu'ils souffrent. Si je le faisais aujourd'hui, cette occupation me serait certainement très désagréable, et je ne sais même pas si je pourrais m'adonner à cet exercice, quoique nous sachions tous fort bien que les oiseaux, les poulets, les moutons, les bœufs, les pièces de gibier, les poissons, et tous les animaux servis sur notre table sont tués dans ce but. Il est probable que, si l'on analysait les choses, on serait végétarien, car nous sommes tous des assassins sans le savoir.

Né en 1791, mon grand-père avait vu toute son enfance se développer pendant l'épopée napoléonienne. Il avait vingt-quatre ans aux jours de Waterloo, et trente ans à la mort de l'Empereur. Son admiration pour le glorieux conquérant était sans bornes. C'est un fait historique assez curieux que presque tous les contemporains de Napoléon l'ont non seulement admiré, mais encore *aimé*. Les anecdotes ne tarissaient pas sur la vie du grand homme. C'était presque un dieu. Ses images ornaient les principales pièces de la maison. Il y avait notamment deux grands cadres représentant le retour des cendres, en 1840 : l'exhumation du cercueil à Sainte-Hélène, et l'arrivée aux Champs-Élysées, devant lesquels mon grand-père lançait presque toujours un juron à l'adresse des Anglais, avec une larme dans les yeux. Il racontait que les ongles des pieds avaient continué de pousser après la mort de l'Empereur et avaient même percé le bout des bottes, que sa barbe avait également poussé, que s'il allait jamais à Paris, sa première visite serait pour le tombeau des Invalides. L'histoire l'intéressait. Il avait en horreur trois cardinaux, Richelieu, Mazarin et Dubois, et ne manquait guère une occasion de ronchonner contre « ces bougres de calotins ». Quand ma pieuse mère était là, elle ne savait comment le faire taire et arrêter ces troubles à mon éducation. Mais il ne tardait pas à revenir au fameux siège de Lamothe, à la destruction de cette dernière place forte de Lorraine, là, derrière Bourmont, dont le souvenir semblait encore lui être présent, quoique datant de l'an 1644, et à traiter ce brigand de Mazarin de la plus verte façon.

La Lorraine est là, en effet, tout près, et si, en 1790, trente communes ont été prises à la Bourgogne pour former le département de la Haute-Marne, trente-et-une ont été prises à la Lorraine, qui en est comme l'antipode. La sorcellerie sévit fort, autrefois, en Lorraine, et l'on y observe encore aujourd'hui des croyances superstitieuses assez profondes. Dans ce seul duché, on brûla, en vingt ans, de 1585 à 1604, plus de quatre cents sorciers s'accusant de crimes imaginaires! On ne sait peut-être pas que c'est un habitant de La Marche, Thomas Gaudel, qui arrêta cette folie. Comme ceux que les sorciers dénonçaient étaient condamnés à la torture et avouaient ces crimes imaginaires en montant au bûcher, il eut l'excellente idée de dénoncer tous les magistrats présents à l'audience, depuis le procureur général jusqu'au greffier. Ces juges se calmèrent, et les savants du Bassigny furent à peu près d'accord pour devenir plus raisonnables et plus Bourguignons. La Marche forme avec Bourmont et Montigny un triangle équilatéral qui encadre à peu près le Bassigny meusien.

Mon grand-père était fort adroit de ses mains et faisait à peu près tout par lui-même : menuiserie, ébénisterie, charpente, tonneaux, cuves, roues de moulin, tables, chaises, serrures même. Je me sers actuellement, comme secrétaire classe-papiers, d'un meuble en cerisier, à nombreux tiroirs, qu'il a fabriqué vers 1830 et qui, sans être lourd, est d'une belle solidité. C'est là qu'il enfermait ses papiers précieux et ses écus, que je lui voyais mordre pour les éprouver, se défiant sans doute de la fausse monnaie de plomb. Il avait les dents belles et solides.

Oui, les enfants aiment les causeries de l'aïeul, les caresses de l'aïeule. Pour moi, cet amour était un tel culte que leur mort n'a pu m'être annoncée qu'à la suite de mille ménagements, et qu'il m'a toujours été absolument impossible d'aller visiter leur tombe au petit cimetière d'Illoud. Longtemps avant d'y arriver, mes yeux s'emplissent de larmes qui les voilent entièrement, et mes jambes ne me soutiennent plus. C'est là une impression nerveuse contre laquelle j'ai essayé de lutter plusieurs fois sans pouvoir aboutir à aucun résultat. C'est absurde, c'est même contradictoire, mais c'est ainsi.

Les joies lumineuses de notre enfance deviennent des tristesses invincibles et insurmontables, lorsque nous nous retrouvons aux lieux enchantés de ces bonheurs disparus, après le départ pour le monde inconnu, de tous ceux que nous avons aimés en ces jours exquis. Ils dorment là, dans le cimetière. Les collines sont aussi belles, les prairies aussi verdoyantes, le ciel aussi pur, la lumière aussi douce, le village aussi est là, tout ensoleillé ; il n'y a rien de changé, — et tout est changé ! Il vaudrait mieux n'avoir jamais senti, n'avoir jamais eu de bonheur, n'avoir jamais aimé.

V

Le monde marche. — Fécondité de la seconde moitié du xix° siècle. — Développement inattendu des chemins de fer et du télégraphe. — Les inventions, le verre, les allumettes. — Les études de l'école primaire et le latin. — Direction vers le séminaire de Langres.

Les temps dont je parle sont déjà loin. Bien des choses et bien des mots ont disparu de la circulation.

Nous vivions alors au temps des chandelles, et le perfectionnement des bougies n'est arrivé que plus tard. C'étaient des chandelles de suif, qu'il fallait moucher de temps en temps, pour empêcher la mèche de fumer et pour raviver l'éclairage. Lequel de nos contemporains connait les mouchettes? Elles ont disparu, comme les bonnets de coton de nos grands-pères. Les bougies stéariques ont été inventées de nos jours par Chevreul, auquel nous avons offert un banquet à l'Hôtel de Ville de Paris le jour où ses cent ans ont sonné à l'horloge du temps (31 août 1886).

Nous nous habituons si vite aux perfectionnements de l'industrie que presque personne ne songe à rendre justice aux travaux de l'esprit humain qui les ont amenés. Personnellement, il est rare que je monte dans un wagon sans être encore impressionné par une admiration constante pour la puissance de la vapeur et pour le génie des inventeurs. Quand on songe que c'est un rien apparent, un souffle, de la vapeur d'eau, qui emporte aujourd'hui ces millions et ces millions de kilogrammes au simple geste du mécanicien!... Il n'y a pas fort longtemps, je revenais de Constantinople par l'Orient-Express et j'entendais, non loin de moi, quelques passagers parler assez irrévérencieusement de la science, parce qu'elle ne prédit pas encore les tremblements de terre et ne permit pas d'éviter les catastrophes de la Martinique, de San-Francisco, de Valparaiso, et aussi parce que la médecine ne suit que de loin les progrès de la chirurgie, et nous laisse encore mourir assez misérablement. Les élégantes personnes confortablement assises dans un moelleux compartiment ne paraissaient pas se douter que, sans la science, elles ne traverseraient pas l'Europe en trois jours, l'Océan en six jours, sans rien changer à leurs heures de déjeuner, de dîner et de coucher. Elles ne paraissaient pas savoir que, pour leur procurer ces plaisirs ou ces avantages, il a fallu que le génie de l'homme devinât la puissance de la vapeur, de l'eau qui bout dans une marmite. Elles ne connaissent ni Salomon de Caus, ni Denis Papin, ni James Watt, ni Fulton, ni Stephenson, et n'ont aucune idée de la somme de travail intellectuel représentée par une locomotive. Ne semble-t-il pas, d'ailleurs, à la lecture des journaux quotidiens, que la science n'existe pas, et que le monde vit de littérature légère, de romans et de théâtre?

Cependant, le contraste même entre Constantinople et nos capitales européennes leur avait fait toucher du doigt la différence formidable qui sépare ce Capharnaüm de la civilisation moderne. On est là de plusieurs siècles en arrière. Les rues tortueuses, étroites, ascendantes, descendantes, mal pavées, pleines de trous, jonchées de chiens dormant la plus grande partie du jour sans qu'il soit permis de les déranger (je parle de l'année 1906), barrées de boutiques en plein vent, sillonnées de portefaix encombrants, ne sont faites ni pour les voitures, ni pour les piétons. L'immense pont de bois qui sépare Stamboul de Galata, formé de solives inégales sur lesquelles il est difficile de marcher sans se tordre les pieds, et parcouru par un remous perpétuel de foules bariolées (qui lui apportent journellement un péage de six mille francs), semble dater des âges de barbarie, et est moins confortable que ceux de Paris au temps de Charlemagne. La vie s'interrompt au coucher du soleil, lorsque du haut des minarets les muezzins ont lancé d'une voix nasillarde leurs dernières prières au Prophète ; la lumière électrique n'existe pas encore à Constantinople. On ne se croirait ni au vingtième, ni au dix-neuvième, ni au dix-huitième, ni au dix-septième siècle. On n'est d'ailleurs qu'au quatorzième siècle de l'hégire, lequel, dans la marche du monde oriental, correspond peut-être au quatorzième siècle de l'ère chrétienne. Le calendrier est réglé par la lune, comme au temps des Chaldéens, il y a cinq mille ans. L'heure de chaque jour commence au coucher du soleil, ce qui vous oblige à changer chaque jour la position des aiguilles sur votre montre, si vous tenez à quelque précision ; mais ce n'est pas nécessaire, les rendez-vous ne s'y donnant guère qu'à une heure près. Les hommes d'affaires un peu stricts ont deux montres dans leur poche : l'une à l'heure turque, l'autre à l'heure chrétienne. Peut-être cet état de choses changera-t-il prochainement par suite de l'évolution constitutionnelle qui vient de se produire, mais on n'en vit pas moins là dans une ère préscientifique.

Eh bien! c'est en revenant de visiter ce curieux vestige du passé que j'entendais la conversation des contempteurs de la science. Et je pensais que Constantinople est un progrès immense sur les habitations primitives de l'époque paléolithique et néolithique ; que ses palais, ses mosquées sont des chefs-d'œuvre de l'architecture ; que, du temps des Romains, Byzance dominait déjà l'une des plus belles positions géographiques du monde, et que l'art, l'industrie, la science ont graduellement transformé l'humanité.

Sans les savants qui ont travaillé, peiné, combattu, souffert, nous en serions encore à l'état sauvage.

Nos regards ne peuvent s'arrêter sur aucun objet sans nous inviter à rendre justice au travail scientifique. Voilà des fenêtres fermées par du verre. C'est un objet banal, pense-t-on. Mais non. Ces simples vitres sont une merveille devant laquelle devrait s'agenouiller notre reconnaissance.

Souvenons-nous que c'est là du sable fondu devenu transparent. Il a fallu créer cette admirable substance, grâce à laquelle nous pouvons habiter, hiver comme été, des demeures à l'abri des intempéries, du vent, de la pluie, de la neige, du brouillard, du froid, bien fermées, tout en nous conservant la lumière du jour et la vue des choses extérieures. Ainsi abrités, nous pouvons vivre tranquillement, travailler, manger et dormir. L'ouvrier peut confectionner ses œuvres, l'ingénieur peut tracer ses plans, l'industriel préparer ses combinaisons, le musicien peut écrire ses symphonies, l'artiste peut peindre ou sculpter; le poète, l'écrivain, l'historien peuvent mettre sous nos yeux de nobles exemples, de sublimes pensées, ou s'envoler en descriptions qui enchanteront, charmeront, consoleront, instruiront des milliers de lecteurs. Ce verre, aussi, c'est le microscope qui nous a fait pénétrer au sein des arcanes de l'infiniment petit, et c'est le télescope qui nous transporte dans les immensités infinies et nous met en face de la splendeur des cieux. Je ne puis voir un morceau de verre sans en être ému, le considérant comme supérieur, de toute la hauteur du ciel, à tous les canons et à toutes les bombes, opprobre de l'humanité. Et encore! que d'ustensiles fabriqués de verre, ne seraient-ce que les bouteilles et les verres! On n'y songe pas, mais buvez donc, à table, les meilleurs vins dans des tasses de terre ou dans des écuelles de bois!

Voici une allumette. Ce n'est rien non plus en apparence; c'est insignifiant; créer du feu à volonté, quoi de plus simple! Nous n'y songeons pas, en vérité. J'ai connu le temps, dans mon enfance, à l'époque dont je parle ici, où c'était encore impossible. Si l'on voulait avoir du feu, il fallait le conserver sous la cendre, et pour le transmettre, pour allumer une chandelle, je voyais ma grand'mère prendre dans un sabot de longues bûches de paille soufrée, que l'on allumait au charbon conservé sous les cendres. C'étaient des pailles de chanvre nu, restées après le tillage, et qui n'avaient aucune valeur. La stricte économie de ces campagnes nous paraît aujourd'hui fantastique. Au dehors, il n'y avait que le briquet et l'amadou. On n'avait pas découvert les propriétés du phosphore frotté. Le foyer, c'était la maison, c'était la famille, c'était tout. Le nombre des maisons du village s'appelait le nombre des *feux*. La lampe du temple ne devait jamais s'éteindre, et l'histoire n'a pas oublié le service imposé, sous peine de mort, aux Vierges de Vesta, dans le temple de Rome. Il n'y a plus de vestales aujourd'hui : une allumette les remplace ; et les vierges du vingtième siècle peuvent laisser s'éteindre tous les feux : elles sont sûres de les rallumer par un simple geste.

Eh bien ! Il n'y a pas longtemps que les allumettes sont inventées. J'ai connu l'un de ces inventeurs, Charles Sauria, qui l'imagina en 1831, à l'âge de 19 ans, étant élève du collège de Dôle, et camarade de Jules Grévy, le futur président de la République, lequel m'en a lui-même raconté l'histoire pendant sa présidence, en m'apprenant qu'il lui avait accordé un bureau de tabac. Ce fut, je crois, sa seule récompense. Les deux autres inventeurs : Kammerer (Wurtembergeois), en 1832, et Tronig (Hongrois), en 1833, sont morts dans la misère.

Le télégraphe, le téléphone, ne produisent-ils pas la même impression dans nos esprits? Pourtant, personne ne paraît savoir que c'est la science qui mène le monde et que, sans elle, nous serions encore des troglodytes au fond des cavernes. Oui, c'est à la science que nous devons non seulement les progrès matériels de la civilisation, mais encore la sécurité et la tranquillité d'esprit qui ont permis les études morales et philosophiques, les conquêtes sociales, les jouissances de la liberté, l'affranchissement de la pensée.

Il me semble que la génération de mon époque, née avant le milieu du XIXe siècle, a été l'une des plus privilégiées entre toutes parce qu'elle a assisté au prodigieux développement des sciences appliquées, qui ont transformé la face du monde. Nous avons vu naître, en effet :

Les chemins de fer ;
La télégraphie électrique ;
La photographie ;
L'analyse spectrale ;
La lumière électrique ;
La traction électrique ;
La photogravure ;
La microbiologie, la médecine microbienne ;
Le téléphone ;
Le phonographe ;
Le cinématographe ;
Les rayons X ; la radiographie, la vue intérieure du corps ;
Le radium, la radioactivité ;
La photographie en couleurs ;
La télégraphie sans fil ;
La direction des ballons ;
L'aviation, les aéroplanes ;
Le phonocinématographe ;

Et tant de progrès incessants dans toutes les branches de l'industrie, qu'il y a véritablement là une merveilleuse époque de création.

On se sert aujourd'hui de tous ces avantages comme s'ils avaient toujours existé, et presque sans y songer. Les enfants ne croient-ils pas que les chemins de fer et le téléphone ont toujours existé?

Nos successeurs en verront bien d'autres, assurément, mais ils n'assisteront pas à une transformation aussi radicale. Ils en recevront une, entre autres, il est vrai, qui vaudra mieux peut-être que toutes les précédentes : la suppression de la guerre entre les peuples.

*
* *

A l'âge de neuf ans, toutes mes classes de l'école primaire étant terminées, et au delà, je n'avais plus rien à y apprendre, et l'on me fit commencer le latin chez le brave curé du pays, dont le vicaire, l'abbé Lassalle, était fort excellent professeur. Nous étions trois élèves. L'un d'eux, Stanislas Minel, est actuellement percepteur en retraite à Paris, dans mon quartier; l'autre, Louis Renard, est resté agriculteur, comme ses ancêtres, à Montigny. Quel a été le plus heureux des trois? Aucun de nous ne s'est plaint de la destinée, mais il me semble bien que l'agriculteur est celui qui a été exposé, en toutes saisons, aux plus rudes besognes, et qui a le moins joui des agréments de la vie. Et pourtant, en réalité, sa carrière n'a-t-elle pas été la plus indépendante? On a souvent associé le mot « gloire » à mon nom ; si cette association est justifiée, mon impression est que « la gloire », c'est les travaux forcés à perpétuité, parce qu'on entreprend trop, parce qu'on est toujours avide de savoir, parce qu'on ne peut rien finir, et j'ajouterai que ce mot est synonyme d'esclavage, justement par la raison que lorsqu'un nom est connu du monde entier, ce mot ronflant de gloire représente l'esclavage dans ce qu'il a de plus dur, à cause des obligations qu'il vous impose, qui vous mettent notamment dans un état permanent d'impolitesse grossière, puisqu'il est *impossible* de répondre aux lettres reçues. La situation d'un homme qui reçoit de tous les points du monde une trentaine de lettres par jour est-elle véritablement enviable? — Pour moi, le comble du bonheur et de l'indépendance me paraîtrait d'être jardinier et inconnu.

Le climat de la Haute-Marne est assez rude. En hiver, la neige est épaisse et la bise est glacée. Nous arrivions souvent à l'étude en soufflant dans nos doigts. C'était un peu là une éducation de Spartiates, qui trempe solidement pour les vicissitudes de la vie. Et les hivers sont longs sur ces contreforts du plateau de Langres.

Les deux petits latinistes dont je viens de parler étaient à peu près mes seuls camarades. J'ai dit plus haut que ma mère était fort difficile pour les fréquentations, et, d'autre part, je préférais l'étude à tous les jeux. Lorsque des amis venaient à la maison, on prenait généralement l'ancien château comme lieu de promenade, et, tandis que l'on s'entretenait d'affaires qui m'intéressaient peu ou que je ne comprenais pas, je m'abandonnais au rêve et à la contemplation. De cette hauteur, l'heure du coucher du soleil était merveilleuse, Vénus, l'étoile du Berger, brillait du plus vif éclat, il me semblait que j'étais plus près du ciel, et je songeais à l'ascension de Jésus.

En somme, je préférais à toutes les distractions le travail, les leçons, la lecture. Il y avait devant la maison, à droite des marches du palier (alors au nombre de quatre au lieu de huit que l'on compte aujourd'hui, par suite d'un nivellement de la rue), une plate-forme de pierres plates très commodes pour jouer aux billes. Les enfants du quartier s'y donnaient souvent rendez-vous. Je faisais mes études dans une chambre au-dessus, et parfois leurs cris et leurs disputes m'étourdissaient. Je n'ai jamais eu l'idée de me joindre à leurs jeux.

Déjà je m'étais formé, comme je l'ai dit, une petite bibliothèque, qui, à l'âge de six ans, se montait à une vingtaine de volumes, à une trentaine à l'âge de sept ans, à une cinquantaine à l'âge de huit ans, volumes que je conserve encore aujourd'hui. On peut lire sur la couverture de l'un d'eux, de mon écriture : « Nouveau Testament de Notre-Seigneur Jésus-Christ, appartenant à Camille Flammarion, 13 novembre 1848 ». On voit que ce livre n'avait rien de récréatif. Un autre a pour titre *Manuel de l'orateur et du lecteur*, par Duquesnois. Ce sont des exercices de récitation choisis, avec les règles de la prononciation, et des figures pour les gestes, des exemples, des sermons des grands orateurs, et, en fait, à l'âge de sept, huit et neuf ans, il se trouva que je réunis, pendant le carême, une douzaine de braves femmes du quartier, qui venaient entendre le soir, à la maison, mes lectures de Massillon et de Bossuet. L'hiver de 1852-1853 a été consacré dans presque toutes ses soirées à ces lectures, que l'on écoutait comme des sermons. Cette vie très sérieuse m'intéressait plus que les amusements de mes anciens camarades d'école.

Le coup d'État du 2 décembre 1851 me frappa moins que la proclamation de la République en 1848, parce que celle-ci avait été très mouvementée, tandis que la substitution de l'Empire à la République fut accompagnée d'une sorte de torpeur : la consigne était de se taire.

Vers l'âge de dix ans, dans la serre du juge de paix Lapre, où j'avais libre accès, j'avais observé avec une attention fiévreuse les mouvements des *sensitives*, et je m'étais dit qu'il n'y a pas de séparation réelle entre le règne animal et le règne végétal, dont j'avais pris une connaissance générale par une édition ancienne des œuvres choisies de Buffon. Ces mouvements des sensitives ne peuvent laisser indifférent un esprit observateur, surtout, peut-être, celui d'un enfant curieux.

Les enfants s'attachent et se souviennent de tout. Que les années de l'enfance seraient précieuses si l'on savait meubler ces petits cerveaux! On peut tout apprendre sans aucun effort.

Le travail ne m'était pas nécessaire pour avancer assez vite, et j'aimais assez faire autre chose, en dehors du programme.

C'est là mon troisième défaut, le premier étant l'absence d'énergie autoritaire, et le second la sensibilité nerveuse, comme on l'a vu plus haut.

C'est ainsi que je m'étais intéressé à tracer un plan du bourg de Montigny, assez bien orienté, et où toutes les maisons étaient faciles à retrouver, dans ces rues d'ailleurs peu nombreuses : une grande place, à Montigny-le-Haut, conduisant au château d'autrefois, la « voie » descendante de Montigny-le-Haut à Montigny-le-Bas, une grande rue de cultivateurs traversant le groupement du bas, et une série de petites rues. A propos de ces deux divisions du pays, j'avais remarqué que les habitants de Montigny-le-Haut étaient assez fiers, et regardaient « de haut » ceux de Montigny-le-Bas. Où la vanité va-t-elle se nicher ? Rivalités de fourmis sur peu d'espace, eût dit Sénèque. Et pourtant, le fait s'explique un peu par la situation. Et puis, le plateau supérieur est forcément plus aéré, plus ensoleillé, moins humide, plus propre, que la région inférieure. J'ai dit, me semble-t-il, que ma maison natale est sur le versant oriental de la colline, à peu près à mi-côte.

Mes parents, qui faisaient leurs emplettes de commerce à Langres, m'y emmenaient quelquefois. On partait avant le lever du soleil et, en arrivant dans la matinée, on admirait d'en bas la haute ville blanche illuminée dominant les remparts. Ma mère ne négligeait aucune circonstance pour émouvoir ma pensée par le spectacle des grandes cérémonies religieuses. C'est ainsi qu'en 1852, un nouvel évêque ayant été nommé à Langres, j'assistai à son entrée solennelle d'une fenêtre d'une maison située à la porte des Moulins, appartenant à un parent du beau-frère de mon père. Journée superbe. Le canon tonna, annonçant l'arrivée de Mgr Jean-Jacques-Marie-Antoine Guérin, qui venait d'être sacré à Dijon. Un reposoir attendait Sa Grandeur. Elle descendit noblement de calèche, fut reçue par les autorités, le préfet, le général, le clergé, etc., et la procession se mit en marche vers la cathédrale, escortée d'un brillant appareil militaire. Mitre en tête, crosse en main, l'évêque s'avançait d'un pas majestueux, en donnant de la main levée des bénédictions à gauche et à droite sur le peuple pieusement agenouillé. On arriva à la cathédrale au son des cloches. Roulement majestueux des orgues, *Te Deum*, sermon, bénédiction pontificale. Comment un enfant de dix ans ne serait-il pas frappé de ces splendeurs !

Mais revenons à mes études de latin chez le curé de Montigny.

M. Mirbel, curé-doyen de Montigny, était à peu près le recteur du pays, comptant plus, à lui seul, que l'instituteur, le maire et tout le conseil municipal réunis. Ma mère ne pensait que par lui, et ils étaient bien d'accord pour me diriger vers la voie ecclésiastique. D'ailleurs, le séminaire de Langres était réputé pour la force de ses études et pour la sévérité de son éducation. L'enseignement du latin y était notamment très soigné. De fait, je n'y ai pas poussé mes études plus loin que la quatrième, et j'étais presque au niveau des exigences du baccalauréat.

VI

Langres. — Le petit séminaire et la maîtrise de la cathédrale. — Études musicales. — Invention d'un lithophone. — Classes de latin. — Souvenir de Diderot. — La comète de 1853. — Le Mont-Blanc vu de Langres. — Études sur les cours d'eau. — Le latin et le grec. — A quoi tiennent nos destinées.

Il y avait à Langres un moyen assez économique de faire ses études classiques : c'était la maîtrise de la cathédrale, du moins pour les enfants doués d'une belle voix et destinés à l'état ecclésiastique. Mes parents firent ce choix ; ils n'en pouvaient guère faire un autre. J'avais réussi ma huitième, à l'âge de neuf ans, chez le curé de Montigny, et ma septième à l'âge de dix ans. Aux vacances de Pâques de 1853, à onze ans, j'entrai à la maîtrise et commençai ma sixième, terminée en 1854. J'y fis ma cinquième dans l'année scolaire 1854-55, et ma quatrième en 1855-56.

Ces années 1853 à 1856 réservaient à mes parents les plus cruelles épreuves. Ils tombèrent tout d'un coup d'une modeste aisance à la ruine complète. Mon père avait cru augmenter son avoir en achetant, dans le voisinage de Montigny, à Récourt, une tuilerie assez bien achalandée, avec des terrains pour l'extraction de l'argile et des bois pour le chauffage des fours, et en s'associant avec le propriétaire. Celui-ci était un simple filou, et l'acte d'association trompait mon père sur tous les points. Les dates de paiement arrivèrent sans que l'établissement eût donné aucun résultat sensible. L'année 1854 amena le choléra à Montigny, avec une telle intensité que le cinquième des habitants succomba et que la population tomba de 1.340 habitants au dessous de 1.100. On ne pouvait même plus faire de cercueils pour enterrer les morts, et mon père fut obligé de porter lui-même son père et sa mère, décédés à deux jours d'intervalle, ensevelis sommairement, dans la longue fosse que l'on avait creusée à la hâte contre le mur de l'église. Il tomba malade à son tour, et ma mère, exténuée de fatigues, avait à peine la force de le soigner. Peu s'en fallut qu'ils ne fussent, à leur tour, victimes de cette épouvantable épidémie. L'associé de mon père habitait Langres et continuait tranquillement l'organisation de la ruine. Les dates fatales des paiements arrivèrent. Plus d'un citoyen aurait tout planté là en acceptant la faillite et en emportant sa petite fortune.

Mes parents préférèrent la ruine, payèrent tout en vendant ce qu'ils possédaient, les champs, les prés, les jardins, la maison avec tous ses meubles, le cheval, la petite voiture, la charrette, en un mot tout ce qu'ils avaient, et, s'armant de courage, vinrent à Paris essayer de recommencer une nouvelle vie.

Ils crurent d'abord pouvoir me laisser continuer mes études. Les dépenses n'étaient pas élevées, et le brave curé de Montigny leur offrit de s'en charger dès cette seconde année 1854.

L'instruction était donnée sans frais pour les élèves, étant à la charge de la mense épiscopale, sans doute en échange des devoirs que la maîtrise rendait quotidiennement à la cathédrale, pour le service de toutes les messes et de tous les offices, et pour le chant dans toutes les cérémonies. On faisait ses études dans les bâtiments de la maîtrise, ancien siège de l'évêché, près des remparts, et l'on suivait les classes du petit séminaire. Tous les élèves étaient externes, mis en pension en diverses maisons de la ville sévèrement choisies, et en général, me semble-t-il, tous de condition moyenne, car l'argent était rare dans les petites bourses, et les repas étaient d'une frugalité monacale. Mes dépenses ne représentaient certainement pas un franc par jour, tout compris.

On se levait à cinq heures et demie du matin, hiver comme été, et après la toilette et la soupe, on se rendait à la maîtrise, toujours par le même chemin. Tout était ponctuellement réglé. Dîner à midi, souper à sept heures, programme des classes, des études et des récréations déterminé avec précision et tout à fait classique, avec une attention particulière pour le latin; l'histoire, la géographie, la grammaire française, les mathématiques, ne venaient qu'après. On suivait les cours au petit séminaire.

Langres était une cité isolée du mouvement du monde, toute confite en dévotion, et silencieuse comme un cloître du moyen âge. Tout y parlait religion et miracles, tout y gravitait vers l'église. Diderot, né à Langres, comme tout le monde le sait, avait commencé ses études classiques là où j'allais commencer les miennes, et, coïncidence assez curieuse, on m'a affirmé depuis, que la salle où j'ai

LA VILLE DE LANGRES ET SES REMPARTS.

Cliché A. Tallon-Petit, à Langres.

travaillé, située dans l'ancien évêché attenant au chœur de la cathédrale, sur les remparts de l'est, était précisément celle où 128 ans auparavant, le futur auteur de l'*Encyclopédie* avait appris, lui premier, à traduire les classiques du siècle d'Auguste. J'avais, sans m'en douter, un prédécesseur de fameux augure. Mais alors, Diderot était honni et détesté dans son pays ; on déchirait les volumes de l'*Encyclopédie* chaque fois que l'on pouvait en découvrir un, et je ne me doutais pas qu'un jour mon futur ami Bartholdi élèverait sur la plus belle place de Langres la statue que l'on y admire maintenant.

L'établissement était dirigé par trois hommes distingués, trois frères, les messieurs Couturier, prêtres tous les trois, d'esprit très large, affranchis de toute bigoterie, convaincus, d'ailleurs, de la vérité de la doctrine chrétienne, mais restés, en apparence, sur toutes choses, à la *Somme théologique* de saint Thomas. Les exercices religieux n'avaient rien d'exagéré, et si nous suivions les offices (par métier, pour ainsi dire), c'était un peu comme tous les fidèles de la paroisse. Le dimanche, dans l'après-midi, un cours d'instruction religieuse développait devant nos jeunes âmes les fastes de l'histoire du christianisme. De temps en temps, un sermon paternel du supérieur, M. Barrillot, vicaire général, commentait, la plupart du temps, le conseil de l'apôtre saint Jean : « Aimez-vous les uns les autres ». Idées générales, rien de clérical. Il me semble même que les frères de la Doctrine chrétienne étaient peu considérés du séminaire et de la maîtrise. On y avait en horreur le caractère cachottier connu sous le nom de « jésuitisme ». Le premier précepte qui nous était inculqué était celui de *la dignité de soi-même.* Il a son importance dans la vie d'un honnête homme. Il avait d'ailleurs été à la base de toute l'éducation de mon enfance.

Les messieurs Couturier étaient fils d'un meunier de Perrancey, petit village des environs de Langres, à cinq kilomètres environ, au bord d'un ruisseau.

Quelquefois, au cœur de l'été, au temps des cerises, la fête du directeur, Didier Couturier, nous réunissait au moulin en un grand déjeuner, après lequel nous nous dispersions en un charmant paysage pour nous retrouver à quatre heures dans la pleine eau d'une baignade générale. Je me souviens d'avoir étudié là, contre les roues arrêtées du moulin, des crustacés aquatiques aux formes les plus curieuses.

Tous les mercredis, dans l'après-midi, on nous conduisait en promenade à deux kilomètres environ de la ville. C'était sur la montagne à l'ouest de Langres, au même niveau que le plateau, fort différente, géologiquement, de la région de Bourmont, dépourvue de fossiles, mais sur laquelle on trouve des pierres plates, minces et sonores.

Cette montagne de Buzon, où se tenaient nos récréations du mercredi, était couverte de pierres. En la déblayant pour préparer un plateau à peu près uni, nous assemblâmes les moellons les plus gros en murs et en tourelles. J'avais remarqué un certain nombre de lattes particulièrement sonores, qui, posées sur de la mousse, et frappées d'un petit marteau de pierre, donnaient des notes fort agréables. J'arrivai à former plusieurs gammes complètes, en une sorte d'harmonica en clavier circulaire, auquel je donnai le nom de lithophone, comme application des racines grecques. Lorsqu'une pierre fournissait un ton un peu inférieur, ne fût-ce que d'un comma, à la note précise, il suffisait d'en enlever un petit morceau pour la mettre au ton. Sur ce piano d'un nouveau genre, je jouais les airs les plus connus, tels que celui de *Guillaume Tell :* « Toi que l'oiseau ne suivrait pas... », celui des *Bagnerais*, sans compter l'élémentaire *Au clair de la lune*, et cent autres fantaisies. Mes camarades s'en amusaient beaucoup et y ajoutaient souvent un accompagnement en sourdine qui corsait un peu le thème.

La musique était fort soignée à la maîtrise, et l'un de mes condisciples, Nicolas Couturier, neveu des professeurs, est devenu célèbre dans la composition musicale. J'appris les règles du contrepoint. En voulant l'imiter, sans doute, j'avais composé moi-même quelques morceaux que j'avais intitulés *Nugæ Canoræ*, comme qui dirait « Bagatelles chantantes. » J'étais, pour ma part, doué d'une voix d'une grande pureté. Depuis, j'ai souvent répété à mon ami Camille Saint-Saëns, que j'aurais fort aimé être musicien, et lui-même m'a souvent confié, de son côté, que son plus vif désir aurait été d'être astronome. Mais Uranie et Euterpe ne sont-elles pas sœurs?

De la montagne, la vue sur Langres était splendide. Les tours de la cathédrale Saint-Mammès, le clocher de l'église Saint-Martin, le dôme de l'hôpital, les remparts, formaient un véritable tableau, surtout à la lumière des dernières heures de l'après-midi. On m'avait prêté une lentille bien transparente, et d'assez forte courbure, pour allumer du bois aux rayons du soleil. Je m'en servis pour construire une chambre obscure au fond de laquelle le paysage se révélait, renversé, parfaitement net et d'intense couleur. Plus d'une fois j'y dessinai la silhouette de la ville, regrettant de ne pas connaître les procédés du daguerréotype, dont on commençait à nous parler au cours de dessin.

J'avais également construit, en tubes de carton, un assez bon microscope avec lequel nous observions les insectes capturés.

Dans cette même propriété de la maîtrise, il y avait en contre-bas un petit bois d'une agréable fraîcheur. Je me souviens d'y avoir planté des noix triangulaires de noyer d'Amérique, qui m'avaient été envoyées par un oncle, frère de ma mère, alors en Louisiane (mon oncle Charles dont j'ai parlé plus haut). Je ne sais si elles ont germé. Républicain enthousiaste, mon oncle, victime du 2 Décembre, avait pu prendre la fuite et s'exiler aux États-Unis. C'était un oncle d'Amérique, mais il y en a de tous les genres, et celui-ci n'y a pas fait fortune.

La première année de mon séjour à Langres me gratifia d'un spectacle céleste assez rare. Pendant les belles et tièdes soirées du mois d'août, avant les vacances, qui ne commençaient que le lendemain de l'Assomption, notre propriétaire, M. Lavrillet, conduisait ses quatre petits pensionnaires, y compris son fils, qui était de mon âge, faire le tour des remparts. Les panoramas immenses qui s'y déroulent au coucher du soleil étaient bientôt rehaussés par la présence d'une comète, assez brillante pour être visible à l'œil nu, après le coucher de l'astre radieux et l'extinction des gloires flamboyantes du crépuscule. Sans égaler la splendeur des comètes gigantesques que nous avons admirées depuis, en 1858 et 1861, elle offrait l'aspect d'un panache lumineux légèrement recourbé et attirait tous les regards. Les deux premières semaines d'août, une partie de la population langroise était tous les soirs sur les remparts de l'ouest, vers la tour Navarre. Venue du nord, l'apparition mystérieuse avançait chaque soir dans la direction de l'ouest, en augmentant d'éclat, car elle approchait de la Terre et du Soleil, devant passer au périhélie le premier septembre. Nous ne connaissions pas cette marche astronomique calculée, et l'astre chevelu restait enveloppé pour nous de l'auréole du mystère. On y voyait plutôt un signe céleste, une indication de Dieu, annonçant probablement une guerre. Les hommes ont toujours cherché à excuser leurs sottises sur l'influence du Destin, sans reconnaître qu'ils sont eux-mêmes les propres artisans de leurs malheurs. De fait, l'inutile guerre de 1854 avec la Russie qui laissa 800.000 victimes sur les champs de bataille ou dans les hôpitaux (800.000 !), ne tarda pas à être préparée par la diplomatie ; mais l'apparition céleste n'y était pour rien, et ce que nous apprîmes de plus clair à une leçon le lendemain, c'est que le mot comète dérive du latin *coma* : chevelure.

J'essayai de faire un dessin de cette curieuse voyageuse éthérée, qui, longtemps après, trouva sa place dans mon *Astronomie populaire*, et qui est reproduit ici.

Pendant les vacances de cette année 1853, le 2 octobre, Arago s'éteignit à l'âge de soixante-sept ans. Il était né le 26 février 1786. Le dimanche suivant, à l'église de Montigny, au prône, l'érudit curé Mirbel en fit un éloge qui me frappa. Il y parla du savant et patriote directeur de l'Observatoire de Paris, de l'honnête homme que l'empereur avait eu le bon esprit de dispenser du serment à l'empire, que le vieux républicain avait refusé, de la beauté de la science et de la grandeur de l'astronomie.

A mon retour à Langres, pendant l'hiver de 1853-54, un spectacle remarquable intéressa mes yeux et mon esprit. Ce tableau de la nature était

La comète de 1853, vue du haut des remparts de Langres.

observable avant le lever du soleil, dans les matinées de décembre, et j'en fus plus d'une fois témoin dans mon trajet matinal uniforme le long des remparts de l'est, en me rendant de ma pension à la maîtrise.

Du haut des remparts, en effet, le panorama est souvent merveilleux avant le lever du soleil, un brouillard opaque s'étend sur la plaine dominée par l'antique cité des Lingons et sa surface représente une sorte de mer blanche aux sillons floconneux, un océan de neige ouates, digne prélude de ce que je devais plus tard contempler, au-dessus des nuages, du haut de la nacelle de l'aérostat. Ce brouillard s'étend sur la plaine, que les remparts dominent de 140 mètres.

Avant le lever du soleil, la silhouette noire du Jura et des Alpes se dessine à l'horizon lointain, et parfois le Mont-Blanc est parfaitement visible, d'une netteté coupée comme à l'emporte-pièce. Je l'ai plu-

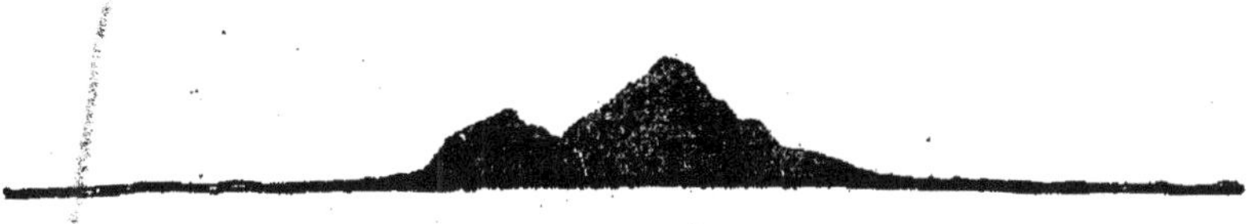

Le Mont-Blanc, vu de Langres au lever du soleil.

sieurs fois dessiné. La distance du Mont-Blanc à Langres est de 249 kilomètres et l'altitude de la cité est de 475 mètres. On a contesté le fait, mais le calcul m'a montré qu'il est incontestable, malgré la courte sphéricité de notre globe.

Un jour, M. Janssen, qui venait de créer un observatoire au sommet du Mont-Blanc, a publié l'un de ces croquis de mon enfance. C'était à la séance de la Société astronomique de France du premier décembre 1897, et ce croquis a été pris au mois de mars 1854. Le sommet le plus élevé de ce profil est le Mont-Blanc (4.810 mètres), et celui de gauche est le Mont-Maudit (4.471). Sur la pente droite du Mont-Blanc, une légère éminence correspond à l'aiguille du Bionnasset (4.060).

Une fois le soleil levé, l'écran noir du fond qui se profilait sur le ciel clair et dessinait le profil du Mont-Blanc, disparaît entièrement. Quelquefois, dit-on, on le voit rose, assez distinctement ; pour moi, je ne l'ai jamais vu que sous l'aspect de profil noir.

L'histoire naturelle m'intéressait. Dans un jardin de

Surface du brouillard, vue des remparts de Langres au lever du soleil.

la maison où j'étais en pension, je fus attentif à suivre les curieuses métamorphoses des insectes. Ces chrysalides aux têtes de momies m'avaient souverainement intrigué, et j'étudiai en détail la formation des cocons, le réveil de la chrysalide et l'éclosion des papillons. L'une de mes grandes surprises fut d'avoir déniché une boîte contenant des vers de terre, oubliée par un pêcheur et, en l'ouvrant, de trouver de fort belles mouches.

Il y avait là un spectacle émouvant. La larve a disparu, l'insecte ailé l'a remplacé. N'est-ce pas une image de Psyché, de la résurrection de l'âme au delà du tombeau?

Ma vie d'écolier était donc assez diversifiée. Aux études classiques et à l'instruction religieuse s'ajoutaient certaines diversions intéressantes, surtout l'histoire naturelle. L'enseignement cosmographique était très rudimentaire et se bornait presque aux premières cartes de l'atlas de l'abbé Drioux, de Langres. D'ailleurs, un événement d'une certaine importance pour tous les enfants chrétiens se préparait pour moi.

L'année 1854 fut celle de ma première communion.

VII

Éducation religieuse. — Honnêteté naïve de l'enfant. — Crédulité. — La contemplation de la nature. — L'existence de Dieu. — L'anthropomorphisme. — Les sources de la Marne, de la Meuse, et les trois grands versants de la France. — A quoi tient la carrière d'un enfant.

Normalement, l'enfant est honnête, ne pense pas qu'on puisse le tromper, lui enseigner des choses incertaines ou fausses, croit à ce qu'on lui dit, avec naïveté et candeur. Pour moi particulièrement, n'ayant jamais eu autour de moi que des exemples de franchise et d'honnêteté, aucun doute ne pouvait naître dans mon esprit. La première communion est attendue comme un événement, préparée par des exercices religieux, des sermons, des catéchismes, des confessions. Depuis l'âge de sept ou huit ans, je connaissais les quatre évangiles sur le bout du doigt et savais par cœur le récit de la Passion. Jésus-Christ était fils de Dieu et Dieu lui-même. Il avait institué son Église pour la rémission des péchés, et hors de cette Église il n'y avait pas de salut possible. A la mort, un jugement particulier portait notre âme au ciel si elle était absolument pure, en purgatoire si elle n'avait que des péchés véniels, en enfer si elle était entachée de péchés mortels. A la fin du monde, un jugement général, supprimant le purgatoire, fixait pour l'éternité tous les humains ressuscités au paradis ou en enfer.

Les tourments de l'enfer étaient dépeints, dans certains sermons, avec une telle violence, les tableaux des damnés nous donnaient de tels frissons d'épouvante, qu'un jour je vis un de mes condisciples s'évanouir devant moi, et l'on fut obligé de l'emporter. Nous pleurions tous à chaudes larmes, surtout lorsqu'on nous montrait nos parents, nos frères, nos sœurs, torturés par les démons dans les flammes de l'enfer quand ils mouraient sans confession. On nous disait aussi qu'une goutte de sang tombant sur le cœur suffisait pour vous faire mourir subitement pendant le sommeil. Il ne fallait jamais s'endormir avec une mauvaise action sur la conscience et sans avoir fait sa prière. Des œuvres pouvaient procurer des indulgences diminuant le nombre des années à passer au purgatoire avant d'arriver au ciel. Le ciel était un séjour de bonheur absolu dans la contemplation divine. Il y avait là, avec la Trinité et les neuf chœurs des anges, la sainte Vierge, les saints et les saintes, les patriarches, les martyrs, les papes, les évêques, les religieux, les élus; mais pour beaucoup d'appelés peu d'élus. Chacun de nous était protégé par un ange gardien.

Avec quelle conviction, avec quelle onction nous vîmes arriver le jour béni où nous allions recevoir Dieu lui-même dans notre sein! Les paroles de la Cène étaient là : prenez et mangez, *ceci est mon corps* « HOC EST ENIM CORPUS MEUM ». Par un miracle enchanteur, la chair et le sang du Sauveur allaient devenir notre chair et notre sang! Quels purs taber-

LA CATHÉDRALE DE LANGRES. Cl. A. Tallon-Petit, Langres.

nacles ne devaient pas être nos petites créatures de douze ans pour mériter une telle grâce! Après la dernière confession de la veille, le passage à travers nos cerveaux d'une pensée impure avant la communion du lendemain suffirait pour nous rendre indignes de la présence de Dieu. Ah ! je m'en souviens comme d'hier : c'était le jour de l'Ascension, le 25 mai 1854. Les cloches de la cathédrale et de l'église Saint-Martin sonnèrent en volée, nous fûmes réunis en procession, les petits garçons en habits de chœur, d'abord, les petites filles ensuite en robes blanches, et nous fîmes le tour de la cathédrale en chantant des cantiques pour remercier Dieu de ses faveurs ; puis la cérémonie commença : messe solennelle avec les grandes orgues emplissant les voûtes de leurs modulations sonores, parfums de l'encens s'élevant vers le ciel, lumière du soleil pénétrant les vitraux. Nos âmes enfantines s'humiliaient dans leur anéantissement devant le Créateur, mais éprouvaient en elles-mêmes une sorte de frémissement d'ailes tendant à les emporter dans l'espace, et lorsque la sainte hostie fut déposée sur notre langue, nous sentîmes une communion réelle avec l'Être divin, avec le Dieu de nos pères, le Dieu de notre histoire, le Dieu d'Abraham et de Moïse, le Dieu de saint Paul et de saint Augustin, le Dieu de Clovis, de Blanche de Castille et de saint Louis, le Dieu célébré par Bossuet et par Fénelon, le Dieu adoré par Pascal, chanté par Palestrina, révéré par Buffon, invoqué par Racine et Lamartine. Est-il dans la vie entière une sensation plus pure, plus élevée, à la fois plus humble et plus fière, une sensation plus pénétrante, plus absolue, de l'union de notre âme avec la Vérité !

La Vérité ! Nous croyions la posséder, et je le croyais comme les autres...

J'ai dit plus haut que le spectacle du ciel avait toujours frappé mon âme contemplative.

Aux vacances, je revenais quelquefois à pied de Langres à Montigny, quelquefois par la diligence, quelquefois dans la voiture ou la charrette de braves habitants rentrant au pays, après un marché ou une foire. Dans ce dernier cas, on partait assez tard de la ville et l'on n'arrivait qu'après minuit. Un jour — ou plutôt une nuit — je me trouvais en compagnie de cinq ou six personnes rentrant à Montigny, sur la grande route isolée, par un ciel étoilé splendide, avançant lentement vers le nord-est, au pas cadencé d'un cheval fatigué. Un profond silence nous environnait, et tous les voyageurs auraient pu dormir. La température était fraîche, sans être froide, et l'air était embaumé des parfums de la campagne. On causait un peu, dans une sorte de recueillement. « Ah! fit la voix d'une femme, l'année s'avance déjà : voyez-vous la Poussinière? »

Nous étions à la fin du mois d'août, à la sortie pour les grandes vacances.

Je regardai les étoiles, et il me sembla que jusqu'alors je ne les avais jamais si bien vues. On me montra cette Poussinière, c'est-à-dire le groupe de la poule avec ses poussins. Je reconnus facilement une étoile assez brillante qui peut, en effet, passer pour la poule, et, groupées autour d'elle, cinq étoiles un peu plus petites, qui peuvent passer pour les poussins. Plus tard, j'ai su que ce groupe s'appelle les Pléiades, et que ces six étoiles sont Alcyone, Electre, Atlas, Maïa, Mérope et Taygète. Plus tard encore, je les ai mesurées, étudiées, photographiées, et j'ai connu qu'il y a là tout un univers flottant dans l'immensité des cieux. Mais cette première vision de la Poussinière avait quelque chose de plus humain que les observations astronomiques. Dans ce scintillement paisible et silencieux au-dessus de l'atmosphère que nous respirions, on sentait comme une sorte de vie inconnue et mystérieuse, et ces bons campagnards, successeurs des primitifs bergers de la Chaldée, se demandaient ce que sont ces lointaines lumières du ciel et ce qu'elles signifient. C'étaient des âmes simples; mais ces âmes pensaient.

« Tiens! le Râteau », fit une autre voix. En effet, les Trois Rois Mages, le Baudrier d'Orion venaient de se lever à leur tour. On trouvait là, par l'inclinaison de la ligne, une image du modeste instrument aratoire dont on se sert pour rassembler les foins. Encore un reflet de la vie des campagnes.

Le Chariot de David brillait aussi, immense constellation des sept étoiles de la Grande-Ourse, à l'opposé d'Orion, et, là-haut la Chaise, et, à travers le ciel entier, le fleuve de la Voie lactée. On regardait, on contemplait, on nommait quelques étoiles de leurs noms populaires, on devinait, on rêvait. La Voie lactée s'appelait le chemin des âmes. On n'osait plus parler, on songeait au dernier deuil, on associait le ciel à nos destinées. Je devenais muet moi-même, me demandant où pouvait être Jésus-Christ, qui nous attendait tous là-haut, pour juger, à la fin du monde, les vivants et les morts.

L'enfant est crédule, parce qu'il est honnête, et qu'il croit que tous les hommes sont honnêtes.

Je n'avais donc aucun doute sur la vérité des enseignements donnés. Cependant, quelquefois, je me demandais si nous n'étions pas dupes de certaines illusions, et si la vie elle-même était bien ce qu'elle paraît être ; je pensais qu'une partie notable de notre existence est prise par le sommeil, et que nos rêves, quoique purement imaginaires, nous semblent néanmoins être absolument réels, et je me demandais aussi si j'existais sûrement tel que je me voyais et me sentais, et s'il ne pourrait pas y avoir là une sorte de rêve, ma personnalité réelle étant ailleurs, par exemple dans une étoile. Mais la vue de mes condisciples et de mes professeurs, les classes, les études, l'existence des choses, les murs, les maisons, les arbres, les promenades, les repas, me ramenaient assez vite à la réalité normale.

Un de mes camarades de classe, Charles Burdy, avait une moitié de jumelle, et dans nos récréations du mercredi, sur la montagne, je la lui empruntai plus d'une fois pour observer les taches de la lune, m'informant près de mon professeur de ce qu'elles pouvaient être. Il me répondait : Ce sont les ombres des montagnes. Leur étendue m'empêchait d'admettre cette explication, et à la pleine lune, je sentais qu'elle était certainement fausse.

Parmi les promenades aux environs de Langres dont je parlais plus haut, j'aurais dû signaler nos visites aux sources de la Marne, à la Marnotte, à six kilomètres au sud de la ville, où l'on remarquait la grotte dans laquelle Sabinus, compétiteur de Vespasien à l'empire romain, s'est, pendant plusieurs années, soustrait avec sa dévouée compagne Eponine, à la colère de l'empereur. Je m'étais intéressé à examiner cette source comme je l'avais fait près de Montigny, pour celle de la Meuse, et j'avais tracé les cours des deux rivières sur une grande carte du département, en ne faisant, d'ailleurs, que renforcer le trait primitif, avec le but de mettre en évidence ces deux cours si différents de deux sources peu éloignées l'une de l'autre dirigeant leurs eaux, la Meuse vers la Hollande et la mer du Nord, la Marne vers Paris et l'Atlantique. Les lois de l'orographie et des bassins fluviaux se révèlent sur ces tracés, que j'avais complétés par l'amorce du bassin du Rhône, par la source du Saôlon, à dix kilomètres de Langres, ruisseau se dirigeant vers la Saône. On trouvera ici ce tracé assez curieux que je m'étais amusé à faire à l'âge de quatorze ans, au printemps de 1856. La source de la Meuse est à 409 mètres d'altitude, celle de la Marne à 381 mètres, celle du Saôlon à 360. Ces deux dernières sont très proches l'une de l'autre ; la première en est plus éloignée, mais de petits affluents, entre autres le Boscheré, sont voisins de Montigny. Quand une pluie un peu étendue se déverse sur cette région, une partie de l'eau tombée se dirige vers l'Atlantique, une autre vers la mer du Nord et une troisième vers la Méditerranée. Le département de la Haute-Marne est particulièrement remarquable à ce point de vue, puisque, de ses hauteurs, d'un même arrondissement, et presque du même point du plateau de Langres, les eaux versées par la pluie se rendent aux trois mers qui environnent la France. On y apprend tout naturellement les principes essentiels de l'orographie, de la géodésie et de la climatologie.

A quoi tiennent nos destinées? A une multitude de causes diverses, dont plusieurs peuvent être, ou paraître tout à fait minuscules.

Dans l'éducation d'un petit séminaire, et dans son atmosphère ambiante, un enfant arrive à l'âge adulte sans s'imaginer que le monde réel diffère sensiblement de celui au milieu duquel il a grandi. Vers

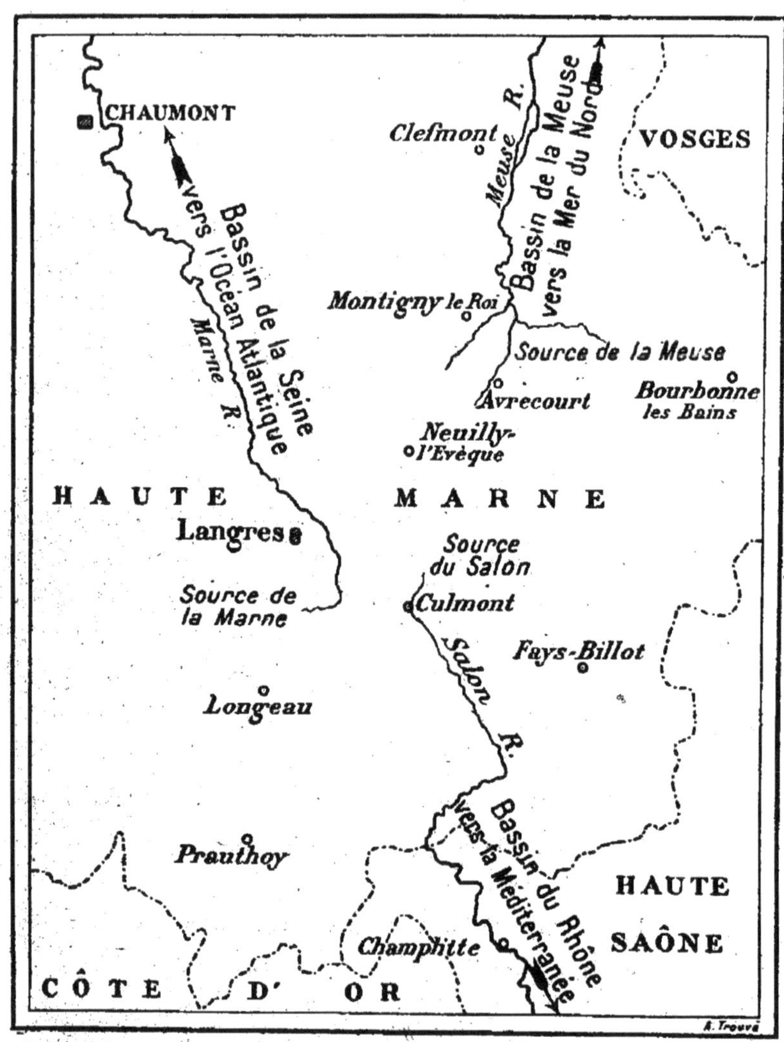

Origines des bassins de la Meuse (Mer du Nord), de la Seine (Océan Atlantique) et du Rhône (Méditerranée), dans le même arrondissement de la Haute-Marne.

dix-huit ou dix-neuf ans, il a terminé ses études classiques, et sa vocation peut paraître se décider en

BIBLIOTHÈQUE NATIONALE R.F.

faveur de l'état ecclésiastique. Il ne doute pas d'être dans le vrai. Le grand séminaire le reçoit et le conduit à la prêtrise. Vers l'âge de vingt-quatre ou vingt-cinq ans, il a reçu les ordres, qui sont, pour ainsi dire, arrivés tout seuls couronner ses études, comme un baccalauréat spirituel. Il est nommé vicaire ou curé dans un village, ou professeur dans une institution et entre dans le monde. Si, dans cette première indépendance, livré à lui-même, à de nouvelles études, il lui arrive de contrôler la solidité des bases de sa foi, de discuter ces bases à la lumière de la raison, de reconnaître qu'elles sont insuffisamment fondées, et de sentir chanceler ses croyances, le voilà pris dans une sorte d'impasse. Sa position matérielle est associée à son état d'âme. Peut-il donner sa démission de prêtre le jour où il cesse de croire à la divinité de Jésus? Ce serait un défroqué. Peut-il continuer de dire la messe et d'exercer son ministère? Oui, peut-être, en considérant désormais la religion comme œuvre d'utilité sociale. Mais alors, quel compromis perpétuel avec ses enseignements et ses affirmations de tous les jours! Le mieux, évidemment, aurait été de ne pas entrer au grand séminaire et de ne pas recevoir les ordres, à moins de considérer l'état ecclésiastique comme un métier analogue à tous les autres, ce qui n'est pas très chrétien.

Je me figure cet état d'âme, sans l'avoir éprouvé. En en parlant quelquefois avec Renan, qui en avait senti personnellement dans sa conscience toutes les angoisses, j'ai remercié la destinée de n'avoir pas été plus loin dans mes études de Langres, au point de vue de l'éducation religieuse, que je ne l'aurais été dans un collège quelconque, et même de ne pas y avoir dépassé la quatrième.

Tant que l'enfant ne raisonne pas, ces enseignements sont peut-être sans grand inconvénient. Il est, toutefois, toujours fâcheux d'affirmer comme démontré ce qui ne l'est pas. Quand le jeune homme arrive à l'âge de raisonner et qu'il sent se disloquer l'édifice de ses croyances, il arrive souvent que tout s'écroule à la fois. L'existence de Dieu et celle de l'âme humaine deviennent elles-mêmes discutables, quoique le déisme et le spiritualisme soient antérieurs à la fondation du christianisme, que ce soient là des doctrines indépendantes de toutes les formes religieuses, et qu'elles ne soient pas solidaires de la légende du paradis terrestre, de la faute d'Adam et de la rédemption.

L'existence de l'esprit dans la nature, dans les lois du cosmos, dans l'homme, dans les animaux, dans les plantes, est manifeste. Elle devrait suffire pour établir la religion naturelle. Et cette religion serait incomparablement plus solide que toutes les formes dogmatiques. Les principes de justice s'imposent avec la même autorité, et Confucius, comme Platon et Marc-Aurèle, les avaient à la base de leur religion.

Les classes du séminaire de Langres, comme celles du collège, comme celles du lycée de Chaumont, représentaient ce que l'on appelait alors « les humanités », avec cette seule différence qu'elles passaient pour être plus fortes en latin que dans ces deux établissements. Ce mot d'*humanités* me paraît assez bien trouvé, car elles offraient un résumé de l'ensemble des connaissances humaines au point de vue de la littérature historique, et répondaient assez au précepte de Térence : *homo sum, et nil a me alienum puto*. La langue latine, la langue grecque, l'histoire des Grecs et des Romains nos aïeux, l'histoire de France, la grammaire, la poésie, étaient enseignées dans leurs grandes lignes. On a, depuis, remplacé cet enseignement littéraire classique par des notions plus pratiques : mais il n'est pas possible de connaître la langue française si l'on ignore les racines grecques et latines. Sans contredit, on y consacrait trop de temps. Le latin et les racines grecques peuvent certainement être appris en deux ans au lieu de six ; mais supprimer entièrement ces langues me paraît une erreur. Les thèmes sont inutiles assurément ; cependant il est utile de savoir lire les auteurs anciens dans leur langue, et jusqu'au XVIIe siècle ils ont à peu près tous écrit en latin, et il est plus utile encore de connaître les origines des mots de la langue que nous écrivons et parlons (*).

En dehors des classes, nous avions une heure de récréation par jour, dans l'après-midi, et toutes les

(*) On ne saura bientôt plus parler ni écrire en français, dans l'ignorance où l'on est des étymologies, et par la littérature des journaux quotidiens. Que le Volapuk ou l'Esperanto arrive à prendre une place importante, et ce sera fini de la langue de Voltaire, de Buffon, de Laplace et de Victor Hugo. Je lisais ces jours derniers dans les journaux qu'un train en avait « télescopé » un autre, qu'un apache avait « revolvérisé » un agent de police, qu'un aviateur avait « battu le record » de son rival, qu'une usine avait « explosé », qu'une dame « très smart » attendait ses amis à son « five o'clock de six heures », réunissant toute la fleur du « high-life », après le « lawn-tennis » et le « foot-ball », que la C. G. T. avait tenu un « meeting » monstre, que les « dreadnoughts » nous ruinent, que les « matches » de l'american ring sont le « great event » sportif, et que les « sportsmen » sont enchantés de ce « rugby » — et je me demandais si la langue française n'est pas en train de mourir.

après-midi du mercredi sur les montagnes de Buzon. Il paraît que j'étais assez fort aux divers exercices. Un de mes anciens condisciples, l'abbé Bartet, prédicateur distingué à Marseille, m'écrivait dernièrement : « Te souviens-tu que nous étions les premiers au jeu de barres, et que, dans nos rivalités, nous nous sommes octroyé pas mal de coups de poing? C'est peut-être ce qui a si fort consolidé notre amitié. Et l'hiver, par dix-sept degrés de froid, la construction des forteresses de neige et nos divisions en deux camps pour la défense et l'attaque si acharnée, à coups de boulets de neige vite reformés et renvoyés, la sueur au front, avec une ardeur qui finissait par nous mettre en bras de chemise! Tu n'aurais pas lâché le drapeau pour un empire! Et dans les glissades? Un jour, tes talons heurtèrent un gonflement de glace et tu tombas en arrière sur la nuque, avec un évanouissement prolongé qui nous mit tous en alarme. Au jeu des osselets, tu n'avais pas de rival. Mais cela ne t'empêchait pas d'être plus studieux que nous, plus curieux, plus chercheur, et d'emprunter la lorgnette de Burdy pour tâcher de deviner la nature des taches de la lune. Nous nous étonnions souvent de te voir si rêveur, comme si déjà tu avais pensé aux autres mondes ».

Mes études ont été de force moyenne. Tout en restant dans la première moitié des élèves de ma classe pour les différents cours, je n'avais pas souvent la première place, et, à la distribution des prix, j'avais plus de seconds prix que de premiers, et plus d'accessits que de prix, excepté en dissertation, où généralement le premier prix m'était décerné, ainsi qu'en grammaire. Ces concours ne me causaient aucun sentiment d'émulation. Les succès des autres n'ont jamais excité en moi ni jalousie, ni envie, ni ambition. C'est là un défaut pour l'avancement vers les bonnes places dans la vie. J'apprenais pour le seul plaisir de m'instruire et sans but de récompense. En version latine, j'étais assez fort; faible, au contraire, pour le thème, qui ne me paraissait pas logique. Apprendre à lire les auteurs anciens, latins ou grecs, me semblait un devoir naturel, tandis que le besoin ne me paraissait pas s'imposer de savoir écrire ou parler latin. D'autre part, les sciences n'étaient enseignées que sous une forme assez rudimentaire. Pour l'astronomie, la physique, l'histoire naturelle, nous ne les apprenions guère que par les livres de la bibliothèque, anciens et peu documentés. C'étaient, notamment, les « *Leçons de la Nature*, présentées à l'esprit et au cœur, par Louis Cousin-Despréaux », le *Spectacle de la Nature*, de Pluche, les ouvrages de l'abbé Drioux. Ces lectures, d'ailleurs parcimonieusement accordées, car on n'avait pas beaucoup de temps en dehors des devoirs, pouvaient semer dans l'esprit plus d'une erreur.

Je me souviens que l'un des livres de lecture les plus répandus était un abrégé des *Vies des Pères du Désert*, d'Arnauld d'Andilly; saint Paul, premier ermite, commençait la série. Sa biographie, rédigée par saint Jérôme, montrait ce solitaire de la Thébaïde rencontrant sur son chemin un hippocentaure, puis un homme qui avait les jambes d'un âne, et un peu plus loin un faune cornu, aux pieds de chèvre, ainsi que des démons qui éclatent de rire, qui sifflent et qui gémissent. Ces récits, écrits par des personnages respectables, n'étaient pas présentés comme des contes de fées, au contraire, et pouvaient faire divaguer les jeunes lecteurs dans la plus singulière anthropologie. L'existence des démons nous était, d'ailleurs, enseignée comme une réalité hors de doute(*).

Il y avait — il y a peut-être encore — dans la cathédrale Saint-Mammès une chapelle consacrée à saint Amâtre, évêque d'Auxerre au IVe siècle, avec un tableau représentant un miracle : des bûcherons abattent un arbre près de la porte des Moulins (construite en 1647!), et le saint, d'un signe de la main bénissant, empêche cet arbre de tomber. On nous affirmait que c'était arrivé.

Je n'ai pas eu souvent l'occasion de revoir ces lieux de mon enfance et de mes impressions chrétiennes, si ce n'est parfois en quelques circonstances fortuites, notamment, entre autres, un beau jour de février de l'année 1899, à la cathédrale, celui du mariage de mon savant et laborieux cousin, le docteur Jules Flammarion, avec la charmante fille du général Ricq, gouverneur de Langres. Les orgues, touchées par Nicolas Couturier, emplissaient la nef de leurs harmonies, et j'étais devant ce grand autel où j'avais autrefois servi la messe si dévotement. Nous changeons. Ce n'étaient plus du tout les mêmes impressions. Les cérémonies de l'église n'avaient plus pour moi leur caractère sacré et ne me paraissaient pas moins conventionnelles que celles de la mairie. Nos âmes semblent se modifier comme nos corps, quoiqu'elles ne soient pas composées de molécules chi-

(*) Il est bien curieux de constater que les chrétiens de nos jours croient encore aux démons, comme les Grecs du temps de Platon et les Romains du temps d'Apulée.

miques transitoires. D'ailleurs, à quoi serviraient l'étude et l'expérience, si nos idées ne progressaient pas?

Je disais tout à l'heure que nos destinées tiennent souvent à des causes bien diverses. Si mes parents n'avaient pas vu sombrer leur petite fortune, je n'aurais été à charge à personne, et j'aurais continué tranquillement mes études, tandis que ma famille serait restée à Montigny. Selon toute probabilité, je serais devenu prêtre, et j'aurais eu les embarras de conscience éprouvés par ceux d'entre eux qui se sont consacrés à l'astronomie, tels que le P. Secchi, directeur de l'Observatoire de Rome au temps de Pie IX, avec lequel j'ai eu plus d'un entretien, notamment à Rome, en 1872, pendant une maladie durant laquelle il venait me visiter deux fois par jour. L'effondrement de leur fortune lança mes parents dans la seule aventure qui paraissait devoir les sauver, eux et leurs enfants, dans l'enquête des ressources que Paris peut offrir à des courages résolus. Une fois à Paris, ils m'y réclamèrent. Le reste s'ensuivit.

Mes parents étant dans l'impossibilité de prendre aucune part aux frais de ma pension, l'excellent curé de Montigny s'en était chargé. Mon grand-père m'envoyait d'Illoud du vin et certaines provisions. Je trouve dans une lettre écrite par moi à mes parents, le 31 décembre 1855, pour leur présenter mes vœux de bonne année, que l'on venait de me changer de pension pour me placer dans une moins chère. Prix bien modeste, en effet, car il était de six francs par mois; mais il ne s'agissait là que du logement. Ces six francs étaient payés par le curé de Montigny, et plus d'une fois, dans la suite, j'ai regretté de lui faire de la peine en ne continuant pas la carrière qu'il avait rêvée pour moi. Une cousine de Montigny m'apportait du beurre, du fromage, des confitures, et je crois bien qu'elle payait aussi le boulanger, sur des dettes qui restaient à régler avec mes parents de la part de plusieurs habitants du pays.

Le 26 août 1856 eut lieu la distribution des prix. Tous les élèves étaient ramenés dans leur famille par des parents qui les enveloppaient d'attentions et de caresses. Pour moi, j'étais seul et abandonné. Je partis à pied, avec un camarade de Récourt, dans la direction de Montigny, nous nous séparâmes à une bifurcation, lui tournant à droite vers la vallée, et moi continuant la route. J'arrivai chez le brave curé Mirbel, où la vieille servante, Madeleine, me donna un excellent souper et un bon lit. Le lendemain, j'allais embrasser des parents. Le 30, je pris la diligence pour Illoud, où mon grand-père et ma grand'mère m'attendaient, et mon premier plaisir fut d'embrasser une petite sœur née depuis quelques mois. Mais, à cet âge-là, les enfants ne sont guère que des objets : on devine à peine la vie et la pensée. Avec quelle joie je retrouvai ma chambre au premier, sur le ruisseau toujours gazouillant et sur le verger ! Avec quelle ardeur je courus dès le lendemain matin à la vigne de la Côte-La-Biche, à son bois plein d'oiseaux et au panorama féerique qui s'y développe, sur la verdoyante plaine de la Meuse, de Bourmont à Montigny !

VIII

Départ pour Paris. — La grande ville en 1856. — Jardins potagers où est maintenant le Grand Hôtel. — Terres incultes autour de l'Arc-de-Triomphe et boulevard Malesherbes. — Les villages de Montmartre, de Passy, d'Auteuil en dehors de Paris. — L'achèvement du Louvre. — Vision lointaine de l'Observatoire. — Année d'épreuve. — L'Association polytechnique. J'apprends l'anglais. — Promenade dans l'ancien Paris.

Mais il fallait partir pour Paris où mon sort devait définitivement se décider. Une diligence me conduisit à Donjeux, station de la ligne alors en construction de Blesmes à Chaumont, et de là je gagnai Blesmes, sur la ligne de Strasbourg à Paris. C'était le jeudi 4 septembre 1856. Je pris place dans un compartiment peu rembourré d'un wagon de 3e classe de cette époque, dont les ferrailles faisaient beaucoup de bruit, que je n'entendis guère, car je passai à peu près la journée entière à la portière.

En arrivant, vers quatre heures de l'après-midi, à ce Paris féerique, gloire du monde, je m'attendais à un éblouissement de palais et à mille splendeurs. Les maisons du faubourg Saint-Martin, qui bordent la ligne à l'arrivée, étaient plutôt grises et sales, et cet aspect de la trouée de la gare de l'Est n'a pas sensiblement changé depuis ; mais elles me parurent d'une hauteur démesurée. A la sortie du train, je n'eus le temps d'éprouver aucune inquiétude, car je tombai dans les bras de mon père, de ma sœur et de mon frère, qui m'attendaient.

Combien deux années seulement peuvent transformer les êtres ! Mon père avait beaucoup vieilli, ma sœur avait grandi, j'avais grandi également ; mon frère était celui qui avait le moins changé. Je crois que si nous ne nous étions pas cherchés, si nous étions passés les uns près des autres en une circonstance quelconque, nous ne nous serions pas reconnus. Mais, à peine étions-nous réunis depuis cinq minutes, qu'il nous sembla ne nous être jamais quittés. J'avais pour tout bagage un petit paquet, ayant laissé à Langres mes dictionnaires, mes atlas et mes gros livres. Nous descendîmes à pied tous les quatre le boulevard de Strasbourg et suivîmes ensuite les grands boulevards, mes parents habitant au boulevard des Italiens, n° 17, où ma mère nous attendait. J'eus ainsi, dès le premier moment, une vue de Paris, une impression assez digne du sujet. Mais ce n'étaient pas les splendeurs rêvées : c'était plutôt de l'étonnement, notamment par l'agitation des foules, par le nombre et par le bruit des voitures. Quel contraste avec le calme et le silence au sein desquels ma vie s'était si tranquillement écoulée jusqu'alors !

Mon père occupait là, à la photographie Tournachon-Nadar jeune et Cie, une petite place bien modeste, et notre logement pour cinq personnes était réduit à la plus simple expression. Il fallut tout de suite chercher, dans le voisinage, une mansarde pour les deux garçons. Je compris seulement, en partageant ce dénuement, quel mérite avaient eu mes parents d'avoir tout sacrifié à l'honneur, d'avoir vendu tout ce qu'ils possédaient aux jours de leur aisance, pour payer leurs créanciers, au lieu de faire comme tant d'autres qui, ruinés par les événements, fuient avec le pécule qui leur reste, sans se préoccuper ni de leur conscience (qui, sans doute, ne les gêne guère), ni de l'opinion publique, et je sentis qu'en me donnant tous les deux l'exemple de l'énergie et du travail, ils me montraient mon propre devoir.

Mais la jeunesse est une lumière. A quatorze ans, on vit encore un peu comme les plantes au soleil, sans trop songer au temps du lendemain, aux nuages et aux tempêtes. Et puis, nous étions en vacances, et j'étais à Paris. Or, dans la salle d'études de la cure de Montigny, il y avait un grand plan de Paris, et je l'avais étudié avec soin la semaine précédente, d'abord pour voir en quel quartier mes parents habitaient, ensuite pour connaître l'ensemble de la grande ville. En fait, je connaissais si bien ce plan que je pouvais me diriger dans Paris sans rien demander à personne, ce qui stupéfiait, car tous les provinciaux savent combien les nouveaux venus dans la capitale ont peur de se perdre.

Le lendemain même de mon arrivée, je demandai à mes parents la permission de conduire ma sœur et mon frère à Notre-Dame et au Jardin des Plantes, où nous déjeunerions, pour revenir ensuite par la Bastille et les boulevards. Nous partîmes, en effet, ayant notre déjeuner dans nos poches (pain, raisins secs et noix), et directement, sans nous écarter du droit chemin, nous réalisâmes notre programme. Notre-

Dame écrasa ma pensée par son immensité. La Seine me parut être le premier fleuve du monde. Nos petites jambes étaient déjà un peu fatiguées, lorsque nous arrivâmes au cèdre du Liban, et nous nous assîmes au labyrinthe pour déjeuner.

Quel appétit! Les restes de la table n'auraient pu être cherchés par personne, même par les moineaux du voisinage. Je crois me souvenir qu'ensuite nous eûmes un peu soif. Comment faire? Heureusement, une borne-fontaine était là, tout près.

L'éléphant, l'hippopotame, la girafe, la fosse aux ours, le serpent boa, les crocodiles, les tortues, les lions, les panthères, les singes, nous étonnèrent, chacun à sa façon, comme des êtres qu'on n'a jamais vus et dont on n'a aucune idée précise. Ce qui frappa le plus encore notre attention juvénile, ce fut, je crois bien, la gigantesque carcasse de la baleine, exposée dans la cour d'un vieux bâtiment. Dans cette première visite générale, nous eûmes l'impression d'avoir fait un voyage aux pays les plus lointains et jusqu'au fond des mers. En sortant de la grille, je me promis de continuer les études d'histoire naturelle que j'avais commencées à Langres, avec le naïf Pluche, avec Louis Cousin-Despréaux, avec mes

chrysalides du jardin de mon pensionnat et avec mes fossiles de la Côte-la-Biche.

Lorsque nous rentrâmes le soir, après avoir admiré la colonne de la Bastille, surmontée du Génie de la Liberté, le Château-d'Eau avec ses lions (disparu depuis), la porte Saint-Martin et la porte Saint-Denis, nous dînâmes d'un irrémédiable appétit, et nous n'eûmes aucune peine à nous endormir du plus profond sommeil.

Tous les jours suivants se passèrent, pendant une quinzaine, à visiter Paris. Les orgues de Saint-Eustache me charmèrent, nous y avions entendu la messe et les vêpres, dès le premier dimanche, parce qu'elles passaient pour être les meilleures orgues du monde. Ce fut ensuite le tour de Saint-Roch, notre paroisse. Je visitai les principales églises, et je me souviens que la Madeleine et Notre-Dame-de-Lorette me produisirent une pénible impression; elles n'avaient d'église que le nom, et il me semblait que la foi ne pouvait pas, un seul instant, y trouver son refuge. La plus humble église de village est autrement impressionnante. Et puis la véritable architecture religieuse, c'est l'idéal style gothique qui s'élève mystérieusement vers l'infini. Aux Invalides, je fus ému du cercueil de Napoléon, qui était exposé dans une chapelle ardente, tel qu'on l'avait placé au retour des cendres, en 1840, et qui attendait que le sarcophage de marbre fût terminé au centre du dôme.

Trois remarques assez curieuses me frappèrent dans cette première visite de Paris. La première, c'est la constitution géologique des pierres des quais, sur lesquelles on voit les coquilles fossiles des terrains jurassiques dont j'ai parlé plus haut, et qui bordent la Seine par une sorte d'histoire des temps antiques. La seconde, c'est une admirable porte sculptée du palais du Louvre, donnant sur le quai, (non loin de la fenêtre légendaire dite de Charles IX,) au-dessus de laquelle on avait eu l'audace de poser une magnifique plaque de marbre, portant, en lettres d'or, ces mots : ÉCURIES DE L'EMPEREUR. Un tel manque de goût renversait toutes mes idées. Et c'était en pleine capitale de la France qu'une pareille turpitude s'affichait! La troisième remarque fut le timbre des omnibus, notant l'arrivée de chaque voyageur, soit à l'intérieur, soit à l'impériale. Ces timbres me parurent d'une cacophonie révoltante. Il me semblait qu'il eût été logique de donner un son plus élevé à ceux de l'impériale qu'à ceux du rez-de-chaussée, tandis que très souvent l'arrivée du voyageur supérieur était annoncée par un son plus bas que celle de l'inférieur. Ensuite, me disais-je, pourquoi n'a-t-on pas adopté le *la* du diapason pour ces timbres, celui des voyageurs de l'impériale étant d'une octave au-dessus? Il me sembla que la logique ne régissait pas toutes les actions humaines, et qu'avec un peu de réflexion seulement, les choses seraient facilement mieux arrangées. Mon opinion que Paris devait être une ville parfaite continuait à chanceler. La logique ne règne pas. Le plus vieux pont de Paris comme architecture ne s'appelle-t-il pas le « pont neuf »?

Un jour que j'avais été visiter le musée du Luxembourg, alors incorporé dans le palais, et que j'admirais le jardin, j'aperçus, au loin, dans la brume lumineuse du sud, la silhouette grise de l'Observatoire. J'allai jusque-là, en suivant l'avenue de marronniers ouverte par Napoléon en 1811, et qui à son extrémité sud était encore bordée de terrains vagues, je passai devant la statue du maréchal Ney, élevée en 1853, au point où le brave soldat fut fusillé le 7 décembre 1815, et qui, en 1894, a été reportée en face (déplacée par le prolongement de la ligne de Sceaux), et j'arrivai devant une grille, qui me parut enfermer une sorte de mystérieux château fort! Son formidable aspect me frappa de terreur, après les gracieusetés du jardin du Luxembourg, orné des statues des reines de France. J'avais bien envie d'entrer demander au concierge si l'on pouvait visiter ce temple du ciel, ces vastes salles, ces coupoles qui le dominaient, mais je ne l'osai et revins dans mon quartier, en songeant à la vie glorieuse des savants qui avaient le bonheur de travailler là.

A cette époque, Paris différait sensiblement de ce qu'il est aujourd'hui. D'abord, il comptait douze

Première vision de l'Observatoire.

arrondissements au lieu de vingt et finissait à la barrière d'Enfer, derrière l'Observatoire, à l'Arc de Triomphe de l'Étoile, au Trocadéro, à l'École Militaire, au pont d'Austerlitz, au-dessous de Ménilmontant, de Belleville et de Montmartre, à la place Clichy, de sanglante mémoire depuis 1814 et 1815, etc. Passy et Auteuil avec leurs parcs et leurs jardins, Grenelle,

Vaugirard, etc., étaient des communes, de grands villages en dehors du mur d'enceinte et de l'octroi; il n'y avait pas fort longtemps que M. Levallois avait bâti les premières maisons de la ville limitrophe de Paris qui porte aujourd'hui son nom et compte cinquante mille habitants; les environs du mur d'enceinte (actuellement boulevards extérieurs) étaient presque partout des jardins et des terrains vagues, les grandes artères modernes n'étaient pas percées, telles que le boulevard Sébastopol, le boulevard du Palais, le boulevard Saint-Michel, le boulevard Port-Royal, le boulevard Saint-Germain, l'avenue de l'Opéra, la rue Soufflot, etc.; il y avait alors, en ces quartiers, une quantité de petites rues enchevêtrées, et les courses étaient plus longues et plus compliquées ; la Cité était encore à peu près telle qu'elle a été décrite par Eugène Süe dans *Les Mystères de Paris;* sur les grands boulevards, en face la rue de la Paix, où nous admirons maintenant la place de l'Opéra, il y avait des jardins, entre autres le fameux concert Musard, célèbre aussi par la beauté et les aventures de Mme Musard; le boulevard des Capucines était borné au nord par la rue Basse-du-Rempart, dont il ne reste plus qu'une maison, sur un contre-bas qui reste comme dernier vestige des remparts du temps de Louis XIV; derrière cette rue, là où s'élèvent aujourd'hui l'Opéra, les riches immeubles de la rue Auber, le Grand-Hôtel, je me souviens d'avoir vu des jardins potagers et d'avoir cueilli des groseilles; un petit ruisseau y coulait : on l'appelait le ruisseau de Ménilmontant et de la Grange-Batelière; c'est le cours d'eau souterrain, assez fort aux époques des crues de la Seine, qui passe à travers les graviers et marque le bras secondaire préhistorique de la Seine, qui s'étendait en courbe de la place des Vosges au faubourg Montmartre, à la porte Saint-Honoré et au Cours la Reine. Il passe sous l'Opéra. Du côté du

Grav. de L. Marvy.

Montmartre en 1856.

parc Monceau et de l'Arc de Triomphe de l'Étoile, c'était *la pleine campagne*. Je parle de l'année 1856. C'est d'hier. Souvenons-nous qu'un peu plus haut dans l'histoire, au milieu du seizième siècle, certains bourgeois de Paris allaient à la campagne à la Grange-

Batelière, dont nous venons de parler, trouvant des prairies et une retraite champêtre à l'emplacement actuel du carrefour de Chateaudun! Mais revenons à l'année 1856. Alors, Montmartre était une commune du département de la Seine en dehors de Paris, ses moulins planaient en pleine solitude, comme le rappelle le dessin de Louis Marvy publié par Georges Cain dans son livre sur *Les Pierres de Paris*, et le mur d'enceinte était à ses pieds. Le boulevard Malesherbes a été tracé en 1860 à travers des terrains vagues, et sa première maison (le n° 35) a été bâtie en 1861 par le mari d'une personne que j'ai l'honneur de compter aujourd'hui parmi mes relations, (Mme Cavaré, l'un des premiers membres fondateurs de la Société astronomique de France, en 1887). On construisait la place du Palais-Royal et l'aile du Louvre qui longe la rue de Rivoli, ainsi que le pavillon de Flore, au bord de la Seine; nul n'ignore que jusqu'au Second Empire la place du Carrousel était en partie occupée par un village avec maisons nombreuses, rues et église : les derniers vestiges en disparaissaient seulement en 1856. On travaillait alors à réunir le Louvre aux Tuileries, événement qui fut commémoré sur deux plaques de marbre noir placées de chaque côté de la porte de la cour du Louvre regardant les Tuileries. Celle de gauche portait :

1541. FRANÇOIS Ier COMMENCE LE LOUVRE.
1564. CATHERINE DE MÉDICIS COMMENCE LES TUILERIES

et celle de droite :

1853-1856. NAPOLÉON III RÉUNIT LES TUILERIES AU LOUVRE.

La plaque de gauche subsiste encore ; celle de droite a été radicalement effacée. D'ailleurs, il eût fallu ajouter :

1871. LA COMMUNE DÉTRUIT LES TUILERIES.

Napoléon III et Haussmann édifiaient une véritable capitale, harmonieusement dessinée. Ils ne devinaient pas que l'on aurait un jour (1908) défiguré la magnifique perspective des hôtels dont ils encadraient la place de l'Étoile, par l'adjonction d'un bazar américain qui les domine, ainsi que le profil de la rue de Rivoli, ni que l'on aurait jeté partout, à tort et à travers, pour des raisons politiques, des statues et des bustes, et fait une nécropole du charmant et grandiose Luxembourg. Il doit pourtant se trouver encore au Conseil municipal des hommes de goût soucieux de la beauté de la capitale de la France.

Si Paris reste encore la plus belle ville du monde, ce n'est pas la faute de ses administrateurs !

A propos du Paris disparu, on peut citer l'industrie des porteurs d'eau, qui la montaient à tous les étages. On croyait alors absolument qu'il serait toujours impossible d'amener l'eau mécaniquement dans les appartements.

Après une quinzaine de jours de vacances et de promenades dans Paris avec mon frère et ma sœur, mes parents me firent entrer à la maîtrise de Saint-Roch, où je rendais les mêmes services qu'à Langres, où je continuai mes études, en commençant la troisième, et où j'avais l'avantage d'un déjeuner quotidien. Mais je ne tardai pas à m'apercevoir qu'on n'y travaillait pas du tout, et je m'y ennuyai dès la troisième semaine. Cette maîtrise était excellente au point de vue musical, mais un peu trop désintéressée des études classiques. J'y perdais mon temps. On fit alors mille efforts pour obtenir mon admission au petit séminaire de Paris, à Saint-Nicolas-du-Chardonnet; mais l'administration exigeait le prix d'une pension, un trousseau, que sais-je? comme entrée, et il fut impossible d'y arriver : nous n'avions aucune relation à Paris. Pourtant il faut vivre. Quel parti prendre? Quel métier choisir? Sans protecteurs, sans appui! J'avais quelques dispositions pour le dessin. On trouva, non sans peine, à me placer comme apprenti chez un graveur ciseleur, où je serais logé et nourri.

Ce fut l'hiver de 1856-1857, ce fut l'année 1857, et ce fut aussi l'hiver 1857-1858. Rude apprentissage de la vie! J'étais nourri avec une parcimonie digne des Spartiates, et couché assez misérablement, dans une petite mansarde.

Le travail était dur, les commandes étant souvent pressées; il s'agissait de décalquer des dessins d'ornement sur des plateaux ou des vases d'argent, de les ciseler ou de les graver, en appuyant les surfaces sur un fond de bitume, de les nettoyer ensuite, de les porter, etc., il y avait là du commerce, peu d'art et aucun idéal. Les apprentis étaient naturellement chargés des plus grosses besognes, telles que le nettoyage et les courses; le dessin et la ciselure n'arrivaient qu'après. Ce genre d'existence ne me satisfaisait pas du tout, pas du tout. Je ne parvenais pas à découvrir à quel avenir intellectuel cette carrière me conduirait.

Heureusement, la philanthropie avait déjà créé à Paris les cours gratuits du soir de l'Association polytechnique. Je me souvenais que mon compatriote Diderot, né à Langres en 1713, avait commencé par être coutelier, et je me disais aussi que son ami D'Alembert était un enfant trouvé sur les marches d'une église. Pourquoi donc ne pourrais-je, comme eux, me livrer à des travaux intellectuels qui me libéreraient ? Je sentais un impérieux besoin de compléter mes études, surtout dans les mathématiques, l'algèbre et la géométrie, fort négligées à Langres. Je tenais aussi à connaître la langue anglaise, car je nourrissais l'espoir de passer mon baccalauréat et, en outre du latin, sur lequel j'étais suffisamment avancé, on exigeait la connaissance d'une langue vivante. En un an, par la méthode Robertson, je sus assez l'anglais pour le lire aussi facilement que le français.

Les cours de l'Association polytechnique me parurent si utiles que je leur vouai dès le principe une sincère reconnaissance, me promettant de la témoigner plus tard, si le sort me favorisait.

Comme j'avais mes soirées libres, je pus avancer assez vite dans ces études. Jamais couché avant minuit, je me servis plus d'une fois du clair de lune pour lire et écrire, ne pouvant même avoir toujours un bout de bougie à ma disposition. Mais pense-t-on à toutes ses aises à quatorze et quinze ans ! C'est un si grand bonheur de travailler suivant ses goûts, de s'instruire, de résoudre des problèmes, de comprendre l'enseignement mathématique, d'aller vite en besogne, d'être le premier du cours, sans même que personne ne s'en doute. Non, la pauvreté, la misère même, n'empêchent pas le bonheur. On n'a pas le temps d'y songer, et, en somme, il faut si peu pour vivre, et on dort si bien quand on tombe exténué de fatigue.

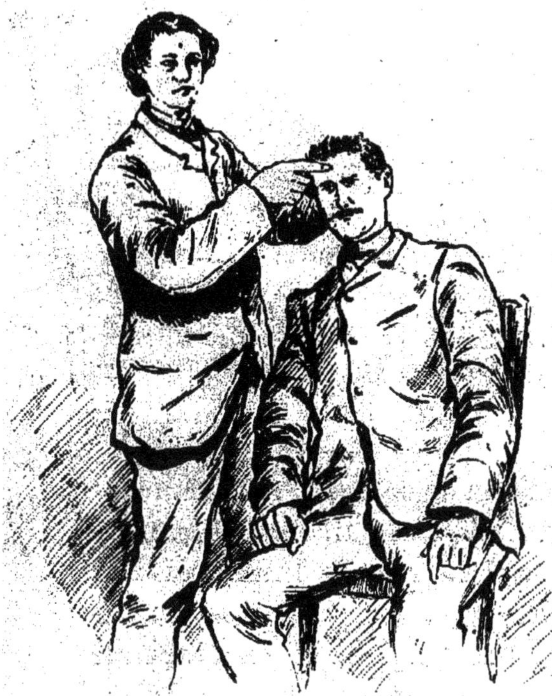

Quand je rencontrais dans la rue des groupes de collégiens, je les regardais avec envie, en me disant : « Sont-ils heureux de pouvoir travailler toute la journée, moi qui n'ai que la nuit ! Apprécient-ils leur bonheur ? »

Je travaillais de quinze à seize heures par jour.

Mais il faut croire que je n'avais pas encore assez à faire, car je me mis à étudier la physiognomonie, la phrénologie, les systèmes de Lavater, de Gall et de Spurzheim, et à donner aux ouvriers ciseleurs de l'atelier des consultations qui paraissaient beaucoup les intéresser, et qui m'intéressaient plus encore, étant données leurs singulières différences de têtes physiques et morales.

Je causais quelquefois avec les autres apprentis sur le choix d'une carrière. En général, aucun n'était satisfait de son sort, et chacun désirait mieux. C'est peut-être là une manifestation de la loi du progrès qui fait avancer graduellement l'humanité entière vers le meilleur. Mais souvent les idées des enfants sont bizarres. Les garçons aiment presque tous la carrière militaire, à cause du costume des officiers. J'ai connu une petite fille de douze ans qui souhaitait d'être « cantinière ou religieuse » : ici encore, le costume exerçait son influence. Un jour, un petit gamin futé, d'assez bonne mine, déclara, les poings sur les hanches, que ce qu'il préférerait par-dessus tout (on avait parlé de préfet, de magistrat, de député), ce serait d'être... conducteur de voiture de siphons d'eau de seltz... Ce gaillard aimait le bruit, et évidemment, sur le pavé de Paris, aucune situation n'est entourée d'un vacarme plus infernal que celui-là. Chacun ses préférences. Mais entre dix et quinze ans on change souvent d'idées.

J'ignore ce que ce gamin est devenu, mais il a dû faire du bruit dans le monde.

Pour moi, je travaillais, j'étudiais, sans savoir, et presque sans chercher quel avenir m'était réservé.

Le dimanche était passé avec mes parents, et j'eus la faveur de rencontrer parfois à la photographie d'illustres compositeurs de musique tels que Rossini, Meyerbeer, Auber. Le musicien Lefébure-Wély était, me semble-t-il, associé dans la maison. Rossini me frappa surtout par son air de bonhomie, son œil spirituel et sa bouche gourmande. Né en 1782, Auber était le plus âgé; il enterra ses deux confrères, car il vécut jusqu'en 1871 et mourut pendant la Commune, tandis que Meyerbeer, né en 1794, est mort en 1864, et que Rossini, né en 1792, s'est éteint en 1868.

Mes dimanches étant libres, j'en profitais pour faire quelques sorties dans Paris, soit avec mes parents, soit avec ma sœur, soit avec mon frère et quelques camarades. Ma sœur qui suivait mes travaux et partageait mes espérances était encore plus convaincue que moi de l'arrivée future d'une carrière intellectuelle. Nous cherchions les grandes perspectives et les souvenirs historiques, et nous échangions nos jeunes idées sur la nature et l'humanité. Les quais de la Seine, les ponts, les Champs-Élysées, les environs de l'Arc de Triomphe, jonchés de montagnes de terre et absolument solitaires, étaient nos promenades favorites. Comme je l'ai dit, Paris s'arrêtait alors aux anciennes barrières et l'on arrivait vite à la campagne. Passy, Auteuil, Montmartre étaient des villes de province; leurs solitudes nous plaisaient, quand nous pouvions les atteindre. Mais il me semble que rien ne nous attirait autant que la vue du fleuve roulant lentement ses eaux vers la mer, image du cours de la vie. Notre-Dame, alors entourée de vieux murs, de l'ancien Hôtel-Dieu bâti sur la Seine et de maisons des autres siècles, semblait un sphinx, dominant l'agitation et la misère humaines. Quelquefois, sous le poids des réflexions qui nous assaillaient, nous n'osions plus parler. Puis, les paillettes d'argent du clair de lune dans le mobile miroir de la Seine prolongeaient encore notre rêverie, en faisant étinceler sous nos yeux charmés des lueurs flottantes de l'image céleste suspendue dans l'infini, et semblant, elle aussi, de plus haut que Notre-Dame, regarder la vie humaine.

L'esthétique beauté des quais de la Seine, à Paris, de Notre-Dame au Pont-Royal, est unique au monde, non seulement par ses édifices historiques, par les tours féodales du vieux Châtelet, par le Louvre de François Ier, mais encore par le ton de la lumière avant le coucher du soleil. Ce ton est dû à ce que, vus de là, les nuages à l'horizon réfléchissent la lumière du soleil se couchant sur la mer, au delà du Havre et de Jersey. Si la Seine, au lieu de couler de l'Est à l'Ouest, coulait du Sud au Nord, Paris aurait un aspect incomparablement moins beau.

Avec mon frère et les camarades, les sorties avaient un tout autre caractère. On regardait les magasins, on s'initiait à la vie pratique, on se mélangeait aux foules, on préférait les places publiques, on allait entendre Mangin sur la place de la Bourse, pérorant sur une voiture dorée, coiffé d'un casque à plumet blanc, annoncé par une grosse caisse battue par un nègre, et vendant ses incassables crayons. Il avait pour concurrent un célèbre bonhomme, non moins attractif qui, sans tambour ni trompette, amenait aussi des quantités de gros sous dans son gousset, par un simple tour d'adresse : en les jetant le plus haut possible et en tendant son gros ventre pour les recevoir. Ils tombaient tous dans la poche de son gilet. Pour commencer son tour, il avait toujours besoin de vingt gros sous, et pas un ne tombait à côté de sa poche. Parfois, il les empilait tous au bout d'une canne, qu'il plaçait en équilibre sur son nez, et d'un coup sec, il les faisait tous tomber dans sa poche. La vie publique a également son charme. On ne peut pas toujours rêver. En ces années lointaines, la flânerie était possible dans les rues de Paris. La locomotion à vapeur a changé tout cela.

Un jour que nous flânions du côté de la porte Saint-Denis, notre nerf olfactif fut agréablement impressionné par une odeur délicieuse, celle de la galette toute chaude sortant du four, non loin des brioches de la rue de la Lune, mais d'un fumet plus confortable peut-être. Nous étions cinq, et nos petits estomacs étaient unanimement disposés à faire grand honneur à la première gourmandise venue. La tentation était irrésistible. Mais... à nous cinq, en nous fouillant bien, et en retournant toutes nos poches, nous ne pûmes découvrir qu'un sou, un seul, un petit sou. Ma foi, tout de même, on ne désespère pas. L'un de nous, le plus hardi, s'approche du « père Coupe-toujours ». C'était vraiment là un brave homme, avec une figure épanouie de bonté. « Monsieur, dit l'ambassadeur, en tendant notre fortune, voudriez-vous nous donner un sou de galette en cinq parts ? » D'abord interloqué par une pareille proposition, le pâtissier nous regarda tous avec ses yeux rieurs, puis nous découpa gravement cinq tranches, dont chacune valait bien la somme entière. Nous les dégustâmes avec volupté, mais je suis sûr que l'excellent « père Coupe-toujours » était encore plus heureux que nous, et il doit avoir aujourd'hui une belle place au paradis des bonnes gens. En 1856, j'avais quatorze ans, mon frère en avait dix, et nos camarades s'échelonnaient entre nous. Je crois bien me souvenir que c'est le plus jeune qui émit et réalisa l'audacieuse proposition.

En face des brioches et des galettes, à gauche de la porte Saint-Denis, une grande peinture nous amusait à la boutique d'un perruquier : elle représentait Absalon accroché par les cheveux à une branche d'arbre et percé d'une lance par son ennemi Joab, et portait le quatrain que voici :

Passants, contemplez la douleur
D'Absalon pendu par la nuque !
Il eût évité ce malheur
S'il avait porté perruque.

Malgré ma chevelure, que l'on comparait à celle d'Absalon, je n'entrai pas la faire couper chez ce facétieux coiffeur.

Nous visitions ainsi Paris ; mais c'étaient là des récréations plutôt rares, seulement les après-midi du dimanche.

IX

L'association des apprentis. — L'académie de la jeunesse. Débuts humiliants. — L'art d'improviser. — Considérations sur l'éloquence. — Etudes de cosmogonie. — Premier ouvrage manuscrit. — Surmenage, maladie. Le docteur Fournié. — Vers l'Observatoire.

Il y avait à l'école des frères de Saint-Roch, rue d'Argenteuil, un excellent cours de dessin, que je suivais tous les jeudis soirs, malgré mes anciennes préventions langroises contre les frères ignorantins. Le professeur était très fort, et l'on avait plaisir à travailler avec lui. L'harmonie du dessin me paraissait une sorte de musique, et j'y fis des progrès assez rapides. (Comme souvenir, je reproduis ici un de mes croquis d'ornements d'après la bosse; on peut y reconnaître que c'est bien la courbe harmonieuse des lignes qui me frappait le plus). Au mois de janvier 1858, il se forma là, avec le concours des élèves du cours de dessin surtout, une association de secours mutuels, se composant d'une vingtaine de ces élèves, auxquels s'ajoutèrent une trentaine d'anciens élèves de l'école des frères, qui avaient eu les meilleurs prix pendant les dernières années. C'était une œuvre de patronage, protégée par la paroisse, et qui fut tout de suite rattachée à l'Association générale des apprentis de la Ville de Paris, présidée par le vicomte de

Dessin de l'auteur, d'après un plâtre.

Melun, ancien représentant du peuple, qui l'avait créée en 1851, et qui comptait, me semble-t-il, une section par quartier et par école.

Assez souvent, le dimanche soir, après le salut, le savant abbé Moigno venait y faire une conférence sur l'astronomie.

Nous donnions, s'il m'en souvient bien, une cotisation de cinquante centimes par mois, en retour de laquelle on recevait gratuitement, en cas de maladie, la visite d'un médecin et les médicaments.

Or donc, au mois de janvier de l'année 1858, le groupe en formation des cinquante écoliers ou élèves de la rue d'Argenteuil s'érigea en Académie (!) tout simplement, comme autrefois les fondateurs de l'Académie française, chez Conrart, « au silence prudent », célébré par Boileau, et s'intitula modestement : *Académie de la Jeunesse*. Le programme était de s'y occuper de sciences, de littérature et de dessin.

On institua un Bureau et on nomma, à l'unanimité, président un jeune homme de seize ans (presque), bien inconnu, qui s'appelait Camille Flammarion. Il était, je crois bien, le plus jeune de ce groupe organisateur.

Tous les dimanches, il y avait réunion dans le préau de l'école des frères de la rue d'Argenteuil. Tous les trois mois, séance trimestrielle générale, à laquelle les parents assistaient. La salle pouvait contenir deux cents personnes. Le président était chargé de faire un discours.

Il s'agissait de trouver un sujet, et surtout pour la première séance, organisée du mieux possible. Comme discours d'ouverture de notre œuvre, je choisis « les Merveilles de la nature ».

Je n'avais jamais parlé en public, mais j'y étais un peu préparé, car pendant les vacances anciennes, à Illoud, j'avais souvent réuni les gamins de mon âge, pour leur apprendre la musique, leur faire chanter des chœurs ou leur montrer des expériences de physique, et l'on se souvient peut-être aussi qu'à l'âge de dix ans je faisais la lecture du Carême de Massillon à un groupe de braves femmes de Montigny. Mais ici c'était bien différent. Il fallait illustrer des séances destinées aux parents des élèves auxquels je devais m'adresser, puisqu'ils composaient mon auditoire.

Me défiant des incertitudes du moment, de l'imprévu, des difficultés diverses de l'improvisation, mais voulant cependant avoir l'air d'improviser, à la façon des grands orateurs, j'écrivis mon discours et l'appris par cœur.

Les premières phrases allèrent très bien, et les premières minutes furent magnifiques. Mais voilà que, tout d'un coup, je perdis le fil, et m'arrêtai net, sans pouvoir le retrouver... Je sentis le sang me monter au visage, et les oreilles me tinter. Tous les yeux me fixaient, attendant la suite d'une si éloquente improvisation. Il y avait là des dames et des demoiselles, pour lesquelles j'aurais tout préféré au sort d'être ridicule. Plus on me regardait, et moins je pouvais retrouver la liberté d'esprit nécessaire pour ressaisir mon sujet. J'avais bien pris la précaution de mettre mon discours dans la poche de ma jaquette, tout près de mon cœur palpitant, mais je n'osais l'y cueillir, par crainte des sourires et de pis encore. Et, tandis que toutes sortes de pensées contradictoires se heurtaient dans mon cerveau en ébullition, un silence mortel régnait dans la salle, quelques bouches ébahies s'ouvrant pour accompagner tous ces grands yeux cruellement fixés sur ma figure.

Au bout d'une éternité, qui avait bien duré huit

secondes (si vous voulez les compter, vous trouverez que, dans cette situation, c'est extrêmement long), je pris la résolution héroïque de saisir mon papier dans ma poche et de lire mon « improvisation », et la séance s'acheva sans encombre. Mais suffisamment mortifié, je me jurai de ne jamais plus apprendre un discours par cœur.

J'entendis plus tard d'admirables improvisations, qui avaient le don de soulever les masses populaires au plus haut degré de l'enthousiasme, tels que les discours de Gambetta; mais, en les lisant ensuite dans le silence du cabinet, je m'aperçus qu'il y avait là beaucoup de souffle, beaucoup de vent sorti de puissants poumons, beaucoup de bruit, et que la mise en scène, le geste, la fixité du regard, les applaudissements du parti étaient entrés pour une bonne moitié dans le succès. (Je viens de lire la même opinion dans les *Derniers Mémoires des autres*, de Jules Simon [p. 248] : « Une belle voix, mes amis, est plus de la moitié de l'éloquence »). Le charme de la parole est assurément une séduction. J'entendis et je lus les plaidoyers de célèbres avocats, et je constatai plus d'une fois qu'ils savaient défendre toutes les causes, et soutenir le faux aussi bien que le vrai, ce qui élimina de mon admiration l'estime qu'elle comportait d'abord. L'éloquence oratoire n'est souvent qu'une outre de vent. Je remarquai aussi que maintes fois leur langage avait été modifié à l'impression, soit que les auteurs eussent corrigé d'eux-mêmes, sur les épreuves, des expressions incorrectes dues à une improvisation trop hâtive, soit que les sténographes les eussent mal comprises. Ne nous laissons pas trop prendre par les virtuoses de la parole! Il me sembla que cette éloquence de tribuns n'est pas compatible avec les enseignements précis de la science, et que la véritable éloquence est celle qui nous touche dans la lecture des grands écrivains. Pour m'éviter toute mauvaise surprise dans l'avenir, je résolus d'écrire à l'avenir les discours que j'aurais à faire et de les lire avec le moins de monotonie possible, ou, par précaution, de les avoir toujours sous les yeux.

J'ai conservé quelques programmes de cette association de jeunes gens. L'un d'eux, du 18 décembre 1859, porte entre autres :

Discours sur le travail. Nécessité du travail matériel, avantages du travail intellectuel, par M. C. Flammarion, président de l'Académie.

Les chrétiens dans l'amphithéâtre, poème par M. J. Chantepie.

Allocution par M. le vicomte de Melun.

Le Neveu, comédie en trois actes.

Chœurs, par les Orphéonistes.

Ces séances trimestrielles étaient de véritables fêtes, très suivies par les familles. La vanité y jouait sans doute un rôle; mais où ne se niche-t-elle pas, surtout à l'âge antérieur à la vingtième année? Dans tous les cas, nous étions tenus par là remarquablement éloignés des fréquentations dangereuses.

Pour moi, j'aimais le travail par-dessus tout, et le titre du Discours qui précède le montre une fois de plus.

Parmi les études qui m'absorbèrent alors, outre la préparation au baccalauréat, je m'étais senti pris d'une forte passion pour l'histoire naturelle, notamment pour la géologie et mes chers fossiles d'autrefois, et j'avais consacré toutes mes heures de soirées disponibles à la lecture de Buffon, de Cuvier, de Flourens, choisissant pour mes sujets de dessins de l'école du soir les animaux antédiluviens les plus connus, tels que l'ichtyosaure, le plésiosaure, le ptérodactyle, etc. Je connaissais assez bien les collections du Muséum d'histoire naturelle, et je brûlais du désir de me rendre exactement compte de la succession des époques primitives, de l'origine de la Terre, de l'origine de la vie, de l'origine de l'humanité. A force de lire, d'étudier, de comparer, il me sembla que le meilleur moyen de m'instruire exactement était de faire une rédaction, exposant l'ensemble des résultats acquis. Je consacrai à ce travail une partie de l'année 1857, et insensiblement je fus amené à écrire, à composer, en réalité, un gros manuscrit de cinq cents pages, illustré de cent cinquante dessins, et portant un titre d'une assez jolie longueur :

Antecedentium Diluvii, testiumque temporum explanatio.

COSMOGONIE UNIVERSELLE

Étude du monde primitif

HISTOIRE PHYSIQUE DU GLOBE
DEPUIS LES TEMPS LES PLUS RECULÉS DE SA FORMATION
JUSQU'AU RÈGNE DU GENRE HUMAIN.

Suit, sur ce même titre, une longue épigraphe de Lucrèce. Il y a aussi le sommaire des chapitres. Rien n'y manque, la page est pleine, et cela déborde. Il semble que les jeunes gens n'en aient jamais assez.

Ce gros manuscrit est même double : l'un, le mien, tout barbouillé de ratures ; l'autre, beaucoup plus élégant, de la main de ma sœur, âgée alors de treize ans, et qui m'a aidé dans cette première composition avec un dévouement sans égal, prenant aussi sur ses veilles, et économisant sur ses maigres déjeuners, pour m'aider à acheter des livres. Sainte amitié des premiers jours de la vie, existe-t-il dans tous nos sentiments une vertu supérieure à celle-là !

Cet ouvrage est devenu plus tard, fortement transformé, *Le Monde avant l'apparition de l'homme*, publié longtemps après par mon frère qui, alors âgé de onze ans, ne se doutait guère de devenir un jour libraire par la suite des événements de ma propre carrière. On voit que l'histoire de ce premier de mes écrits est un peu liée à celle de ma famille.

Mais l'astronomie me séduisait plus encore que la géologie. Un petit volume charmant venait d'être publié (1857), c'étaient les *Lettres à Palmyre sur l'Astronomie*, par Charles Liskenne, avec, en frontispice, une jolie figure d'Uranie contemplant le ciel et laissant apercevoir un peu — et même beaucoup — de ses belles épaules. Je le lus avidement et voyageai avec l'auteur dans l'histoire de la science et dans les espaces infinis. J'en avais surtout gardé, dans ma pensée admirative, un quatrain qui exprime merveilleusement le divin spectacle de la nuit étoilée :

O Nuit, que ton langage est sublime pour moi,
Lorsque, seul et pensif, aussi calme que toi,
Contemplant les soleils dont ta voûte est parée,
J'erre et médite en paix sous ton ombre sacrée.

Ce sont quatre vers de Fontanes, dont l'euphonie répond délicieusement au calme glorieux de la nuit étoilée. J'y avais toutefois changé un mot, au troisième vers, le mot *voûte*. Dans l'original, il y a *robe*. C'était là une expression du goût du style de l'Empire, qui me paraissait plutôt regrettable. La nuit n'a pas de robe, et la personnification n'est pas très heureuse. Mais ces quatre vers sont restés pour moi comme l'expression parfaite du calme et profond spectacle de la nuit étoilée.

Un autre ouvrage contribua également à développer mon goût pour l'astronomie, c'est le *Panorama des Mondes*, de Lecouturier, publié en 1858. L'auteur était le rédacteur en chef d'un journal hebdomadaire à dix centimes, le *Musée des Sciences*, qui paraissait tous les mercredis, et que j'achetais ponctuellement. Il était rempli de notions scientifiques utiles, et je le dévorais avec avidité. C'est, encore aujourd'hui, une excellente collection à consulter. Ces publications populaires rendent de grands services à la jeunesse et peuvent créer des vocations. Aujourd'hui, ce que l'on voit surtout aux étalages, ce sont des feuilles pornographiques illustrées.

Je choisis dès lors l'astronomie pour le sujet principal de mes discours aux assemblées trimestrielles de notre Société.

Cette petite « Académie de la Jeunesse » se tenait, ai-je dit, à l'école de la rue d'Argenteuil. Il y avait une chapelle et quelques salles d'études qui donnaient sur un petit jardin solitaire avec jet d'eau, dont le murmure était reposant et délicieux en ce quartier central de Paris. La butte des Moulins, qui a été littéralement rabotée par la percée de l'avenue de l'Opéra, existait encore comme au temps de Jean-Jacques Rousseau, qui y demeura, et de Corneille, qui y mourut en 1684, dans une triste pauvreté, et fut enterré dans les caveaux de l'église Saint-Roch, si misérablement qu'on n'a jamais pu retrouver ses restes. (On peut y voir, au contraire, admirablement installé, le tombeau du cynique cardinal Dubois). En 1857-1858, ces ruelles n'avaient guère changé, et le quartier restait fort isolé.

Parmi mes souvenirs de cette époque, je rappellerai le fameux attentat de l'Opéra, alors rue Le Peletier, devant lequel, le 14 janvier 1858, à 9 heures du soir, trois bombes jetées sur le passage de la voiture impériale, à son arrivée, firent dix morts et cent cinquante blessés, sans atteindre leur but, qui était de supprimer l'empereur. J'étais là, à deux pas de notre habitation, sur le boulevard, au coin de la rue Le Peletier. L'explosion fut terrible, et tout le monde crut que l'empereur et l'impératrice étaient victimes. Trois Italiens, Orsini, Gomez et Rudio, voulaient punir Napoléon III de ne pas tenir sa promesse de faire l'unité de l'Italie. Les deux premiers furent guillotinés. Le jeune Rudio fut gracié par l'intercession de l'impératrice, et envoyé à Cayenne, d'où il s'évada. Il alla se fixer en Amérique, et vient seulement d'y mourir (en 1910). Crispi, qui devint plus tard premier ministre du royaume d'Italie une fois constitué, était à Paris, et ne paraît pas avoir été étranger à l'attentat. La guerre d'Italie de 1859 ne tarda pas à être préparée par des vues plus diplomatiques et moins barbares.

Au mois de mai 1858, le surmenage du travail intellectuel s'ajoutant au travail physique de l'atelier, aux privations, et peut-être une certaine fièvre de croissance me mirent au lit. Un dimanche, pendant la messe, à la chapelle des frères, je tombai d'inanition, et l'on fut obligé de me ramener en voiture à la maison. L'Association des apprentis comportait, ai-je dit, une société de secours mutuels, dont le médecin pour la section de Saint-Roch était le docteur Edouard Fournié, bien connu par ses études sur le laryngoscope. En venant me soigner, il remarqua les livres qui m'entouraient et mit la main sur le manuscrit de mon ouvrage de Cosmogonie. Grand étonnement de sa part, et presque incrédulité. A quelque temps de là, il arriva un jour, la figure rayonnante, et me dit : « Mon petit ami, vous n'êtes pas à votre place dans un atelier, vous avez continué vos études de Langres, vous êtes prêt pour le baccalauréat, j'ai parlé pour vous au frère Clarus, directeur de l'école du quartier Saint-Eustache, qui est en relations fréquentes avec le frère Jean L'Aumônier, directeur de l'école de la rue de Fleurus, dans le quartier de l'Observatoire, lequel, à son tour, connaît M. Le Verrier, et vous allez entrer à l'Observatoire de Paris, comme élève-astronome ».

Je n'en crois pas mes oreilles, je lui serre les mains avec effusion, je saute de joie dans mon lit, et je me lève. « Là! là! fit l'aimable docteur, pas si vite, ce n'est pas pour aujourd'hui. Quand vous serez guéri. — Mais je ne suis plus malade, m'écriai-je. — Comment, vous n'êtes plus malade! Tâtez donc votre pouls et sentez votre fièvre : vous avez 130 pulsations. Je vous ordonne de rester encore trois jours au lit. A la fin de la semaine, je vous conduirai moi-même chez le frère Clarus. C'est un de nos meilleurs mathématiciens, avec l'abbé Moigno.

« Voulez-vous que je vous raconte une histoire? ajouta-t-il. C'est mon ami le docteur Foissac qui vient de la rapporter dans son livre, et je l'ai lue il y a quelques jours. Il s'agit d'un médecin, et du naturaliste Linné, alors de votre âge. Fils d'un pauvre pasteur protestant, Linné avait été placé en apprentissage chez un cordonnier.

« Dans cette misérable condition, un médecin devina le génie du futur naturaliste et lui fournit les moyens de le développer par l'étude. Le jeune Linné devint élève de Boerhaave et vola ensuite de ses propres ailes. Pourquoi ne feriez-vous pas comme lui? *Labor improbus omnia vincit* ».

Nous étions alors au commencement de juin. Je dus aller rendre visite au frère Clarus et au frère Jean L'Aumônier, convoqué par eux. Le jeudi 24 juin, annoncé par les bons soins de mes protecteurs, j'étais reçu, à dix heures du matin, par M. Le Verrier, dans son cabinet de l'Observatoire de Paris. Je m'étais mis de mon mieux, raie bien faite, malgré mes cheveux toujours ébouriffés, linge parfaitement blanc, costume noir, chapeau haut de forme, gants, canne de jonc. Ma mère avait soigné tout spécialement cette toilette d'apparat.

X

Entrée à l'Observatoire de Paris. — M. Le Verrier. — Le Bureau des calculs. — L'astronomie mathématique. — Les recherches indépendantes. — L'astronomie physique. — Plein ciel. — L'Observatoire et ses environs. — Les transformations de Paris et le vandalisme. — L'étude du ciel.

C'était par une belle matinée de soleil. J'arrivai à l'Observatoire un peu tremblant et demandai au concierge, étonné moi-même de mon audace : « M. Le Verrier, s'il vous plaît? » La cour me parut longue à traverser. Le grand corridor d'entrée me sembla sans fin. Sous ses voûtes sombres et sévères, je songeais à toutes les gloires qui avaient passé là. J'arrivai au premier étage et demandai « Monsieur le Directeur ».

J'ai rarement éprouvé dans ma vie d'émotion pareille à celle de mon entrée dans le cabinet de M. Le Verrier. Dès mon enfance, j'avais vu le nom de l'illustre astronome inscrit sur les cartes du ciel, car sa planète, découverte en 1846, avait porté ce nom pendant plusieurs années, sur les livres de classe, avant d'être consacrée à Neptune. Ce savant, ce génie, qui avait découvert un astre au bout de sa plume, sans instrument, par la seule puissance du calcul, et avait reculé par un trait de plume les frontières du système du monde, de 2 milliards 800 millions à 4 milliards 400 millions de kilomètres, cet homme était pour moi une sorte de saint, un habitant du ciel. J'osais à peine le regarder, mais je vis pourtant qu'il était grand, pâle, blond clair, et habillé de blanc, avec des pantoufles de cuir jaune. Né en 1811, il était alors âgé de 47 ans, mais ne les paraissait pas. Il était assis à son bureau, dans une belle lumière, car le ciel était splendide, et il causait avec un monsieur qui lui racontait qu'un grand savant, l'illustre physicien Léon Foucault, astronome à l'Observatoire, était menacé de folie. Il me fit asseoir, et lorsque l'interlocuteur fut parti :

— Vous m'avez été annoncé, dit-il, par plusieurs personnes, je vous attendais. Où en êtes-vous de vos études? Vous avez du goût pour l'astronomie? Qu'est-ce que vous avez fait jusqu'à présent?

— Monsieur le Directeur, répondis-je doucement, j'ai écrit un ouvrage sur la Cosmogonie.

— Qu'est-ce que vous dites? un livre sur la Cosmogonie?

— Oui, monsieur le Directeur, la formation des planètes, l'histoire physique du monde, depuis les temps les plus reculés jusqu'au règne du genre humain, les fossiles, les révolutions du globe et l'explication scientifique de la Genèse.

— Diable! Laplace et Cuvier, c'est beaucoup à la fois. Quel âge avez-vous?

— Seize ans.

— Connaissez-vous l'algèbre, la géométrie?

— Oui, monsieur le Directeur.

— La trigonométrie?

— Pas encore.

— Je sais que vous êtes un grand travailleur.

Le Directeur de l'Observatoire frappa sur un timbre. Un garçon de bureau arriva.

— M. Puiseux, demanda-t-il.

Aussitôt se présenta un homme grand, barbu, roux, aux cheveux hérissés tout droit sur la tête, qui ressemblait beaucoup aux croquemitaines sortant d'une boîte à ressorts, par lesquels on m'avait fait peur au temps de mon enfance.

— Monsieur Puiseux, dit-il en se levant, voici le jeune homme dont je vous ai parlé hier. Emmenez-le et interrogez-le.

Je saluai, sans doute fort gauchement, et partis avec l'homme barbu dont la physionomie hirsute me médusait.

Il s'agissait d'un examen de mathématiques, très élémentaire, mais auquel je ne m'attendais pas, et dans lequel je crois avoir été assez piteux. L'examinateur me parut doué d'une bonté paternelle, et m'encouragea plutôt qu'il ne me jugea. A propos de la définition du diamètre, je lui répondis par l'étymologie grecque, δια, à travers, et μετρον, mesure, ce qui l'étonna plutôt. Nous en reparlâmes longtemps après, notamment à l'Observatoire de Nice, où je me trouvais à l'époque de sa mort (1883). M. Victor Puiseux était un homme excellent, l'un des mathématiciens qui ont le mieux illustré l'Institut, et qui est aujourd'hui dignement représenté dans la science par son fils, l'astronome Pierre Puiseux. Lorsqu'il me ramena, une demi-heure après, dans le cabinet du Directeur, celui-ci me dit d'une voix fort agréable pour mes oreilles : « Monsieur, vous entrerez ici lundi. Au revoir, et travaillez ».

LE VERRIER EN 1858.

Le Sénateur-Directeur de l'Observatoire de Paris m'avait donc fait immédiatement passer un examen, et M. Victor Puiseux, professeur à la Sorbonne, chef du service des calculs, avait été mon examinateur, d'une bienveillance extrême. Le lundi, 28 juin, j'entrais à l'Observatoire, en qualité d'élève-astronome.

En sortant de l'Observatoire, j'avais des ailes. Je volai, plutôt que je ne courus, porter la bonne nouvelle à mes parents.

L'avenue de l'Observatoire et le jardin du Luxembourg me parurent un paradis, une contrée céleste, dont je devenais le citoyen, et je sentis que j'entrais définitivement dans ma voie si longtemps cherchée. Je ne faisais aucun calcul, je n'éprouvais aucune ambition, mais je me sentais amené par la destinée à ma véritable place, et j'étais entièrement heureux. Sans presque aucun effort de ma part, les événements m'avaient porté au but auquel j'étais destiné. Il me sembla que la chance n'est pas un vain mot.

La Bruyère a écrit dans ses *Caractères :* « Personne, presque, ne s'avise de lui-même du mérite d'un autre ». Mon entrée à l'Observatoire fait exception à cette règle, car le docteur Fournié s'avisa sûrement du faible mérite que pouvait représenter mon travail assidu et de m'en récompenser.

J'entrais à l'Observatoire comme dans un temple, mieux encore, comme dans un sanctuaire, avec toute l'ardeur naïve du néophyte ; aucune ombre de scepticisme n'avait encore effleuré mon front, et malgré ma pauvreté, les places de fonctionnaires à cet établissement ne m'étaient pas apparues encadrées de l'auréole des appointements présents ou futurs. J'étais convaincu de ne jamais être exposé à mourir de faim, de rester toujours décemment vêtu, de pouvoir gagner honorablement ma vie, d'être même, sans doute, en situation d'aider mes parents, s'ils en avaient besoin, et le gain matériel n'offrait pas le moindre intérêt à mon attention. Vivre en pleine science, apprendre, étudier, chercher, découvrir, contempler les splendeurs du ciel, m'envoler à travers les plaines éthérées, visiter les autres mondes à l'aide des merveilleux instruments inventés par le génie humain : voilà les horizons merveilleux qui se déroulaient devant mon imagination. C'était pour moi le bonheur absolu.

Il m'a toujours semblé qu'il n'y a rien de supérieur à une vie calme, tranquille, exempte de toute ambition, indépendante, consacrée aux études qui nous plaisent le mieux, au milieu des livres et des instruments de recherche. N'est-ce pas là le comble du bonheur de l'esprit? On a dit avec raison qu'il en est du bonheur comme des montres : les moins compliquées sont celles qui se dérangent le moins.

Ce beau jour de mon entrée à l'Observatoire de Paris, c'était, ai-je dit, le lundi 28 juin 1858.

Le travail que l'on a à faire au Bureau des calculs est assez simple et ne demande qu'un peu d'attention. Il s'agit de corriger les positions apparentes des étoiles observées à la lunette méridienne, en tenant compte de la réfraction de l'atmosphère, selon la hauteur de l'étoile au-dessus de l'horizon, de la pression barométrique, de la température, etc.

D'autres corrections sont ajoutées pour la nutation et pour la précession. Le tout consiste en colonnes de chiffres à appliquer aux observations, additions ou soustractions légères. Au bout de quelques semaines, on arrive à faire ce travail presque machinalement — et en pensant même à autre chose.

M. Le Verrier, nommé Directeur de l'Observatoire

de Paris, par décret impérial du 30 janvier 1854 (Arago était mort le 2 octobre 1853), tenait essentiellement à publier les observations restées en manuscrit depuis longtemps et à compléter la revision du catalogue de Lalande. Il y a ici un exemple remarquable de la différence qui existe entre le travail personnel et le travail des employés de l'État. Lalande a observé, en son petit observatoire de l'École militaire, pendant la Révolution, à l'aide d'un instrument de la plus haute précision, 47.390 étoiles. L'Observatoire de Paris a mis plus de cent ans à réobserver ces étoiles. Le catalogue définitif vient d'être terminé, et je ne suis pas bien sûr qu'il renferme toutes les étoiles de Lalande. Cette différence est à peu près la même que celle que l'on peut remarquer entre l'activité des associés d'une maison de commerce et celle des ouvriers d'un arsenal de la Marine de l'État. Certes, je suis loin de dire que l'on ne travaille pas à l'Observatoire de Paris, mais c'est un fait général que les travaux particuliers, effectués avec amour, sont exécutés avec plus de soin et vont beaucoup plus vite que ceux d'une administration. Le Verrier le savait, d'ailleurs. N'avait-il pas imaginé, pour accélérer le travail, de payer trois sous par étoile observée à la lunette méridienne! Mais alors, on allait parfois trop vite, et les observations manquaient de la perfection nécessaire.

Tout le monde sait cela depuis des siècles, ce qui n'empêche pas l'État d'avoir pris à son compte tout un réseau de chemins de fer français et d'avoir, depuis, acheté, par surcroît, le réseau de l'Ouest. Il est impossible d'être plus illogique que la Chambre des Députés qui nous gouverne. C'est l'organisation de l'irresponsabilité en toutes choses, ou, pour mieux dire, c'est la désorganisation consentie.

J'étais donc employé au Bureau des calculs, avec l'espérance de passer plus tard au Service des Observations.

Comme j'étais libre à partir de quatre heures, mon premier soin fut de terminer mes études du baccalauréat, et de passer mes examens de bachelier ès sciences et ès lettres. Mes parents m'avaient loué, ainsi qu'à mon frère (alors à l'école de la rue d'Argenteuil), une petite mansarde très proprette au sixième étage de la cour du vaste immeuble portant le numéro 108 de la rue Richelieu ; j'y avais installé sur des rayons une bibliothèque composée de 230 volumes, et le silence comme l'isolement y étaient tout à fait favorables au travail. Ils m'avaient, de plus, fait donner des leçons de mathématiques chez un répétiteur de l'École polytechnique, M. Picquet.

Ma bibliothèque s'accrut du double pendant cette année 1858, grâce à mon passage le long des quais en revenant chaque jour dans l'intérieur de Paris. Je pus acquérir successivement d'année en année, à raison de 10, 15 ou 20 centimes, la collection complète de l'*Annuaire du Bureau des Longitudes*, depuis sa fondation en 1796, avec les importantes notices scientifiques d'Arago. Une imprimerie démocratique publiait les classiques français, au prix de 25 centimes le volume. Vers la même époque (1856-1860), l'imprimeur Lahure entreprit la publication de nos grands auteurs : Voltaire, Rousseau, Montaigne, Pascal, Molière, Racine, Corneille, Boileau, Bossuet, Fénelon, Lafontaine, etc., à raison de 2 francs le volume, en *œuvres complètes*, ce qui était d'une valeur inestimable pour la formation d'une bibliothèque sérieuse. J'achetais tous les ouvrages brochés, n'ayant pas les moyens de les faire relier, mais *convaincu* que ces moyens me seraient donnés tôt ou tard.

La recherche d'ouvrages curieux le long des quais était un vrai bonheur.

Petit à petit, peu à peu, par ces recherches, par les libraires avec lesquels je fis connaissance, par les catalogues de livres d'occasion, j'arrivai à posséder une bibliothèque astronomique, scientifique, littéraire, très complète, si bien que, lorsque je me mis à écrire sur divers sujets, j'eus à peu près chez moi tous les éléments du travail, sans être obligé d'aller passer mon temps dans les bibliothèques. J'arrivai même à acquérir les ouvrages astronomiques principaux, depuis l'invention de l'imprimerie, les plus anciens datant de 1477, 1478, 1480, etc., ainsi que les meilleures éditions des meilleurs ouvrages. Cet accroissement graduel de ma bibliothèque peut se résumer comme il suit, en anticipant sur les années auxquelles nous n'arriverons que plus tard dans ces Mémoires :

1858	230	volumes.
1859	360	—
1860	480	—
1861	600	—
1862	800	—
1864	1.000	—
1866	2.000	—
1868	3.000	—
1870	4.000	—
1874	5.000	—
1878	6.000	—
1882	7.000	—
1886	8.000	—
1900	9.000	—
1910	10.000	—

A propos de bibliothèque, un conseil pratique peut être utile à ceux de mes lecteurs qui comprennent l'intérêt provenant de la fréquentation des livres. N'ayez pas de bibliothèque fermée, de meuble que l'on soit obligé d'ouvrir pour prendre un ouvrage : c'est là un empêchement latent pour la lecture. Il faut disposer les livres sur des rayons et qu'il n'y ait qu'à étendre la main pour les saisir. De plus, que tous soient visibles ; pas de doubles rangs. Pour être bien employée, la vie doit être à moitié préparée.

Mon plus grand bonheur était de me sentir libre à partir de quatre heures. N'avoir que sept heures de travail réglementaire, quel rêve inespéré succédant à mon esclavage précédent! Le grand air le long des quais, la vue de la Seine, du Louvre, des Tuileries, et dès la sortie de l'Observatoire, la magnifique avenue, puis la pépinière du Luxembourg, alors petit vallon solitaire avec les dernières ruines du couvent des Chartreux, près desquelles trônait, au milieu des buissons verdoyants, la belle *Velléda* de Maindron : c'était enfin vivre, enfin respirer.

A part l'allée du Luxembourg, deux rues menaient, en 1858, de l'Observatoire à l'intérieur de Paris : la rue de l'Est à droite, devenue le boulevard Saint-Michel, et la rue de l'Ouest, à gauche, devenue la rue d'Assas. Mais il était infiniment plus agréable de traverser le jardin du Luxembourg, et de passer sous les galeries de l'Odéon à regarder les livres nouvellement parus.

Oh! alors, je les regardais plutôt que je ne les achetais. Ma bourse, remise chaque mois à ma mère, qui se chargeait laborieusement de toutes les dépenses de la maison, resta assez longtemps fort peu gonflée. Mes appointements étaient modestes : 50 francs par mois la première année, portés à 80 le 1er janvier suivant, à 100 au bout de la seconde année, à 150 au bout de la troisième, à 200 au bout de

L'Observatoire de Paris (côté de Paris ou du Nord).

la quatrième. Il s'y ajoutait des heures supplémentaires pendant les mois d'hiver, M. Le Verrier tenant à activer le plus possible la publication des *Annales de l'Observatoire*.

Les environs de l'Observatoire ont peu changé : le faubourg Saint-Jacques a été baissé de deux à trois mètres, la rue d'Enfer a été élargie et a vu son nom se transformer par un jeu de mots en celui de Denfert-Rochereau ; le boulevard Arago a été ouvert et les terrains de l'Observatoire augmentés au sud jusqu'à cette bordure naturelle ; le boulevard Saint-

L'Observatoire de Paris (façade du Sud).

Michel a été percé, l'École des mines abaissée d'un étage et le jardin du Luxembourg de trois mètres environ, y compris les vieux arbres. Ces transformations étaient fort curieuses à observer. Comme autre exemple, la fontaine de la Victoire, aujourd'hui place du Châtelet, était dans l'axe du boulevard de Sébastopol : elle a été déplacée et élevée de cinq ou six mètres ; la tour Saint-Jacques, alors entourée de masures, a été conservée sur les instances de Babinet, dégagée, et a vu toutes ses pierres du rez-de-chaussée remplacées. Un industriel s'en servait pour fabriquer des grains de plomb en versant du plomb fondu qui tombait dans un bassin.

Construit à la plus belle époque du grand siècle de Louis XIV, en 1667-1672, par l'architecte Perrault, l'auteur de la colonnade du Louvre, l'Observatoire est véritablement un grandiose édifice. Mes lecteurs en ont une image par les deux photographies qui précèdent. La première, prise au printemps, au moment de la floraison des marronniers, est particulièrement suggestive, mais elle masque tout le premier étage ainsi que les salles méridiennes du rez-de-chaussée. J'ai cru agréable d'en prendre une autre en hiver, plus dégagée par la chute des feuilles.

Au Bureau des calculs, nous étions six jeunes employés, élèves-astronomes, chacun à sa table, dans la grande salle du premier étage, occupée maintenant par la bibliothèque, et ornée du grand tableau noir en bois sculpté du cours d'astronomie populaire d'Arago, transporté là en 1854, lorsque Le Verrier supprima ce cours et détruisit l'amphithéâtre pour le convertir en appartements. L'illustre mathématicien n'était pas partisan des cours d'astronomie populaire, et cependant, lorsqu'il fonda l'Association scientifique, en 1864, il sembla y revenir un instant par de brillantes conférences à l'Observatoire.

Nous travaillions là de huit heures à midi et de une heure à quatre heures. Nous pouvions déjeuner d'un repas froid apporté par nous et faire une promenade d'une demi-heure. J'aimais assez aller jusqu'aux ruines du couvent des Feuillantines qui existaient encore non loin du Val-de-Grâce, et qui ont été absorbées par le boulevard Port-Royal. Les ruines m'ont toujours attiré : elles nous parlent silencieusement du passé, et le souvenir de l'enfance de Victor Hugo s'attachait à ce coin de Paris. Nous allions aussi parfois

L'Observatoire de Paris (façade du Nord, non masquée par les feuillages de l'été).

jusqu'aux Gobelins, jusqu'à la Bièvre, alors jolie petite rivière bordée de saules et de cabanes. Les constructions du Paris moderne ont tout supprimé, et cette rivière des castors n'est plus aujourd'hui qu'un canal souterrain.

Paris était parsemé de ces solitudes, dont la figure suivante peut donner une idée. Rue Montmartre même, tout près du boulevard, à l'endroit occupé aujourd'hui par la rue d'Uzès et ses bâtisses, il y avait un jardin immense, un petit bois et des pelouses : M. Delessert y faisait de la botanique!

Les jours de grandes chaleurs, en été, nous ne sortions pas des murs de notre établissement, et nous allions simplement nous reposer dans un jardin sauvage qui occupait le terrain s'étendant du potager du concierge au faubourg Saint-Jacques. Nous avions le temps de causer un peu.

De ce côté, l'Observatoire était agréablement isolé, comme il convient à un établissement scientifique. Depuis, par une aberration inexplicable, on a laissé acheter, pour un prix dérisoire, le terrain du couvent des sœurs de Notre-Dame, qui occupait tout le côté sud de la rue Cassini en bordure de l'Observatoire, à une spéculatrice qui n'a rien eu de plus empressé que d'y bâtir d'abord une lourde maison de rapport masquant désormais de sept étages la vue qui s'étendait de là jusqu'à l'ancien monastère de Port-Royal et jusqu'au Val-de-Grâce. De la bibliothèque, ancienne Salle des calculs, on n'a plus que cette horreur devant les yeux, représentant bien la folie aveugle et anti-artistique de la spéculation moderne, n'ayant aucune idée du respect dû à la science et à ses travaux. L'administration de l'Observatoire, le ministre de l'Instruction publique, n'auraient-ils pas été mieux inspirés de prévoir cette erreur de goût, d'acheter ce terrain, vendu à moins de moitié du prix qu'il représenta l'année suivante, lorsque la rue Cassini, barrée jusqu'alors, fut classée, et d'y construire, si l'on avait voulu, de petits pavillons d'un étage, comme en ont construit depuis, à côté de l'immeuble horripilant, des artistes de goût, auxquels ces terrains lotis ont été revendus? On y eût trouvé largement l'intérêt du capital, et notre grand établissement national serait resté dignement encadré, comme il devait l'être. C'eût été respecter le projet de Napoléon, qui voulait l'isolement tranquille de l'Observatoire, et un souvenir historique commandait l'acquisition de ce terrain, attendu que la maison des Cassini était là, au n° 1, maison habitée aussi par Balzac, de 1828 à

La Bièvre à Paris, en 1858.

1837, période pendant laquelle il y voisina avec Arago. A présent, le mal est fait, depuis l'année 1896 pour l'achat du terrain, depuis l'année 1903 pour la construction de cette malheureuse bâtisse — à laquelle on vient d'en ajouter une seconde, au pignon non moins horrible. — Toute la rue Cassini, depuis l'avenue de l'Observatoire jusqu'au faubourg Saint-Jacques, a été ainsi sacrifiée à la spéculation, et les amis de la science ne peuvent que le regretter amèrement.

Hélas! notre belle ville de Paris, temple de la science et de l'art, a subi plus d'un affront de ce genre, car elle tend de plus en plus à s'américaniser.

Je commençais donc ma véritable carrière en ce Bureau des calculs de l'Observatoire, animé d'un noble et juvénile enthousiasme pour la science du ciel et d'une admiration profonde et sincère pour les savants. J'ai dit que nous étions six à travailler dans cette salle austère, et que nous causions un peu ensemble dans la récréation qui suivait le déjeuner. Dès mes premières journées de fréquentation, je m'aperçus que, sur mes cinq collègues, aucun n'aimait l'astronomie, aucun ne s'intéressait aux contemplations célestes, aucun ne se demandait ce que sont les autres mondes, aucun ne voyageait en esprit dans les espaces infinis du ciel. J'avoue que je fus stupéfait de cette indifférence et que ce fut pour moi une véritable désillusion. J'étais le plus jeune. Les autres avaient de dix-huit à vingt-deux ans. Excellents employés de bureau, calculateurs attentifs, ils ne voyaient rien au delà des colonnes de chiffres. C'était le parfait service militaire, l'exécution ponctuelle de la consigne administrative. Très honnêtes bureaucrates. Assurément, Sénèque et Plutarque s'intéressaient beaucoup plus qu'eux aux questions astronomiques, et Voltaire devinait mieux qu'eux l'importance de l'astronomie comme base de la philosophie générale.

Le chef de bureau, M. Serret, m'apprit que l'on ne pouvait pas s'occuper d'autre chose que des calculs de réduction des observations et que, quant aux observations elles-mêmes, c'était un autre service, auquel je pourrais peut-être arriver plus tard. Je compris par ces premières conversations que lui-même n'avait jamais mis l'œil dans un instrument, que M. Puiseux, l'astronome chef de service, n'avait jamais fait de recherches à l'aide de lunettes et de télescopes, pas plus que M. Desains, autre chef de service pour la physique, quoiqu'ils fussent tous deux professeurs à la Sorbonne, et je sus aussi que l'illustre Directeur, M. Le Verrier, était lui-même dans ce cas, n'observant jamais. Je fis bientôt connaissance avec quelques jeunes astronomes du service des observations, notamment Thirion, qui était né à Langres, et j'appris que ce service avait pour but de constater l'instant précis du passage des astres au méridien, c'est-à-dire derrière les fils du micromètre de la lunette fixée invariablement dans le plan méridien, et de mesurer leurs distances au pôle. On obtient ainsi les deux coordonnées établissant les positions exactes des astres sur la voûte céleste, et c'est là la base fondamentale de l'astronomie mathématique. Lorsque je m'aventurai à questionner ces observateurs sur la constitution de la Lune, de Vénus, de Mars, de Jupiter, de Saturne ou des comètes, des étoiles et des nébuleuses, leurs réponses me montrèrent qu'ils n'y avaient jamais songé.

Ainsi, l'astronomie physique, l'astronomie vivante, celle qui pour moi représentait l'admirable science du ciel, l'étude des conditions de la vie dans l'Univers, était en dehors des travaux du programme de l'Observatoire de Paris ! Je n'y pouvais croire, et je n'en revenais pas. Les écrits d'Arago, l'ancien directeur de l'Observatoire, qui n'était mort que depuis cinq ans, m'avaient cependant donné une tout autre impression. Ses magnifiques envolées dans l'infini, ses descriptions du vol des comètes échevelées et de leurs métamorphoses, ses observations des taches solaires, des paysages lunaires, de la géographie martienne, des bandes de Jupiter, des anneaux de Saturne, des étoiles doubles, ses notices scientifiques sur William Herschel, sont comme un écho de la vie immense et mystérieuse du Cosmos. Et avant lui, dans ce même Observatoire, les dessins de Mars par Maraldi, ceux de Saturne par Cassini, les recherches diverses qui ont illustré depuis Louis XIV notre grand établissement national auraient dû donner une tout autre compréhension de la plus merveilleuse des sciences.

Pour moi, alors comme aujourd'hui, la mission de l'Astronomie n'était pas de s'arrêter à la mesure des *positions* des astres, mais devait s'élever jusqu'à l'étude de *leur nature*. La science de l'Univers ne pouvait pas consister en des colonnes de logarithmes, et les mondes n'étaient pas des points inertes suspendus dans l'espace : c'étaient des foyers de lumière, de chaleur et de vie à étudier. On paraissait n'y point songer. Arrivai-je, au début de ma carrière, en une époque transitoire, en une saison de sécheresse stérile entre deux périodes de fécondité ? Ce qui m'étonnait le plus, c'était d'être le seul de mon avis, de voir autour de moi de braves garçons faire de l'astronomie comme ils auraient fait de l'épicerie ou comme ils auraient vendu des confections dans un magasin de nouveautés, et ne pas s'intéresser du tout aux graves problèmes si profondément associés à la science sublime de l'infini et de l'éternité.

N'y avait-il donc pas, à côté de l'astronomie de position, base nécessaire de la connaissance du système du monde, place pour l'astronomie physique, pour l'étude des conditions de la vie dans l'univers? Oui, sans doute, il y avait une petite place, mais si petite!

Il ne manque pas de savants qui cherchent avant tout dans une carrière des appointements, des avantages pécuniaires ou honorifiques ; d'autres ne voient, n'aiment, ne désirent que les moyens d'étudier, de s'instruire, de connaître la Nature : ce sont là deux catégories bien différentes. Mais les premiers ne comprennent pas les seconds. Les hommes qui se dirigent dans toutes leurs actions par intérêt, traitent les désintéressés de naïfs ou d'inintelligents. Il y avait assurément des exceptions à la règle à peu près générale dont je viens de parler. Les uns piochaient les mathématiques en se plongeant à corps perdu dans le calcul différentiel et intégral. C'était déjà une sorte d'idéal, car les mathématiques donnent parfois des émotions de la plus pure esthétique. Les autres avaient à leur disposition les lunettes montées en équatorial sous les coupoles, ou divers instruments dans le jardin, et se livraient à des études bien autrement captivantes en elles-mêmes que les observations méridiennes (*). Je citerai notamment l'astronome Chacornac, qui cherchait alors à surprendre les manifestations de l'activité solaire par les variations des taches et qui s'occupait aussi des planètes. Il ne tarda pas à me prendre en amitié, et

(*) L'équatorial est une lunette qui peut être dirigée vers tous les points du ciel et qui, si on l'engrène, se meut en suivant, dans son mouvement diurne (toujours parallèle à l'équateur, d'où son nom), l'astre vers lequel elle est dirigée. C'est essentiellement un appareil de recherches et d'études. La lunette méridienne, instrument fondamental des observatoires, ne peut pas sortir du plan méridien.

il représentait pour moi la personnification la plus accomplie des étudiants du ciel. Il dressa des cartes stellaires équatoriales et découvrit plusieurs petites planètes entre Mars et Jupiter. Sa manière de voir en astronomie différait fondamentalement de celle des mathématiciens. Le Verrier lui suscita une série d'ennuis et d'obstacles, à ce point qu'il fut obligé de donner sa démission d'astronome à l'Observatoire de Paris. Il se retira à Villeurbane, près de Lyon, où il continua ses travaux, en restant amicalement en correspondance avec moi.

Si je faisais exception avec l'état d'esprit général de notre établissement national, je le faisais aussi avec la mentalité de mes camarades qui fréquentaient volontiers le bal Bullier, voisin de l'Observatoire, et s'amusaient plus ou moins, comme il est d'usage chez les adolescents. Il est vrai qu'ils étaient un peu plus âgés que moi. A seize, dix-sept et dix-huit ans, je ne savais rien de ce qu'ils savaient tous, et retenu d'une part par mes convictions religieuses, toujours aussi fortes, et d'autre part par mon obéissance à mes parents, j'étais toujours rentré et couché avant minuit, ayant d'ailleurs mes soirées occupées par le travail. J'avais dû passer mes examens des baccalauréats ès sciences et ès lettres, terminer l'étude de la langue anglaise, continuer le dessin, remplir mon rôle de président de « l'Académie de la Jeunesse », préparer les séances, prononcer des discours, et le sexe féminin n'existait encore pour moi qu'enveloppé d'une vague auréole.

Tout entier à mes études, j'aurais voulu connaître la science universelle, et je m'imaginais que le savant moderne pouvait être encyclopédiste, comme au temps d'Aristote. Des en-têtes de papier à lettres que je viens de retrouver montrent bien que je ne doutais de rien, car dans ce dessin que j'avais composé, j'avais réuni toutes les études, depuis la géologie représentée par la terre ouverte, jusqu'à l'astronomie et à l'aérostation, sans oublier l'expression de mon admiration envers le Créateur des merveilles de l'Univers.

Mes baccalauréats passés, je me mis à piocher spécialement l'astronomie dans son ensemble et dans toutes ses branches.

Des divers ouvrages étudiés, l'*Exposition du Système du Monde*, de Laplace, est celui qui me frappa le plus par la pureté de son style, que je comparais aux belles pages des *Études de la Nature* de Buffon, et le *Cosmos*, de Humboldt, est celui qui déploya devant mon esprit les plus splendides panoramas de l'espace et du temps.

En ce même début de mes études astronomiques, l'astre le plus voisin de nous, la Lune, m'attira plus spécialement comme première étape de la connaissance du ciel.

XI

Un voyage à la Lune. — Deuxième ouvrage manuscrit. — La terrasse de l'Observatoire. — La grande Comète de 1858. — Une idylle passagère. — Galilée, l'abbé Moigno, le *Cosmos* et M. Babinet (de l'Institut). — Discussions religieuses. — La planète Vulcain. — La guerre d'Italie. — Winnerl. — PASTEUR. — L'adolescence et la puberté.

Après avoir lu tout ce qui la concernait, sans être satisfait, je demandai à M. Chacornac la permission de lui servir d'assistant dans quelques-unes de ses observations à l'équatorial de la tour de l'Ouest, et d'étudier les cratères de ce globe, dont il s'occupait lui-même d'ailleurs. J'avais déjà été véritablement émerveillé, place de la Concorde, par plusieurs observations faites à la lunette d'un astronome en plein vent, M. Rigal, qui connaissait fort bien son ciel, et la splendeur argentée des dentelles du bord lunaire au premier quartier, suspendues comme un lumineux fluide dans le ciel azuré du soir, m'avait plongé dans une admiration sans égale.

Contempler les effets du lever du soleil sur ces paysages lunaires, voir les ombres des cimes s'étendre en pointes noires comme de l'encre, ou diminuer à mesure que le soleil s'élève au-dessus de ces régions, est assurément l'un des plus beaux spectacles qui se puissent voir, surtout avec un guide comme l'était Chacornac. On avait bien l'impression d'un monde mort, d'un silencieux désert. Mais nous en sommes si loin! A 384.000 kilomètres, réduits même à 384 par le grossissement de mille appliqué à l'équatorial de l'Observatoire de Paris, c'est encore bien loin pour juger avec exactitude.

Les nuits au clair de lune sur la terrasse de l'Observatoire sont merveilleuses. On se sent vraiment là au-dessus de l'agglomération vulgaire; cette terrasse a quelque chose de cyclopéen et l'on ne peut pas n'y pas songer à Babylone. Elle est dallée de pierres énormes, disposées en toits, en lignes de faîte séparées les unes des autres pour l'écoulement des pluies. C'est un appareil monumental, formidable, qui semble fait pour défier les siècles et les révolutions. De là, on domine Paris et même la campagne jusqu'à de vastes distances.

Longtemps après ces années d'adolescence, en 1876 et 1877, lorsque, le grand équatorial de la tour de l'Est ayant été réparé, Le Verrier le mit à ma disposition pour mes mesures d'étoiles doubles, combien de fois ne me suis-je pas arrêté sur cette terrasse solitaire d'où l'horizon céleste tout entier se déroule dans sa majesté sublime, pensant avec le poète :

Un monde est assoupi sous la voûte des cieux.
Mais sous la voûte même où s'élèvent nos yeux,
Que de mondes nouveaux, que de soleils sans nombre,
Trahis par leur splendeur, étincellent dans l'ombre!
Les signes épuisés s'usent à les compter,
Et l'âme infatigable est lasse d'y monter.

Oui, ce spectacle est d'une profonde éloquence, plus impressionnant encore que le clair de lune au

La terrasse de l'Observatoire de Paris.

bord de la mer ou au milieu des bois, parce qu'on sent la vie humaine ensevelie au-dessous de soi. Il me semble que nulle description ne saurait rendre ces sensations de l'âme contemplative..., si ce n'est, peut-être, la *Sonate du Clair de Lune* de Beethoven jouée sur l'orgue.

Il y a là une sensation de céleste beauté, causée

La terrasse de l'Observatoire de Paris.

par le calme profond de la nuit et par la blanche et froide illumination lunaire. Le contraste entre le silence nocturne et l'agitation diurne de la vie donne à notre esprit contemplatif une liberté d'envolement vers les régions supérieures qui nous dégage des liens matériels. Et, en regardant ce disque lumineux solitaire, nous songeons à l'espace, à l'immensité sidérale au sein de laquelle il plane. Lorsque nous connaissons sa distance, nous pensons que si l'atmosphère s'étendait jusque-là, un appareil d'aviation, s'élevant à la vitesse de 100 kilomètres à l'heure, n'emploierait pas moins de 3.840 heures pour franchir les 348.000 kilomètres qui nous séparent de la Lune, c'est-à-dire 160 jours, ou 5 mois et 10 jours. Alors, nous concevons une première idée de l'espace céleste, surtout si nous savons que le Soleil est 400 fois plus loin que la Lune, et que l'étoile la plus proche est 275.000 fois plus éloignée de nous que le Soleil, c'est-à-dire 110 millions de fois plus éloignée que la Lune. Notre imagination peut alors véritablement s'envoler et éprouver la vision de l'infini.

Un voyage à la Lune me tentait. J'imaginai de le faire en rêve, y occupant une lunaison tout entière, supposant qu'en m'endormant chaque soir, je me trouvais sur notre satellite et continuais le voyage commencé. Ce sujet me passionna et j'écrivis là-dessus un volume d'environ deux cents pages, sorte de poème en prose, plus littéraire que scientifique, qui n'a jamais été imprimé, et qui ne le mérite pas. Il porte pour titre :

VOYAGE EXTATIQUE AUX RÉGIONS LUNAIRES

Correspondance d'un philosophe adolescent.

La description du monde lunaire était préparée par une histoire sentimentale, dans laquelle je racontais des situations dont je n'avais pas du tout l'expérience, à peu près comme un narrateur qui parlerait de la mer sans l'avoir jamais vue.

J'écrivis, en même temps, le même voyage, sous une autre forme, en imaginant que je le faisais sous la conduite d'un esprit qui s'appelait Cosmas Indicopleustès.

L'une de mes lectures favorites était alors la *Divine Comédie* du Dante. J'ajouterai que la littérature ne m'intéressait pas moins que la science; je m'adonnai avec ardeur à l'analyse du **style** de notre belle langue française, si harmonieuse, si souple, si riche et si claire. L'un des meilleurs traités fut la *Grammaire des Grammaires*, de Girault-Duvivier.

Nous eûmes tous, en 1858, le spectacle d'une comète admirable, la plus belle que l'on eût vue depuis 1811 et 1843, découverte le 2 juin de cette année 1858 par Donati, avec lequel j'eus le grand plaisir de me lier plus tard, lors de l'inauguration de l'Observatoire de Florence, en 1872, comète qui à partir du mois de septembre déploya sa splendeur dans notre firmament. Sa queue, de 64 degrés de longueur, occupait une partie du ciel. J'en ai pris, le 5 octobre, un dessin du haut de la terrasse de l'Observatoire, reproduit ici comme souvenir.

Tandis que je suivais ma carrière à l'Observatoire, en l'agrémentant de digressions voisines, ma sœur avait, de son côté, passé brillamment ses examens et avait été reçue à l'École supérieure de la Ville de Paris. J'allais quelquefois la prendre, le samedi, pour revenir ensemble chez nos parents, et j'avais remarqué quelques-unes de ses amies de quinze ou seize ans. Je trouvais en elles une beauté attractive, dont l'influence m'était restée inconnue jusque-là et que je commençais à subir, sans pourtant la bien définir. La plus jolie de toute la classe, blonde aux cheveux fins et ébouriffés, avec un air rêveur dans ses yeux bleus grands ouverts sur l'espace vague, resta un jour avec nous une partie du chemin et me demanda de lui prêter un livre d'astronomie. Lorsqu'elle me le rendit, j'y trouvai un billet fort élégamment écrit et légèrement parfumé. Les femmes sont toujours plus avancées que les hommes! J'avais alors dix-huit ans et elle dix-sept. Lorsque nous nous rencontrâmes de nouveau à la sortie des élèves de l'école le samedi suivant, il me sembla que je rougissais beaucoup plus qu'elle. Je répondis par un sonnet, et l'idylle se continua surtout par correspondance. Vaporeuses amours, vous ressemblez un peu aux brumes roses de l'aurore qui semblent prendre plaisir à voiler la lumière du jour.

La semaine suivante, un de mes camarades de l'Observatoire ayant manqué toute une matinée, nous décidâmes au Bureau des calculs d'aller prendre de ses nouvelles après notre déjeuner. Il habitait, pour le moment, tout à côté, dans un modeste hôtel du faubourg Saint-Jacques. Le concierge nous assura qu'il était malade et encore couché. Nous frappons à la porte, nous entrons, et nous trouvons notre gars couché, en effet, mais pas seul. Une fille assez commune

Dans le simple appareil
D'une jeune beauté qu'on arrache au sommeil,

s'assit tranquillement sur le lit, sans paraître aucunement gênée de notre présence, et quoiqu'elle mît en évidence plus de chair féminine que je n'en avais jamais vue, elle me parut infiniment moins attractive que l'amie virginale de ma sœur. Affaire d'éducation.

Des principes sévères nous maintiennent plus long-

LA GRANDE COMÈTE DE 1858,
d'après un croquis pris par l'auteur,
de la terrasse de l'Observatoire de Paris.

temps dans l'ignorance, nous contiennent, nous retiennent, nous permettent de consacrer plus de temps au travail, préparent mieux nos forces pour l'avenir. Assurément, le jeune homme en souffre, et la jeune fille aussi, semble-t-il, et pour certains tempéraments, la lutte est dure. Il serait si agréable de se laisser aller aux invitations de la nature! Ne pensez-vous pas que maintenant, au vingtième siècle, on y résiste moins, et que l'on y obéisse un peu trop vite? Jusqu'à l'âge de vingt ans, l'esprit, vainqueur des sens, devrait dire: « Soyez forts, devenez hommes et femmes, acquérez la valeur physique et intellectuelle, attendez, vous n'y perdrez rien, au contraire, et vous serez animés d'une flamme inextinguible, et votre vie sera belle, longue et glorieuse ».

Grave affaire que l'éducation! Difficile problème! A l'Observatoire, naturellement, on ne s'occupait point des opinions religieuses; cependant plusieurs de mes maîtres donnaient l'exemple d'une grande piété, notamment M. Charles Wolf, chef du service des observations, et M. Victor Puiseux, chef du service des calculs. M. Le Verrier était, me semble-t-il, plutôt sceptique, mais se montrait néanmoins catholique dans les grandes circonstances. Pour moi, j'étais encore, à dix-huit ans, aussi convaincu qu'à douze ans de la divinité de Jésus et de la présence réelle dans l'Eucharistie, je ne manquais pas un dimanche d'assister à la messe, et ne restais jamais plusieurs mois sans aller m'accuser au confessionnal des fautes que j'avais pu commettre. J'avais des exemples devant moi. Ma mère était absolument stricte sur les devoirs religieux et tous les usages; elle était plus que pieuse : intransigeante. A la maison, pour rien au monde, nous n'aurions omis de faire maigre le vendredi et le samedi, et même le mercredi pendant le Carême et aux Quatre-Temps, de jeûner le vendredi saint, etc. Les trois enfants obéissaient à la même loi. A la paroisse de l'Observatoire, à l'église Saint-Jacques-du-Haut-Pas, l'astronome Wolf suivait régulièrement tous les services et était fier de continuer la tradition des Cassini, dont la famille s'est toujours distinguée par sa piété et par son attachement à cette église : Jean-Dominique Cassini, le premier Directeur de l'Observatoire, y avait, en 1702, la concession d'un banc, et dans les dernières années de sa vie (1710-1712), comme il ne pouvait, aveugle, se rendre à la messe, on venait la dire pour lui à l'Observatoire ; son fils Jacques, Directeur de l'Observatoire après lui, fut marguillier d'honneur, etc. Dans le temple d'Uranie, il y a toujours eu des catholiques pratiquants, et il y en a encore actuellement.

Pour moi, je commençais à sentir les atteintes d'une lutte terrible dans ma conscience. Ma dix-huitième, ma dix-neuvième et ma vingtième années ont été des années d'angoisse épouvantable, et, quoique accablé de travail, j'ai passé plus d'une nuit sans sommeil.

Le premier fait qui m'obligea à réfléchir sur la certitude des enseignements du christianisme, c'est la position de la Terre dans le système solaire.

Toute l'économie du christianisme est fondée sur la conception ancienne du système du monde : la Terre au centre et les astres tournant autour d'elle, avec l'empyrée, le paradis immobile, à la sphère extérieure. La création entière est faite pour l'homme et gravite autour de lui. L'homme est le centre et le but de l'existence de l'Univers.

Cette organisation géocentrique et anthropocentrique était la base matérielle de l'édifice religieux. La vie future comme la vie présente se déroulait dans le même cadre. C'était là un système physique et moral très logique et d'une parfaite simplicité.

Or ce système est faux. Il n'y avait là qu'une illusion de nos sens, de notre ignorance et de notre orgueil. L'erreur est aussi absurde que celle d'un observateur qui penserait qu'à la surface du globe les verticales sont parallèles, quoique cette apparence trompe presque tout le monde.

Au lieu de cet édifice centré sur nous, la réalité nous montre, dans la Terre, une petite planète tournant rapidement autour du Soleil, qui l'emporte elle-même, avec les autres mondes de son système, à travers les régions infinies de l'immensité étoilée.

Le croyant chrétien voyait, à l'origine du monde, les anges entourant le Très-Haut dans le ciel, descendant parfois sur la Terre, se révoltant un jour, tombant dans la prévarication, et puis Adam et Ève, créés directement par un miracle, le démon tentant la première femme, la faute d'Adam, le rachat par Jésus, fils de Dieu, crucifié pour nos péchés, mourant sur la croix, descendant aux enfers, ressuscitant et montant au ciel, où il nous attend, assis à la droite de son Père, dans ce paradis supérieur chanté par le Dante après les Pères de l'Eglise.

Mais, qu'est-ce que ce paradis, but de la vie des chrétiens, et où est-il? Qu'est-ce que l'ascension d'un corps humain dans le prolongement du rayon d'un globe qui tourne sur lui-même en vingt-quatre heures? Le point de l'espace extérieur que nous appelons le haut à huit heures du matin se trouve être à l'opposé, c'est-à-dire en bas, à huit heures du soir, et tous les points du globe ont leurs antipodes; le zénith de midi est le nadir de minuit pour un habitant de l'équateur. Où donc se serait arrêtée l'ascension de Jésus?

Cette ascension n'est donc qu'une fable, un mythe aussi faux que l'histoire de Jupiter dans l'Olympe.

Et je pensais : « Tout s'écroule, il n'y a rien de solide dans ce temple, il ne reste que le vide des espaces astronomiques ».

Autant j'avais été fervent dans mes croyances, autant j'étais bouleversé par ces enseignements contradictoires. Plus je les approfondissais, moins je voyais le moyen de conserver mes convictions.

L'orbite de notre planète autour du Soleil a été la fissure par laquelle l'édifice chrétien me parut s'effondrer irrémédiablement. Je me mis alors à songer qu'il était peut-être possible de rejeter la lettre et de ne plus voir que l'esprit du christianisme. Mais les difficultés vinrent s'entasser les unes sur les autres.

Étudiant le procès de Galilée, dans lequel toutes ces discussions se sont élevées, je m'aperçus que le tribunal de l'Inquisition avait jugé la question en déclarant que la doctrine astronomique de Copernic est absurde, fausse, et formellement *hérétique*. Voici la formule de l'abjuration de Galilée, à Rome, le 22 juin 1633 : *Solem esse in centro mundi, et immobilem motu locali propositio absurda et falsa in philosophia et formaliter hæretica, quia est expresse contraria Sacræ Scripturæ.*

« Expressément contraire à la Sainte Écriture. »

Et, plus loin, hérétique aussi la supposition que la Terre n'est pas immobile au centre du monde : « *Terram non esse centrum ac moveri* ».

Dans ce mémorable procès, je voyais le vénérable astronome, âgé de soixante-dix ans, « à genoux devant les éminentissimes et révérendissimes cardinaux », composant la commission officielle de l'inquisition de la « sainte Église catholique et romaine », obligé de déclarer qu'il ne croyait pas au mouvement de la Terre, d'abjurer cette opinion, d'affirmer qu'il ne l'enseignerait plus, se soumettant dans le cas contraire aux « peines et supplices » requis contre les délinquants !

Et je ne pouvais relire le texte de cette abjuration, de cette rétractation ordonnée par les prêtres, sans un sentiment d'horreur et de honte. Lui, le prodigieux savant, condamné à cette posture par des ignorants dominateurs, forcé de mentir à sa conscience, acceptant de réciter désormais, dans sa réclusion d'Arcetri, les sept psaumes de la pénitence !

Je me mis à lire les écrivains religieux pour chercher quelque lumière dans leurs dissertations. Commençant par l'*Histoire universelle* de Bossuet, je vis que l'éloquent évêque de Meaux était dupe — ou semblait dupe — de la même erreur anthropocentrique, en exposant l'histoire de l'humanité, comme si elle se résumait en celle du « peuple de Dieu », de la Bible et des Évangiles. Si on l'en croyait, les Chinois, les Assyriens, les Chaldéens, les Égyptiens, les Grecs n'auraient joué aucun rôle, et toute l'histoire ancienne ne serait que la préparation de l'avènement de Jésus-Christ, le monde chrétien serait le centre de l'œuvre de Dieu, et Jésus aurait souffert et serait mort pour sauver le genre humain, tandis qu'en fait, il n'y a pas, sur les 1.500 millions d'âmes qui peuplent le globe terrestre, une sur cent, assurément, en situation d'être sauvée par la foi en Jésus-Christ.

Je lus Fénelon et le trouvai plutôt un peu païen, quoique archevêque de Cambrai, puis je relus Massillon, Bourdaloue, beaux phraseurs. Puis, je me plongeai dans les *Pensées* de Pascal, éprouvant moi-même toutes ses angoisses. Cependant, quelques-unes de ses affirmations me parurent discutables, notamment celle-ci : « Je crois des témoins qui se font égorger ». Non. Le martyre n'a jamais rien prouvé, et les religions les plus absurdes en ont eu. Je lus la *Somme* de saint Thomas d'Aquin, et n'y trouvai que la confirmation de l'idée que le système du monde moral chrétien était étroitement adapté au système du monde physique de Ptolémée et d'Aristote. Je lus ensuite les apologistes modernes, tels que Joseph de Maistre, Auguste Nicolas, Th.-H. Martin, Montalembert, le père Félix, etc., et ne parvins pas à trouver la conciliation désirée et nécessaire entre l'astronomie et la conception chrétienne de l'immortalité.

Une pensée sans cesse renaissante revenait frapper ma tête comme un coup de marteau. Je me disais : « D'aujourd'hui en cent ans, où serai-je, ainsi que tous les vivants actuels ? L'enfer, le purgatoire et le paradis n'existent pas, comme lieux dans l'espace. Nous pouvons interpréter les images anciennes, anthropomorphiques et naïves, comme des états d'âme. Fort bien. Mais enfin, nous ne pouvons pas n'être nulle part. L'âme n'est pas un esprit pur, dont on prétend que dix mille pourraient tenir sur la pointe d'une aiguille. Ce n'est pas ainsi que nous pouvons nous représenter notre existence future. Nous voulons quelque chose de plus substantiel que le rien matériel. Mais l'espace lui-même : qu'est-ce que c'est ? Et le temps ? Existe-t-il ? Nouveaux problèmes, qui paraissent aussi irrésolubles l'un que l'autre.

Jésus a dit : « Il y a plusieurs demeures dans la maison de mon père ». Ces demeures seraient-elles les autres mondes ? Le ciel astronomique serait-il le vrai ciel ? Les apôtres, les pères de l'Eglise, les conciles, les papes, auraient-ils dénaturé la doctrine de Jésus, en faisant de lui un Dieu, en décrivant sa résurrection miraculeuse, son ascension, l'assomption de sa mère, et le ciel épiscopal et monastique du moyen âge ?

Où est-il, ce paradis ? Où serait-il, cet enfer ? Où serait-il, ce purgatoire ? Comment pourrait-elle se produire, cette résurrection des corps, destinés ensuite à vivre éternellement glorieux au ciel ou tourmentés en enfer ? Et cette prétendue faute d'Adam que nous devrions tous expier sans l'avoir commise ! Comme ce serait juste ! Et cette création même d'Adam et d'Ève, miracle en contradiction avec tout ce qui se passe dans la nature ! Et Dieu envoyant son fils « pour être crucifié », sachant d'avance comment tout doit se passer ! Et ce prétendu salut du genre humain n'en sauvant qu'une insignifiante partie ! Et Dieu étonné des prévarications des successeurs d'Adam, ne les ayant pas prévues, ouvrant « les bondes des cieux » et laissant couler, pendant quarante jours et quarante nuits, les eaux du déluge qui auraient élevé l'arche de Noé, peuplée d'un couple de tous les animaux, jusqu'à quinze coudées au-dessus des plus hautes montagnes ! Et Josué arrêtant le Soleil ! Et tout ce système de doctrine invraisemblable et inadmissible, depuis le commencement jusqu'à la fin ?

Pourquoi donc enseigner ces erreurs ?

L'écroulement de l'édifice chrétien laissait debout dans ma pensée le spiritualisme pur, qui lui est antérieur et qui en est indépendant : celui de Platon, celui de Descartes, celui de Leibniz, celui de Kant, celui des grands philosophes de tous les siècles. Je me disais quelquefois qu'il pourrait bien se faire que notre désir d'immortalité ne fût qu'une illusion, et que notre mort nous détruisît entièrement, ce qui arriverait si l'âme n'existait pas et si la faculté de penser n'était qu'une propriété du cerveau ; mais cette idée du néant ne me satisfaisait pas du tout, me paraissait en contradiction avec le fait que l'Univers n'est pas un système matériel inerte, mais un dynamisme intelligemment ordonné, avec l'Esprit pour principe, et ce système négatif ne me paraissait ni plus admissible, ni plus démontrable que le dogme chrétien.

J'étais en relations assez fréquentes avec le savant abbé Moigno, directeur du journal *Le Cosmos*, auteur d'un traité de calcul différentiel et intégral très estimé, et je lui confiai les troubles de mon âme. Il habitait près de l'église Saint-Sulpice, rue Servandoni, nº 4, un appartement plein de livres et de papiers, où il travaillait sans répit, au moins douze heures par jour. On trouvait là toutes les publications scientifiques, et j'y avais libre accès.

Comme il était lié avec MM. Puiseux, Wolf, Cauchy, Pasteur et d'autres savants très chrétiens, j'espérais qu'il pourrait lever mes doutes et effacer la contradiction qui sépare les vérités astronomiques des enseignements religieux, me faire toucher du doigt le procédé par lequel ces esprits éminents accordent dans leur conscience les deux théories. Hélas! il n'en fut rien. Il me répondit que la foi n'avait rien à faire avec la science, que le devoir du chrétien était de croire et de s'humilier devant le mystère. Cependant, je sentais bien que deux vérités ne peuvent pas être opposées l'une à l'autre. On me l'avait enseigné à Langres ; mais c'est là une arme à deux tranchants. Que l'astronomie soit vraie, ce n'était pas douteux. Lorsque, dans la conversation, je rappelai à cet écrivain catholique les termes de la condamnation de Galilée, il m'affirma que ce n'était pas pour ses opinions astronomiques que l'immortel astronome avait été condamné, mais parce qu'il avait cherché à les mettre d'accord avec la Bible et s'était occupé de ce qui ne le regardait pas.

— Comment, fis-je, ce qui ne le regardait pas ! Mais tous les adversaires du nouveau système n'affirmaient-ils pas qu'il était contraire aux Saintes Écritures, et ne fallait-il pas essayer de le défendre ?

— Oui, répliqua le directeur du *Cosmos*, mais c'était là l'affaire des théologiens, et non celle d'un laïque.

— Les théologiens, ajoutai-je, étaient tous d'accord pour s'opposer à la vérité. Et tenez ! n'avez-vous pas là un *Index?* Il me semble en avoir vu un par ici.

Étendant la main, je pris un livre imprimé à Rome en 1681, par ordre du pape Innocent XI, et je lus tout haut, à la page 200 :

Nicolaus Copernicus, De Revolutionibus orbium, nisi corrigatur juxta decretum 1620.

— Eh bien ! ajoutai-je, Copernic n'a pas été mis à l'index pour avoir fait de la théologie, je suppose. On a défendu de lire son livre, à moins qu'il ne fût corrigé, ce qui n'avait pas de sens, puisqu'il n'a pas été corrigé, et que l'Église s'est vue obligée de reconnaître la vérité et de retirer l'ouvrage de l'*Index*, pour ne pas être ridicule. N'est-ce pas là le triomphe de la science ?

— L'Église ne peut jamais être contraire à la vérité.

— Alors, pourquoi a-t-elle condamné le mouvement de la Terre comme *hérétique?*

Je lui rappelai la sentence de Rome citée plus haut. Il me répliqua que ce n'était pas vrai et que j'avais mal compris.

— Mais, ajoutai-je, si, par hasard, l'Église avait eu raison, si la Terre ne tournait pas, comme elle s'en vanterait aujourd'hui !

— L'Église a toujours raison, me répondit-il, et elle n'a rien à faire dans le procès de Galilée.

— Comment ! m'écriai-je, ce n'est pas le pape Urbain VIII qui dirigeait l'Inquisition ? Ce n'est pas lui qui a convoqué la commission des cardinaux chargés du jugement ?

— Oui, répliqua-t-il, mais il n'a pas agi là comme pape et n'a rien prononcé *ex cathedra*. Ce n'était là que de l'administration.

— Ah ! fis-je, il est toujours facile d'interpréter les choses lorsqu'on veut avoir raison. Malheureusement, la Terre tourne, et elle tourne hérétiquement.

— Sortez ! s'écria-t-il furieusement en frappant du poing sur sa table, et ne venez plus me déranger par des discussions pareilles. »

Je sentis que j'avais été un peu loin et que j'avais manqué de respect à un homme pour lequel je professais la plus profonde estime. C'était, d'ailleurs, la troisième ou la quatrième discussion de ce genre, un peu audacieuse, je l'avoue, entre un jeune homme et un savant respectable. Je sortis en m'excusant, et en lui faisant remarquer que j'avais simplement désiré m'éclairer à ses lumières. Et je fermai doucement la porte derrière moi.

Assez troublé, je remontai la petite rue Servandoni et pris, presque machinalement, l'une des premières portes à gauche, entrant dans une maison où habitait l'astronome Babinet, de l'Institut. J'étais assez lié avec lui, à peu près comme avec l'abbé Moigno, dont il était le collaborateur au *Cosmos*, et il avait l'obligeance de me prêter tous les mois la meilleure (et à peu près la seule) revue astronomique de l'époque, les *Monthly Notices of the royal astronomical Society*, de Londres. Le père Babinet, comme nous l'appelions, était fonctionnaire de l'Observatoire et avait un cabinet de physique sous la terrasse, au-dessus d'un petit escalier que l'on prenait pour monter à la coupole du Nord et au pluviomètre. Il habitait au numéro 15 de la rue Servandoni, dans la maison historique où Condorcet s'était réfugié pendant la Terreur et d'où il partit pour être arrêté le lendemain dans une auberge de Clamart où, sans se rendre compte de ce qu'il demandait, il se faisait faire pour lui seul une omelette de douze œufs. Ses mains blanches, cette commande saugrenue, le petit livre d'Horace qu'il lisait, le firent considérer comme aristocrate et conduire à la maison d'arrêt de Bourg-la-Reine — où il s'empoisonna. Babinet, né précisément cette année-là (1794), racontait souvent cette histoire. Son logement se composait, je crois bien, de deux chambres seulement, dont l'une lui servait de cabinet de travail. C'est là qu'il recevait. Je n'y ai jamais vu de domestique. La pièce était encombrée de livres jetés les uns sur les autres, car les rayons des murs ne suffisaient pas pour les contenir. Les chaises en étaient couvertes également. Il était très difficile de s'asseoir, et même de se tenir debout, car on ne trouvait guère de place où poser ses pieds. Tout était gris de poussière. Des toiles d'araignées couvraient les fenêtres. Un jour, il m'assura que c'était ce qu'il y avait de meilleur pour la vue : les yeux n'étaient, en effet, jamais éblouis par une trop vive lumière. Babinet était le type du travailleur en chambre, solitaire et affranchi de tous les usages du monde. Il était, néanmoins, très recherché dans les salons, y compris les Tuileries. Depuis la mort d'Arago, c'était assurément l'astronome le plus populaire de France, Le Verrier étant le plus illustre. Ses articles du *Constitutionnel* étaient lus d'un public nombreux, et ce sont eux qui ont formé la base de ses huit petits volumes d'*Etudes et Lectures sur les sciences d'observation* (1855-1868), auxquels ont succédé mes neuf volumes d'*Études et Lectures sur l'Astronomie* (1867-1880).

J'allais assez souvent lui demander des conseils, vers quatre heures et demie, à ma sortie de l'Observatoire, d'autant plus qu'examinateur à l'École polytechnique, il m'avait fortement engagé, au moment de mon arrivée à l'Observatoire, à entrer plutôt à l'École, y voyant pour moi une carrière plus assurée. Mais mon horreur innée pour l'état militaire m'en avait immédiatement détourné, et je n'aurais jamais accepté d'être le plus brillant officier du monde, lors même que j'aurais pu y parvenir.

Ce jour-là, j'étais sans doute un peu rouge de ma discussion avec l'abbé Moigno, car malgré le clair-obscur de la chambre, il s'en aperçut.

— Vous avez fortement couru? fit-il.

Je lui racontai mon histoire. Il parut s'étonner de ma naïveté.

— Quelle idée avez-vous eue de lui parler de ces choses-là! Vous l'auriez « bougrement embarrassé », si vous aviez dix ans de plus, et s'il ne vous avait pas fait prendre la tangente. Vous ne savez donc pas que, comme beaucoup d'autres, il a deux consciences. Le savant et le prêtre ne sont pas forcés de s'entendre.

La conversation fut assez longue. Le soir, avant de m'endormir, il me sembla que la religion avait deux espèces de partisans, la considérant sous deux aspects différents : les croyants qui acceptent les dogmes comme vérités révélées, et les raisonneurs qui jugent utile son influence pour le bon fonctionnement de la société, mais n'admettent pas du tout la Révélation.

Ces deux manières de voir me parurent fort distinctes. La seconde n'intéressait pas mon besoin de vérité. Les principes du christianisme sont-ils vrais ou non? Voilà ce que je voulais savoir.

Il s'agissait donc pour moi de continuer l'examen commencé.

C'est le travail auquel je me livrai, pendant des mois et des mois, pendant deux années.

Je relus la Genèse. Je relus les Évangiles. Cet examen minutieux est résumé dans le tableau comparatif que j'ai publié plus tard dans mon ouvrage *Stella*.

La comparaison attentive de ce double parallèle établit que l'histoire chrétienne est insoutenable à tous les points de vue. L'histoire scientifique est fondée sur l'observation directe des faits de la nature, tandis que l'histoire religieuse n'offre à sa base que des fictions pures, naïves, indémontrables, et même contradictoires.

Est-il admissible que le soleil, la lune et les étoiles aient été créés en un jour, — et le quatrième, la lumière ayant été créée le premier jour — pour luire sur la Terre?

Est-il admissible que Dieu se soit donné la peine de modeler un corps d'argile pour en former Adam?

Est-il admissible qu'Ève ait été tirée d'une côte du premier homme ainsi créé?

Est-il admissible que le serpent ait parlé?

En approfondissant l'enseignement biblique, on voit que l'auteur du récit traite vraiment Dieu un peu familièrement et le prend tout simplement pour un homme puissant. Ne lit-on pas dans la Genèse que « Dieu se promenait dans le jardin l'après-midi, alors qu'il s'élève un vent doux » et qu'il « fit lui-même des habits » pour en couvrir Adam et Ève?

Et quelle est cette condamnation du serpent à ramper désormais? Comment donc marchait-il auparavant?

Et dans les Évangiles, Jésus descend de David par son père Joseph, et accomplit ainsi les prophéties. Mais, comment Jésus peut-il descendre de David si Joseph n'est pas son père? et si Joseph est son père, comment la Vierge Marie peut-elle être vierge et avoir conçu par l'opération du Saint-Esprit? D'autre part, comment peut-on affirmer que Jésus ait sauvé l'humanité, puisque les neuf dixièmes au moins des habitants de la Terre ne connaissent pas l'Évangile ou n'y croient pas? En résumé, toute la doctrine chrétienne ne se résume-t-elle pas en ceci : la rédemption est fondée sur la faute d'Adam, la faute sur la tentation, la tentation sur l'existence du démon, et celui-ci sur une bataille des anges avant la création de l'homme? En vérité, un pareil édifice n'est-il pas fort romanesque? Ne devons-nous pas voir là une pure fiction orientale?

Si, comme on l'interprète aujourd'hui, il est impossible de prendre ce récit à la lettre, qu'en reste-t-il? C'est comme si, en astronomie, dans l'exposition du système du monde, un professeur venait nous dire que ni les astres ni leurs mouvements n'existent, et qu'il n'y a là que des symboles. Les méthodes des sciences positives nous ont rendus depuis longtemps beaucoup plus exigeants.

Bien d'autres difficultés étaient venues se jeter à travers mon esprit désemparé, notamment le dogme de la résurrection des corps. Comment pourrions-nous ressusciter en chair et en os, selon le texte, souffrir dans nos organes qui auront péché, puisque les molécules constitutives de nos corps sont dissoutes dans le sépulcre et incorporées à d'autres organismes, même, d'ailleurs, pendant la vie, qui n'est qu'un tourbillon d'atomes? Et à quel âge ressusciterait-on? Celui de la mort, sans doute : ce serait souvent bien caduc. Corps glorieux, a écrit saint Paul. Mais à quoi serviraient des organes dépourvus de fonctions, des ventres qui n'auraient (heureusement) plus rien à digérer? Etc., etc. Le Credo chrétien se désagrégeait comme le reste.

Le travail sincère et rigoureux auquel je m'étais livré pour l'éclairement de mon esprit, m'avait ainsi amené graduellement à la conviction que les principes sur lesquels le christianisme est fondé sont absolument faux. J'étais profondément malheureux de cette conclusion.

Ma dernière confession m'avait, d'autre part, laissé la plus triste impression sur l'état d'âme de de mon confesseur, l'abbé X..., de Saint-Roch. J'étais dans ma dix-huitième année, et d'une naïveté rare, quoique d'une nature fort ardente. Les questions qui me furent posées, renouvelées, retournées, et qui, d'ailleurs, semblaient avoir pour but de mettre à découvert les secrets les plus cachés du développement de l'adolescence, m'avaient fait monter au front une telle rougeur et un tel embarras, que, dans ma pudeur offensée, je cessai de répondre et m'en allai. Je ne suis jamais revenu depuis à aucun confessionnal.

Quelque temps après, je me mis à lire les *Confessions de saint Augustin*. L'évêque d'Hippone, dont la mère, sainte Monique, était si pieuse, raconte qu'un jour, vers l'âge de dix-huit ans, étant aux bains romains... mais je lui laisse la parole.

« Je ne pouvais encore, dit-il, trouver cette tranquillité de désirs qui n'a d'autre fin que la génération... Un jour que nous étions au bain, mon père ayant aperçu en moi les premiers signes de la virilité et d'une inquiète adolescence, en ressentit une grande joie, comme s'il se voyait déjà des petits-enfants, et s'empressa de le raconter à ma mère ».

Oh! pensais-je, je ne suis certainement pas en âge de me marier. Mais, pourquoi mon confesseur m'accuse-t-il de péché grave pour des sensations purement naturelles, et pourquoi serais-je plus saint que saint Augustin? »

Il arriva ainsi, par le concours des circonstances, et par la logique même de mes études, qu'à dix-huit ans, je cessai de croire à la divinité de Jésus, aux sacrements, et à ce qui constitue l'ensemble des enseignements de l'Église. Mon compatriote Diderot, né à Langres de parents très chrétiens aussi, et dont le frère était abbé convaincu, avait suivi sensiblement la même voie.

La lecture du *Dictionnaire philosophique*, de Voltaire, compléta mon affranchissement, sans toutefois me satisfaire, car le philosophe de Ferney, que l'on qualifie assez souvent du titre de « prince des Athées », est, au contraire, absolument déiste, tout autant que Jésus-Christ lui-même, sans le mysticisme des Esséniens et des prophètes, mais n'admet pas l'immortalité de l'âme. Et il revient souvent à la profession de foi qu'il a résumée en ces mots :

Si Dieu n'existait pas, il faudrait l'inventer.

Et dans ceux-ci :

L'Univers m'embarrasse, et je ne puis songer
Que cette horloge existe et n'ait pas d'horloger.

Dans le chant VII de la *Henriade*, la strophe qui débute ainsi :

Dans le centre éclatant de ces orbes immenses
Luit cet astre du jour par Dieu même allumé

et finit par ces mots :

Par delà tous ces cieux, le Dieu des cieux réside.

n'est pas moins explicite.

On connaît aussi l'inscription de l'église de Ferney bâtie par le philosophe :

DEO EREXIT VOLTAIRE.

Il y a quelques années, je suis allé là en pèlerinage philosophique. Voltaire est un déiste convaincu.

Mais spiritualiste en ce qui concerne l'existence de Dieu, il est matérialiste en ce qui concerne l'existence de l'âme, et cette demi-doctrine ne m'a jamais paru satisfaisante. S'il y a un esprit dans la nature, cet esprit est dans tous les êtres, et il n'est pas du tout démontré que le nôtre soit destructible.

J'étudiai aussi les autres religions, notamment celle de Bouddha, que M. Barthélemy Saint-Hilaire venait d'exposer en un livre documenté, et celles de la Grèce, que M. Alfred Maury venait de décrire en détail. En les comparant avec le christianisme, je reconnus que, dans le fond, les principes sont les mêmes : le besoin d'idéal, la reconnaissance d'un Être supérieur, le sentiment de la justice, et que chez toutes aussi, l'homme a conçu Dieu à son image et a fait de l'anthropomorphisme sans le savoir. Le Dieu de tous les théologiens, à quelque religion qu'ils appartiennent, me parut d'invention humaine, et à chacun de ces docteurs, mon âme affranchie dit avec le poète :

Mon Dieu n'est pas le tien, et je m'en glorifie;
J'en adore un plus grand, que tu ne comprends pas.

Admettre la religion comme une utilité sociale, c'est une autre question, dont la discussion serait longue. Je suis le premier à admirer les œuvres sublimes inspirées par la charité ; mais là n'est pas la question. Pour le penseur, il s'agit de savoir si ses principes sont vrais ou non. Oh! sans doute, on n'y regarde pas de si près, en général. Tout le monde a vu des femmes coquettes jouer hypocritement de la religion, pour aller parader à l'église et y cueillir des amants ; tout le monde sait aussi que les mariages les plus distingués se sont faits par l'intermédiaire des confesseurs. Bien des commerces gagnent à la conservation des autels. Mais, qu'est-ce que ces comédies ont à voir avec le grave et fondamental problème de la vie future et de l'immortalité de l'âme? Il n'y a trop souvent là que de fourbes et infâmes parodies.

Sans doute, les usages sont là; le dimanche est le jour des belles toilettes; mais qu'est-ce que cela prouve?

La Religion : oui. Les religions : non.

To be or not to be. Être ou n'être pas, dit Hamlet dans son monologue. *Que devenons-nous?*

La méditation sur ce sujet nous conduit à l'effroyable dilemme suivant. Ou bien nous disparaissons entièrement à la mort : alors adieu toute espérance et toute justice. Ou bien nous continuons de vivre, et alors une vie sans fin nous est imposée. Vie sans fin! Éternellement exister! Ne pouvoir se réfugier nulle part hors de cette implacable éternité! L'existence n'est-elle pas un malheur éternel! Comment regarder en face une telle perspective? Et l'Univers qui, lui aussi, est sans fin! Quelle est la destinée de l'atome pensant? Mais la survivance implique-t-elle nécessairement une immortalité sans fin? Le problème surpasse si immensément notre faculté de penser que le plus sage, semble-t-il, est de reconnaître notre impuissance à le résoudre. Une recherche permanente ne pourrait que conduire au suicide, ou, sans contredit, au suicide moral.

On m'a souvent invité à penser que la religion ne doit pas être jugée sèchement par la raison, mais appréciée par le sentiment. C'est absolument mon opinion. Je ne suis pas de ceux qui prétendent éliminer le sentiment, et je crois, au contraire, qu'il représente un des éléments fondamentaux de la nature humaine. C'est lui qui conduit le char de l'histoire; c'est lui qui mène le monde. Mais encore faut-il qu'il s'accorde avec la raison et ne l'éclipse pas.

Il est indispensable que le système du monde moral et le système du monde physique forment une seule unité; l'astronomie et la philosophie religieuse doivent s'accorder, et je me suis cru forcé par la marche même de mes études à établir et à démontrer cette vérité. Il n'y a pas d'erreurs inoffensives, et encore moins d'erreurs « respectables et sacrées ».

Je sais bien qu'en avouant ces luttes en pure sincérité, en mettant tout en discussion, je me fais le plus grand tort à moi-même, au point de vue des intérêts matériels, ainsi qu'aux éditeurs de mes ouvrages. Une partie notable des lecteurs est chrétienne et je blesse ses croyances, quoique je ne force personne à accepter les miennes. Il en résulte que les directeurs de consciences défendent de lire mes livres. D'autre part, comme je ne suis pas athée, les prétendus positivistes me poussent également à l'écart. Je mets donc contre moi les deux camps les plus importants.

N'étant ni catholique, ni juif, ni franc-maçon, je n'encarte dans mon jeu aucun de ces atouts qui servent si utilement dans les combinaisons de la vie. Ce n'est pas adroit, c'est d'une indépendance ridicule. On ne peut s'empêcher de constater que l'humanité est lâche, esclave des préjugés, aime sa tranquillité et préfère un bon oreiller à tout ce qui peut nuire à son repos et à ses intérêts immédiats. Mais je ne puis pas n'être pas sincère, et je n'ai jamais écrit une seule ligne dans un but intéressé. Et puis, un Français pourrait-il n'être pas *franc*, tout en regrettant parfois de heurter certaines opinions? J'ai quelquefois envié les musiciens de pouvoir parler leur belle langue sans jamais froisser aucune idée; mes amis Saint-Saens et Massenet apprécient-ils leur supériorité sur nous? Je dirai volontiers à ceux qui me blâment ce que Copernic dit dans la préface de son livre *De revolutionibus orbium cœlestium* : J'expose ma pensée librement; on la jugera comme on voudra.

Ne doit-on pas sacrifier ses intérêts au Progrès? Comment l'humanité progresserait-elle si chacun ne pensait qu'à ses propres avantages?

J'ai essayé de soulever le voile du grand problème dans plusieurs de mes ouvrages, *Dieu dans la Nature*, *Uranie*, *Récits de l'Infini*, *Lumen*, *Stella*, *Rêves Étoilés*, *Clairs de Lune*, etc. L'Être universel ne peut qu'être juste, et la création infinie ne peut être que bonne. Tout gravite vers le progrès, vers le meilleur. Nous devons vivre en pleine espérance.

Mais cette dissertation métaphysique nous a fait, en apparence, oublier l'Observatoire. J'y reviens par une anecdote de l'histoire astronomique, la planète Vulcain. J'ai assisté à l'odyssée de cette curieuse histoire, étant alors élève astronome à l'Observatoire de Paris, et m'étant trouvé précisément en relation avec l'auteur de cette prétendue découverte, le docteur Lescarbault, d'Orgères. Le 26 mars 1859, cet excellent docteur, qui aimait passionnément l'astronomie et en comprenait la grandeur, a bien réellement vu une tache ronde sur le Soleil, le matin, avant son départ pour ses visites médicales, et il la revit lorsqu'il revint pour le déjeuner. Elle avait changé de place, mais ce déplacement était dû simplement au mouvement diurne apparent du Soleil, dont le méridien sud-nord est vertical à midi et oblique le matin. Cette tache n'était pas très éloignée du bord du disque solaire.

A cette époque, M. Le Verrier, acharné à son grand travail sur le mouvement de la planète Mercure, publiait dans les Comptes rendus de l'Académie des Sciences des conclusions numériques desquelles il paraissait ressortir que le mouvement de Mercure était troublé par une planète perturbatrice. C'était, en petit, la répétition de sa découverte de Neptune par les perturbations de la planète Uranus. M. Lescarbault signala son observation dans le journal le *Cosmos*, et le directeur de l'Observatoire de Paris sauta dessus, pour ainsi dire, avec enthousiasme. Il se rendit à Orgères, petite ville d'Eure-et-Loir, et arriva subitement chez le brave docteur pour lui demander à voir son registre d'observations. Ce registre n'existait pas. Le docteur avait l'habitude de prendre dans son lit ses notes sur ses malades, et se servait pour cela de petites planchettes de bois sur lesquelles il écrivait au crayon. Quand ces planchettes étaient pleines et inutilisables, il les rabotait. C'est ce qu'il avait fait pour l'observation solaire que M. Le Verrier était venu vérifier.

Tant bien que mal, il refit de souvenir le dessin sur une feuille de papier. La date de l'observation concordait avec les exigences de la théorie de Mercure; l'illustre astronome s'en déclara satisfait et fit décorer Lescarbault de la Légion d'honneur.

Cette petite planète, située entre Mercure et le Soleil, et baptisée du nom de Vulcain, aurait dû tourner en trente-trois jours autour de l'astre radieux. M. Le Verrier fit calculs sur calculs et annonça les dates auxquelles ces passages pourraient être observés. Jamais on n'a rien vu. Je me suis constamment déclaré contre cette illusion, qui dure encore. Mais sachons bien qu'il n'y a là qu'une légende.

Le docteur Lescarbault est mort en 1894. Son erreur n'a rien d'extraordinaire pour un profane. Tout le monde peut se tromper. Elle est plus étonnante de la part de Le Verrier.

L'événement capital de l'année 1859 a été la guerre d'Italie, et la rentrée triomphale des troupes fut un spectacle magnifique donné le 16 août aux Parisiens, les régiments se succédant musique en tête, le long des boulevards pavoisés, au sein d'une population frémissante les acclamant, précédés par le plus brillant des états-major, l'empereur Napoléon III à cheval, élégant et superbe, les recevant ensuite au pied de la colonne Vendôme, au milieu du joyeux flottement des étendards et au salut des canons des Invalides. Les Autrichiens venaient d'être chassés des territoires italiens usurpés, les armées réunies de la France et du Piémont avaient remporté coup sur coup les victoires de Montebello (20 mai), Palestro (30 mai), Magenta (4 juin), Marignan (8 juin) et Solférino (22 juin), et la Lombardie avait été annexée au royaume de Sardaigne, préparant l'annexion de la Vénétie, qui n'eut lieu qu'en 1866, et l'unité de l'Italie, qui ne fut accomplie qu'en 1870. Cette journée du retour des troupes, illuminée d'un soleil splendide, fut véritablement un triomphe pour l'em

LA RENTRÉE DES TROUPES APRÈS LA GUERRE D'ITALIE

pire, triomphe couronné par le retour de la Savoie et du Comté de Nice à la France. Mais on peut se demander pourquoi ces solutions internationales ne sont amenées que par le canon, les balles et les baïonnettes. Milan comme Venise sont essentiellement italiennes; on ne comprend pas que la belle Venezia puisse se prononcer « Fénétik » et que l'idiome allemand puisse en être la langue officielle. Il n'était pas douteux, d'autre part, pour les Autrichiens, qu'ils seraient vaincus et obligés de retourner chez eux. Allez voir les ossuaires de Solférino et de San Martino, ces crânes troués de balles, ces squelettes rangés côte à côte, et vous penserez aussi que ces milliers d'holocaustes des deux parts ne représentent qu'une cruauté sans élégance dans la solution du problème.

Dans l'été de 1859, j'allai passer une quinzaine de jours de vacances en Bourgogne, chez mon cousin l'abbé Collin, avec lequel nous avons déjà fait connaissance. On se souvient peut-être de mon premier voyage de 1848. Dix ou onze ans de distance, c'est peu, sans doute, en thèse générale, c'est beaucoup dans la jeunesse, lorsque l'enfant ne compte que six ans à la première date, et l'adolescent dix-sept ans à la seconde. De l'écolier de Montigny à l'élève-astronome de l'Observatoire de Paris, il y avait une distance occupée par des années de travail et de lutte : je n'étais plus le même être. Le village de Bourgogne où je revenais était, au contraire, toujours le même : maisons, ruelles, jardins, rivière, canal, habitants même, à peu près. Il n'y avait rien de changé, et mon cousin n'avait pas changé non plus. Le canal de Bourgogne et l'Armançon offraient toujours à la contemplation les mêmes paysages, et la pêche aux écrevisses recommença de plus belle. Ce n'est pas la nature qui change; c'est nous.

A Tanlay, non loin du vieux château historique aux ombrages séculaires, le curé-doyen recevait ses confrères en une salle à manger datant du règne de Louis XIV, et l'on chantait au dessert les odes d'Horace, avec des *Evohé!* retentissants. L'instituteur, bel homme plantureux, était doué d'une voix sonore. Il me sembla que ces bons vivants considéraient surtout la religion comme une institution sociale. La Bourgogne est décidément un beau pays, et si les Anglais avaient réussi à la conserver, comme ils la tenaient en 1422, ils s'y seraient fondus et seraient devenus Bourguignons. Je me suis souvent demandé depuis si Jeanne d'Arc a bien fait de les en empêcher. Les brumeuses îles anglaises auraient été annexées à la France ensoleillée; les rois Anglais un peu Normands d'ailleurs, se seraient installés à Paris, où ils auraient fait souche. A un autre point de vue, Guillaume de Normandie, prenant l'Angleterre au temps de la comète de 1066, n'eût-il pas été mieux inspiré d'annexer l'Angleterre à la Normandie, plutôt que d'annexer la Normandie à l'Angleterre et de laisser croire à ses successeurs qu'une partie de la France leur appartenait? Ce qui amena des siècles de guerres, et qui fit prendre aux rois d'Angleterre le titre de rois de France. — qu'ils ne cessèrent de porter qu'en 1804! — Il serait amusant de refaire l'Histoire. Mais comment se fait-elle elle-même?

Ce qu'il y avait de plus changé depuis 1848, c'était l'existence des chemins de fer. Des trains traversaient les campagnes plusieurs fois par jour, marquant les heures (aujourd'hui, il y en a trop pour qu'on y fasse attention). Une remarque m'avait frappé en regardant la marche des trains du haut de la colline : c'était la lenteur apparente de cette marche, comparativement à leur vitesse réelle, et en en causant avec mes compagnons de promenade, qui éprouvaient quelque difficulté à admettre la vitesse réelle des planètes et des étoiles dans le ciel, où elles nous paraissent immobiles, on arrivait à se rendre compte facilement de ces apparences. Ici, 40 ou 50 kilomètres à l'heure, 800 mètres par minute, semblent, vus d'assez loin, une marche de tortue; dans le ciel, Vénus, qui vole à la vitesse de 126.000 kilomètres par heure, nous paraît immobile.

Dans ces vacances, je visitai une partie du Tonnerrois. A Tonnerre même un document astronomique historique frappa mon attention : le gnomon de l'hôpital. J'appris que cet ancien hôpital avait été fondé en 1293, par la trop célèbre Marguerite de Bourgogne, et que le gnomon que l'on y admire a été construit en 1786 par le bénédictin dom Camille Ferrouillat, appuyé par la recommandation de l'astronome Lalande, qui était, par sa mère, un peu originaire de Tonnerre, quoique né à Bourg-en-Bresse.

Ce gnomon me parut offrir une grande ressemblance avec celui de l'église Saint-Sulpice, à Paris, et, d'ailleurs, ne peut en différer en principe, puisque son but est le même : recevoir l'image du soleil à midi chaque jour de l'année. C'est là un monument historique intéressant, digne d'être classé et conservé, comme l'édifice lui-même, et c'est, me semble-t-il, le seul qui existe en France, en dehors de ceux de l'Observatoire de Paris et de Saint-Sulpice.

Je remarquai, à Tonnerre, une autre curiosité : la

fosse Dionne, source qui jaillit à la base de la colline pour aller se jeter dans l'Armançon, à deux cents mètres de là, et dont on racontait que personne n'en a jamais pu sonder la profondeur.

Au bout de cette quinzaine, beaucoup trop courte, je rentrai à l'Observatoire par le dernier train, de même que j'étais parti par le premier. Et je repris les travaux un peu monotones du Bureau des calculs.

A la sortie de l'Observatoire, à quatre heures, je remarquais assez souvent, à la fenêtre du rez-de-chaussée d'une petite maison de l'avenue de l'Observatoire (nº 57), formant l'angle de la rue Cassini, un beau vieillard qui avait beaucoup connu Arago, et qui était lui-même assez célèbre : c'était l'horloger Winnerl. J'ai toujours aimé la conversation des personnes âgées, à cause de leur expérience. Winnerl était le premier horloger de France et portait avec dignité la rosette d'officier de la Légion d'honneur. Je n'entrais jamais chez lui, mais il m'arrêtait parfois à sa fenêtre, quand je sortais de l'Observatoire, s'intéressant à me raconter des histoires. Il avait la plus haute estime pour le caractère d'Arago, mais fort peu pour celui de Le Verrier. En 1861, il était âgé de soixante-deux ans, et me paraissait vieux (parce que j'avais dix-neuf ans). Il n'est mort qu'en 1886, encore très vert. Comme l'a proclamé avec raison M. Caspari sur sa tombe, on admirait sa belle nature morale, son caractère fortement trempé, sa noble fierté qui ne recherchait que l'accomplissement du devoir, l'amour de la droiture et de la justice. Il était simple, modeste, philosophe, et se délectait dans les anecdotes.

« Tel que vous me voyez à ma fenêtre, me dit-il un jour, j'y regarde depuis longtemps. M. Arago s'arrêtait souvent là où vous êtes. Comme j'avais à sortir assez souvent, je m'inquiétais du temps, et j'avais cru bien faire en imitant le Maître. Quand il avait son parapluie à la main, je ne manquais pas de prendre le mien. Mais dans ce cas il ne pleuvait presque jamais, et je rageais de m'en être embarrassé. Un jour je m'en ouvris au savant astronome. « Eh bien, me « répondit-il, au lieu de faire comme moi, faites juste « le contraire, vous vous en trouverez aussi bien. »

Alors comme aujourd'hui, personne ne pouvait prévoir le temps.

Du Bureau des calculs, j'aurais bien voulu passer aux Observations équatoriales, mais il y avait une hiérarchie difficile à franchir.

Un jour que j'étais fatigué de l'état d'esprit de mes compagnons d'armes, qui me paraissaient toujours ne rien entendre à l'harmonie des cieux, j'allai rendre visite à Pasteur, qui administrait l'École Normale, pour lui demander conseil sur mon avenir. Je trouvai devant moi un homme grand, froid, serré dans une redingote, peu parleur, mine de professeur officiel. Après m'avoir écouté avec attention, il me conseilla de passer mes examens de l'École Normale et de devenir professeur de l'Université, m'assurant de sa protection particulière. Je l'écoutai à mon tour avec respect, mais je n'arrivai pas à être convaincu que cette carrière pourrait convenir à mon caractère un peu trop indépendant. Et puis, l'astronomie m'enveloppait de son charme pénétrant, et vraiment je n'aurais pu m'en séparer. Mais sa conversation me laissa sous l'impression douce et bienfaisante que l'homme de science doit vivre « dans une atmosphère intellectuelle ».

Depuis cette lointaine époque, je suis resté en relations intermittentes avec l'illustre savant. Il me faisait l'honneur de penser que nous avions quelques points de contact, entre autres l'indépendance de l'esprit. La filière classique ne lui suffisait pas, et toutes ses tendances à lui-même étaient d'en sortir. C'était avant tout un curieux, un chercheur, un créateur. N'est-il pas intéressant de constater que, non médecin, il a réformé entièrement les bases de la médecine et est devenu le Maître des Docteurs? Lorsqu'il commença ses études sur les vers à soie et prépara ses découvertes mémorables, il était d'une ignorance noire sur l'entomologie, et en savait moins sur les insectes que les écoliers qui ont eu des chrysalides dans leur pupitre. Une maladie inconnue ravageait les magnaneries; les vers, sans cause visible, tombaient en déliquescence et se durcissaient en pralines de plâtre. Le paysan atterré voyait disparaître une de ses principales récoltes; après bien des travaux, des fatigues, des dépenses, il fallait jeter les chambrées au fumier. Pasteur s'inquiète, songe que la cause de la maladie désastreuse peut être découverte, se rend à Avignon, y fait la connaissance d'un professeur du lycée, l'habile observateur J.-H. Fabre, auquel nous devons les charmants *Souvenirs entomologiques* que tout le monde connaît. Mais je laisse la parole à celui-ci :

« Je désirerais voir des cocons, fait mon visiteur; je n'en ai jamais vu, je ne les connais que de nom. Pourriez-vous m'en procurer?

— Rien de plus facile. Mon propriétaire fait précisément le commerce des cocons, et nous sommes porte à porte. Veuillez m'attendre un instant, et je reviens avec ce que vous désirez.

« En quatre pas, je cours chez le voisin, où je me bourre les poches de cocons. A mon retour, je les présente au savant. Il en prend un, le tourne et le retourne entre les doigts ; curieusement il l'examine comme nous le ferions d'un objet singulier venu de l'autre bout du monde. Il l'agite devant l'oreille.

— Cela sonne, dit-il tout surpris, il y a quelque chose là-dedans ?

— Mais oui.

— Et quoi donc ?

— La chrysalide.

— Comment, la chrysalide ?

— Je veux dire l'espèce de momie en laquelle se change la chenille avant de devenir papillon.

— Et dans tout cocon il y a une de ces choses-là ?

— Évidemment, c'est pour protéger la chrysalide que la chenille l'a entourée d'un cocon.

— Ah !

« Et, sans plus, les cocons passèrent dans la poche du savant, qui devait s'instruire à loisir de cette grande nouveauté, la chrysalide. Cette magnifique assurance me frappa. Ignorant chenille, cocon, chrysalide, métamorphoses, Pasteur venait régénérer le ver à soie ! Les antiques gymnastes se présentaient nus au combat. Génial lutteur contre le fléau des magnaneries, lui, pareillement, accourait à la bataille tout nu, c'est-à-dire dépourvu des plus simples notions sur l'insecte à tirer du péril. J'étais abasourdi ; mieux que cela, j'étais émerveillé ».

Il y avait de quoi. Mais n'est-ce pas là précisément le génie ?

Pasteur était à la fois très savant et très catholique. Son voisin, Littré, était à la fois très savant et complètement athée. Tous deux convaincus, sincères, affranchis de toute tare d'intérêt personnel. Renan avait cessé d'être catholique, mais n'était pas athée. Ainsi, voilà trois grands esprits contemporains, de sentiments absolument contraires. Qu'est-ce que la conscience humaine? Où est l'évidence? Où est la lumière?

Je continuai à réfléchir.

Il est bien curieux de remarquer, à propos de Pasteur, que les hommes qui ont eu le plus d'action sur le progrès de l'humanité ont été des indépendants, en dehors des cadres classiques. Copernic était, non professeur d'astronomie, mais chanoine ; Képler avait été garçon de cabaret ; Francklin était relieur ; William Herschel était musicien, etc., etc. Le pape Sixte-Quint n'était-il pas fils d'un paysan et n'avait-il pas gardé les pourceaux?

Nous sommes, dans ces souvenirs biographiques, en l'année 1861. Je dois ouvrir ici une petite parenthèse, et, comme Saint-Augustin et Rousseau, avouer un peu mes confessions.

*
* *

Dans la vie de tout jeune homme normalement constitué, un moment inévitable arrive où les exigences de la puberté s'imposent impérieusement. Malheureusement, la société est organisée en contradiction formelle avec ces exigences. De délicieuses jeunes filles papillonnent autour de l'adolescent; mais il est défendu d'y toucher. Un commandement de l'Église, d'accord en cela avec les usages sociaux, dit clairement :

L'œuvre de chair ne désireras
Qu'en mariage seulement.
Luxurieux point ne seras
De corps ni de consentement...

Or, un homme ne se marie pas à dix-huit, dix-neuf ou vingt ans, et doit attendre qu'il ait une situation faite et qu'il soit lui-même assez pondéré pour assumer la vie de sa femme et de ses enfants. Les vierges sont donc interdites. Certaines jeunes femmes mariées sont disposées à tendre une main secourable au pauvre martyr et à lui ouvrir leurs bras ; mais l'adultère, lui aussi, est défendu par la morale et les convenances. Si les appétits sensuels du corps étaient seuls en jeu, on pourrait recourir à une certaine classe de femmes tolérées par les meilleures civilisations dans ce but, précisément pour sauvegarder les femmes honnêtes et les demoiselles ; mais l'être humain n'est pas seulement un organisme corporel ; il a un cœur qui bat, il a un cerveau qui pense, il a une âme qui contemple, qui admire, qui sent, qui rêve ; dans un sexe comme dans l'autre, le sentiment s'éveille, les désirs se révèlent, l'amour naît, grandit, flamboie, nous domine en tyran, la loi la plus forte et la plus douce de la nature jette tous les humains vers des embrassements mutuels, et tout ce mouvement naturel et divin, magnifiquement préparé pour la propagation de l'espèce, est brutalement arrêté par les conventions sociales. C'est là l'une des antinomies les plus formidables des mensonges et des hypocrisies de la civilisation.

On s'en dégage comme on peut, mais on s'en dégage forcément, fatalement, inévitablement. Nulle force ne peut barrer une rivière en marche, et les barrages les plus énergiques ne peuvent amener que des débordements. Les tempéraments les plus ardents peuvent se contenir assez longtemps, mais l'heure sonne un jour à laquelle toute résistance devient impossible.

Celui qui écrit ces lignes a pu attendre jusqu'à

l'âge de dix-neuf ans pour connaître les descendantes d'Ève ou de Vénus.

Comme je n'écris pas ici les Mémoires de Casanova, de lord Byron, de Lamartine ou d'Alfred de Musset, je ne m'étendrai pas sur ce sujet.

On a compris par tout ce qui précède que l'état d'esprit des fonctionnaires de l'Observatoire, depuis le directeur jusqu'au dernier élève, n'avait pas cessé de me frapper par sa différence avec mes propres sentiments. J'admirais la puissance du génie mathématique, la précision des calculs, la valeur des méthodes, l'ingéniosité des constructeurs d'instruments, les résultats des observations, mais je ne m'expliquais pas que la curiosité fût si faible en ce qui concernait l'état physique, physiologique, vital, des divers mondes de notre système solaire, ainsi que sur le problème général des autres systèmes, chaque étoile étant un soleil, et que les travaux de l'établissement restassent pour ainsi dire purement administratifs. A côté de l'admirable astronomie mathématique, à côté de la mécanique céleste, il y avait pourtant place pour une recherche plus idéale, plus poétique, plus vivante. Je ne trouvais dans mes conversations aucun écho à mes inquiétudes astronomiques et philosophiques, et je commençais à être désolé de me sentir seul à voir dans la science de Galilée et de Képler autre chose que des coordonnées trigonométriques. Etais-je dans l'erreur? Quand on est seul de son avis, c'est parfois mauvais signe. Il me sembla que mon devoir était de faire un examen très sérieux du sujet.

XII

Mon premier ouvrage imprimé. — Succès inattendu. — Revers de la médaille. — Je quitte l'Observatoire, et j'entre au Bureau des Longitudes. — Victor Hugo. — Alfred Maury. — L'Empereur Napoléon III.

Cette situation fut la cause déterminante de la rédaction de mon premier ouvrage imprimé, *La Pluralité des Mondes habités.* Je consacrai l'année 1861 à cette composition, enflammé d'une bouillante ardeur, comme on l'est à dix-neuf ans, ne doutant pas un seul instant d'arriver à me démontrer à moi-même que ma conviction de la vie universelle extra-terrestre était fondée. Je ne songeais point à voir jamais ces pages imprimées, pas plus que celles de mon travail sur la Cosmogonie, et que mon Voyage extatique aux régions lunaires, et je l'écrivais pour moi-même, pour ma propre conscience. Tout d'abord, je tins à être absolument documenté. Je lus tous les auteurs qui avaient traité la question, entre autres Fontenelle, Cyrano de Bergerac, Kircher, Pierre Borel, Huyghens, Voltaire, Lalande, Laplace, David Brewster, John Herschel, Jean Reynaud. Je remontai plus haut, à Galilée, à Képler, à Copernic, et plus haut encore, aux anciens, à Plutarque, à Lucrèce, aux platoniciens, aux pythagoriciens, aux druides, aux aryas. Lorsque je constatai que mes convictions étaient appuyées par celles des esprits les plus éminents, j'étudiai chaque monde en particulier au point de vue des observations astronomiques modernes. Puis je me rendis compte de l'enseignement de la nature terrestre en ce qui concerne les conditions de la vie. Du reste, le titre et la table des matières de cet ouvrage indiquent exactement l'ordre de mes pensées. Voici ce titre :

LA PLURALITÉ DES MONDES HABITÉS

Etude où l'on expose les conditions d'habitabilité des terres célestes, discutées au point de vue de l'astronomie, de la physiologie et de la philosophie naturelle.

Et voici cette table, en résumé :

LIVRE PREMIER : ÉTUDE HISTORIQUE. — I. *De l'antiquité jusqu'au moyen âge.* — II. *Du moyen âge jusqu'à nos jours.*
LIVRE II : LES MONDES PLANÉTAIRES. — I. *Description du système solaire.* — II. *Étude comparative des planètes.*
LIVRE III : PHYSIOLOGIE DES ÊTRES. — I. *Les êtres sur la Terre.* — II. *La vie.* — III. *L'habitabilité de la Terre.*
LIVRE IV : LES CIEUX. — *Immensité des cieux.*
LIVRE V : L'HUMANITÉ DANS L'UNIVERS. — I. *Les habitants des autres mondes.* — II. *Infériorité de l'habitant de la Terre.* — III. — *L'humanité collective.*
APPENDICE : *La Pluralité des mondes devant le dogme chrétien.*

Plus j'avançais dans ce travail d'analyse et de synthèse, et plus je sentais la sécurité de mes convictions fondamentales. C'était là pour moi l'apothéose de l'astronomie et son but suprême. La vie est une loi de la nature, elle déborde de toutes parts sur la Terre, comme d'une coupe trop étroite pour la contenir, et les autres mondes nous donneront le même témoignage quand nous saurons l'y découvrir, abstraction faite du temps, car notre époque actuelle n'a pas plus de prééminence réelle sur le passé et l'avenir que n'en a notre situation dans l'espace ; il y a des mondes morts, comme il y a des mondes à venir. Nous devons regarder en face l'Infini et l'Éternité, et essayer de les comprendre.

Cette conception de l'astronomie, exposée dans ce premier ouvrage, et continuée depuis par la suite de mes travaux, c'est, en quelque sorte, le programme de toute ma vie scientifique et littéraire. Cette astronomie nouvelle, comme on l'appelait alors en souriant, c'est notre astronomie actuelle, c'est la science du vingtième siècle. J'ai eu l'heureuse fortune de voir naître l'analyse spectrale des corps célestes, la photographie du soleil, des planètes, des comètes, des étoiles, des nébuleuses, et toutes les méthodes qui depuis un demi-siècle ont substitué la vivante *astronomie physique* à l'ancienne et léthargique astronomie mathématique. J'avais alors presque tous les astronomes contre moi. Maintenant, nous sommes tous d'accord. M. Faye, qui tenait avec M. Le Verrier la tête des cohortes du ciel, écrivait que l'opinion de la pluralité des mondes habités est une *idée médiocre et de pure fantaisie*, presque indigne d'attention. Un jour — et ce jour est l'un des plus agréables de ma vie — me succédant au fauteuil de la présidence de la Société astronomique de France (3 avril 1889), il s'exprima dans les termes suivants, étant alors président du Conseil de l'Observatoire de Paris, président du Bureau des Longitudes et doyen des astronomes de l'Institut :

« Les astronomes de profession considèrent la science astronomique à un point de vue très élevé, sans doute, mais peut-être un peu étroit. Préoccupés des graves problèmes de la mécanique céleste, ils considèrent l'univers comme composé de points matériels qui obéissent à des lois précises dont l'étude et l'application constituent justement l'objet de leurs travaux. Mais il n'y a pas que des points matériels dans la nature; nous-mêmes, nous ne sommes pas seulement des points matériels : il y a la vie, la pensée, l'esprit. Les globes planétaires ne sont pas seulement des corps inertes entraînés par les lois de la mécanique; ils sont, à des degrés divers, à des époques différentes, le théâtre d'une vie organisée, peut-être d'une vie humaine plus ou moins développée.

« En se plaçant à ce point de vue, M. Flammarion a su découvrir dans l'astronomie autre chose que l'étude aride des mouvements célestes et des gravitations. Dans cette voie, il a trouvé l'oreille du public et a su intéresser à la science une foule nombreuse qui y était restée jusqu'alors constamment étrangère. A ce titre, M. Flammarion, qui était apprécié parmi les astronomes praticiens, notamment par ses grands travaux sur les étoiles doubles, a rendu un service véritable à l'instruction publique en transformant pour ainsi dire la méthode de l'enseignement astronomique (*) ».

J'avoue que ce fut là mon triomphe. J'avais attendu un quart de siècle pour voir les astronomes officiels arriver à mes idées, mais enfin le but était atteint. On me dira que le monde des lecteurs les avait adoptées du premier coup, et que dix ou douze savants

(*) *Bulletin de la Société astronomique de France*, année 1889, séance du 3 avril.

notoires sont une quantité négligeable en face de millions de lecteurs convaincus. Non. Il y a quantité et qualité. Cette conversion était agréable et précieuse par sa valeur : de petits diamants valent mieux que des tonnes de charbon, quoique chimiquement analogues.

« Vous avez, me disait ensuite Janssen, à son tour doyen des astronomes de l'Institut, vous avez fait la synthèse de toutes les sciences pour les appliquer à démontrer votre doctrine de la vie universelle, vous êtes arrivé à votre heure, et tout vous a donné raison ».

J'ajouterai que mon collaborateur le plus efficace dans cette œuvre de physiologie générale, a été la planète Mars. Nous en parlerons plus tard.

J'ai dit que j'avais rédigé ce livre d'abord pour me convaincre moi-même. Un heureux sort le tenait entre ses mains. Chargé de corriger certaines épreuves des *Annales de l'Observatoire*, rédigées par M. Le Verrier, et de les porter quelque fois à l'imprimerie Mallet-Bachelier, qui se trouvait sur mon chemin à mon retour dans Paris, au quai des Grands-Augustins, le prote de l'imprimerie, M. Bailleul, qui avait été en relation avec Arago pendant une vingtaine d'années, comme imprimeur des Comptes rendus de l'Académie des Sciences, dont Arago était secrétaire perpétuel, remarqua un jour (novembre 1861) que je retirais de l'enveloppe une petite liasse. C'était un chapitre de mon livre auquel j'avais travaillé dans la journée à l'Observatoire, que je remportais à la maison et que j'avais glissé dans la grande enveloppe pour ne pas plier les feuilles. M. Bailleul était un personnage, portant ostensiblement un gros ruban de la Légion d'honneur à la boutonnière, directeur de la première imprimerie mathématique de France, devenue l'imprimerie Gauthier-Villars à la mort de M. Mallet-Bachelier. Il était d'ailleurs assez brusque, et la terreur des typographes.

— Que faites-vous là? jeune homme, s'écria-t-il.

Je le lui expliquai.

Il s'étonna de me voir écrire un ouvrage scientifique à mon âge, et me demanda de lui laisser ce chapitre pour le lire.

Lorsque je revins à l'imprimerie, quelques jours après, lui apporter de nouvelles épreuves, il entama avec moi une longue conversation qui ne lui était pas habituelle, m'apprit qu'il avait lu mes pages avec le plus vif intérêt et me conseilla de faire imprimer ce livre quand il serait terminé.

« Nous pouvons même le publier ici, ajouta-t-il. Ne sommes-nous pas l'imprimeur-libraire de l'Observatoire? »

Je lui exprimai à la fois mon étonnement et mon plaisir, lui avouant que je ne l'avais pas écrit dans ce but, pas plus que deux autres ouvrages que je m'étais déjà amusé à composer pour mon propre agrément, et déclarant que, d'une part, l'ouvrage n'était pas terminé, que, d'autre part, je devrais, s'il avait les honneurs de l'impression, le récrire entièrement et en modifier la forme.

— Agissez comme vous l'entendrez, fit-il. Quoi qu'il en soit, nous sommes à votre disposition.

Quelques mois après, je lui remettais le manuscrit.

J'avoue que je n'avais pas du tout songé aux conditions dans lesquelles les éditeurs peuvent publier les œuvres des écrivains; je ne m'étais demandé ni si cette composition me rapporterait quelque avantage pécuniaire, ni si j'aurais à payer l'impression, ni si les auteurs faisaient des traités avec leurs éditeurs. Je dus lui paraître un peu surpris néanmoins, car je n'avais pas un centime d'économie devant moi. Il se leva, alla chercher une brochure in-8° qui venait de paraître, un ouvrage de Mathieu de la Drôme sur la météorologie, très soigneusement imprimé, quoique en caractères un peu compacts, et après avoir feuilleté, tourné et retourné mon manuscrit :

— Tenez-vous beaucoup à vos conclusions philosophiques? me demanda-t-il.

Comme j'hésitais à répondre :

— C'est que nous sommes une librairie purement scientifique. Les bases de votre idée, les voilà : c'est l'astronomie, c'est la physiologie ; elles suffisent pour une première édition. Nous aurions avec ces pages une brochure dans le genre de celle-ci, du prix de deux francs, qui ne vous coûterait que quelques centaines de francs... et peut-être même rien du tout, car elle se vendra sûrement.

J'acceptai sa proposition sans penser plus loin, et je fus très fier, dans le cours de l'année 1862, de voir mon nom imprimé avec la firme du libraire de l'Observatoire, et cette première édition in-8°, à la fois classique et élégante, à l'étalage des libraires de de Paris. Elle avait été tirée à cinq cents exemplaires, et j'avais reçu, en même temps, la facture, montant à plusieurs centaines de francs. J'allai m'informer auprès de M. Mallet-Bachelier de la date à laquelle cette note devait être réglée.

— Quand vous voudrez, répondit-il.

Cette vague réponse me satisfaisait. Je fis alors

dans mon esprit les meilleures combinaisons pour

L'AUTEUR A L'AGE DE VINGT ANS

pouvoir prendre un peu chaque mois sur mes appointements, et mes parents y consentirent. Je pouvais aussi ne plus acheter de livres pendant quelque temps et réserver de petites économies.

Mes espérances étaient donc parfaitement roses, lorsque, tout d'un coup, mes appointements furent supprimés!...

. . . .

Je n'ai pas encore dit que M. Le Verrier avait le caractère le plus épouvantable qui se puisse imaginer.

Hautain, dédaigneux, intraitable, cet autocrate considérait tous les fonctionnaires de l'Observatoire comme des esclaves.

Il était très détesté. Le jour de son arrivée à l'Observatoire de Paris, le 5 février 1854, nommé par décret de l'empereur à la succession d'Arago, tous les anciens fonctionnaires s'enfuirent, sans exception. Il ne resta personne! Le siège même du Bureau des Longitudes changea de place et s'exila de l'Observatoire, pour le numéro 76 de la rue Notre-Dame-des-Champs. Le nouveau personnel fut plutôt une tribu de nomades. Dès la première année, sur les deux astronomes principaux, Goujon et Mauvais, l'un se suicida, l'autre devint fou. Personne ne pouvait travailler tranquillement. C'est à qui abandonnerait la place. Liais s'enfuit au Brésil, Chacornac à Lyon, dans la solitude d'une banlieue déserte. Pendant le règne de Le Verrier (1854-1870), *cent quatre* fonctionnaires sont passés par l'Observatoire, sans pouvoir s'y maintenir. J'y suis resté quatre ans, et je suis l'un de ceux qui y sont demeurés le plus longtemps.

Mon heure de départ avait sonné à son tour à la terrible horloge dictatoriale.

Je n'eus aucune scène avec l'irascible autocrate. Il

me dit simplement, de son ton autoritaire qui n'admettait pas de réplique : « Je vois, monsieur, que vous ne tenez pas à rester ici. Rien n'est plus simple, vous pouvez vous retirer ».

J'avais cessé de plaire; tout ce que je faisais était mauvais; mes idées étaient fausses; je n'étais pas un élève-astronome, mais un élève-poète. Quand on veut tuer son chien, on déclare qu'il est malade.

Ce caractère entier et intraitable du brutal directeur n'enlève rien à son génie de mathématicien; mais il a exercé la plus funeste influence dans l'administration de l'Observatoire de Paris. La vraie cause de ce caractère hypocondriaque était, je ne l'ai su que plus tard, une maladie d'estomac.

En m'obligeant à quitter l'Observatoire pour ne plus subir d'interminables tracasseries, M. Le Verrier brisait ma carrière, comme on casse un verre, sans le moindre scrupule. Jaloux de toute indépendance et de toute initiative personnelle, il était accoutumé à régner seul et à tout écraser. Mais pour moi l'événement était grave et arrivait mal à propos. Je ne suis pas méchant, et l'on assure que j'ai très bon caractère. Cependant, en partant, je fis un serment, comme autrefois les Romains, nos aïeux, le serment de me venger : « IL ME FAIT PARTIR, IL PARTIRA! »

Ce serment, je l'ai tenu, comme on le verra dans la suite. Nous parlerons plus loin de la Révocation de Le Verrier. Elle a été retentissante. Celui qui sème le vent récolte la tempête.

Mais, en attendant, je tombais dans un abîme inconnu, et je fus plusieurs jours absolument désemparé. On songea à me faire entrer au ministère des Travaux publics, au bureau de la Statistique générale, dont M. Legoix était directeur, et aussi au bureau de M. Belgrand, directeur des parcs et jardins, à l'Hôtel de Ville : mais je ne parvenais à prendre aucune décision. J'aurais pu rester longtemps dans une situation assez précaire, si je n'avais pas eu pour amis... les ennemis du fougueux dictateur.

Après avoir passé mes baccalauréats, j'avais pensé d'abord continuer mes études pour la collation des grades, la licence, le doctorat, et je suivais, à la Sorbonne, les cours de calcul différentiel et de Mécanique céleste. Delaunay m'avait remarqué à son cours, et j'avais fait sa connaissance personnelle. J'allai rendre visite à cet astronome, pour lui expliquer ce qui venait de m'arriver et lui demander conseil. « Tant mieux ! me dit-il, personne ne peut rester avec ce monstre. Voulez-vous venir avec moi ? »

Il habitait rue Notre-Dame-des-Champs, 76. Dans la même maison, demeuraient MM. Mathieu et Laugier. M. Mathieu était le beau-frère d'Arago, et cette maison lui appartenait ; M. Laugier était son gendre. C'est là que se tenait le Bureau des Longitudes. Ces savants étaient tous des ennemis irréconciliables de Le Verrier, à ce point que l'un des astronomes titulaires du Bureau des Longitudes, Largeteau, étant mort en 1857, ils n'avaient pas voulu procéder à son remplacement, pour ne pas être obligés de nommer Le Verrier, dont c'était le tour, car il était *membre-adjoint*, depuis l'année 1846 ! En fait, on ne l'accepta, lui, l'illustre Le Verrier, comme astronome titulaire du Bureau des Longitudes, que cette année 1862, *après l'avoir fait attendre pendant seize ans comme adjoint*, et on ne s'y décida que parce que les élections s'imposaient inexorablement, les astronomes titulaires étant tous morts, à l'exception de Liouville.

Delaunay, qui me connaissait comme élève à la Sorbonne, me présenta, séance tenante, à M. Mathieu, président effectif du Bureau des Longitudes (le maréchal Vaillant était président pour la forme), et je fus reçu comme calculateur à ce Bureau, chargé du calcul des positions de la Lune dans la *Connaissance du Temps*, et aux mêmes appointements qu'à l'Observatoire : 200 francs par mois. Il s'agissait de transformer les positions de la Lune en longitude et latitude en ascensions droites et déclinaisons, simple affaire de trigonométrie. Ces pages de la *Connaissance des Temps* pour les années 1866 et 1867 ont été calculées par moi en 1862 et 1863.

J'étais tiré de l'abîme dans lequel Le Verrier m'avait fait choir.

Le Bureau des Longitudes et son bureau des calculs étaient installés, comme je l'ai dit, dans la maison de M. Mathieu, rue Notre-Dame-des-Champs, 76. Nous étions quatre calculateurs, travaillant dans une belle pièce d'angle, au troisième étage, chacun à notre table, avec une vue agréable sur les jardins du voisinage. La durée du travail était la même qu'à l'Observatoire. Deux autres calculateurs, fort anciens, Ulysse Bouchet et Marc-Antoine Gaudin, nés sous la Révolution, comme leurs noms l'indiquent, travaillaient chez eux.

Depuis cette époque, le Bureau des Longitudes a été établi (en 1873) dans un immeuble sévère occupant le fond de la cour de l'Institut.

Ma carrière astronomique pouvait donc se continuer comme à l'Observatoire.

En même temps, mon ouvrage, qui venait de

paraître, frappait l'opinion publique, et, en quelques mois, l'édition était épuisée. Lorsque j'allai voir l'éditeur, pour régler la facture, il fit le compte en me disant que tout était vendu, et que les recettes et dépenses se balançant, je ne lui devais rien.

Sur ces entrefaites, j'avais reçu des propositions de M. Didier, fondateur de la Librairie académique, lequel, sachant que je n'avais pas de traité avec la librairie Mallet-Bachelier, me demandait de publier mon ouvrage, avec la partie philosophique que j'avais réservée. La Librairie académique était célèbre. C'est là que se publiaient les œuvres de Guizot, Cousin, Villemain, de Barante, Montalembert, Alfred Maury, Amédée Thierry, Barthélemy Saint-Hilaire, et d'un grand nombre d'académiciens. Une pareille proposition ne pouvait manquer d'être acceptée avec reconnaissance par le jeune débutant, d'autant plus que M. Didier, me communiquant ses traités avec les membres de l'Institut, m'annonçait que le mien serait absolument le même que les leurs. Le volume fut considérablement augmenté par moi et parut, en 1864, en une belle édition in-8° à 7 fr. 50, qui fut très vite épuisée à son tour, et à laquelle succéda, en cette même année 1864, une édition in-12 à 3 fr. 50, format conservé depuis dans les éditions successives, arrivées aujourd'hui à la 41e, chacune étant tirée à mille exemplaires.

Pour un ouvrage de science et de philosophie, écrit par un inconnu, c'était là, assurément, un succès tout à fait inattendu. J'ai dû ce succès à la bienveillance des critiques littéraires, plus dévoués et plus désintéressés qu'aujourd'hui. Pour en donner un exemple, je rapporterai ici la liste des principaux articles écrits sur cette production d'un jeune auteur dont c'était le début :

L'abbé Moigno, *Cosmos* du 19 décembre 1862.
J. Rambosson, *Gazette de France* du 31 décembre 1862.
Allan Kardec, *Revue Spirite* du 1er janvier 1863.
P.-F. Mathieu, *Revue Spiritualiste* du 1er janvier 1863.
Melvil-Bloncourt, *Rev. du Monde Colonial*, 15 mars 1863.
Léopold Giraud, *La Science pour Tous* du 23 avril 1863.
P.-F. Mathieu, *L'Opinion Nationale* du 7 juin 1863.
Wilfrid de Fonvielle, *Presse Scientifique*, juin 1863.
Henri Martin, *Siècle* des 14 et 15 août 1864.
Ferdinand Hœfer, *Cosmos* du 8 septembre 1864, et dans son *Histoire de l'Astronomie*.
Gustave Merlet, *La France* du 20 septembre 1864.
Edouard de Barthélemy, *Le Nord* du 12 octobre 1864.
Gédéon Bressan, *La Science pour Tous* du 20 octobre 1864.
Léon Garnier, *La Ruche Parisienne* du 12 novembre 1864.
Paul Rousselot, *Revue de l'Instruction publique*, 10 et 17 novembre 1864.
Roselli-Malibran, *Monde Musical*, nov. et déc. 1864.
Ernest Menault, *Moniteur Universel* du 5 février 1865.
André Lefèvre, *L'Illustration* du 11 mars 1865.
J.-E. Allaux, *Revue Contemporaine* du 15 mars 1865.
Sainte-Beuve, *Le Constitutionnel* du 22 mai 1865, et dan-les *Causeries du Lundi*.
L. Chantrel, *Bibliographie Catholique*, mai 1865.
Ernest Bersot, *Journal des Débats*, 23 mai 1865.
Antony Meray, *L'Opinion nationale* du 8 juillet 1865.
Charles de Rémusat, *Revue des Deux-Mondes*, 15 juillet 1865.

Ce sont là les principaux articles de la presse française, et je ne puis moins faire ici que de renouveler à la mémoire de leurs auteurs l'expression de ma reconnaissance. La presse anglaise, allemande et américaine n'a pas été moins généreuse. Il serait difficile aujourd'hui de trouver un pareil concours, car ce que les journaux réclament tout d'abord, en général, à part quelques rares exceptions, c'est d'être payés par les éditeurs, les livres ne leur paraissant sans doute pas autre chose qu'un objet de commerce vénal.

Tous ces articles de présentation n'étaient pas des éloges. Ceux de l'abbé Moigno et de J. Chantrel étaient même de violentes critiques.

Mais, à côté de ces critiques, ma reconnaissance fut acquise, dès l'origine, aux célèbres écrivains qui, tels que Sainte-Beuve, Henri Martin, Ernest Bersot, Charles de Rémusat, Hœfer, Gustave Merlet, Alaux, Rambosson, Allan Kardec, me firent l'insigne honneur de publier de véritables études sur mon œuvre. Il serait trop long de citer ces nombreuses études, même en abrégé. Je détacherai seulement de celle de l'historien Henri Martin, dans le journal *le Siècle*, cette phrase qui la résume : « M. Flammarion a porté la main sur une branche maîtresse de l'arbre de la science, celle peut-être dont il était le plus urgent de mettre les fruits à la portée de tous ». Et je détacherai aussi la conclusion de l'article d'Allan Kardec, directeur de la *Revue Spirite* et fondateur du spiritisme :

« En voyant la somme d'idées contenues dans cet ouvrage, on s'étonne qu'un jeune homme, d'un âge où d'autres sont encore sur les bancs de l'école, ait eu le temps de se les approprier et, à plus forte raison, de les approfondir ; c'est pour nous la preuve évidente que son esprit n'est pas à son début, ou qu'à son insu il a été assisté par un autre esprit ».

De tous ces témoignages flatteurs, celui qui me toucha le plus fut celui de Victor Hugo, quoiqu'il ne fût pas publié et m'arrivât sous forme de lettre personnelle. Je lui avais envoyé, en lointain hommage, ma première édition, et j'en avais reçu une magnifique réponse, datée de Guernesey, 17 décembre 1862, dans laquelle on peut lire ceci :

« J'ai dit, en parlant de Dieu, dans les *Contemplations* :

Il approprie
A chaque astre une humanité.

« Je pense comme vous. Je vous remercie et je vous félicite de votre œuvre.

« Les matières que vous traitez sont la perpétuelle obsession de ma pensée, et l'exil n'a fait qu'augmenter en moi cette méditation, en me plaçant entre deux infinis, l'Océan et le Ciel... Je me sens en étroite affinité avec des esprits comme le vôtre. Vos études sont mes études. Oui, creusons l'infini : c'est le véritable emploi des ailes de l'âme ».

Et comment n'aurais-je pas été touché, flatté, honoré, de la citation qu'il a faite de moi, dans son avant-dernier ouvrage, *Post-Scriptum de ma vie* :

« Au delà du monde des planètes, il y a le monde des étoiles ; au delà du monde des étoiles, il y a le monde des nébuleuses. Qui sait où l'observation humaine s'arrêtera? De Francœur à Flammarion, le télescope a monté de soixante millions d'étoiles à cent millions ».

Lorsque l'immortel poète revint en France, après la chute de l'Empire, je me trouvai en relations avec lui, et j'appréciai avec quelle passion il aimait l'astronomie, la véritable, l'astronomie vivante, la science des mondes actuels, passés et à venir.

Une de mes grandes satisfactions fut de voir mon ouvrage immédiatement traduit dans les principales langues de l'Europe, en allemand, en anglais, en espagnol, en portugais, en italien, en russe, en danois, en suédois, en polonais, en tchèque, en arabe, en turc et même en chinois, — et en stéréotypie pour les aveugles.

L'astronomie plane au-dessus de la politique, et les divisions humaines, quelles qu'elles soient, lui restent étrangères. Un jour, l'un des auteurs accrédités de la Librairie académique, M. Alfred Maury, de l'Institut, qui était bibliothécaire des Tuileries, et en relation fréquente avec Napoléon III, dont il était le collaborateur dans la rédaction de l'*Histoire de Jules César*, m'apprit qu'il avait présenté mon ouvrage à l'empereur. Voici la relation que l'on peut lire dans le *Cosmos* du 15 décembre 1864, sous ce titre : *Le Livre de M. Flammarion à la Cour de l'Empereur.*

L'empereur s'est intéressé particulièrement à cet ouvrage et n'a pu se soustraire à la surprise qui se manifeste lorsqu'on nous montre l'insignifiance et, pour ainsi dire, le néant de la Terre devant l'immensité grandiose des créations du ciel.

Ce qui a le plus particulièrement surpris l'empereur et le plus captivé son attention, c'est la gravure qui représente la grandeur comparée du Soleil et de la Terre, où l'on voit un boulet de canon à côté d'un petit pois. « Comment ! nous voilà ? s'écria-t-il, est-ce possible ? Que nous sommes peu de chose ! »

Au déjeuner de la cour, — c'était à Saint-Cloud, le vendredi 21 octobre — la conversation roula sur le nouveau livre et sur la portée de pareilles considérations pour atténuer la vanité humaine et redresser les fausses conceptions de l'homme sur sa grandeur toute nominative. A ce point de vue, l'astronomie se montrait revêtue d'une autorité nouvelle sur les raisonnements de l'esprit humain, et son utilité philosophique ne paraissait pas inférieure à son utilité scientifique. Elle venait prendre place parmi les principes fondamentaux qui doivent former la base des croyances humaines.

A la vue de la représentation géométrique des valeurs du Soleil et de la Terre, l'impératrice reçut une impression plus vive encore que celle de l'empereur plus familiarisé avec les faits de l'observation moderne. « Mais, ce n'est pas possible, s'écriait-elle, nous ne sommes pas si petits que cela ! — Songez maintenant, madame, reprit l'empereur, à la petite place que nous occupons nous-mêmes sur cette petite terre... » Et, comme notre gracieuse souveraine songeait : « N'y pensons pas, ajouta l'empereur, cela nous rend imperceptibles, il y a de quoi nous anéantir ».

La conversation s'établit ensuite sur les vérités astronomiques desquelles est tirée la doctrine de la pluralité des Mondes : sur la grandeur et la nature des planètes, sur la distance des étoiles et la vitesse de la lumière, sur l'étendue du ciel visible et les découvertes télescopiques. M. Maury, qui avait présenté l'ouvrage de M. Flammarion, expliqua ces grandes vérités de la science moderne et s'étendit notamment sur les recherches de Roëmer et sur les mesures relatives aux distances célestes. Le jeune auteur fut encore favorisé d'avoir pour interprète l'illustre historien de l'Académie des sciences.

Cette histoire est rapportée ici textuellement. Lorsque M. Alfred Maury me la raconta, à la librairie Didier, il me fit l'honneur d'ajouter que, si je le désirais, il me présenterait à l'empereur et à l'impératrice. Dépourvu, alors comme aujourd'hui, de toute espèce d'ambition, et républicain pur, je reçus l'invitation sans enthousiasme et répondis, en le remerciant, que nous causerions de cela « un de ces jours ». Ce jour n'est jamais venu, quoique je sois resté en relations avec le célèbre académicien.

En pensant à M. Alfred Maury, je me souviens de son logement à l'Institut. Il habitait le second étage de l'aile du palais Mazarin donnant à l'ouest, sur le quai Voltaire. La vue y était admirable sur le ciel, l'horizon, la Seine et les Tuileries ; mais les fenêtres étaient un peu plus hautes que la tête, de sorte qu'il fallait monter sur un escabeau pour voir le sol. Assis dans la pièce, on ne voyait rien. On aurait pu s'y croire en prison. C'est tout de même payer cher ces logements officiels gratuits, que de se condamner à passer sa vie ainsi enfermé. Une fenêtre tout ordinaire est de beaucoup préférable. Mais il y a pas mal de fonctionnaires qui sont enchantés de ne pas payer de loyer et qui n'ont jamais donné un sou à aucun propriétaire.

Il faut avoir un tempérament spécial pour aimer à conquérir certains logements célèbres du palais de l'Institut et de divers établissements scientifiques. M. Charles Blanc, qui était pourtant un artiste, secrétaire perpétuel, si j'ai bonne mémoire, de l'Académie des Beaux-Arts, M. Gaston Boissier, autre secrétaire perpétuel, académicien délicat et fin lettré, demeuraient en d'antiques et sombres pièces d'où l'on n'a pour horizon, à quelques mètres, que les vieilles masures de la rue Mazarine. Comment peut-on vivre, respirer, penser, en des cachots pareils? Les voleurs, en réclusion à Fresnes, sont certainement mieux logés. Est-ce le plaisir d'avoir son adresse à l'Institut ? De n'avoir à payer ni loyer, ni contributions, ce dont le centenaire Chevreul s'est fait gloire aux Gobelins, au Muséum, pendant toute sa vie? La fenêtre fleurie de Jenny l'ouvrière est autrement intéressante. J'habite encore aujourd'hui, depuis plus de quarante ans, au cinquième étage, à l'angle de l'avenue de l'Observatoire et de la rue Cassini, tout près de l'Observatoire, mon appartement de garçon, parce qu'il est entouré de toutes parts d'arbres, de jardins, d'oiseaux, de calme tranquille, de merles chanteurs, et parce que la vue dont on jouit de ce balcon est véritablement astronomique ; un jour, Charles Blanc qui était venu déjeuner avec moi, pour causer un peu astronomie, resta plongé dans un émerveillement sans fin. Je le recon-

LES ENVIRONS DE L'OBSERVATOIRE
(Vue prise de mon balcon.)

duisis chez lui, et ma surprise fut telle entre ces murs, meublés de livres, il est vrai, mais sentant la prison depuis l'escalier, que je ne pus m'empêcher de lui en faire réflexion.

— Tu vois! fit-il, en se tournant vers sa femme, tu vois quel mérite j'ai de rester ici !

— Mais, mon ami, répliqua Mme Blanc, tout le monde n'habite pas l'Institut, la cuisine est grande, et les vieilles armoires sont si commodes! Dans les maisons modernes, il n'y a pas moyen de caser une robe.

Mais, revenons à mon premier livre et à son époque.

Tout n'était pas absolument rose, cependant, dans le succès. Je fus attaqué d'une part par les journaux ultra-cléricaux, et d'autre part par les coryphées du trône napoléonien qui blamèrent avec violence mon sentiment d'horreur contre les conquêtes du sabre et contre la mentalité humaine générale créée par un long atavisme d'esclavage. J'avais écrit dans mon livre :

Les hommes, qui sont déjà à la tête du combat perpétuel que les êtres vivants se livrent sur la Terre, ont encore poussé à l'extrême cette loi désastreuse en la tournant contre eux-mêmes, et depuis l'origine des sociétés, au milieu des civilisations les plus avancées comme au sein de la barbarie, la Guerre inique, insensée, a tenu les rênes des nations humaines. Le croirez-vous, populations paisibles de l'espace ! L'homme est arrivé ici à une telle aberration, qu'il en fait une déesse, de cette Guerre, et qu'il l'adore! Oui, les habitants de la Terre contemplent avec vénération ce Moloch affamé ; et, par une convention mutuelle, ils donnent la palme des honneurs et le diadème de la gloire aux plus cruels d'entre eux, dont l'habileté au carnage est la plus grande. Voilà notre monde ! Gloire à celui qui amoncelle les cadavres dans les plaines rougies ; gloire à celui qui en comble les fossés; gloire à celui dont l'ardeur frénétique enrôle le plus de tigres autour de sa bannière sanglante et fait marcher des hordes de bourreaux sur le ventre des nations déchirées!

Sans contredit, ce n'était pas là faire ma cour au Pouvoir.

A cette époque, en plein régime napoléonien, un tel jugement était regardé d'assez mauvais œil, et paraissait entaché de dangereuse indépendance. Je fus classé, avec raison, d'ailleurs, au nombre des apôtres du pacifisme, et quoique je ne me sois affilié à aucune société, je fus engagé à plus d'un congrès, notamment à celui de Lausanne, 1869, dans lequel j'eus l'honneur de me rencontrer avec Victor Hugo. Les idées de paix générale et d'arbitrage paraissaient alors fort éloignées d'une réalisation possible. Il y avait — il y a toujours — des hommes qui n'estiment que l'argument du coup de poing. Il est bien certain, d'ailleurs, que, pour être efficaces, ces idées ne doivent pas être prêchées en France plutôt que dans les autres pays, et doivent être répandues simultanément chez tous les peuples. C'est ce que faisait mon ouvrage, dont la première traduction étrangère fut une traduction allemande.

XIII

Le spiritisme. — Je me lance dans cette étude. — Allan Kardec. — Les médiums. — Expériences de Victor Hugo à Jersey. — Mme de Girardin. — Auguste Vacquerie. — Eugène Nus.

Ce livre remuait plus d'une idée.

On a vu, tout à l'heure, parmi les articles, la conclusion de celui d'Allan Kardec.

A cette époque (1862), l'étude du spiritisme me prenait un grand nombre de mes heures de loisir. J'ai raconté plus haut mes troubles, mes angoisses sur nos destinées après la mort. Ayant entendu parler d'expériences qui semblaient apporter un élément nouveau à cette grave recherche, je me précipitai dans cette investigation. Au mois de novembre 1861, je remarquai sous les galeries de l'Odéon un ouvrage intitulé *Le Livre des Esprits*, par Allan Kardec, dans lequel la vie future et les autres mondes sont censément décrits par des esprits qui les connaissent. Après l'avoir feuilleté, non sans étonnement, je l'achetai et le lus avec avidité, et, voulant me rendre compte des faits exposés, j'entrai aussitôt en relation avec l'auteur et assistai à toutes les séances de la société spirite, dont il était président. Je fis, en même temps, la connaissance d'un médium à effets physiques, Mlle Huet, dans le salon de laquelle fréquentaient des hommes de haute distinction, tels que MM. de Courtépée, Émile de Bonnechose, Théophile Gautier, Arsène Houssaye, Louis de Noiron, Henry Delaage, d'Escodeca de Boisse, directeur de l'Imprimerie impériale, Oscar Commettant (incrédule fermé), Victorien Sardou, convaincu depuis longtemps déjà, P.-F. Mathieu, écrivain et poète, l'éditeur Didier, etc., il y avait aussi là un journaliste très spirituel, Jules Lecomte, mais bien indiscret, car tout le monde savait qu'il avait succédé momentanément à Neipperg dans les bonnes grâces de la volage Marie-Louise. Dans ces séances, on pouvait voir une table de salle à manger se soulever entièrement ou être frappée, sans cause apparente, de chocs sonores et rythmés suivant différents airs ; on recevait aussi, par le même procédé de coups frappés, des dictées sur différents sujets, que l'on ne pouvait expliquer par des actes volontaires des personnes présentes. Ce nouveau monde m'intrigua et je rédigeai même les procès-verbaux des séances en deux petites brochures. Pendant plusieurs années, je suivis avec le plus grand intérêt toutes ces expériences.

Ces recherches, comme mes lecteurs le savent, n'ont pas résolu jusqu'à présent le grand problème ; mais elles nous conduisent à admettre l'existence de forces inconnues et de facultés de l'âme encore inexpliquées. Sans revenir sur les faits et les théories publiés dans plusieurs de mes ouvrages, c'est peut-être ici le lieu de rapporter quelques-unes des expériences du même ordre faites par Victor Hugo à Jersey, sur lesquelles je n'ai jamais pu m'étendre; elles compléteront ce que j'ai déjà écrit sur le sujet, intéresseront spécialement une classe particulière de lecteurs et montreront qu'il y a vraiment là une étude digne d'attention au point de vue psychologique comme au point de vue physique. En voici le résumé, d'après Auguste Vacquerie (*) :

Dans l'automne de l'année 1853, Mme de Girardin vint passer dix jours chez Victor Hugo, à Jersey.

Etait-ce sa mort prochaine qui l'avait tournée vers la vie extra-terrestre? Elle était très préoccupée des tables parlantes.

Elle y croyait fermement et passait ses soirées à évoquer les morts. Sa préoccupation se reflétait, à son insu, jusque dans son travail; le sujet de *La joie fait peur*, n'est-ce pas un mort qui revient?

Elle voulait absolument qu'on crût avec elle. Le jour même de son arrivée, on eut de la peine à lui faire attendre la fin du dîner; elle se leva de table dès le dessert et entraîna un des convives dans le *parlour*, où ils tourmentèrent une table qui resta muette. Elle rejeta la faute sur la table dont la forme carrée contrariait le fluide (???). Le lendemain, elle acheta elle-même, dans un magasin de jouets d'enfants, une petite table ronde à un seul pied terminé par trois griffes, qu'elle mit sur la grande.

On fit des questions et la table répondit. La réponse était brève, un ou deux mots au plus, hésitants, indécis, quelquefois inintelligibles. Etaient-ce nous qui ne la comprenions pas? Le mode de traduction des réponses prêtait à l'erreur. Voici comment on procédait : On nommait une lettre de l'alphabet, A, B, C, etc., à chaque coup de pied de la table; quand la table s'arrêtait, on marquait la dernière lettre nommée. Mais souvent la table ne s'arrê-

(*) *Les Miettes de l'Histoire*, Paris, 1863.

tait pas nettement sur une lettre, on se trompait, on notait la précédente ou la suivante ; l'inexpérience s'en mêlant, et Mme de Girardin intervenant le moins possible pour que le résultat fût moins suspect, tout s'embrouillait.

Je n'avais encore été que témoin ; il fallut être acteur à mon tour ; j'étais si peu convaincu, que je traitai le miracle comme un âne savant à qui l'on fait deviner « la fille la plus sage de la société », je dis à la table : « Devine le mot que je pense ». Pour surveiller la réponse de plus près, je me mis à la table moi-même, avec Mme de Girardin. La table dit un mot ; c'était le mien. Ma coriacité n'en fut pas entamée. Je me dis que le hasard avait pu souffler le mot à Mme de Girardin, et Mme de Girardin le souffler à la table. Il m'était arrivé à moi-même, au bal de l'Opéra, de dire à une femme en domino que je la connaissais, et, comme elle me demandait son nom de baptême, de dire au hasard un nom qui s'est trouvé le vrai ; sans même invoquer le hasard, j'avais bien pu, au passage des lettres du mot, avoir, malgré moi, dans les yeux ou dans les doigts, un tressaillement qui les avait dénoncées. Je recommençai l'épreuve ; mais, pour être certain de ne trahir le passage des lettres ni par une pression machinale, ni par un regard involontaire, je quittai la table et je lui demandai, non le mot que je pensais, mais sa traduction. La table dicta : « Tu veux dire *souffrance* ». Je pensais *amour*.

Je ne fus pas encore persuadé. En supposant qu'on aidât la table, la souffrance est tellement le fond de tout, que la traduction pouvait s'appliquer à n'importe quel mot auquel j'aurais pensé. *Souffrance* aurait traduit grandeur, maternité, poésie, patriotisme, etc., aussi bien qu'*amour*. Je pouvais donc encore être dupe, à la seule condition que Mme de Girardin, si sérieuse, si généreuse, si aimée, mourante, eût passé la mer pour mystifier des proscrits.

Bien des impossibles étaient croyables avant celui-là ; mais j'étais déterminé à douter jusqu'à l'injure. D'autres interrogèrent la table et lui firent deviner leur pensée ou des incidents connus d'eux seuls ; soudain elle sembla s'impatienter de ces questions puériles ; elle refusa de s'agiter comme si elle avait quelque chose à dire. Son mouvement devint brusque et volontaire comme un ordre.

— Est-ce toujours le même esprit qui est là ? » demanda Mme de Girardin.

La table répondit non.

— Qui es-tu, toi ? »

La table répondit le nom d'une morte, vivante dans tous ceux qui étaient là (*).

Ici, la défiance renonçait; personne n'aurait eu le cœur ni le front de se faire devant nous un tréteau de cette tombe. Une mystification était déjà bien difficile à admettre, mais une infamie! Le soupçon se serait méprisé lui-même. Le frère questionna la sœur qui sortait de la mort pour consoler l'exil; la mère pleurait, une inexprimable émotion étreignait toutes les poitrines; je sentais distinctement la présence de celle qu'avait arrachée le dur coup de vent. Où était-elle? Nous aimait-elle toujours? Était-elle heureuse? Elle répondait à toutes les questions ou répondait qu'il lui était interdit de répondre. La nuit s'écoulait et nous restions là, l'âme clouée sur l'invisible apparition. Enfin elle nous dit : « Adieu », et la table ne bougea plus.

Le jour se levait, je montai dans ma chambre et, avant de me coucher, j'écrivis ce qui venait de se passer, comme si ces choses-là pouvaient être oubliées! Le lendemain, Mme de Girardin n'eut plus besoin de me solliciter; c'est moi qui l'entraînai vers la table. La nuit encore y passa. Mme de Girardin partait au jour, je l'accompagnai au bateau et, lorsqu'on lâcha les amarres, elle cria : « Au revoir! » Je ne l'ai jamais revue. Mais je la reverrai.

Le départ de Mme de Girardin ne ralentit pas les expériences de Jersey.

Le mode de communication resta le même procédé primitif qui, simplifié par l'habitude et par quelques abréviations convenues, eut bientôt toute la rapidité dési-

(*) Léopoldine Hugo (Mme Charles Vacquerie), noyée dans la Seine à Villequier avec son mari, quelques mois après leur mariage (1843).

rable. On causait couramment avec la table; le bruit de la mer se mêlait à ces dialogues dont le mystère s'augmentait de l'hiver, de la nuit, de la tempête, de l'isolement. Ce n'étaient plus des mots que répondait la table, mais des phrases et des pages ».

Tel est le récit d'Auguste Vacquerie. Il crut, pendant quelque temps, aux esprits des tables, puis cessa d'y croire. Les procès-verbaux de ces séances, écrits de la main de Victor Hugo, qui s'en était fait le secrétaire, forment trois grands cahiers, qui existent toujours. Ils n'ont jamais été imprimés. Je les ai eus entre les mains en 1898, grâce à l'amabilité de M. Paul Meurice, exécuteur testamentaire de Victor Hugo, qui a bien voulu me les communiquer, et j'en ai publié, pour la première fois, des extraits, en 1899, dans les *Annales politiques et littéraires*. Nous allons y revenir.

Ces séances ont commencé au mois de septembre 1853 et ont été continuées jusqu'au mois de juillet 1855; elles ont donc duré près de deux ans. Les expérimentateurs habituels étaient : Victor Hugo, Mme Victor Hugo, leurs fils Charles et François, Auguste Vacquerie, Théophile Guérin, Jules Allix, Mlle Allix, sa sœur, et quelques exilés de passage dans l'hospitalière demeure du poète. Victor Hugo m'en a personnellement entretenu plusieurs fois à Paris, quelques années avant sa mort : il n'avait pas cessé de croire à des manifestations d'esprits. Jules Allix, qui est venu, en 1900, m'en entretenir à Juvisy, était plus convaincu encore de l'existence de ces « esprits », qui lui avaient joué plus d'un vilain tour.

Voici comment les choses se passaient.

Mme Victor Hugo et l'un de ses fils, Charles ou François, étaient presque toujours à la table; Vacquerie et quelques autres alternativement; Hugo presque jamais, car il remplissait le rôle de *secrétaire*, écrivait à une autre table, m'assura M. Paul Meurice, sur ces feuillets qui ont été conservés, les dictées de la table. Celle-ci frappait du pied, tout simplement, et l'on nommait les lettres à chaque coup : A, B, C, D, comme Vacquerie vient de le dire.

En général, elle annonçait la présence de poètes et d'auteurs dramatiques, principalement Eschyle, Shakespeare, le Dante, Camoëns, Molière, et d'autres personnages, Luther, Galilée, Alexandre le Grand, etc. Mais la plupart du temps, lorsqu'ils s'étaient annoncés et qu'on les interrogeait sur une question quelconque, ce n'étaient pas eux qui répondaient; à la place du nom qu'on attendait, la table frappait celui d'un être imaginaire, n'ayant jamais existé, tel, par exemple, que l'*Idée*, ou celui-ci, qui revient très souvent, l'*Ombre du Sépulcre*.

Galilée a pourtant signé là des pages vraiment belles sur l'astronomie. J'ai parcouru aussi une sorte de trilogie en trois chapitres, dont le dernier est d'une élévation, d'une noblesse, d'une grandeur, et d'une transcendance sublimes. On y admire entre autres cette affirmation : « Tous les milliards de mondes, tous les milliards de siècles additionnés font 1; LE TOTAL DE TOUT, C'EST L'UNITÉ ». Ce dernier chapitre est signé l'*Ombre du Sépulcre*.

Un jour, les « esprits », qui répondaient souvent en vers aux questions posées, demandèrent qu'on les interrogeât également en vers. Victor Hugo déclara qu'il ne savait pas improviser de la sorte, et demanda de remettre la séance au lendemain. Dans l'intervalle, il prépara deux questions, l'une de simple curiosité,

VICTOR HUGO et A. VACQUERIE, à Jersey.

dit-il, l'autre plus grave. Le lendemain, Molière ayant annoncé sa présence, l'auteur de la *Légende des siècles* lui dit :

Les Rois et vous, là-haut, changez-vous d'enveloppe?
Louis quatorze au ciel n'est-il pas ton valet?
François premier est-il le fou de Triboulet,
Et Crésus le valet d'Esope?

Molière ainsi interrogé ne répond pas.

— Qui donc est là?

— L'Ombre du Sépulcre!

Et celle-ci, dégagée de tout sentiment d'admiration pour le poète, lui répliquant sur le ton d'un maître d'école à un écolier, lui répond :

Le ciel ne punit pas par de telles grimaces,
Et ne travestit pas en fou François premier.
L'enfer n'est pas un bal de grotesques paillasses,
Dont le noir Chatiment serait le costumier.

Un peu décontenancé de la familiarité de la leçon, Victor Hugo pose sa seconde question, adressée également à Molière, dont la présence lui paraît incontestable :

— Molière est là, dit-il, il a donné son nom tout à l'heure, mais n'a pas voulu répondre. Molière! C'est toi que j'interroge.

Et voici les très beaux vers qu'il prononce devant l'invisible :

VICTOR HUGO A MOLIÈRE

Toi qui du vieux Shakspeare a ramassé le ceste,
Toi qui, près d'Othello, sculptas le sombre Alceste,
Astre qui resplendis sur un double horizon,
Poète au Louvre, Archange au Ciel, ô grand Molière!
Ta visite splendide honore ma maison.
Me tendras-tu là-haut ta main hospitalière?
Que la fosse pour moi s'ouvre dans le gazon!
Je vois sans peur la tombe aux ombres éternelles,
Car je sais que le corps y trouve une prison,
Mais que l'âme y trouve des ailes!

On attend. Molière ne répond pas. C'est encore l'Ombre du Sépulcre, et, vraiment, nul ne peut lire cette réponse sans être frappé de son ironique grandeur :

L'OMBRE DU SÉPULCRE A VICTOR HUGO

Esprit qui veux savoir le secret des ténèbres
Et qui, tenant en main le terrestre flambeau,
Viens, furtif, à tâtons, dans nos ombres funèbres,
Crocheter l'immense tombeau!
Rentre dans ton silence, et souffle tes chandelles!
Rentre dans cette nuit dont quelquefois tu sors :
L'œil vivant ne lit pas les choses éternelles
Par-dessus l'épaule des morts!

La leçon était dure. Il paraît que Victor Hugo jeta là son cahier, se leva furieux et quitta la salle, indigné de la conduite des esprits à son égard. L'illustre maître n'avait jamais été traité avec une hauteur aussi cavalière.

Voici encore une autre pièce, signée du poète grec Eschyle :

Non, l'homme ne sera jamais libre sur terre,
C'est le triste captif du bien, du mal, du beau.
Il ne peut devenir, c'est la loi du mystère,
Libre qu'en devenant prisonnier du tombeau.
Fatalité, lion dont l'âme est dévorée,
J'ai voulu te dompter d'un bras cyclopéen.
J'ai voulu sur mon dos porter la peau tigrée.
Il me plaisait qu'on dît : Eschyle néméen.
Je n'ai pas réussi, la bête fauve humaine
Déchire encor nos chairs de son ongle éternel.
Le cœur de l'homme est plein encor de cris de haine.
Cette fosse aux lions n'a pas de Daniel.
Après moi vint Shakspeare; il vit les trois sorcières,
O Némée, arriver du fond de ta forêt,
Et jeter dans nos cœurs, ces bouillantes chaudières,

Les philtres monstrueux de l'immense secret.
Il vint dans ce grand bois, la limite du monde.
Après moi, le dompteur, il vint lui, le chasseur,
Et comme il regardait dans son âme profonde,
Macbeth cria : *Fuyons!* et Hamlet dit : « J'ai peur ».
Il se sauva. Molière, alors sur la lisière,
Parut et dit : « Voyez si mon âme faiblit :
Commandeur, viens souper! » Mais, au festin de Pierre,
Molière trembla tant, que don Juan pâlit.
Mais que ce soit le spectre, ou la sorcière, ou l'ombre,
C'est toujours toi, Lion, et ta griffe de fer.
Tu remplis tellement la grande forêt sombre
Que Dante te rencontre en entrant dans l'enfer.
Tu n'es dompté qu'à l'heure où la Mort belluaire
T'arrache de la dent l'âme humaine en lambeau,
Te prend, dans ta forêt profonde et séculaire,
Et te montre du doigt ta cage, le tombeau!

Ces communications, dictées par la table de Jersey, sont véritablement d'une grande élévation de pensée et d'une admirable langue. L'auteur des *Contemplations* a toujours cru qu'il y avait là un être extérieur indépendant de lui, parfois même hostile, discutant avec lui et le rivant à sa place. Je n'ai pu cependant, en parcourant ces trois cahiers, me défendre de l'idée que c'est là « du Victor Hugo ».

Et maintenant, quelle explication donner de ces faits?

La table qui frappe du pied ces mots, lettre par lettre, ne se meut pas seule. Quelqu'un la touche, a les mains appuyées dessus. Ici, c'était ou Charles Hugo ou son frère François-Victor. Ce sont là des mouvements de bascule que l'on peut produire par la volonté et qui sont beaucoup plus sujets à caution que les coups frappés, car ceux-ci sont produits par une force invisible. Il ne serait donc pas impossible que la personne jouant ici le rôle de médium ait actionné la petite table et dicté elle-même les lettres formant ces phrases, par amusement, par farce, tout ce qu'on voudra.

Ce n'est pas impossible, mais c'est inadmissible.

Pour plusieurs raisons.

Sans revenir sur les judicieuses observations de Vacquerie, à propos de Mme de Girardin, nous pouvons remarquer, au sujet de la dernière poésie, assez longue, qu'il aurait fallu : 1° la composer et 2° l'apprendre par cœur. Le caractère des fils de Victor Hugo ne se prête pas du tout à cette supercherie. Ils étaient tous deux fort indolents. Quant à improviser, lettre par lettre, des réponses aussi splendides, Victor Hugo, seul, peut-être, en eût été capable au point de vue cérébral, et encore avons-nous vu qu'il ne se chargea même pas d'improviser les questions. Mais il ne touchait pas la table.

Nous sommes forcés d'admettre, ici, comme dans les différents cas discutés dans mes ouvrages spéciaux, que la réunion des personnes assemblées pour faire ces évocations crée, momentanément, une personnalité psychique qui les résume.

C'est notre être subconscient, notre moi subliminal qui paraît agir, un peu comme dans le rêve, mais en se projetant, pour ainsi dire. Ici, l'esprit dominant et agissant est évidemment celui de Victor Hugo. Il y a dans ces manifestations un reflet de lui-même. Sa pensée s'extériorise et agit à distance sur le cerveau du médium (Charles Hugo), qui produit les lettres et les mots, par la pression des mains.

La concentration et la projection d'une ou plusieurs énergies psychiques agissent pour amener les résultats observés, résumant la mentalité des expérimentateurs.

L'hypothèse de la fraude doit être absolument écartée dans ces expériences honnêtes. Mais il y a une sorte de tension d'esprit, de suggestion, nous montrant que l'âme, la volonté, agissent d'une manière anormale. Toutefois, cette explication par le subconscient est loin de tout expliquer, elle n'est pas suffisante, elle laisse place à des influences extérieures à l'esprit des expérimentateurs, elle n'est pas scientifiquement prouvée. Il y a autre chose, qui reste à découvrir, et qui ne le sera peut-être jamais par nos sens trop imparfaits. Nous devrions comprendre que nous ne pouvons pas tout comprendre.

Voici un autre exemple, qui me paraît aussi mystérieux que remarquable. Nous sommes toujours chez Victor Hugo, à Jersey.

Un jour, pendant une séance, un Anglais appela lord Byron. La table répondit : « Je suis là ; mais je ne puis parler français ». Charles Hugo avait les mains sur la table, mais ne parlant ni n'écrivant la langue anglaise, il déclara qu'il n'obtiendrait rien. Alors, se produisit le fait extraordinaire que voici : Un esprit se présenta, disant qu'il était Walter Scott, et qu'il se chargeait de répondre. Il dicta les deux vers suivants :

Vex not the bard, his lyre is broken,
His last song sung, his last word spoken.

Ce qui veut dire :

N'ennuyez pas le poète, sa lyre est brisée,
Son dernier poème est chanté, sa dernière parole dite.

La table avait parlé une langue inconnue du médium, et l'on ne peut s'empêcher d'admirer l'élégante concision de cette réponse, dans le style anglais le plus pur. Serait-ce Walter Scott lui-même qui aurait répondu? Nous n'avons pas le droit de le nier; mais ce n'est certainement pas démontré, et ce n'est même pas probable du tout. Les assistants crurent néanmoins à la visite d'un esprit étranger aux leurs, et Victor Hugo a toujours continué d'y croire.

Le problème reste fort complexe. Il y a là le témoignage de l'existence de *forces psychiques inconnues*. Nous vivons au milieu d'un monde invisible. Les ondes hertziennes se meuvent. La photographie met aujourd'hui en évidence des rayons obscurs pour nos yeux. Il y en a bien d'autres.

D'autre part, l'identité des esprits évoqués ne se montre pas du tout ici. J'ai remarqué, parmi les signataires de ces dictées, les noms suivants : l'Ombre du sépulcre, le Lion d'Androclès, l'Anesse de Balaam, la Colombe de l'arche, le Drame, le Roman, la Poésie, l'Idée, la Mort?

Si la « personnalité-reflet » est l'hypothèse explicative la plus probable, l'hypothèse de l'existence d'esprits anonymes n'est pas éliminée. Je dis anonymes, car ni Eschyle ni Molière n'ont évidemment dicté les réponses précédentes. N'existerait-il pas dans l'espace un cinquième élément, non matériel, un principe d'ordre psychique, un milieu mental, à étudier, dont les manifestations confuses se révéleraient parfois à nos sens imparfaits? Le problème psychique n'est pas résolu.

Et d'autre part encore, si c'est le reflet de nos pensées, pourquoi, lorsqu'on pense à Molière, n'est-ce pas ce nom qui est dicté? Et pourquoi, si souvent, le prétendu « subconscient » est-il opposé au « conscient » ?

Pourquoi la table s'obstine-t-elle, souvent, en des idées contraires aux nôtres ?

On s'explique fort bien que Victor Hugo ait écrit dans *Shakespeare* : « Il est du devoir de la science de sonder tous les phénomènes. Éviter le phénomène spirite, c'est faire banqueroute à la vérité ».

J'avoue que, pour moi, la création de ces deux vers anglais me paraît aussi mystérieuse, aussi émouvante, que la vue d'un cercueil ou la profondeur sans bornes de la nuit étoilée. C'est toujours le même point d'interrogation formidable : QUE SOMMES-NOUS ?

A ces expériences de Victor Hugo, je pourrais joindre ici celles de mon ami Eugène Nus, faites également en 1852, au cercle phalanstérien de la rue de Beaune, à Paris. Elles conduisent à la même conclusion. La réunion se composait de fouriéristes, de phalanstériens, et le style comme les pensées dictées par la table, c'est du fouriérisme pur. Les mots arome, passionnel, solidarité, clavier, composite, papillonne, association, harmonie, force pivotale sont le vocabulaire de la table.

Comme curiosité, on demandait, entre autres, des définitions en douze mots. En voici quelques-unes :

Astronomie. — Ordre et harmonie de la vie externe des mondes, individuelle et sociale.

Géologie. — Étude des transformations de l'être planétaire dans ses périodes et révolutions d'existence.

Amour. — Pivot des passions mortelles, force attractive des sexes, élément de la continuation.

Mort. — Cessation de l'individualité, désagrégation de ses éléments, retour à la vie universelle.

Remarquons dans cette dernière définition, par un esprit censément, ou âme désincarnée, cette étrange singularité, déclarant que la mort est la *cessation de l'individualité!* Il serait difficile d'être en contradiction plus totale avec soi-même. On répond comme en un demi-rêve.

Ici encore, c'est l'extériorisation de la pensée profonde des expérimentateurs. Il y avait un musicien parmi eux, Allyre Bureau, et l'on a obtenu également, par coups frappés, de belles mélodies pour orgue, notamment le *Printemps* et les *Chants des planètes*. Il n'y a rien, pas un mot, qui ne soit dans l'esprit des assistants.

Action inconsciente de l'âme. Mais comment?

Il y a des spirites d'une foi aveugle, qui sont sûrs d'être en communication avec des esprits. Il n'y a pas à raisonner avec eux. Ceux-là ne me pardonnent pas de ne point partager leurs certitudes, qui sont devenues chez eux des croyances religieuses. Mais il en est d'autres qui comprennent que la méthode scientifique seule peut nous conduire vers la connaissance de la vérité. Ceux-là sont restés mes amis. Je viens de trouver dans un recueil de correspondance la lettre suivante que je me permets de reproduire, et qui me paraît assez à sa place ici. Elle est datée de Bordeaux, du 29 mars 1904.

Cher maître,

Il y a environ quarante ans, j'ai entendu à Bordeaux un vieillard faire l'éloge d'un jeune homme d'environ dix-huit ans dans des conditions tout à fait exceptionnelles. A l'entendre, ce jeune homme était un prodige, il devait remuer le monde.

Ce jeune homme, c'était vous.

Le vieillard, Allan Kardec.

Je n'ai pas l'honneur de vous connaître. Je ne vous ai jamais vu, mais j'ai lu vos ouvrages, et j'admire l'effet extraordinaire que vous avez produit sur cette pauvre humanité en lui montrant le chemin qui mène vers Dieu, vers l'Infini.

Pour réussir dans cette voie, il fallait un effort surhumain, car la plupart des gens sont réfractaires à l'étude du ciel, il leur semble qu'on ne peut rien y comprendre, qu'il n'y a rien à faire ; j'en ai connu qui avaient peur de regarder les étoiles.

A mon avis, ce qui domine dans l'espèce humaine, c'est la paresse : on préfère croire l'affirmation la plus bête que de se donner la peine de chercher la cause d'un fait.

Croire à l'impossible paraît naturel.

Un religieux disait en chaire :

« La preuve que la religion chrétienne est la seule vraie, la seule divine, c'est que c'est la seule qui ait fait des saints; tous les saints étaient chrétiens ». C'est là une preuve admise par bien des gens.

Mais vous devez vous demander pourquoi je vous écris tout cela. C'est parce qu'il y a quinze ans que je le désire.

J'ai traversé, il y a quinze ans, une période bien pénible de ma vie; on me prêta un de vos livres que je n'avais pas lu, ce livre m'intéressa et me fit beaucoup de bien. Je voulais vous voir pour vous en remercier, j'allai à Paris, mais au dernier moment, je me trouvai si ridicule d'aller déranger un écrivain qui ne me connaissait pas, qui ne me recevrait probablement pas, parce que je n'avais aucun titre pour être reçu, que je rentrai à Bordeaux sans avoir osé me présenter chez vous.

Il y a quelque temps, j'ai eu l'occasion de faire la connaissance de M. Ribault, receveur de l'enregistrement à Bordeaux, qui veut bien me servir de parrain pour me présenter à la Société astronomique de France. « Et l'autre parrain? lui dis-je. — Je vais en prier M. Flammarion ». Je croyais rêver. Comme vous devez l'avoir appris, je suis candidat à la Société astronomique, et c'est à ce titre que je me suis permis de vous écrire pour ne pas être tout à fait un inconnu pour vous. — J. BAYARD.

Je publie cette lettre entre mille pour montrer que tous les spirites ne m'ont pas gardé rancune de ma méthode scientifique. On peut repousser le spiritisme, on peut repousser le christianisme, sans cesser d'être spiritualiste. Ce sont là des doctrines tout à fait distinctes.

Dans mon avide besoin de connaître, je m'étais lancé avec ardeur, comme tant d'autres, d'ailleurs, dans l'exploration de cette route nouvelle qui paraissait ouverte vers la solution du grand problème; malheureusement, ici non plus cette solution n'est pas donnée. J'applaudis à tous les efforts faits pour découvrir la vérité. La conclusion est, sans contredit, qu'il existe un monde psychique et que l'être humain est doué de facultés inconnues.

Victorien Sardou a toujours été plus affirmatif que moi. Il avait vu, quelque temps après la mort de sa sœur, les touches de son piano jouer seules, puis un bouquet tomber sur sa table, et était sûr que c'était elle qui s'était manifestée,

Mon cœur fut, à cette époque, frappé d'un grand chagrin. J'ai parlé, à propos de Langres, d'un camarade qui s'appelait Charles Burdy. Ses parents habitaient Paris, et il y arriva à peu près en même temps que moi. Nous pensions, nous causions, nous vivions souvent ensemble. Sa constitution était extrêmement frêle, et la phtisie ne devait pas tarder à l'abattre. Il se félicitait, d'ailleurs, de n'être pas condamné à vivre éternellement malade, de mourir bientôt (à l'âge de vingt ans) et de pouvoir venir ensuite se manifester à moi pour me dire ce qu'il en était. Sa promesse était tendre et assurée, sa volonté bien arrêtée. Jamais je n'ai reçu de lui la moindre manifestation d'aucun genre.

XIV

Terre et Ciel. — Jean Reynaud. — André Pezzani. — Lamartine. — Galilée. — Képler. — Cassini. — La poésie à vingt ans. — Le tirage au sort. — Sauvé du péril. — La *Revue française* : mon entrée dans le journalisme littéraire en 1863. — Reflexions sur la danse. — Les mensonges de la civilisation.

Un profond philosophe m'attirait dans cette recherche. C'était Jean Reynaud, l'auteur de *Terre et Ciel*. Il habitait boulevard Maillot, en un hôtel situé sur la lisière du bois de Boulogne, et vivait là en sage, rappelant Épictète et Socrate, le front chauve, le regard perdu dans l'infini. J'allai, en 1862, lui présenter mon livre, qu'il reçut avec sympathie, qu'il lut sans tarder, et qu'il adopta comme sien. Il allait même au delà de mes conclusions, admettant non seulement la pluralité des mondes, mais encore la pluralité des existences et la réincarnation, ainsi que la préexistence. J'étais absolument certain de la première partie de cette double doctrine, mais je n'étais pas certain de la seconde et, tout en désirant y croire, je demandais des certitudes, analogues à celles sur lesquelles j'avais appuyé la doctrine de la pluralité des mondes. André Pezzani, qui publia en 1865 à la librairie académique Didier la *Pluralité des existences de l'âme* « conforme à la doctrine de la Pluralité des mondes », allait plus loin que moi également dans ses affirmations. Il me fait l'honneur de me considérer comme un chef d'école. Mais nous n'avons pas encore, pour ce complément, les certitudes scientifiques réclamées par la conscience moderne.

Jean Reynaud, pour moi, était un maître, un maître de la pensée, autant que Victor Hugo. Il paraissait avoir encore de longues années devant lui. Malheureusement, une cruelle maladie l'emporta l'année suivante, en 1863, à l'âge de 57 ans. Il avait été, avec Édouard Charton, secrétaire d'Hippolyte Carnot, ministre de l'Instruction publique en 1848, et représentait cette pléiade d'hommes honnêtes et désintéressés qui a été la gloire du gouvernement dirigé par Lamartine, Arago et leurs émules.

Lamartine avançait en âge et, comme on ne l'a pas oublié, a quitté la vie en 1869, à l'âge de 79 ans. C'était un beau vieillard, entouré d'admiration et de respect, avec le regret qu'il fût tombé, par sa faute, dans une véritable misère, harcelé sans cesse par ses créanciers. Son spiritualisme était plus chrétien que celui de Jean Reynaud. Les sentiments qu'il exprime dans ses poésies sont surtout des interprétations humaines : c'est nous qu'il voit dans la Nature plutôt que la Nature elle-même. Il semble que, dans son esprit, les étoiles aient été créées pour nos yeux. C'est une sorte d'anthropomorphisme perpétuel.

Dans Victor Hugo, au contraire, l'Univers apparaît

contemplé en lui-même, et l'homme s'y plonge comme l'oiseau dans l'espace.

A cette époque, la France avait deux grands poètes, Victor Hugo et Lamartine. Il était difficile de penser à l'un sans penser à l'autre. Mais quelle différence entre les deux destinées! La chance n'est pas un vain mot, même pour les dernières années, même pour le dernier soupir. Si Lamartine avait vécu deux années de plus, son nom eut de nouveau flamboyé à la tête des gloires de la République française, et ses obsèques eussent été triomphales. Si Victor Hugo était mort sous l'empire, ce n'est pas l'Arc de Triomphe de l'Étoile qui aurait reçu son catafalque...

J'avais toujours été frappé d'un vers de Lamartine, sonnant mal à l'oreille d'un astronome. Tout le monde le connaît, l'a entendu chanter, dans la méditation qui a pour titre *Le Soir :*

Le soir ramène le silence.
Assis sur ces rochers déserts,
Je suis dans le vague des airs
Le char de la nuit qui s'avance.
Vénus se lève à l'horizon.
. . . .

Comme Vénus ne se lève jamais le soir à l'horizon, mais qu'elle se couche, au contraire, et descend pour suivre le soleil, en sa qualité d'étoile du soir, et qu'elle ne peut se lever qu'à l'est, lorsqu'elle est étoile du matin, je m'aventurai un jour à signaler ce lapsus à l'harmonieux poète en lui demandant si, dans les éditions futures, il n'aimerait pas employer une expression conforme à la réalité, telle que :

Vénus rayonne à l'horizon

LAMARTINE EN 1867.

ou quelque autre meilleure de son choix. — Oh! fit-il, cela n'a aucune importance.

Je rencontrais quelquefois l'illustre vieillard chez ma sœur. En 1867, le poète n'était plus le chantre de Graziella et d'Elvire, ni le tribun de 1848. (Il était né en 1790.) On ne devrait pas vieillir! Et pourtant. la jeunesse était heureuse de se trouver près de lui. Victor Hugo est resté fort et robuste jusqu'au dernier jour, 83 ans, 1885.

Très amoureux de la forme littéraire, admirateur de l'art pur, en musique comme en peinture et en sculpture, auditeur perpétuel du poème sacré de la Nature, contemplateur du beau, je m'étais abandonné, comme la plupart des jeunes écrivains, à écrire en vers aussi bien qu'en prose, et à chanter en style poétique les sentiments qui occupaient mon cœur. J'ai écrit notamment un poème intitulé *La Mort de Galilée*, dont l'action se passe à Arcetri, près de Florence, aux derniers jours de l'illustre astronome, et où le poète Milton, l'auteur du *Paradis perdu*, joue un rôle, d'ailleurs historique. Ce petit poème a été lu le 21 octobre 1860, à la séance trimestrielle de « l'Académie de la jeunesse », dont il a été question plus haut. Un étudiant scientifique peut être poète à ses heures, et ces heures comptent parmi les meilleures de la vie. Je m'intéressai à composer des odes, des stances, des épîtres, des épithalames, des sonnets, des acrostiches; je chantai les étoiles, la nuit, le doux clair de lune, le vent frémissant dans les bois, la harpe éolienne des forêts, les couchers du soleil aux gerbes de feu, les harmonies du crépuscule à la fin d'un beau jour; je chantai aussi la beauté séductrice des femmes, les chevelures d'or ou d'ébène, les yeux qui rêvent, les frais visages qu'une idée passagère fait rougir, les blanches épaules qui osent se montrer nues dans l'illumination des soirées, les lignes ondoyantes de la pure esthétique sculptée dans le marbre grec. De ces pièces diverses, réunies en ces années de jeunesse, en un petit volume manuscrit, je pourrais citer quelques titres, tels que : *L'Étoile du Soir*, publiée dans mon ouvrage les *Merveilles célestes*, *La Nuit*, *La Jeune Fille*, *l'Orphelin*, *Minuit à Sainte-Hélène*, *La Cloche*, *Pensée d'Amour*, *Si tu savais*, *A Ossian*, *Un rêve d'adieu*, *Évocation*, *Les Yeux de ma belle*, *Sur la Mer*, *Tristia*, *Ma coupe d'Amour*, *Le* la *de ma Lyre*. En général, les poésies intéressent surtout leurs auteurs, et assez peu les lecteurs, car elles expriment des sentiments personnels et, souvent même, simplement des sensations. Il m'a semblé qu'en particulier les miennes ne doivent intéresser personne. On m'a invité à en publier ici. Les plus courtes sont les meilleures. J'en détacherai une, comme curiosité, une toute petite, un sonnet qui, d'ailleurs, n'est pas tout à fait étranger à l'astronomie :

LES YEUX DE MA BELLE

SONNET

Écrit sur une page de Lord Byron.

La Nature alluma dans tes yeux, ô ma blonde,
Le feu des soleils d'or et l'éclat du saphir ;
Mais elle eut peur, craignant, trop belle pour ce monde,
Que les anges du ciel ne vinssent te ravir.

Pour te garder ici, blanche fille de l'onde,
Un vif éclair, que nul ne saurait soutenir,
Fut par elle caché sous l'orbite profonde
De tes yeux, pour tuer l'impertinent désir.

La Chevelure constellée
De Bérénice, au fond des vastes cieux,
Enrichit de la nuit la parure étoilée.

C'est bien. Mais si tes yeux
Allaient trôner là-haut, ma belle, les étoiles,
Confuses, cacheraient leurs têtes sous leurs voiles.

Ce sont là de légers péchés de jeunesse. On rêve, on aime, on chante. Chacun se croit privilégié. C'est un voyage aérien dans les nuages.

J'aimais la poésie, mais j'aimais aussi les mathématiques, ce qui peut surprendre. Mais je crois avec Pythagore et Képler à la poésie des nombres, et je me permettrai d'ajouter ici que je partageais absolument l'appréciation d'Edgar Quinet sur la poésie des mathématiques, si excellemment exprimée dans les termes suivants : « Une grande erreur est de penser que l'enthousiasme est inconciliable avec les vérités mathématiques; le contraire est plus vrai. Je suis persuadé qu'il est tel problème de calcul, d'analyse, de Képler, de Galilée, de Newton, d'Euler, la solution de telle équation, qui supposent autant d'intuition, d'inspiration, que la plus belle ode de Pindare. Ces pures et incorruptibles formules, qui étaient avant que le monde fût, qui seront après lui, qui dominent tous les temps, tous les espaces, qui sont, pour ainsi dire, une partie intégrante de Dieu, ces formules sacrées qui survivront à la ruine de tous les Univers, mettent le mathématicien qui mérite ce nom en communication profonde avec la pensée divine. Dans ces vérités immuables, il savoure le plus pur de la création; il prie dans sa langue, il dit au monde comme cet ancien : « Faisons silence, nous entendrons le murmure des dieux! »

Et quant à la forme littéraire elle-même, est-ce que Galilée, est-ce que Képler, est-ce que Cassini n'ont pas écrit de charmantes pièces de vers? Et puis encore, la poésie n'est-elle pas, bien souvent, aussi belle, aussi profonde, en certaines pages de prose qu'en versification? Lamartine, Victor Hugo, ne sont-ils pas poètes même en prose? Et Boileau, le législateur de l'art poétique, peut-il être vraiment qualifié de poète? Uranie, muse de l'astronomie, et Calliope, muse de la poésie, sont sœurs. A vingt ans, on peut les embrasser toutes les deux.

Vingt ans! C'est une belle année. Mais c'est aussi celle où nous sommes appelés par la patrie au service militaire.

Le retentissement dont mon premier ouvrage avait été entouré avait mis mon nom fort en évidence, et je me souviens que, lorsque je tirai au sort, à la salle Saint-Jean de l'Hôtel de Ville de Paris, le maire du premier arrondissement me demanda si j'étais le fils de l'auteur de la *Pluralité des Mondes*. Lorsque je lui appris ce qu'il en était, il me regarda d'abord avec un certain air incrédule, mais ensuite, comme j'avais tiré un mauvais numéro, il se fit fort aimable en me disant que l'on ne peut pas tout avoir à la fois. Le fait est que ce mauvais numéro me condamnait ou à être soldat pendant sept ans, ou à trouver dix-huit cents francs pour m'acheter un remplaçant. Ces dix-huit cents francs me furent gracieusement offerts par un banquier, M. Paton, qui habitait la maison de photographie où mon père était employé et qui s'intéressait au sort de mes parents; par M. Bourdon, l'inventeur du manomètre, qui avait pensé un instant m'attacher à ses travaux; et par M. Raby, horloger de l'empereur, ami dévoué de mes parents. Je leur dois à tous une reconnaissance ineffaçable de mon cœur. A cette époque-là, le service militaire n'était pas obligatoire, on tirait au sort, les premiers numéros étaient pris jusqu'à un chiffre déterminé. Mais on pouvait toujours se faire remplacer. Il est bien certain que, si j'avais été soldat pendant sept ans, toute ma carrière scientifique et littéraire eût été détruite en son germe.

Je n'ai rien à dire ici sur les armées permanentes et sur l'état de paix armée qui régit les nations modernes. Mais un astronome ne peut s'empêcher de reconnaître que l'humanité terrestre est véritablement une race singulièrement barbare et tout à fait sauvage.

Affranchi de l'incorporation régimentaire, je pus continuer mes travaux et mes études en pleine tranquillité.

Tout en rédigeant la deuxième édition de la *Pluralité des Mondes habités* et en préparant l'ouvrage historique qui a suivi le premier, *Les Mondes imaginaires et les Mondes réels*, je m'exerçai à écrire des articles en diverses revues. Une belle publication, la *Revue française*, venait d'être fondée, par Adolphe Amat, qui m'invita à y collaborer, pour tous les sujets qui me conviendraient. Mon premier article fut consacré à un sujet alors de haute actualité, et avait pour titre : *Les Esprits et le Spiritisme*. Il fut publié par cette revue le 1er février 1863. Cette date est donc celle de mon entrée dans le journalisme littéraire. Quatre mois plus tard, je devais être chargé de la rédaction scientifique du *Cosmos*.

Je trouve, à cette date, une lettre écrite à l'un de mes camarades, Édouard Madelaine, élève à l'École centrale et mon collègue à « l'Académie de la Jeunesse », dont je continuais d'être président, lettre qui montre un peu l'état troublé de mon âme. En voici un extrait :

Comme suite à notre conversation du 25 décembre dernier, qui date déjà de plus d'un mois, je vous dirai que je continue la folie de saint Augustin, voyant au bord de la mer un enfant qui espérait vider l'eau de la mer dans le trou qu'il venait de creuser, et se disant qu'il était dans le même cas, en cherchant à faire entrer l'infini dans sa pensée. Oui, je suis dans le même cas : la solitude qui entoure mon âme m'épouvante, je ne trouve rien de ce que je cherche, le spiritisme ne me satisfait pas, et je suis tenté de dire avec le Dante : « La forêt qui m'entoure est obscure, âpre et sauvage ».

Adonnés tous les deux à la culture des sciences positives, nous avons la même méthode de raisonnement. Nous cherchons. Placez-vous au point de vue matérialiste, et moi au point de vue spiritualiste, et discutons.

Essayez donc de me prouver, dans votre prochaine lettre, par $a + b$, ou, si vous le préférez, par $PF = MV^2$, que notre âme n'est qu'une force vive qui s'évanouit dès que les facteurs qui la composent s'annulent l'un ou l'autre.

Je cherchais, je travaillais, je composais, j'écrivais. On m'écoutait, on me lisait, on me discutait. Il me semblait que mes idées avaient plus de partisans que de critiques.

Je viens de parler une seconde fois de la Société des Jeunes Gens de Saint-Roch. Je donnai ma démission de président en 1864 ; rester là m'eût paru manquer de franchise. Et puis, des travaux plus importants m'occupaient désormais.

Le succès plaît aux femmes. La jeunesse aussi. Je ne tardai pas à recevoir des invitations de plusieurs salons de Paris, notamment de la noblesse, et je les acceptai d'abord. Je me tenais assez bien à table, et les conversations de la soirée ne m'étaient pas désagréables; mais une qualité importante me manquait : je ne savais pas danser. Ayant été engagé, plusieurs mois d'avance, à faire partie d'un cortège de mariage élégant, et obligé de ne pas manquer aux devoirs de la jeunesse bien élevée, je me décidai à prendre des leçons de danse. Il y avait alors, non loin de l'Élysée-Montmartre (ce qui n'était certainement pas très, très distingué), un professeur de danse, aussi connu de tous les étudiants que la Closerie des Lilas, devenue plus tard le bal Bullier : c'était un nommé Robert, qui dirigeait le bal portant son nom. J'y pris un abonnement, avec trois leçons par semaine et la faculté de danser à ces bals populaires, fort peu aristocratiques, et je finis par m'en tirer tant bien que mal, sans enthousiasme d'ailleurs. Les filles qui dansaient là n'avaient aucune élégance native dans leur esthétique, ni dans leur toilette, affranchie de la gêne du corset, et quant à leur conversation et à celle de leurs partenaires, c'était plutôt écœurant. Mais enfin, j'arrivai à tenir ma place dans les figures du quadrille, et à sauter ou glisser suivant les rythmes de la valse, de la polka, de la scottish et de la mazurka. J'étais tout de même étonné de ce genre d'exercices et je m'étonnais qu'une race dite intelligente les eût inventés. Je ne songeais alors ni à leur origine ni à leur fin, qui sont l'excitation sensuelle et la conjonction des sexes.

L'impression produite sur moi par les soirées mondaines fut tout opposée, au point de vue esthétique, à celle de ces bals vulgaires, mais de fort peu supérieure au point de vue de l'estime inspirée. Les jeunes filles et les femmes étaient belles, distinguées, gracieuses, enveloppées d'une auréole de séduction. Mais elles me paraissaient fort audacieuses, et je me sentais beaucoup plus gêné de regarder leurs épaules nues, leurs dos, leurs bras, qu'elles de les montrer. Tout en ne faisant qu'indiquer les formes, les toilettes des jeunes filles les soulignaient assez pour les révéler, et celles des femmes mariées ne laissaient presque rien de caché, sans parler des corsages décolletés dans le dos jusqu'à la ceinture, des souliers de bal et des bas à jour. Certains costumes dessinaient même les corps sans aucune réserve. Je n'analysai que plus tard le but réel de ces déshabillés féminins, organisé par les conventions d'une civilisation qui se prétend honnête; mais de ces premiers spectacles qui m'éblouissaient, je fus, je l'avoue, tout à fait ahuri. Que les parents offrent leurs demoiselles à marier sous les attraits les plus séduisants, on le comprend; mais que les maris laissent se dévêtir ainsi en public leurs chères et adorables moitiés, en les offrant à la convoitise des hommes, entre les bras desquels ils les lancent, cela me paraissait incompréhensible.

Un soir que j'avais assez longuement valsé avec une jeune fille d'un blond un peu roux, douée d'une carnation aussi blanche que le marbre de Carrare, et plus parfumée que la plus capiteuse des fleurs, je me demandai pendant une partie de la nuit quel a pu être l'inventeur de la valse. Ce n'était sûrement pas un Père de l'Église.

J'eus une impression analogue des mensonges conventionnels de la civilisation (si justement qualifiés depuis par mon ami Max Nordau), lorsqu'on m'offrit des places à divers théâtres, à l'Opéra-Comique, à l'Opéra, au Français, etc. Toutes les pièces représentées n'ont pour ainsi dire qu'un sujet, toujours le même : on y exalte l'amour, on y célèbre les passions, on y procède à l'enlèvement des demoiselles et des dames, et, dans la vie normale, tout cela nous est interdit. Si les jeunes filles mettaient en pratique les romances qu'on leur fait chanter dans les salons, on les jugerait de la dernière inconvenance. Comment donc un jeune homme peut-il juger les conventions mondaines?

La fréquentation du monde ne tarda pas à me convaincre qu'il est absolument impossible de mener de front le monde et le travail. C'est à choisir. Je choisis le travail et je laissai le monde aux oisifs et aux intrigants. L'étude tranquille et constante des grands problèmes me parut infiniment préférable à la vie mondaine et ambitieuse.

J'éprouvai, en même temps, la sensation qu'il ne convient pas de trop fréquenter les castes sociales différentes de celle à laquelle on appartient. Aller déjeuner ou dîner en ville, c'est perdre son temps. Se lier avec des personnes d'une fortune supérieure à la vôtre, c'est contracter des habitudes, des obligations que l'on ne peut soutenir. Les gens qui ne font rien ne se rendent pas compte qu'ils sont nuisibles aux travailleurs en étant aimables pour eux et en leur prenant leur temps qui a de la valeur, et que, loin de leur être reconnaissants de leurs galanteries, nous devons les fuir comme la peste. Celui qui consacre sa vie au travail, à l'étude, à la science, ne peut se mêler à la vie des rentiers et des inutiles. Il n'y a rien au monde de plus absurde que le temps perdu. Je parle en général, bien entendu : il n'y a pas de règle sans exception, et il y a des gens du monde avec lesquels on ne perd pas son temps.

XV

Le monde. — La marquise de Boissy et lord Byron. — Le baron Larrey et la mère de Napoléon. — Le roi Jérôme; le prince Jérôme. Un fils de l'Empereur. — Réunions et soirées. — Arsène Houssaye. — Mon entrée au *Cosmos*. — La famille Montgolfier. Je touche par elle à l'année 1734. — Le docteur Hœfer, ermite de la forêt de Sénart. — Alphonse Karr et les hommes en places. — Savants égoïstes et curieux.

Parmi les femmes du monde de cette époque impériale dont j'ai conservé le plus intéressant souvenir, je me permettrai de citer la marquise de Boissy. Le marquis de Boissy était l'une des figures les plus originales du Sénat de l'Empire; ses fines reparties et ses interruptions perpétuelles l'avaient fait surnommer le Glais-Bizoin du Sénat. (Je me liai également avec cet aimable député, qui fut, en 1870, membre du Gouvernement de la Défense nationale). Mais revenons à la marquise de Boissy.

Elle était d'un certain âge, ou, pour mieux dire, d'un âge certain, mais encore belle, toujours élégante, aimable, gracieuse, et, ce qui est plus rare, instruite et érudite. Elle avait beaucoup vu. Nul n'ignore qu'elle avait été intimement attachée à lord Byron, et que c'était elle la fameuse Guiccioli, célébrée par les poètes. A l'âge de quinze ans, jeune fille de Ravenne, d'une parfaite beauté, la comtesse Gamba avait épousé le marquis Guiccioli, qu'elle n'avait jamais aimé, et vite passionnée par la célébrité et par la beauté de lord Byron rencontré à Venise, elle en était devenue éperdument amoureuse et s'était enfuie avec lui. Elle le suivit jusqu'à sa fin tragique pendant la guerre de Grèce, à Missolonghi, en 1824, et lui resta attachée comme à un dieu pendant sa vie entière (ce qui pourtant ne l'empêcha pas d'épouser le marquis de Boissy, grand ennemi des Anglais, mais admirateur de Byron). J'ai sous les yeux, en ce moment, un ouvrage en deux volumes publié par elle en 1868, et reçu de ses mains patriciennes, dépeignant les œuvres du poète : *Lord Byron jugé par les témoins de sa vie*. Cet ouvrage n'est pas signé. C'est un panégyrique perpétuel d'éloges sans réserves.

Les dîners de la marquise étaient superfins. On y fréquentait les hommes du jour les plus en vue, notamment M. Caro, de l'Académie française, dont les cours à la Sorbonne étaient alors la coqueluche des Parisiennes. Mais ce qui m'avait le plus frappé peut-être, chose étrange à avouer, c'était... le tapis du salon.

La marquise habitait un charmant hôtel, rue Saint-Lazare, non loin de l'administration du chemin de fer de Paris-Lyon-Méditerranée, entouré d'un jardin avec jet d'eau, et l'on y accédait par un élégant perron de quelques marches. Le marquis avait pour armes une main, et la marquise, née Gamba, une jambe. La décoration de ce tapis se composait d'une série de mollets alignés obliquement, alternant avec une série de mains ouvertes, paraissant prêtes à les saisir. L'originalité bien connue du spirituel sénateur n'avait pas été étrangère à la composition de ce tapis, sur lequel on hésitait d'abord à marcher, car les jambes étaient d'un beau rose clair et les mains d'un rose plus animé.

Adonnée au spiritisme avec une foi intense, la marquise croyait être restée en relations posthumes avec lord Byron, elle se mettait presque tous les soirs à sa table, l'évoquait avec recueillement, et écrivait, convaincue d'avoir la main dirigée par son ancien ami. Le plus curieux peut-être, c'est qu'elle l'interrogeait assez souvent sur ses placements de fonds et les variations de la Bourse. Comme je lui faisais remarquer combien il était peu probable que l'éloquent poète s'intéressât dans l'autre monde à la hausse ou à la baisse des capitaux terrestres, elle me répondit qu'il n'était rien qu'il ne pût faire par amour pour elle. J'ignore si ses conseils ont été toujours judicieux. Mais il y avait là un exemple remarquable d'auto-suggestion.

Un auteur humoristique a défini la femme : « Un être qui s'habille, babille et se déshabille ». La marquise n'était pas de celles-là, et ne l'avait même jamais été, ayant toujours cultivé son esprit. Mais il faut avouer que les femmes méritent souvent le titre de babillardes et sont parfois insupportables par leurs papotages sans fin. Dans mes petits voyages assez fréquents entre Juvisy et Paris, j'en rencontre une trop souvent, qui depuis son entrée jusqu'à sa sortie du wagon ne cesse pas un seul instant de raconter toutes ses petites histoires à ses voisins, et ceci, et cela, et les événements mondains, et le théâtre, et la politique, et les bruits de guerre, et les malheurs du temps, et le ministère à renverser, etc. Quand on songe que le silence est si bon et qu'il serait si agréable de profiter de cette demi-heure pour se reposer l'esprit ou pour lire tranquillement, ou simplement pour laisser errer nos yeux sur les fluctuations du paysage !

Parmi les salons fréquentés dans ces sept dernières années de l'Empire auxquelles nous sommes arrivés ici, je devrais rappeler aussi celui de la vieille Mme Ancelot, très académique ; de la jeune Mme Juliette Lamber (depuis Mme Adam), élégamment politique ; du comte de Tocqueville, parfaitement littéraire ; du maréchal Vaillant, ministre de la maison de l'Empereur ; du baron Larrey, du duc de Brunswick, aux diamants phénoménaux, qui avait la peau du cou tirée et cousue pour diminuer les rides de sa figure d'ailleurs émaillée, et traitait ses hôtes « famillionnairement » ; du vicomte de Beaumont-Wassy, qui ajoutait à ses dîners et à ses soirées dansantes d'excellents déjeuners fort artistiques, où l'on rencontrait les principaux hommes de lettres de cette époque ; de la comtesse de Grigneseville, littérature et beaux-arts ; de Mme O'Connell, art, philosophie, danses et soupers ; d'Olympe Audouard, remarquable surtout par les flirtages ; de la comtesse de Brassac, beaucoup plus sérieuse, et presque trop. Il serait un peu long de ressusciter ces souvenirs disparus, quoiqu'ils ne manquent pas du tout d'intérêt par leurs variétés politiques, monarchistes ou républicaines. Quelques-uns de ces souvenirs paraissent parfois bizarres (*). Un jour, chez le maréchal Vaillant, qui

(*) Ceux de madame Ancelot peuvent-ils être racontés ? Elle

habitait l'aile des Tuileries bornant au nord la place du Carrousel, un familier de la cour qui sortait des appartements de l'Empereur, avait vaguement entendu de loin une petite scène entre l'Empereur et l'Impératrice, et la racontait au ministre. Comme il était arrivé un peu à l'improviste, traversant le salon où avait eu lieu cette scène : « Voyez ! fit Napoléon III, nous venons d'avoir une discussion politique, l'Impératrice et moi. Oui, une discussion politique. L'Impératrice est légitimiste, et moi je suis orléaniste ; je suis pour la monarchie constitutionnelle et non pour l'autocratie ».

— Sire, j'avais cru jusqu'ici Votre Majesté bonapartiste.

Arsène Houssaye, le charmant et spirituel auteur de l'*Histoire du 41e Fauteuil*, beau et perpétuellement jeune « Charlemagne à la barbe fleurie », recevait en son fastueux hôtel oriental de l'avenue Friedland l'élite des journalistes de Paris et la fine fleur des plus succulentes actrices.

Le baron Larrey, de noble prestance, grand, élégant, toujours rasé de frais, fils du célèbre chirurgien des guerres de Napoléon, était particulièrement intéressant par ses souvenirs napoléoniens. Il avait été présenté par son père à la mère de Napoléon qui vivait à Rome, longtemps encore après la mort de l'Empereur (vers 1834), et qui avait conservé pendant toute sa

avait été très appréciée des hommes célèbres de son époque, et vivait séparée de son mari, qui cependant venait parfois à ses soirées littéraires, pardonnant ses frivolités dues à un tempérament excessif. Un jour qu'il était resté chez elle après une brillante soirée, et qu'il rentrait, en habit, vers dix heures du matin, un de ses amis s'étonna de cette rencontre : « Oui, mon cher, je viens de faire c... tout Paris ».

vie ses goûts primitifs d'économie et de simplicité. Elle s'était opposée à ce que le Premier Consul se fît Empereur, répétait souvent, au faîte du triomphe : « *Pourvu que ça doure* », et avait amassé des économies pour subvenir aux besoins futurs des rois ses fils, dont les règnes ne lui semblaient pas assurés. Ces souvenirs du baron Larrey transportaient ses auditeurs au sein d'un monde évanoui.

A ce propos, je pourrais peut-être ajouter ici que, si je n'ai pas vu Mme Mère (morte en 1836), j'ai vu l'un des frères de Napoléon, Jérôme, ancien roi de Westphalie, une première fois en octobre 1856, comme il passait en voiture aux Champs-Elysées, dont le rond-point était alors occupé à son centre par une fontaine jaillissante, une seconde fois en juin 1860, deux jours après sa mort, embaumé sur un lit de parade, dans son appartement du Palais-Royal, exposé aux regards de tous les visiteurs. J'ai été extraordinairement frappé de sa ressemblance avec l'Empereur : on aurait cru voir Napoléon lui-même étendu sur son lit de mort.

Nul n'a oublié, d'ailleurs, la ressemblance saisissante de son fils, le prince Jérôme, avec l'Empereur. Napoléon III n'avait aucun trait de parité avec son oncle, — et pour cause.

Ce prince Jérôme Napoléon m'a cité un jour un exemple assez typique de la vanité des plus grandes gloires. La ressemblance dont je viens de parler le rendait fier. Un jour qu'il suivait la rue de Rivoli, il remarqua un petit minois assez épanoui qui le regardait avec tenacité. C'était une jeune bretonne fraîchement débarquée à Paris. — Qu'est-ce que tu regardes? fit-il. — Votre figure, monsieur. — Pourquoi? — Parce qu'elle m'intéresse. — Qu'est-ce qu'elle a d'intéressant? — Je n'en sais rien. — Tiens, *voilà mon portrait*, ajouta-t-il en lui donnant une pièce de 5 francs à l'effigie de Napoléon Ier. — Comment, votre portrait? — Oui. Regarde bien, tu ne trouves pas? — Qui est-ce donc ce portrait? — Napoléon. — Ah! c'est que je ne sais pas lire. Mais qui est-ce ce monsieur Napoléon? — Tu n'en as jamais entendu parler? — Non.

LE PRINCE JÉRÔME NAPOLÉON

On rencontrait aussi quelquefois, dans certaines sociétés de troisième ordre, un fils de Napoléon Ier, qui lui ressemblait encore plus que son frère et son neveu. On l'appelait « le comte Léon ». Il était né vers 1803, me semble-t-il. L'empereur n'avait consenti à lui donner que la moitié de son nom. C'était le type, par excellence, du bohème impénitent. Il est mort, après la guerre, dans la plus lamentable des misères.

Parmi les hommes célèbres que l'on avait plaisir à rencontrer dans les salons, nous ne devons pas oublier Alexandre Dumas, toujours très entouré, charmeur et sympathique, bon enfant, gros, massif, avec sa cravate souvent dénouée. Son fils préférait poser, peut-être par contraste.

A côté des salons mondains du second Empire, il y avait des réunions plus simples et non moins agréables. Telles étaient celles de l'atelier d'Étienne Carjat, photographe-artiste, caricaturiste, écrivain et poète à ses heures. On y rencontrait le Tout-Paris artistique et littéraire, notamment Théophile Gautier, écrivain et peintre, Charles Monselet, gastronome, Catulle Mendès, Carolus Duran, Alexandre Hepp, Xau, etc. Les rafraîchissements consistaient en un tonneau de bière ouvert à discrétion dans la cour.

Telles étaient aussi les soirées artistiques du sculpteur Cordier, qui venait de bâtir une maison avec atelier boulevard Saint-Michel, 115, où Mme O'Connel émigra de la place Vintimille avec son essaim de jolies danseuses.

D'un tout autre ordre encore étaient les cercles politiques, phalanstériens, socialistes, où l'on discourait sur les principes du Gouvernement. D'anciens Saint-Simoniens en formaient souvent la base. On y rencontrait notamment : Eugène Pelletan, Considérant, Massol, Frédéric Morin, Courbebaisse, Eugène Bonnemère, Édouard Gagneur, Charles Fauvety, Léon Richer, Eugène Nus, Jean Macé, Hetzel, le docteur Gruby, Félix Foucaut, Clémence Royer, Maria Deraisme, Max Valrey. La plupart étaient des républicains convaincus et désintéressés, imbus des principes généreux de 1789 et de 1848, ce qu'on appelle aujourd'hui des naïfs. Alors, la politique n'était pas considérée comme l'un des moyens — et des plus rapides — de s'enrichir.

D'un ordre tout différent encore, je devrais rappeler mes relations avec un homme fort éminent, le Père Gratry, auquel m'avait présenté, en son appartement plein de beaux livres, rue Vaneau, me semble-t-il, son filleul, Louis de Noiron, mon compatriote de la Haute-Marne, l'auteur de la *Mission nouvelle du Pouvoir*. Le Père Gratry était astronome sans qu'on s'en soit douté, je crois, et c'est l'un des esprits les plus élevés que j'aie connus. Cet écrivain n'était pas jésuite, comme on l'a dit, mais prêtre de l'Oratoire. Il illustra l'Académie française.

Vers la même époque, également, je me trouvai en relation avec le statuaire Etex, connu surtout par son groupe de la Résistance (1814) de l'Arc de Triomphe de l'Étoile. Il désirait faire mon buste, pour remplacer celui de Guerlain, qui ne lui plaisait pas. Son atelier. avec jardin sauvage, était rue d'Assas, au coin de la rue Joseph Bara.

Sans nous attarder dans les salons de Paris, nos lecteurs ont déjà compris que la fréquentation du monde ne m'a pas fait perdre beaucoup de temps, et que je lui ai toujours de beaucoup préféré le travail.

Il m'a toujours paru inexplicable que des êtres humains doués d'un cerveau cultivé puissent passer leur vie à ne rien faire. C'est assez rare chez les hommes ; mais c'est fréquent chez les femmes. On en rencontre qui ne savent rien de rien, qui n'ont jamais lu un livre de science, qui n'ont pas de bibliothèque, qui ne sont occupées qu'à s'admirer elles-mêmes, qui ne peuvent dire deux mots raisonnables, qui, dans un salon, ne peuvent que s'asseoir et se faire regarder, en recevant perpétuellement de fades compliments sur leurs yeux, leurs cheveux, leurs épaules, leur taille ou leurs pieds, et dont la pensée intime est que leur existence n'a d'autre but que de servir aux plaisirs de l'homme. Sans doute, ce n'est pas à nous à nous en plaindre. Cependant, en quoi une jeune et jolie femme perdrait-elle de ses charmes en cessant d'être une buse?

Les conversations mondaines sont, en général d'une banalité stupéfiante. Et à peu près toujours les mêmes. S'il s'agit d'un homme célèbre, d'un savant, d'un littérateur, d'un artiste : Quel âge a-t-il? commence-t-on à demander. Et ensuite : Est-il riche ? Passe encore pour l'âge, qui peut avoir son intérêt pour ceux qui s'imaginent que l'âge réel d'un organisme humain est indiqué par la date de naissance; mais la fortune? Qu'est-ce que l'argent peut avoir de commun avec la valeur intellectuelle? Est-ce que Victor Hugo est plus grand poète pour avoir laissé des millions, et Lamartine moins grand pour être mort pauvre? Est-ce que nous nous demandons si Copernic, Galilée, Képler, Newton, Léonard de Vinci, Michel-Ange, Raphaël, Mozart, Beethoven étaient riches? Et pourtant, voyez les figures d'un salon. Un homme célèbre est là, qui cause. Si l'on répond : il n'a pas de fortune, on a l'air de le dédaigner. Mais si l'on parle de ses richesses, de ses places, de ses châteaux, il devient tout à fait intéressant. Cela n'a pas le sens commun. Or, quel que soit le sujet, les conversations mondaines sont presque toutes aussi banales.

J'avouerai que les gens qui ne font rien me paraissent des monstres de la nature.

L'amour du travail, le besoin de m'instruire constamment, le plaisir d'étudier toutes les questions, l'absence de toute ambition pratique, l'horreur que j'éprouvais contre les jeunes gens qui vont se faufilant partout, flattant les hommes arrivés, cherchant à conquérir les meilleures places, firent assez vite de moi un homme solitaire, et, pendant quelque temps, Jean-Jacques Rousseau fut mon auteur favori. Dès ma plus tendre enfance, d'ailleurs, j'ai toujours aimé la solitude et la tranquillité, et je n'ai jamais eu avec personne de camaraderie intime. De toutes ces circonstances est résulté ce fait assez bizarre et assez rare, que *je n'ai jamais fait de visites* à personne. J'appelle visites, les visites mondaines de politesse ou d'intérêt. Ce qu'on appelle les visites de digestion, en souvenir d'une invitation agréable à déjeuner ou à dîner, je ne les connais pas davantage. J'ai toujours regretté ce manque d'obéissance aux usages les plus élémentaires, et je me suis senti parfois tout à fait grossier envers les plus grands personnages. Mais c'est toujours la même histoire : le temps me manque. Il en est de même pour l'impossibilité de répondre aux lettres reçues. On peut faire bien des choses dans la vie, mais il en est une impossible, c'est de créer du temps.

On demande parfois aux savants désintéressés pourquoi ils travaillent tant. Ils peuvent répondre que c'est par plaisir, que le travail porte en lui-même ses joies, qu'il y a dans le travail une émotion esthétique et une jouissance artistique analogue à celle que produit une belle statue, un beau tableau, une belle symphonie, que les résultats pratiques de ces travaux intellectuels, s'ils existaient, ne vaudraient pas, quels qu'ils fussent, le bonheur procuré par l'étude en elle-même.

*
* *

Nous avons parlé plus haut du journal scientifique hebdomadaire le *Cosmos*, et de son rédacteur en chef, l'abbé Moigno.

Des difficultés d'administration étant survenues, le journal fut acheté par M. A. Tramblay, et la rédaction transformée ; l'abbé Moigno se retira et fonda *Les Mondes ;* le *Cosmos* fut rédigé par un groupe de savants, parmi lesquels on doit signaler, outre le célèbre Babinet, un homme de la plus haute valeur, Ferdinand Hœfer, l'encyclopédique directeur de la *Nouvelle Biographie générale*, en 45 volumes, si estimée de tous les travailleurs. Hœfer venait quelquefois à la librairie académique Didier et m'y avait rencontré. Il m'avait tout de suite témoigné un attachement presque paternel, et comme j'avais observé avec lui, chez l'astronome Goldschmidt, une belle éclipse totale de lune, le 1er juin 1863, il me proposa d'en envoyer la relation au *Cosmos*. J'acceptai avec le plus grand plaisir, et cette relation fut publiée dans le numéro du 5 juin 1863. On me chargea de la rédaction régulière, chaque semaine, des articles d'astronomie et de météorologie, et cette rédaction se continua sans interruption jusqu'en 1869. J'ai sous les yeux ces anciens volumes, notamment celui de 1863, et mon premier article. Cette date du 5 juin 1863 est donc celle de mon entrée dans le journalisme scientifique.

Ce journal technique, très sérieux, n'avait pas un grand nombre d'abonnés et ne roulait pas sur l'or. Mes appointements étaient modestes : 30 francs par mois, plus 200 francs à la fin de l'année, pour rédiger les tables et la notice de l'*Annuaire*. Mais il avait une grande influence dans le monde savant, j'étais obligé de me tenir ponctuellement au courant du mouvement scientifique, d'étudier les questions, de m'instruire sans cesse, et étais enchanté de posséder cet organe, dans lequel j'aurais l'occasion de juger les agissements de M. Le Verrier à l'Observatoire.

Je restais, d'ailleurs, calculateur au Bureau des Longitudes.

En feuilletant tout à l'heure ce volume du *Cosmos*, de 1863, je viens de remarquer, à côté de mon premier article, un autre article « sur l'esprit d'invention », par Séguin, neveu de Montgolfier. Le passage suivant me paraît de nature à intéresser mes lecteurs, car il s'agit de l'invention des aérostats. On se souvient que la première montgolfière, gonflée d'air chaud, s'éleva du sol d'Annonay le 5 juin 1783.

Je voudrais raconter, écrit Séguin, de quelle manière mon oncle Montgolfier est parvenu à l'invention des aérostats ; c'est un récit qui me sera facile, car je le lui ai entendu raconter à lui-même, un grand nombre de fois.

Doué d'un esprit essentiellement droit, judicieux, mais en même temps très indépendant et ennemi de toute contrainte, il n'avait jamais pu se plier au système d'éducation, soit littéraire, soit scientifique, tel qu'il était en vigueur, à cette époque, dans les couvents religieux des petites villes comme Annonay, lieu de sa résidence. Tout ce que mon oncle savait, il l'avait appris de lui-même ; véritable autodidacte, toutes ses idées lui appartenaient exclusivement.

Grand expérimentateur, il était dès sa plus tendre jeunesse le désespoir de tous ceux qui, dans la maison de sa mère et de son père, se livraient à l'industrie de la fabrication du papier. La matière première, les diverses substances, les outils, les appareils employés dans l'usine, tout était l'objet de ses larcins et de ses déprédations ; et, en agissant ainsi, il ne faisait qu'obéir à la passion qu'il avait de déterminer les propriétés des corps, d'inventer de nouvelles machines et d'en faire des applications.

Parmi ses recherches, je citerai celles qui avaient rapport à la pesanteur spécifique des corps. Il s'était demandé pourquoi les nuages se soutiennent dans l'atmosphère et pourquoi les brouillards, qui lui paraissaient d'une nature analogue, rampent sur la terre. La vapeur et la fumée qui s'élèvent également dans l'air, lui paraissaient susceptibles d'être soumises au calcul, et c'est en cherchant à élucider ces questions, qu'il lui vint à l'esprit qu'en enfermant dans une enveloppe de papier une certaine quantité de fumée, on pourrait faire enlever cette enveloppe dans l'air.

On a souvent parlé d'une chemise que mon oncle chauffait, en la faisant tourner entre ses mains au-dessus d'une feuille de papier allumée, et de l'observation que la chemise perdait considérablement de son poids. Le fait est vrai, mais il n'a pas seul contribué à l'invention des ballons. En effet, pour un esprit observateur, tout est utilisé lorsqu'il s'agit d'arriver à un but, et rien n'est petit, rien ne doit être négligé, car c'est l'ensemble d'une multitude de faits, d'une infinité d'observations qui, en convergeant vers le même point, conduisent à la vérité.

Cette histoire de la chemise de Mme Montgolfier ayant été souvent traitée d'invention, il n'est pas inutile de savoir qu'elle est vraie. Elle n'avait rien que de vraisemblable, d'ailleurs. En hiver, on aime mettre une chemise chaude et sèche. Or, dans nos maisons de province, le linge est généralement conservé en de vastes armoires des pièces du rez-de-chaussée, où il reste plus ou moins humide. Dans la Haute-Marne, c'était autrefois (peut-être l'est-ce toujours) un usage de faire tourner la chemise sur le feu flambant de la grande cheminée pour la bien sécher au moment de la substituer à l'ancienne.

Puisque nous venons de parler de Mme Montgolfier, remarquons, ce qui n'est pas commun, qu'elle a vécu cent onze ans et n'est morte qu'en 1845, à Paris. Elle avait conservé la vue, l'ouïe, l'exercice de ses jambes et une excellente mémoire, qu'elle perdit seulement deux jours avant sa mort. Les générations humaines embrassent plus de temps qu'il ne semble. Ainsi, je me trouve être contemporain de Mme Montgolfier, puisque j'existais depuis deux ou trois ans quand elle est morte, je pourrais l'avoir vue, et elle était née en 1734, il y a cent soixante-dix-sept ans. Deux mémoires seules, la sienne et la mienne, suffisent pour embrasser cet espace et davantage, car je ne suis peut-être pas à la fin de ma carrière.

Autre historiette, celle-ci sans importance. Je suis resté en relation depuis 1863 avec la famille Montgolfier, et cette célèbre maison m'a toujours fourni le papier sur lequel j'écris. La feuille même sur laquelle je trace ces lignes porte dans sa pâte ces mots : MONTGOLFIER. — VIDALON-LES-ANNONAY. Voilà une maison qui a également une belle longévité, puisque le père des inventeurs de l'aérostation était déjà fabricant de papier. Actuellement (1911), le directeur se nomme R. de Montgolfier (*).

J'étais donc entré à la rédaction du *Cosmos*, à laquelle le neveu de Montgolfier était associé (Séguin était d'ailleurs un ingénieur célèbre), présenté par le

(*) A propos de la longévité de Mme Montgolfier et de l'étendue des souvenirs humains personnels, je puis ajouter que, ces jours derniers (mai 1911) j'ai eu l'occasion de causer avec un homme qui a vu Napoléon. Né le 25 août 1807, il est dans sa cent quatrième année, et son père était gardien du château de Versailles. Il se souvient fort bien que l'empereur l'a pris dans ses bras lorsqu'il avait quatre, cinq et six ans. Ce centenaire se nomme Pierre Schamel et est pensionnaire à l'hospice d'Ivry, où il exerce encore son métier de tailleur.

docteur Hœfer. C'est un grand plaisir, c'est un véritable bonheur pour moi, de rappeler ici le souvenir de cet homme de bien, qui était en même temps un esprit de premier ordre. Je me liai rapidement avec lui, et nous restâmes en relation fréquente jusqu'au jour de sa mort (mai 1878). Il habitait à Brunoy, sur la lisière de la forêt de Sénart, et souvent il signa ses articles « l'Ermite de la forêt de Sénart ». Son ouvrage l'*Homme devant ses Œuvres* est signé JEAN L'ERMITE. C'était un indépendant, un observateur et un philosophe.

Je dois à Ferdinand Hœfer d'avoir apprécié, de bonne heure, deux axiomes non vulgaires : le premier, que « la recherche de la fortune et l'ambition des honneurs sont incompatibles avec le véritable bonheur de l'esprit » ; le second, que « la science officielle n'est pas la garantie de la vérité ». J'entrais dans la vie lorsque pour la première fois j'échangeai les confidences de ma jeunesse avec les conseils de son expérience, par une belle après-midi d'été, sous les vastes ombrages de la forêt de Sénart. Je croyais que les millionnaires étaient heureux et, malgré mes démêlés avec Le Verrier et ses histoires variées, je pensais encore qu'en général les savants de l'Institut vivaient dans l'idéal et dans la paix suprême de la contemplation pure. Le philosophe historien, qui avait déjà alors publié les quarante-cinq volumes de la *Biographie générale*, et qui avait étudié de près les hommes et les choses, calma mon enthousiasme en me racontant l'histoire des savants illustres qui vivaient encore, et notamment celle de Victor Cousin, dont il avait été le secrétaire. Victor Cousin était un autocrate terrible et fatal, autoritaire, égoïste et funeste à ses collaborateurs. Hœfer me raconta l'histoire des divers secrétaires de Cousin, entre autres celle d'un élève de l'École normale, Étienne Moret, qui de désespoir s'était jeté à la Seine, du haut du Pont-Neuf. Il paraît, d'ailleurs, qu'un autre secrétaire de Cousin, Lamm, prix d'honneur de rhétorique au concours général, a eu un sort analogue et est mort de faim. Si je n'avais pas eu l'âme illuminée par le soleil de la vingtième année, je serais revenu à Paris plus misanthrope que Jean-Jacques. D'ailleurs, tout ce qu'il me raconta de Cousin me fut confirmé plus tard par Jules Simon, qui avait commencé sa carrière par être suppléant, à la Sorbonne, du solennel professeur. Il y a une certaine traduction de Platon, signée de Cousin, et qui n'est pas de lui, quoiqu'il ait poussé de véritables gémissements sur les fatigues et les insomnies que ce travail lui avait causées (*).

Victor Cousin a conquis graduellement toutes les situations, Sorbonne, Institut, Conseil d'État, ministère de l'Instruction publique, etc., mais ce n'est pas un modèle à suivre.

On aura une juste idée du caractère d'Hœfer en relisant les pages qu'il a écrites en préface de son livre des *Saisons*, et notamment le passage suivant qui en dit plus qu'une longue biographie :

Retiré depuis près de dix ans à la campagne, écrivait-il en 1867, je passe ma vie au milieu de ces harmonies qui élèvent l'âme quand on cherche sérieusement à en pénétrer les lois. Dans cet exil volontaire, il m'est arrivé de faire

(*) Jules Simon n'a pas été, en effet, plus heureux que Hœfer comme professeur suppléant de Cousin à la Sorbonne, vers la même époque (au traitement de 1.000 francs par an : 83 fr. 35 par mois). (Voyez ses Mémoires.)

de singuliers rapprochements entre le tourbillon du monde humain et les paisibles transformations de la nature. Pourquoi les hommes perdent-ils tant à être vus de près ? Pourquoi le spectacle de leurs passions est-il si attristant? C'est parce que là tout est étroit et borné : c'est une atmosphère où l'on étouffe, parce que chacun veut être un dieu. On a hâte d'aller respirer l'air libre, pour se mettre en communication avec ce qui n'est pas de création humaine. Dans ce domaine sans limites, on ne saurait rien voir de trop près, on s'y sent attiré, comme malgré soi, par ce centre inconnu qu'on appelle la Vérité.

Ayant été à même d'étudier la vie des hommes qui ont laissé des traces de leur passage, je comprends le mot d'un célèbre écrivain : que, passé un certain âge, on ne peut être qu'un misanthrope ou un coquin. A cette triste alternative, il y a cependant un remède : l'amour de la nature, allié à l'amour du travail. Je voudrais, par une sorte d'égoïsme, faire partager à tous mes lecteurs le bonheur que je ressens au foyer de ce double amour.

Aucun plaisir n'est comparable à celui qu'on éprouve à interroger la nature, sans système comme sans ambition. Un insecte, un brin d'herbe, un grain de sable, peuvent devenir le point de départ d'une inépuisable série de questions et de réponses. C'est alors qu'au milieu de l'infini on se sent véritablement comme chez soi.

Observateur philosophe : il l'a été tout le long du chemin de sa vie laborieuse et féconde. Son tempérament était d'étudier toujours. Né en 1811, à Dœschnitz, en Thuringe, il vient en France à la révolution de 1830. Vingt ans et vingt francs : c'est là toute sa richesse. Il commence par donner des leçons d'allemand, puis nous le suivons à Roanne et à Saint-Étienne, où il se fait nommer professeur de troisième. A ses moments perdus, il donne des leçons de piano et compose des valses. Ensuite il traduit Kant (*Critique de la raison pure*) et, sur la recommandation de Burnouf, Cousin, enchanté, l'appelle auprès de lui. Hœfer devient secrétaire de l'académicien. Quel honneur ! mais quel dénuement ! Écrire sous la dictée du maître, recevoir directement et sans intermédiaire les paroles sonores qui tombaient de sa bouche, et les communiquer à la postérité, c'était à peu près tout le traitement du secrétaire.

Un jour, il s'était installé dans un petit cabinet de la bibliothèque de l'Institut, afin de vérifier plus commodément les passages des pères de l'Église qu'Abélard cite dans son *Sic et non*, lorsque Cousin remarqua cet aphorisme du prologue : *Dubitando ad veritatem pervenimus* (c'est en doutant que nous marchons vers la Vérité). Abélard n'invoquant à ce propos aucune autorité, Cousin n'hésite pas à lui faire honneur de cette proposition analogue à la théorie de Descartes sur le Doute. Aussitôt, sur cette découverte philologique, Cousin compose pour l'Académie des sciences morales et politiques un mémoire dans lequel Abélard est présenté comme le précurseur de Descartes. Sa lecture faite est parfaitement accueillie. Il vient informer son secrétaire de l'assentiment flatteur de son auditoire académique. « Mais, lui dit très tranquillement Hœfer, le passage dont vous parlez n'est pas d'Abélard, il est de Cicéron, et même du traité le plus connu de l'orateur romain, *de Officiis*.

« Malheureux ! s'écrie le philosophe transporté de colère. Ne m'avoir pas garanti de cette méprise !... Je suis un homme littéralement déshonoré ! » L'emportement philosophique prit ce jour-là un tel diapason, que le pauvre secrétaire dut rompre sans plus tarder. C'était en 1836.

L'histoire d'Hœfer avec Victor Cousin ressemble un peu à la mienne avec Le Verrier. Il se vit obligé de quitter son maître, se décida à choisir une profession plus indépendante, se consacra à l'étude de la médecine et se fit recevoir docteur.

Hœfer exerça quelques années la médecine avec zèle, dans les quartiers les plus populeux de Paris. On lui doit d'avoir introduit scientifiquement, et à la suite d'expériences bien conduites, l'usage du platine et des sels de platine dans la thérapeutique.

Il se fit naturaliser Français en 1848 « lorsque la nation se gouverna elle-même ».

C'est à partir de cette époque qu'il se consacra à ses études de bénédictin d'où sont sortis ses innombrables articles de la nouvelle *Biographie générale*, dont il avait pris la direction, de l'*Univers pittoresque* et des revues et journaux auxquels il apportait une collaboration active. Sa réputation comme historien des sciences devint universelle, et j'ai lu sur ce point des lettres de l'illustre Humboldt extrêmement flatteuses. Ses ouvrages originaux et surtout son *Histoire de la Chimie* firent connaître son nom aux érudits de l'Europe entière.

Voilà une vie qui mérite d'être donnée en exemple à tous les jeunes gens.

La philosophie de Hœfer est celle de Jean Reynaud : c'est la philosophie socratique et platonicienne transportée sous le ciel de l'astronomie moderne. Socrate et Platon seraient ressuscités de nos jours, qu'ils ne penseraient pas autrement.

Hœfer croit, avec raison, que l'humanité n'est encore qu'en son enfance et que c'est une « bambine », non arrivée à l'âge de raison. C'est assurément incontestable, et les armées permanentes dont se glorifient tous les peuples prétendus civilisés suffi-

FERDINAND HOEFER (1811-1878).

raient à elles seules pour affirmer le « bambinisme » de notre espèce, comme disait, il y a un demi-siècle, mon ami regretté Pezzani, et comme me le répétait récemment mon savant vice-président de la Société astronomique de France, le mathématicien Laisant. L'humanité terrestre a trois ou quatre ans, pas davantage, relativement à sa durée. On doit reconnaître que les idées émises dans ce programme philosophique sont judicieuses et excellentes. Hœfer était un puits de science. Il maniait le calcul différentiel et intégral comme la syntaxe grecque, le formulaire de la médecine ou les antiques annales de l'histoire, et l'on ne peut lire dix pages de lui sans s'éclairer et sans s'instruire.

Les assertions suivantes sont particulièrement dignes d'attention :

Suivant Ampère, les atomes sont des centres d'action moléculaire, dont les dimensions doivent être considérées comme rigoureusement nulles. Adoptant la théorie d'Ampère sur la constitution de la matière, Cauchy ajoute : « S'il nous était permis d'apercevoir les molécules des différents corps soumis à nos expériences, elles présenteraient à nos regards des espèces de constellations, et en passant de l'infiniment grand à l'infiniment petit, nous retrouverions dans les dernières particules de la matière, comme dans l'immensité des cieux, des centres d'action, placés en présence les uns des autres ».

Il est remarquable de voir les premiers philosophes de l'antiquité s'accorder sur le même point avec les savants les plus éminents de notre époque, à savoir que les groupes d'atomes ou les molécules sont des mondes, que les atomes, comme les astres, sont séparés par des interstices qui, d'après Newton lui-même, sont plus grands que les espaces intersidéraux, que ces interstices sont remplis d'un fluide particulier, enfin que les mouvements des atomes, mouvements rotatoires, centrés, reproduisent, dans l'infiniment petit, les mouvements des corps célestes. Ce qu'il y a de certain, c'est que, quelque énorme que soit la masse des corps célestes, quelque longues que soient les périodes de leurs mouvements révolutifs, elles s'évanouissent devant l'infini, et que, sous ce rapport, les astres ne sont, comme les atomes, que de simples centres d'action. Cela est rigoureusement mathématique. La matière, le temps et l'espace, qui troublent tant l'esprit humain, peuvent donc être légitimement supprimés.

Le plus curieux peut-être encore, c'est de remarquer que cette assimilation entre les atomes et les astres, entre les molécules, composées d'atomes, et le système du monde, qui faisait l'objet de nos conversations il y a près d'un demi-siècle, et qui était exprimée par Cauchy longtemps avant nous, est reprise, en ce moment, comme *nouvelle hypothèse* (!) par les plus éminents mathématiciens de notre époque. Elle paraît être vraiment l'expression de la vérité. Il n'y a ni petit, ni grand dans la nature.

Le docteur Hœfer habitait, comme je l'ai dit, à l'orée de la forêt de Sénart. J'y fis quelquefois avec lui et quelques amis, qui venaient passer chez lui les après-midi du dimanche, de belles promenades sous les grands arbres de la forêt. Il était botaniste et, connaissant toutes les plantes, nous dépeignait avec amour leurs propriétés. Il y avait parfois, vers le coucher du soleil, des heures de lumière dorée, de silence et de recueillement tout à fait merveilleuses. On pensait plus qu'on ne parlait, on sentait la vérité du sentiment du poète :

La Nature est un temple où de vivants piliers
Laissent parfois sortir de confuses paroles.

Oui, la Nature est un livre sublime que nous ne

devons jamais nous lasser de lire. Il est ouvert à tous les yeux. Il est écrit pour toutes les âmes. Nul livre humain ne peut lui être comparé.

Vivre dans la contemplation du beau, dans la poésie de la Nature et de l'art, dans l'esthétique du pur, dans la recherche du Vrai, du Beau et du Bien, quelle vie pourrait être supérieure à celle-là! Ce fut la vie de Socrate, de Platon, de Marc-Aurèle, de Galilée, d'Emmanuel Kant, de Raphaël, de Mozart. Je n'en ai, pour ma part, jamais ambitionné d'autre.

Les deux premiers éléments de bonheur dans la vie sont le cœur et l'esprit, l'amour et le travail intellectuel : l'amour en lui-même et pour lui-même; sans but indirect, sans intérêts d'aucune sorte. Penser, aimer, c'est réellement vivre. J'ai été bien surpris de constater, dans la suite de ma carrière, combien il y a peu d'êtres qui pensent et qui aiment.

En général, on s'agite pour des vues intéressées, et l'on n'est pas heureux. On passe sa vie à vouloir conquérir, comme Napoléon, allant d'Austerlitz à Sainte-Hélène.

Combien l'étude calme et tranquille des sciences n'est-elle pas supérieure à la vie ambitieuse des hommes qui cherchent avant tout des places lucratives, et n'en ont jamais assez! Si la science est digne d'admiration, le *caractère* de l'homme de science est sûrement une condition de bonheur plus importante encore que tout son savoir.

Un écrivain spirituel, agréable causeur, parfois un peu acerbe, Alphonse Karr, que j'ai connu chez son ami Léon Gataye, lorsqu'il quittait Nice ou Saint-Raphaël pour revenir quelques jours à Paris, s'amusait parfois à calculer l'emploi du temps des hommes en place. L'un d'entre eux, que j'ai vu plusieurs fois au Jardin des Plantes, M. Cordier, était professeur-administrateur et directeur du Muséum d'Histoire naturelle, inspecteur général et président du Conseil des Mines, président de la Commission des machines à vapeur, membre du Conseil de perfectionnement de l'École Polytechnique, conseiller d'État, membre de l'Institut et pair de France, à l'époque du calcul d'Alphonse Karr, qui concluait qu'il devait à ses occupations officielles soixante-deux heures de travail par jour... MM. Jean-Baptiste Dumas, Marcelin Berthelot, et autres, nous ont habitués depuis à des cumuls non moins fantastiques, qui étaient si noblement réprouvés par Arago.

« Mon cher ami, me disait un jour un illustre membre de l'Institut qui était resté relativement indépendant, pour arriver aux grandes situations dans la hiérarchie officielle, il faut trois choses : savoir, savoir faire, et faire savoir, ces trois choses pouvant être dans la proportion de 5 pour 100 pour la première, de 40 pour 100 pour la seconde et de 55 pour 100 pour la troisième ».

Dans tous les cas, il est bien évident que le temps que d'éminents esprits ont passé à conquérir de vaniteuses glorioles a été perdu pour la science et pour le progrès de l'humanité.

Tout ce que m'avait confié Hœfer se trouva confirmé par l'étude que je fis ensuite de la vie des savants officiels de tous les temps, qui, trop souvent, ont cherché à exploiter les hommes de leur fréquentation. L'astronome Delisle a été un type remarquable de ce genre, s'attribuant tous les mérites, cachant avec soin ceux des autres, à ce point qu'il interdit à son élève Messier de faire connaître ses observations de la comète de Halley, en 1759. Le fait vaut la peine d'être raconté. Il faisait ses observations astronomiques au sommet de la tour du couvent de Cluny, qui existe encore à Paris, et que j'ai visitée dernièrement en compagnie de l'aimable directeur du musée, mon érudit ami Edmond Haraucourt. Donc Messier, qui a passé sa vie entière à découvrir des comètes, se trouvait naturellement investi de la mission de rechercher celle qu'on attendait en 1759, et dont Halley avait prédit le retour. L'événement annoncé tenait en suspens tous les astronomes de l'Europe. Messier aperçut la comète cinquante jours avant son passage au périhélie; mais, par les ordres de Delisle, il garda secrète sa découverte. De cet étrange procédé, les deux astronomes ne retirèrent d'ailleurs d'autre profit que de priver pendant un grand mois tous les savants de cette importante observation.

Remarque curieuse, Le Verrier agit de même à l'égard de la comète découverte par Tempel à Marseille le 1er juillet 1862 : il défendit d'observer cet astre, comme on peut le voir par la note que Tempel m'a communiquée et que j'ai publiée au tome V de mes *Études sur l'Astronomie.*

Et que de savants démarquent les recherches de leurs collègues pour se les attribuer!

Ces êtres égoïstes et envieux me causaient, malgré tous leurs titres et tous leurs honneurs, un tel sentiment de mépris, que j'aurais été humilié de leur ressembler. Il se trouva que vers la même époque, je fus attiré par la lecture des œuvres scientifiques de Gœthe, si remplies d'aperçus ingénieux et de jugements indépendants, et que précisément, j'en avais transcrit entre autres le passage suivant :

Je n'aurais jamais connu, dit-il, toute la petitesse des hommes, si je ne m'étais trouvé en rapport avec eux par mes recherches sur les sciences naturelles. J'ai remarqué alors que la science n'a d'intérêt pour eux qu'autant qu'elle les fait vivre, et qu'ils adoptent même l'erreur quand elle soutient leur existence. La conception d'un but élevé, le sens du vrai et du beau, le désir de leur propagation sont des phénomènes très rares (*) ».

Schiller avait dit de son côté :

Certains savants ambitieux n'agissent que pour arriver à la réputation et à la fortune. La science n'est plus pour eux une divinité céleste ; c'est une bonne vache à lait qui les pourvoit de beurre.

Ce furent là mes premiers éducateurs : je sentais en eux les interprètes sincères de la vérité, et je pensais que le devoir d'un honnête homme, et surtout d'un homme qui se consacre à la Science, est de rester indépendant. Nous avons vu plus haut que tel était aussi le caractère personnel de Montgolfier.

Et puis, je sentais aussi que, si l'on se dirige par l'ambition, il faut, avant tout, ne pas déplaire aux puissants du jour et se conformer à leur direction, par conséquent y sacrifier la vérité si c'est utile à l'avancement. Où est l'honneur dans tout cela? où est la conscience? où est le devoir? Et les susceptibilités personnelles de tous ces grands hommes doivent être constamment ménagées. C'est une préoccupation perpétuelle. L'un de nos illustres géomètres français, Louis Poinsot, avait le caractère droit, rigide même, et ne se pliait pas aux usages. Il était

(*) *Œuvres scientifiques de Gœthe.* Paris, Hachette, 1862, p. 327.

même impoli. Quand un visiteur inconnu se présentait chez lui, le valet de chambre lui demandait son nom et, sans prétexter que Monsieur fût sorti, revenait déclarer qu'il ne pouvait pas recevoir. L'un de ses premiers mémoires, qui devait lui ouvrir les portes de l'Institut, avait pour objet la « théorie de l'équilibre et du mouvement des systèmes ». L'examen en fut renvoyé à Lagrange et, dans ce travail, Poinsot avait réuni le nom de Laplace à celui de Lagrange. Laplace régnait alors, mais ne s'était guère occupé de la question. Lagrange fut froissé. « Pourquoi, dit-il au jeune auteur, avez-vous associé le nom de Laplace au mien? Vous m'avez choqué! » Poinsot s'excusa d'avoir suivi le conseil d'un ami qui lui avait dit : « Si tu ne trouves pas moyen de citer Laplace, tu n'auras pas de rapport ». Ainsi, le rigide Poinsot, lui-même, avait dû commencer sa carrière par une concession au dieu du jour. A la même époque, Delambre l'astronome, analysant un chef-d'œuvre de Gauss, ne fait qu'une remarque : « Gauss y emploie une formule de Laplace ». C'est là le souvenir que doit conserver le lecteur d'un ouvrage de quatre cents pages! Delambre se trompait, car la formule est d'Euler. Mais c'est l'intention qu'il faut voir. Encenser les grands, voilà la maxime.

Comment garder l'esprit libre dans le réseau de ces multiples considérations individuelles?

En histoire naturelle, Cuvier ne s'opposa-t-il pas, toute sa vie, au triomphe de la vraie théorie de l'évolution, commencée par Lamarck et continuée par Geoffroy Saint-Hilaire?

Delisle, Cuvier, Cousin, Le Verrier ne sont pas de

beaux caractères d'hommes. La bonté leur manqua.

La bonté, cette vertu si nécessaire dans le commerce général de l'humanité, ne paraît pas être, d'ailleurs, la qualité essentielle des académiciens. Je me suis trouvé en relation, depuis plus de quarante ans, avec un grand nombre de membres des cinq Académies de l'Institut, et mon impression a été qu'ils ont eu à traverser des luttes plus ou moins âpres pour y parvenir, et en ont gardé une certaine empreinte. Lisez les *Éloges académiques* du secrétaire perpétuel Joseph Bertrand : quelle froide sécheresse dans ce langage professoral! Il y a, je me hâte de le remarquer, de bien charmantes exceptions. Faye en était une. Mais elles sont rares.

En lisant ces *Éloges*, je viens de retrouver un fait qui n'est guère à la louange de Newton. On sait que Denis Papin, inventeur de la chaudière à vapeur, fit marcher lui-même son bateau sur le Weser, le 21 septembre 1707, et que ce bateau fut détruit, sous les yeux de l'inventeur et de sa famille, par les bateliers stupéfaits et irrités de voir un étranger leur amener ce singulier bâtiment marchant sans voiles et sans rames. Le pauvre inventeur terrifié et ruiné, âgé de soixante ans, était membre de la Société royale de Londres. Il retourne en Angleterre, la Société royale soumet l'invention à Isaac Newton, qui n'y voit rien de remarquable et ne conseille pas de continuer des expériences coûteuses. Denis Papin, abandonné, va mourir, misérable, personne ne sait où. Toute trace de sa vie est perdue à partir de 1714. Mort de misère, probablement. Peut-être assassiné, peut-être jeté dans le suicide par le désespoir, lui, l'inventeur du bateau à vapeur! Non, l'humanité n'est pas belle.

Au XVIIIe siècle, l'Académie des sciences inspirait au grand Euler les réflexions suivantes à propos de Clairaut : « Il faut, écrit-il, qu'il trouve plus d'agréments à Londres qu'à Paris, car il ne se presse pas de revenir. Ce doit être un très honnête homme, bien éloigné des tracasseries dont les académiciens de Paris se déchirent mutuellement ».

Bouguer et la Condamine, qui allèrent au Pérou avec Godin pour mesurer l'arc du méridien, ont fatigué leurs contemporains de leurs querelles interminables, indignes l'un et l'autre de la noblesse d'Uranie. Etranges astronomes!

Nous pourrions sans doute remarquer, ici, que les exemples donnés par certains personnages officiels égoïstes et personnels ne devraient pas décourager, car on n'est pas forcé de les imiter en tout. Mais c'est probablement contagieux. C'est comme en politique. Il y a, sans contredit, des politiciens, des députés, des sénateurs, des ministres absolument honnêtes et purs de toute tache de vénalité; mais il y en a peu, et j'ai vu, dans mon entourage, plusieurs hommes intègres, incapables de compromis, se retirer de la politique, lorsqu'ils y étaient entrés, aussitôt qu'ils l'ont pu. Il est mieux, il est plus sage, de travailler tranquillement chacun à ce qui nous plaît, heureux encore quand les exigences de la vie matérielle le permettent. Quant à moi, je fus assez vite pénétré de la certitude morale que je ne sacrifierais jamais aucune heure à la recherche des situations officielles, sûr de perdre là, si j'en avais l'ambition, une partie de mon indépendance et de mon bonheur. Tant pis si je devais en souffrir à d'autres points de vue, plus ou moins vaniteux.

XVI

L'indépendance. — La science et la politique. — La franc-maçonnerie. — Plutarque. — Ptolémée. — L'*Almageste* à l'Hôtel des ventes. — L'Annuaire du *Cosmos*. — « Destinées de l'Astronomie ». — L'astronome Goldschmidt. — Le *Magasin pittoresque*. — Mon deuxième ouvrage, *les Mondes Imaginaires*. — L'Annuaire astronomique.

L'indépendance de caractère est rare; elle est rarissime; elle paraît même impossible. Chacun naît avec quelque empreinte originelle. Nous venons de parler de la politique. Eh bien! en fait d'opinions, comment le frère, le fils, le petit-fils, le descendant d'un noble guillotiné sous la Terreur auraient-ils pu être républicains? Comment le fils d'un exilé du 2 décembre pourrait-il être bonapartiste? Comment le petit-fils d'un général de Napoléon pourrait-il ne pas l'être? Comment un descendant des purs démocrates de 1848 pourrait-il être monarchiste? Les exceptions qui pourraient se manifester ne feraient que confirmer la règle. Et en religion? Un descendant des victimes de la révocation de l'édit de Nantes pourrait-il être catholique? Un neveu du pape pourrait-il être protestant? Toute l'instruction historique

que l'on pourrait acquérir ne détruira pas l'atavisme. Comment un journal subventionné par le gouvernement pourrait-il critiquer ses actes? Comment une publication soutenue par un comité financier ne lui appartiendrait-elle pas? Par les circonstances mêmes de la naissance et de la vie, l'indépendance absolue paraît donc presque un mythe inaccessible.

Et cependant, c'est là un devoir strict et absolu. Je suis, quant à moi, le serviteur de la libre pensée; je suis pour la liberté et l'indépendance, et contre tous ceux qui prétendent nous imposer des chaînes, qu'ils soient rouges, blancs ou bleus, moines ou athées, monarchistes ou anarchistes : Vive 1789 et à bas 1793!

Cette indépendance ne mène ni aux honneurs, ni à la fortune.

Quand on écrit ses Mémoires, mille souvenirs variés nous reviennent. Sont-ils tous intéressants? C'est au lecteur à juger.

Les journaux parlaient souvent de mes travaux, et j'avais été plus d'une fois l'objet d'une discussion critique assez sévère de la part des organes du parti clérical, lorsque je reçus (1865) la visite d'un franc-maçon, vénérable d'une loge, auteur de diverses publications maçonniques, qui m'invita à venir voir sa bibliothèque. Il habitait une petite rue antique de la Cité, la rue de Jérusalem, qui se trouvait à l'endroit occupé actuellement par le monumental, disgracieux et cacophonique escalier de marbre de la façade occidentale du Palais de Justice. La place Dauphine, toujours provinciale, avait à son centre la statue de Desaix, style premier empire. On se serait cru dans une petite ville départementale perdue entre le quai des Orfèvres et le quai de l'Horloge, avec des rues étroites et des maisons aux escaliers de pierre et aux parquets de briques datant de Louis XIII et d'Henri IV. Cet apôtre de la franc-maçonnerie était d'une vaste érudition, ardent prosélyte d'une cause qu'il considérait comme sacrée, assez pauvre, me sembla-t-il, et pourtant propriétaire d'une riche bibliothèque historique et maçonnique. Son langage était persuasif. Il me représenta que la religion chrétienne étant fausse et son histoire pleine de scandales, y compris les crimes atroces de l'Inquisition, le devoir de tout ami du progrès était de se ranger dans le camp opposé, dans le culte du grand Architecte de l'Univers, qui remontait à Salomon. Je l'écoutai avec intérêt. Il revint me voir et m'apporta une demi-douzaine de brochures pour compléter celles qu'il m'avait déjà confiées. « Voyez, me disait-il, la franc-maçonnerie est devenue une institution d'État, l'empereur lui-même en fait partie, le général Mellinet en est le grand maître, etc., etc. » Mais j'étais pénétré d'une conviction inébranlable, c'est que la première vertu morale du caractère de l'homme est l'indépendance absolue. « Je quitte une église, lui répondis-je, pourquoi voulez-vous que j'entre dans une autre? Toute chapelle est une prison pour l'esprit. La liberté de conscience ne doit-elle pas être un affranchissement? Votre loge est spiritualiste et déiste. Une autre est athée. Pourquoi voulez-vous que je m'engage à recevoir le mot d'ordre de qui que ce soit? Vous me parlez aussi des avantages matériels politiques qui peuvent résulter de l'affiliation. Mais je ne tracerai jamais mon plan de vie sur la perspective d'avantages matériels. Si j'y étais obligé, comme voyageur de nations à nations, peut-être cette confraternité pourrait-elle être considérée et serait-il utile de posséder constamment le mot d'ordre. Ce n'est pas mon cas. Je suis un penseur, un chercheur indépendant : voilà tout. Et comme, d'autre part, j'espère bien n'être jamais en situation de recevoir aucun mandat politique, je préfère rester libre, absolument libre. Ai-je tort, ai-je raison? je ne juge pas. Mais tel est mon caractère, et il est probable qu'il ne changera jamais. Je vois que la maçonnerie a rendu des services à la grande cause du progrès; mais je ne puis nier, d'autre part, que les grands esprits chrétiens qui ont fait la France et qui ont su mettre un frein à l'invasion des barbares ne soient dignes de respect. Tenez, par exemple, je salue saint Martin, Charlemagne, saint Louis, et je salue aussi saint Vincent de Paul et Pascal; vous voyez mon éclectisme : pourquoi vouloir m'enfermer dans une chapelle laïque? Nous en recauserons plus tard ».

J'en recausai, en effet, depuis et assez souvent, avec les grands maîtres de la franc-maçonnerie, et je n'ai jamais pu me décider à perdre un atome de mon indépendance native. J'avais acheté à mon apôtre l'*Orthodoxie maçonnique* de Ragon, qui expose complètement l'histoire de la franc-maçonnerie, laquelle ne remonterait qu'à l'année 1717, mais n'en représente pas moins un effort intellectuel remarquable de l'humanité. Après cette lecture, il me sembla, avec Marc-Aurèle, que le mieux est de rester absolument libre.

Je lisais beaucoup, uniquement pour le plaisir de m'instruire. La mémoire est vraiment une heureuse faculté du cerveau. Que deviendrions-nous sans elle?

Me dirigeant moi-même selon mes aptitudes, je ne bourrais pas mon esprit de choses inutiles. Les livres sont de bons amis! Ce sont les meilleurs. Nous les choisissons à notre goût, nous les consultons, ils nous sont fidèles, ils nous instruisent, nous éclairent, nous guident, nous consolent. C'est une société intellectuelle, intelligente, distinguée, de tous les temps, de tous les pays, que nous associons à notre esprit en nos heures de rêverie, de méditation et de repos. C'est notre famille spirituelle d'élection.

Puisqu'on me fait l'honneur de me demander mes souvenirs, je dirai que parmi les ouvrages les plus intéressants à lire, pour le jeune homme qui désire s'instruire, j'inscrirais dans les premiers rangs ceux de Plutarque, non seulement ses *Hommes illustres*, mais aussi, et surtout, ses œuvres générales, telles que : *Les Opinions des philosophes*, *Les Animaux*, *La Face de la Lune*, *Les Propos de table*, etc. Il me semble que Montaigne a puisé là une partie notable de ses histoires. J'y ajouterais Sénèque et Marc-Aurèle.

Les œuvres de Voltaire et de Rousseau doivent entrer en première ligne dans la bibliothèque dont nous parlons, ainsi que celles de Victor Hugo. Ne pas oublier Molière.

Mais, pour en revenir à Plutarque, je trouvais là une véritable mine et les intuitions les plus curieuses sur la science moderne. Ainsi, le système de Copernic, c'est-à-dire la rotation diurne de la Terre et sa révolution annuelle, y est décrit sous les noms de Cléanthe et d'Aristarque de Samos, et la découverte de la gravitation de Newton, expliquant que la force centrifuge de la Lune tournant autour de la Terre est égale et de signe contraire à son attraction par notre globe, y est exposée en termes précis : « La Lune n'obéit pas à la pesanteur à cause de la rapidité de sa révolution, comme la pierre dans la fronde ». Et cette remarque : « Comment peut-on dire que la Terre occupe le milieu? De quel milieu veut-on parler? L'Univers est infini. Or, l'infini, qui n'a ni commencement ni fin, ne saurait avoir un milieu ». C'est, en termes différents, la définition de Pascal : « Le centre est partout, la circonférence nulle part ».

Oui, les livres sont encore la meilleure des sociétés; mais c'est déjà une société de luxe, car il faut les acheter, il faut se faire une bibliothèque. Je me souviens qu'un jour je remarquai, dans un catalogue de vente de livres qui devait avoir lieu rue des Bons-Enfants, l'annonce de l'*Almageste* de Ptolémée, cet ouvrage fondamental de l'astronomie ancienne. J'en avais fortement envie, mais... je n'avais pas beaucoup d'argent en poche. Je vais tout de même à la vente. Comme j'arrive, j'entends vendre un *Clément Marot*, poussé par des amateurs, à 150, 180, 200 francs! Ma foi, pensai-je, ce n'est pas la peine de rester. J'attends pourtant. On met en vente *mon* Ptolémée. Grande édition de Venise, 1553, vélin, reliure blanche, parchemin finement doré. Mon cœur bat si fort que mes voisins doivent l'entendre. 50 francs? demande le commissaire-priseur... 45?... 40?... Pas d'amateur. Quelle chance! Enfin, quelqu'un propose 5 francs. J'avais compté ce que j'avais dans ma poche : « 17 fr. 50! », m'écriai-je. On fut, je crois, abasourdi de ce chiffre bizarre, sans se douter que c'était là toute ma fortune, et l'on crut, probablement, à une commande de la part d'un libraire. L'ouvrage me fut adjugé. J'allais mettre le beau volume sous mon bras, lorsqu'on me demanda 5 pour 100 de plus, pour les frais. Un peu embarrassé, je répondis que j'allais revenir. Le Palais-Royal était à deux minutes; je courus emprunter cinq francs au libraire Ledoyen, et je revins prendre mon trésor avec amour.

Ce livre me servit quelques jours après pour un article du *Cosmos*, sur les catalogues d'étoiles. Il contient le premier catalogue d'étoiles qui ait été publié.

Cette Revue publiait un annuaire, dont les notices scientifiques remplaçaient, pour un grand nombre de lecteurs, celles de l'Annuaire du Bureau des Longitudes, arrêtées depuis la mort d'Arago. En décembre 1863, parut l'Annuaire du *Cosmos* pour 1864, qui renferme l'une de mes premières études : *Discours sur les destinées de l'astronomie;* l'Annuaire pour 1865 en renferme une autre : *Astronomie stellaire, les Univers lointains;* celui de 1866, un article sur *l'Unité de force et l'unité de substance*, dans lequel je me suis efforcé d'établir ce double principe. Je citerai quelques passages de la première de ces notices, parce qu'ils montrent bien mon programme. Ce discours est divisé en trois parties. Dans la première, j'expose l'histoire des grandes découvertes de l'astronomie, le tableau de ses progrès réalisés et celui de ses progrès futurs. La seconde établit l'impuissance de la méthode psychologique subjective de l'ancienne métaphysique pour l'avancement de la science, et l'utilité des sciences objectives appliquées. Dans la troisième partie, j'examine quelle influence l'Astronomie doit exercer sur nos idées et quelle est sa mission relativement au progrès philosophique de l'humanité. Voici ce que j'écrivais :

Il entre dans les destinées de l'Astronomie d'apporter son flambeau sur les sciences philosophiques et de nous éclairer sur notre vraie grandeur.

Non, elle ne doit plus rester dans l'ombre, cette science éminemment utile ; sa place est marquée à l'Aréopage, et ce ne sera plus seulement dans le champ d'une métaphysique chancelante que s'agiteront les questions humaines. Elle apportera, pour base des discussions, la charpente solide du monde ; l'homme aura, du moins, la certitude sous ses pieds, et ne sera plus réduit, comme il l'est encore si souvent de nos jours, à des pétitions de principes. Il ne dira plus : Dieu, l'Univers et moi, car connaissant le rang qu'il occupe et l'exiguité de la Terre, il raisonnera plus justement sur les choses du monde physique comme sur celles du monde moral, et sa raison, mieux éclairée, le guidera plus sûrement dans ses appréciations et dans ses jugements sur lui-même et sur la nature.

C'est sur quoi il importe d'insister particulièrement de nos jours, car il est sensible que notre époque de luttes, d'études et de recherches marque l'une des grandes phases de l'histoire de l'humanité. Si les disciples d'Uranie comprennent qu'ils sont réellement à la tête des sciences et s'ils prennent à cœur de n'être pas au-dessous de leur mission, et de tenir avec honneur et conscience le rang qu'ils occupent, leur influence sur le progrès de la pensée humaine sera sans précédent. S'identifiant avec ce progrès même, ils tiendront les rênes du char, et guidés par une métaphysique plus savante et moins mystérieuse, ils conduiront les hommes vers la vérité rayonnante. Leurs paroles et leurs écrits seront inspirés par cette tendance unanime. Au lieu de ces traités abstraits qui restent dans le domaine des chiffres, ils donneront au monde des ouvrages où l'on sentira vibrer les fibres du cœur : la philosophie complètera l'astronomie, et l'on aura vraiment une science comparée, une science utile dans ses applications à l'homme, but vers lequel doivent converger nos études.

Ce progrès dans l'enseignement des sciences devra commencer par l'éducation, désormais mieux comprise, des jeunes et dociles intelligences qui entrent dans le chemin de la vie. Au lieu des fables — plus ou moins morales — de la mythologie, au lieu des contes de fées, au lieu des rêves faux et mensongers dont on berce les blondes têtes qui doivent un jour former les citoyens de la patrie, on présentera à leur admiration native le beau et simple spectacle de la Nature. On n'attendra pas la fin de leurs études classiques pour enseigner aux jeunes hommes ce que c'est que l'Univers, ce que c'est que la Terre; et l'on ne perdra pas la plus belle partie de leur jeunesse dans des narrations inutiles, quoique ingénieuses, — qui n'instruisent point l'esprit dans la science, qui n'élèvent point l'âme vers le beau, qui ne font point battre le cœur pour la grande et noble Vérité. C'est la jeunesse qui décide de l'âge mûr, et si notre génération n'a pas atteint la hauteur qu'elle devrait occuper, la cause en est à son éducation restée fort incomplète, qui, surtout, n'a pas été plus vraie que les précédentes. Les générations futures nous appartiennent, c'est à notre siècle qu'il incombe de les préparer; c'est nous qui devons élever pour l'avenir des hommes forts par l'esprit, grands par l'âme, nobles par le cœur.

L'Astronomie est appelée, de plus, à nous inspirer l'esprit de vérité; son influence devra s'étendre sur le mode même du raisonnement, sur nos idées philosophiques. Elle effacera peu à peu les illusions et les erreurs, elle nous conduira graduellement à fonder nos opinions sur l'état réel des choses, et après nous avoir ainsi affranchis des principes faux, elle dirigera nos appréciations vers le juste et les appuiera sur des réalités démontrées. Dès lors nos jugements reposeront sur des fondements solides, nous contemplerons d'un œil instruit le monde qui nous entoure, nous reconnaîtrons la place que nous occupons dans la hiérarchie des êtres, notre état présent se placera sous nos regards dans sa grandeur réelle, notre passé se reconstituera derrière notre mémoire oublieuse, et notre avenir nous apparaîtra, continuation irrévocable de notre être. C'est ainsi qu'en éclairant le double aspect de la création, et en découvrant le système du monde moral comme elle nous a découvert le système du monde physique, l'Astronomie méritera vraiment d'être appelée fille du ciel, et c'est ainsi qu'elle accomplira dans toute sa plénitude la haute mission qui lui appartient.

Telles sont les destinées de l'Astronomie. Peu de sciences pourraient revendiquer les mêmes titres à l'admiration et à la reconnaissance des hommes. Elle a commencé son œuvre en nous délivrant des préjugés qui nous dominaient, en détruisant les erreurs qui obscurcissaient nos regards, en supprimant les illusions qui nous dérobaient la beauté de la création. Elle continuera cette œuvre admirable en répandant parmi les hommes un enseignement qui nous élèvera vers le Vrai, vers le Beau, vers le Bien. Sa mission est donc belle et sainte, car en interprétant dans toute sa grandeur le spectacle de la nature, elle nous donne en même temps une plus haute idée du Principe souverain qui régit l'univers. Resserrées dans les limites des œuvres humaines, nos facultés bornées encore par elles-mêmes, et façonnant à leur insu une création proportionnée au cercle de nos connaissances premières, s'étaient accoutumées à un univers resserré dans des bornes étroites. Mais avec les découvertes de l'astronomie, l'univers s'agrandit en des proportions gigantesques, et recula les limites de nos observations jusqu'aux régions insondées de l'Infini. Alors, notre esprit ardent brisa la voûte qui lui fermait le ciel, comme fait le papillon de son enveloppe à l'invitation du printemps libérateur; il s'éleva dans un radieux essor jusqu'aux plaines éthérées, d'où, se retournant, il put reconnaître notre fourmilière et l'apprécier dans sa relation avec les mondes qui l'environnent. Dès lors, l'œuvre éternelle se déroula sous nos regards, immense et magnifique. Dans l'antiquité, Dieu était semblable à l'homme; ses mains avaient pétri le limon de la terre; c'était lui qui lançait dans les nues le dard du flamboyant éclair et qui roulait sur nos têtes la foudre retentissante; c'était lui qui punissait les peuples d'un monarque inhabile et qui marquait la mort des grands par l'apparition d'une comète échevelée; c'était lui qui versait la pluie bienfaisante sur nos campagnes, tandis qu'épousant nos querelles, il dardait un soleil brûlant sur celles de nos ennemis; c'était lui, enfin, qui déchaînait les vents, calmait les tempêtes, et mettait en action l'univers entier pour le service de l'homme. Mais le flambeau des sciences s'alluma parmi nous, les forces de la nature se révélèrent, les lois universelles firent reconnaître leur existence, et aujourd'hui l'être transcendant que nous appelons Dieu se déclare à nous infini et inconnaissable.

C'est en marchant dans cette voie que l'Astronomie revêtira son caractère vraiment sacerdotal, c'est en comprenant la grandeur de sa mission qu'elle nous conduira nous-mêmes vers le but de nos destinées. La science peut-elle avoir une mission plus sainte, une destinée plus auguste que celle d'élever l'homme de plus en plus vers la perfection suprême à laquelle il aspire?

Cette citation est un peu longue, mais elle expose *le programme de ma vie scientifique tout entière*. Mes mémoires pourraient presque s'arrêter ici.

Ces notices scientifiques de l'Annuaire du *Cosmos* pour les années 1864, 1865 et 1866 ont eu une grande popularité. Celles de l'Annuaire du Bureau des Longitudes arrêtées depuis la mort d'Arago, depuis 1854, furent reprises en 1867, après une interruption de treize années. Ce ne fut un secret pour personne de savoir que mes notices étaient la cause déterminante de cette reprise, et j'avais, sans le vouloir, poussé un peu l'épée dans les reins à mes maîtres, Delaunay, Laugier, Mathieu, etc. Il en fut de même seize ans plus tard, lorsque ayant fondé, en 1882, ma revue *L'Astronomie*, l'amiral Mouchez, Directeur de l'Observatoire de Paris, m'écrivit que « l'Observatoire ne pouvait rester en retard sur moi » et qu'il allait fonder « un *Bulletin astronomique* pour lequel il souhaitait seulement d'obtenir un nombre de lecteurs égal au dixième des miens ». Cette lettre, que j'ai sous les yeux en ce moment, ne manque pas d'intérêt, et peut-être sera-t-elle publiée ici à son heure.

Il est toujours agréable de savoir que l'on contribue à l'œuvre du progrès. Mais il y a parfois quelques nuages dans le ciel. On m'a souvent mis sous les yeux des faits montrant que l'amiral Mouchez était quelque peu ombrageux de ce qu'il appelait mon « inexplicable renommée mondiale ». Cependant il tenait toutes les places officielles, je n'en convoitais aucune, je ne le gênais guère, et je ne pouvais empêcher mes amis d'écrire certaines choses qui l'agaçaient (*).

Mais revenons encore un instant aux anciens souvenirs.

Nous avons fait connaissance plus haut avec l'astronome Goldschmidt, chez qui j'avais observé la belle éclipse totale de lune du 1er juin 1863, en compagnie du docteur Hœfer. Goldschmidt est une figure à part.

(*) « Me rendant en mission, en Patagonie, pour l'observation du passage de Vénus (1882), le capitaine indigène du petit bateau qui conduisait l'expédition vers la terre de feu me dit : « Vous êtes Français, monsieur, alors vous devez connaître Napoléon, Flammarion et Gambetta. » — (PERROTIN, Directeur de l'Observatoire de Nice.)

« Un jour, au fond de la Pologne, étant allé peindre un paysage forestier et sauvage, j'allai prendre un repas sous le toit de modestes paysans, dans une campagne solitaire. Je remarquai sur leur table l'*Astronomie populaire* de Flammarion ». — (JAN STYKA).

« Je n'ambitionne qu'une gloire, c'est d'être le Flammarion du Brésil. » — (CRULS, Directeur de l'Observatoire de Rio Janeiro.)

« Sous l'équateur, j'ai cru devoir donner le nom d'Observatoire Flammarion à l'un des observatoires les plus élevés du monde ». — (GONZALEZ, Dr de l'Observatoire de Bogota, Colombie.

« Pour nous, mulâtres d'Haïti, l'autorité prépondérante en philosophie comme en astronomie, c'est Flammarion. » — (Dr Janvier, à Port-au-Prince.)

Né en 1802, à Francfort-sur-le-Mein, il s'était adonné à la peinture et était venu à Paris chercher fortune. Doué d'une vue particulièrement perçante et très épris de la science astronomique, il se mit à observer le ciel à ses moments perdus. Son installation était sommaire. Humble locataire d'un modeste atelier, au sixième étage d'une vieille maison de la rue de l'Ancienne-Comédie, au-dessus du café Procope, jadis illustré par les visites de Voltaire, de d'Alembert et des grands esprits de cette époque, il commença, en 1850, ses premières observations. Sa lunette était d'un faible pouvoir, et la plus forte qu'il ait possédée est de 108 millimètres d'objectif, mais il connut assez vite son ciel étoilé, construisit des cartes portant des alignements fictifs faciles à retrouver de nuit en nuit par son œil de peintre et chercha à découvrir des planètes par le déplacement de l'un de ces petits astres sur la voûte céleste. Il y réussit. Le 15 novembre 1852, il trouva sa première planète, nommée Lutetia par Arago, et successivement Pomone en 1854, Atalante en 1855, Harmonia et Daphné en 1856, Nysa, Eugenia, Mélété, Palès et Doris en 1857, Europa et Alexandra en 1858, Danaé en 1860 et Panope en 1861. Il prouva ainsi qu'avec de faibles moyens, l'énergie, l'habileté et la patience peuvent conduire à des découvertes remarquables.

Lorsque je fis sa connaissance, en 1863, il habitait rue de Seine, 72, un appartement ouvrant ses fenêtres au midi, sur le marché Saint-Germain, afin d'avoir le méridien et le cours des astres devant les yeux. Puis il alla résider à Fontainebleau, où il mourut au mois d'août 1866, au moment où il terminait un tableau sur la mort du fils de Mahomet, mort accompagnée d'une éclipse de soleil. Il avait une fille fort instruite, qui partageait ses travaux astronomiques. Elle a épousé un ingénieur distingué, M. Cance.

Lors de la découverte de sa première planète, Arago lui avait fait don du plâtre original de son buste par David d'Angers. Il me l'a légué, à sa mort, ainsi que ses papiers et ses catalogues d'étoiles. Je l'ai fait recouvrir d'une couche de bronze par un habile statuaire, et c'est assurément l'un des plus beaux bustes d'Arago qui existent. Il est colossal, plus de deux fois la grandeur naturelle; mais il a trouvé sa place au péristyle de mon observatoire de Juvisy, fondé en 1883. Comme les événements s'enchaînent! Je ne me doutais pas, en 1866, que dix-sept ans plus tard, ce précieux souvenir d'Arago aurait son piédestal tout préparé dans un observatoire qui continue son œuvre.

Goldschmidt aurait pu rendre des services à l'Observatoire de Paris, en y étant chargé de la recherche des petites planètes. Le Verrier n'en a jamais voulu à aucun titre. Il ne lui pardonnait pas d'avoir offert sa première découverte à Arago.

Tout en restant chargé de la rédaction astronomique du *Cosmos*, reçue en 1863, je me trouvai investi, en 1864, de celle du *Magasin pittoresque.*

Qui ne se souvient du *Magasin pittoresque*, de cette revue littéraire, scientifique, philosophique, historique et surtout artistique, si excellente, si parfaite, si élevée, si noble, si admirablement illustrée par des artistes de premier ordre? Fondée en 1833, elle arrivait, en 1864, à sa trente-unième année, dirigée avec la plus grande hauteur de vue par Édouard

Charton. Son bureau était quai des Grands-Augustins, 29, voisin de la Librairie académique, qui occupait le n° 35. Les articles d'astronomie avaient été rédigés, en ces dernières années, par Jean Reynaud, qui mourut, comme nous l'avons vu, en 1863. Un jour que j'étais entré au bureau acheter une livraison, M. Charton, qui s'y trouvait, me parla de son ami très regretté Jean Reynaud, qu'il savait que j'avais vu l'année précédente et dont j'admirais la philosophie, et me demanda si je n'aimerais pas lui succéder au *Magasin pittoresque* en donnant, de temps en temps, quelques articles d'astronomie. J'acceptai avec la plus vive sympathie. Mon premier article (*Comment on détermine la distance des étoiles à la Terre*) fut publié dans la livraison d'août 1864. Je viens de rechercher ce volume et de retrouver cette page. Feuilleter les livres a quelquefois du bon. Ainsi, tout près de cet article, j'en ai remarqué un autre intitulé : *Quel est le but?* où l'on peut lire ces utiles paroles :

« Ce qui caractérise surtout l'infériorité et la vulgarité des hommes ignorants, c'est l'absence dans leur esprit de toute notion et de toute curiosité sur cette simple question : quel est le but de la vie? Peut-être se la sont-ils posée une fois dans leur enfance ; mais bientôt ils ont été envahis et comme opprimés par des idées obscures de néant et les sollicitations de leurs intérêts matériels; aucun d'eux ne se demande même plus : « Est-ce que je « pourrais être quelque chose de plus que l'espèce « d'animal que je suis ?,.. » En vivant sans plan de conduite, ils consument sans profit leurs jours et n'arrivent ni au perfectionnement ni au bonheur. »

Et aussi les suivantes :

« Vous qui connaissez le prix de l'instruction, ne

pensez-vous pas avec reconnaissance à tout ce que vous lui devez? N'est-ce point elle qui vous a le plus aidé à agrandir votre intelligence et à tirer de votre existence un noble profit? N'avez-vous pas la conviction que c'est l'instruction qui a vivifié toutes vos facultés, qui vous a mis en communication avec les œuvres les plus admirables du génie humain, qui vous a fait éprouver les plus belles et les plus pures jouissances dont soit capable l'esprit de l'homme? »

Voilà de lumineuses et fécondes maximes. Cherchez-en de pareilles dans les journaux d'aujourd'hui.

Ce *Magasin pittoresque* est certainement l'une des meilleures publications périodiques qui aient jamais existé, et il ne me semble pas qu'il y en ait d'analogues et d'aussi dignes d'éloges actuellement. J'étais fier d'être admis dans sa rédaction, d'y être le successeur de Jean Reynaud, le collègue d'Henri Martin, de Legouvé, de Babinet, de Frédéric Passy, d'Hippolyte Carnot, de Geoffroy-Saint-Hilaire, de Charles Blanc, de Lenormant, de Quicherat, de Saglio et d'Édouard Charton. On aime le bien, on aime le beau, on aime le juste, on aime l'honnête. Alors la vie a un grand charme. Charton était à la hauteur d'Hœfer comme homme moral, quoique plus riche.

Cette revue populaire était très répandue : elle s'imprimait à 80.000 exemplaires.

Tous les jeudis, dans l'après-midi, il y avait réunion des rédacteurs, pendant l'hiver, autour d'un bon feu. Je n'y ai jamais entendu que l'expression des plus nobles sentiments, et jamais un mouvement d'envie ne s'y manifestait.

L'année 1863 a été marquée par un grand événement littéraire et philosophique : la publication de la *Vie de Jésus* de Renan. Nous en parlerons au second volume.

Tandis que je travaillais ainsi, au Bureau des Longitudes, au *Cosmos*, au *Magasin pittoresque*, j'écrivais mon second ouvrage, complément du premier au point de vue historique : *Les Mondes imaginaires et les mondes réels*, rédigé en 1864, publié en 1865. En composant le premier, j'avais fait passer sous mes yeux toutes les théories humaines, scientifiques et romanesques, anciennes et modernes, imaginées sur les habitants des astres. M. Didier pensa qu'il y avait là matière à un volume qui compléterait agréablement le premier, et je me mis à l'œuvre pour reprendre toutes ces lectures et les résumer. Ce livre, publié en mai 1865, est actuellement à sa 24e édition.

Ces travaux perpétuels et considérables ne me fatiguaient pas du tout.

Pour l'étude de tous les sujets, il importe de posséder le plus grand nombre de documents possibles, et toutes les fois que je remarquais dans les journaux une observation scientifique curieuse, quelques coups de ciseaux la détachaient sans retard. Si je rappelle ce fait banal, c'est que je remarquai qu'en s'exerçant ainsi, les ciseaux s'aimantent et attirent le fer, surtout les épingles rouillées par l'encre. Qu'est-ce que l'aimantation? Un barreau de fer, une grille de porte, d'ailleurs, sont constamment magnétisés. Il y aurait des volumes à écrire là-dessus.

Je pensai que mon devoir était de profiter de ma situation au *Magasin pittoresque* pour répandre le mieux possible dans le public la connaissance de l'Astronomie, ma science adorée. Au mois de décembre 1864, je dessinai les cartes des constellations, et les positions des planètes, pour constituer la base d'un annuaire astronomique de l'année 1865, et ces cartes furent publiées dans le numéro de janvier de cette année-là. Je développai cet annuaire d'année en année, d'abord dans le *Magasin pittoresque*, de 1865 à 1884, ensuite dans ma *Revue mensuelle d'astronomie*, de 1885 à 1892, puis en volume, à dater de l'année 1893. Je l'ai continué ponctuellement depuis, parce qu'il rend des services aux observateurs du ciel et qu'il tient au courant de toutes les découvertes. L'*Annuaire astronomique* pour 1911 porte en titre 47e année. On peut avouer que c'est là une œuvre d'une certaine persévérance, et, ajouterai-je, d'une abnégation réelle, car ce travail annuel ne me rapporte pas un centime, ce qui, à notre époque si pratique, paraît peu intelligent. Les lecteurs qui me font l'honneur d'inscrire mes écrits dans leur ordre de production peuvent inscrire cet *Annuaire* comme représentant le troisième de mes ouvrages, ouvrage qui compte bien des volumes! Ces volumes se sont développés graduellement, comme on peut en juger par un aperçu résumé :

1893.	194	pages.
1900.	208	—
1905.	259	—
1911.	330	—

XVII

La Bibliothèque des Merveilles et la Librairie Hachette. — Mon quatrième ouvrage : *les Merveilles Célestes*. — Le plaisir de faire une surprise agréable. — Voyage à Rouen et au Havre. Sainte-Adresse et le Cap de la Hève. — Mon cinquième ouvrage : *les Forces naturelles inconnues*. — Fondation d'un cours d'Astronomie populaire à l'Association polytechnique.

J'avais à peine terminé (février 1865) mon ouvrage *Les Mondes imaginaires et les Mondes réels*, que M. Édouard Charton me parla de son projet de fonder à la librairie Hachette une « Bibliothèque des Merveilles », qui serait formée d'une série de petits volumes populaires, à 2 francs, consacrés à faire connaître les Merveilles de la Nature. Il désirait commencer par les merveilles célestes et me proposa d'écrire ce premier volume, pour lancer la collection. « Ce n'est pas une affaire, ajouta-t-il, la librairie offre, en tout, mille francs par ouvrage, sans aucun droit d'auteur sur les éditions futures. Mais je sais que vous ne travaillez pas pour l'argent. Du reste, je vous connais, le sujet vous est familier, et, si vous le voulez, vous pouvez l'écrire en un mois ».

La proposition me plut infiniment. J'étais enchanté de pouvoir m'amuser à écrire un ouvrage purement littéraire sur un sujet exquis, et je me proposai, dès que les beaux jours seraient venus, d'aller l'écrire, couché dans l'herbe, au Bois de Boulogne. J'en traçai le plan. M. Charton me présenta à l'un des directeurs de la librairie Hachette, M. Émile Templier, l'un des hommes les plus charmants que j'aie connus. Je choisis à la librairie même des sujets de superbes gravures, et j'y consacrai toutes les belles après-midi des mois de juin et juillet, composant cette rédaction au crayon, et rédigeant le tout définitivement à la plume le lendemain matin à mon bureau. L'ouvrage fut, en effet, prêt à donner à l'imprimerie à la fin de juillet 1865, et élégamment imprimé par un homme de goût, Simon Raçon. Ce petit livre fut tiré à 5.500 exemplaires. Il fut publié au mois d'octobre et épuisé en moins d'un an. La deuxième édition est datée de « Montigny-le-Roi, octobre 1866. » Comme la librairie fut ravie de ce succès pour le lancement de la collection, M. Émile Templier m'annonça que, par exception, et seul des auteurs des ouvrages de cette collection, je serais associé aux éditions futures au taux de dix centimes par exemplaire. Les éditions se succédèrent, en effet, d'année en année, et l'on vient de réimprimer le 60e mille. La « Bibliothèque des Merveilles » a disparu aujourd'hui, et l'ouvrage fait partie de la « Bibliothèque des Écoles », fondée depuis, avec un format plus grand (in-8°), mais, à mon goût, moins agréable. Ce fut là, comme on le voit, mon quatrième ouvrage.

Lorsqu'au mois d'octobre, le caissier de la librairie Hachette me remit un beau billet de cinq cents francs, accompagné de vingt-cinq louis d'or, je me sentis tout fier de toucher d'un seul coup une aussi forte somme, car celles que j'avais touchées jusque-là ne s'étaient jamais élevées à cette hauteur, et c'était la première fois que je me sentais aussi riche. Mais ici vient se placer un petit incident.

Un de mes amis les plus intimes venait de se marier, et le jeune couple, très amoureux, et parfaitement heureux de chanter à l'unisson le divin duo d'amour, avait pourtant un petit nuage dans son ciel. La Fortune ne les gâtait pas encore. Le jeune homme était artiste peintre, et les tableaux qu'il avait espéré vendre dormaient dans son atelier. Nous nous étions rencontrés la veille, et, malgré leur fierté native, j'avais compris, à certaines confidences, pourtant bien voilées, qu'ils avaient quelques paiements à régler, que le terme de leur loyer approchait, et que l'hiver n'était pas loin. L'idée me vint de leur faire une bonne farce. Ils habitaient du côté de Montmartre, et l'omnibus de l'Odéon pouvait me conduire tout droit dans ces parages. J'allai, sans détours, de la librairie Hachette à l'Odéon. C'était à la fin de la journée, vers six heures, à la nuit tombée, et je savais qu'ils ne dînaient pas chez eux ce jour-là. J'arrivai à leur étage et sonnai : personne, naturellement. Alors, je retirai leur paillasson, posai le billet de 500 francs, calé par les 25 louis, près de leur porte, et le fis doucement glisser par en-dessous. Je repoussai ensuite soigneusement le paillasson.

En rentrant, dans l'obscurité, vers dix heures, ils furent surpris d'entendre un léger bruit métallique : c'étaient les louis qui roulaient, entraînés par la robe de la jeune femme. On s'étonne, on allume vite une bougie, on regarde, et on trouve les louis épars sur le plancher, plus ceux qui étaient restés à caler le billet de cinq cents francs, et ce billet lui-même.

On n'en croit pas ses yeux, on se demande si l'on rêve, on palpe, on tourne, on retourne, on pose le tout sur la cheminée, on saute de joie, on s'embrasse.

Aussitôt mille questions. Quel pouvait être l'auteur de cette stupéfiante surprise? Pas la moindre carte de visite, pas le plus petit mot d'écrit. On n'est pas à Noël, et ce n'est pas le petit Jésus qui est descendu par la cheminée. Oh! sans doute, pensent-ils, il y a une lettre, nous l'aurons demain matin.

Après une nuit un peu agitée peut-être, ils attendent avec impatience l'arrivée du concierge et de la correspondance du matin. Pas de lettre! aucun renseignement! et les concierges n'avaient vu monter personne.

J'eus bien soin de ne pas me montrer les jours suivants, et le cadeau resta longtemps enveloppé du plus complet mystère. Lorsqu'une huitaine de jours après, à leur première rencontre avec moi, ils me racontèrent l'histoire et me demandèrent mon opinion, je cherchai avec eux, parmi leurs meilleurs amis et leurs parents les plus proches, et ne pus indiquer personne. Quelque temps après, à bout de recherches, et fort intrigués de ne recevoir aucun indice, ils finirent par deviner, et je le leur avouai.

Il est certain que je leur avais causé une grande joie. Mais je suis sûr d'avoir été encore plus heureux qu'eux. Celui qui rend un service a sûrement plus de bonheur que celui qui le reçoit. Ceux qui ne font jamais de bien à personne ne se doutent pas des plaisirs dont ils se privent.

Je continuais, par habitude, à travailler, avec un plaisir infini, environ dix heures par jour, m'intéressant à toutes les questions, et regrettant constamment le manque de temps qui nous empêche de tout apprendre, car il serait si intéressant de tout savoir ! Malheureusement, l'Astronomie, à elle seule, est une sphère si vaste que nous ne pouvons même pas en suivre tous les progrès. Je sentis, par contre, l'obligation de me restreindre, en m'occupant surtout des observations faites sur les planètes, et en souhaitant posséder moi-même une bonne lunette, avec une terrasse pour l'installer. Mais l'heure n'était pas encore venue.

En attendant, je recherchai avec soin toutes les observations faites sur la planète Mars, dans les divers observatoires, je reçus directement les observations des principaux astronomes, notamment du Père Secchi, Directeur de l'Observatoire de Rome ; de Lockyer, à Londres ; de Dawes et Phillips, en Angleterre également ; de Terby, à Louvain ; de Schmidt, à Athènes, etc., et je publiai, dans le *Cosmos*, le résultat de mes études comparatives. Je m'intéressai aussi à donner, dans la même revue, une histoire de la fondation de l'Observatoire de Paris, qui n'a jamais été réimprimée.

***

Lorsqu'au mois d'août 1865, j'avais remis à la librairie Hachette mon manuscrit des *Merveilles célestes*, j'avais éprouvé l'impérieux besoin de goûter un instant de repos. J'habitais toujours avec mes parents. Leur situation ayant changé avec la mienne, ils avaient quitté la maison de photographie du boulevard des Italiens ; j'avais quitté, de mon côté, la mansarde de la rue Richelieu, et nous avions pris un appartement, rue Montmartre, 70, au premier étage du passage du Saumon, aujourd'hui supprimé, en un lieu fort tranquille et assez silencieux.

J'avais besoin, dis-je, de changer un peu d'air, et nous arrivons ici, par ordre de date, à mon premier voyage à la mer.

Mon ambition, depuis longtemps, était de voir, de contempler, de connaître cet élément liquide qui occupe les trois quarts de notre globe et dont l'immense étendue semble une image de l'infini des cieux. Mais, pour réaliser ce vœu, il me fallait pouvoir prendre au moins un mois de vacances, car je tenais à vivre pendant quelque temps réellement au bord de la mer. Le Havre me parut le point le plus direct à atteindre de Paris, avec cet avantage d'offrir en cours de route la belle et curieuse cité archéologique de Rouen, l'antique capitale de la Normandie, mémorable surtout, à mes yeux, par la domination de l'Angleterre au temps de Jeanne d'Arc, et par le supplice infâme de la vierge de Domrémy, dont j'avais souvent visité la maison natale à quelques heures de voiture de Bourmont. Mon programme était de faire le voyage à petites journées, de visiter Mantes-la-Jolie, de m'arrêter deux jours à Rouen, puis de descendre la Seine en bateau, de Rouen à Honfleur et au Havre.

L'un des premiers jours du mois d'août 1865, muni d'un billet de 3e classe, je pus m'échapper de mes travaux et m'envoler, pour la première fois, loin du nid, à mes risques et périls. Nonchalamment étendue au bord de la Seine, la ville de Mantes me parut une agréable oasis. Le lendemain, la grande et laborieuse cité rouennaise me frappa d'admiration, et par son port immense, et par sa splendide situation vue du haut de la colline de Bonsecours, et par l'architecture de ses églises et de ses vieilles maisons. En souvenir de Jeanne d'Arc, je voulus habiter l'un de ces anciens logis du xve siècle, qui avaient pu être témoins de ces temps disparus, et je découvris, en effet, une auberge caduque, ornementée de bois sculptés, et dont le toit avançait fortement sur la rue, avec une sorte de mansarde que l'on atteignait par les marches usées d'un escalier délabré. La couleur locale était complète, et après une journée de longue marche, je me sentais heureux et fier d'être l'hôte moderne de l'une de ces antiques demeures, me promettant une bonne nuit dans ce vieux lit normand de bois massif. Mais à peine commençais-je à fermer l'œil, que je sentis sur le bras une légère morsure. Un instant après, j'en éprouvai une autre sur la joue, un peu plus piquante, puis sur le bras encore une autre. Quoique tombant de sommeil, je voulus chasser ces puces, dans la nuit, mais l'écrasement de l'une d'entre elles m'apprit, par la plus nauséabonde des odeurs, que ce n'étaient pas là des aptères, mais plutôt des hémiptères. J'allumai la bougie, et, à ma profonde horreur, je constatai, en m'asseyant sur mon lit, que le mur était maculé de taches de sang, provenant, sans doute, de l'extermination insecticide des nuits précédentes, et que des colonies de punaises marchaient au plafond. Je me levai d'un trait, visitai avec soin ma chemise et mes vêtements et me rhabillai le plus vite possible. La nuit était chaude, lourde, suffocante, orageuse. Des éclairs sillonnaient le ciel, le tonnerre gronda avec violence, et une pluie torrentielle s'abattit sur mon toit. J'attendis avec impatience la première clarté de l'aurore pour m'enfuir, et je descendis prestement l'antique et vénérable logis du XVe siècle, pour aller respirer l'air pur des quais encore déserts, me jurant bien de ne plus pousser l'amour de l'archéologie jusqu'à vouloir habiter les chambres contemporaines de Charles VII et de l'évêque Cauchon. La propreté hygiénique des temps modernes a du bon.

Après avoir visité pieusement la tour où la pauvre martyre a été amenée et la place du Marché où elle fut brûlée vive, je quittai Rouen avec la stupéfaction qu'une statue de Jeanne d'Arc sur son bûcher n'eût pas encore été élevée sur cette place historique qui existe toujours, quoique modifiée. Cette stupéfaction de l'année 1865 dure encore aujourd'hui (1911), car ce monument n'existe toujours pas. Quelle singulière race que la race humaine !

Un petit bateau, *le Furet*, faisait le service de Rouen au Havre, et dans ma joie d'admirer les deux rives de la Seine, j'allai m'installer à cheval sur la proue, à l'extrémité antérieure du navire. Le capitaine ne me fit aucune observation et m'y laissa. Mes yeux ne se rassasiaient pas de la contemplation successive de ces deux rives du fleuve, allant graduellement s'élargissant, depuis Caudebec et Villequier jusqu'à l'embouchure, et épiaient avec anxiété les approches de cette mer inconnue pour moi. J'aurais voulu m'arrêter aux ruines de l'abbaye de Jumièges, où une ancienne légende prétend que vinrent échouer les énervés, les deux fils de Clovis II, auxquels leur excellent père avait fait couper les jarrets, pour les abandonner ensuite sur un bateau jeté à la Seine ; mais il me tardait d'arriver à la mer, et je remis cette visite à un autre voyage. De Honfleur au Havre, c'est déjà la mer, et les vagues étaient assez fortes, mais je tins bon à mon poste, au grand étonnement du capitaine, et j'arrivai en conquérant au port créé par François Ier, en 1517, dont la vieille tour marquait encore, à cette époque, la fondation royale. Le Havre date d'hier. C'est une des villes les plus modernes de l'Europe.

Depuis cette année 1865, ce qui restait du temps de François Ier a été démoli pour l'élargissement du port.

Tout imprégné des poésies de Lamartine et de l'histoire de Graziella, j'avais formé le projet d'habiter, en arrivant à la mer, une maison de pêcheurs sur le rivage. Mon premier mouvement fut donc de me diriger vers la mer. Mais impossible de découvrir, au Havre, la plus modeste hutte de pêcheur. Je suivis la grève jusqu'à Sainte-Adresse, ne voyant comment réaliser mon rêve de solitude sentimentale au bord des flots; je cherchai pendant plus d'une heure, et à un certain moment j'aperçus quelques marches abruptes dans la falaise. Les ayant gravies, j'arrivai à une petite rue montante qui s'appelait *rue des Pêcheurs*. Encouragé par ce nom, j'entrai à la première maison, à gauche, bordée d'un jardinet, et vis assis un petit homme en blouse, se reposant en pleine tranquillité, à la fin d'une journée de travail. Je lui exposai mon désir, lui disant que n'ayant jamais vu la mer, j'arrivais de Paris dans l'intention de vivre quelques semaines sur le rivage, dans une humble maison de pêcheur.

— Vous n'en trouverez pas, répondit-il, car il n'y en a pas une seule au bord de la mer, et s'il y en avait une, vous ne pourriez certainement pas l'habiter.

Je lui parus sans doute très contrarié de cette impossibilité, car il sembla prendre très cordialement part à mon chagrin et ajouta aussitôt : « Mais cette maison-ci n'est séparée de la mer que par la falaise, voulez-vous l'habiter? Montez donc au second avec moi, et vous jugerez de la vue. »

Il y avait au second une terrasse du haut de laquelle le panorama s'étendait sur la mer, jusqu'à Trouville, et sur toute la pleine mer. J'en fus émerveillé! C'était la première fois que je voyais se dérouler devant moi le royaume d'Amphitrite. Le bruit des flots sur les galets me semblait à la fois une plainte et un appel. La marée montait. Ce tableau me représentait toute une nouvelle vie inconnue. Attenant à cette terrasse, se trouvait une petite chambre de garçon, très proprette, de laquelle la vue s'étendait également sur l'immensité des eaux. Le brave propriétaire, M. Rassent, mit le comble à son amabilité en insistant pour me convaincre qu'il me serait impossible de trouver meilleure position ni au Havre, ni à Sainte-Adresse, et appelant sa femme, bonne grosse ménagère : « Voilà, lui dit-il, un jeune homme qui voudrait passer un mois au bord de la mer, je lui propose de vivre avec nous ; qu'en penses-tu? »

La brave femme me regarda et approuva la proposition. « Nous vivons seuls, ajouta-t-elle, et n'avons jamais personne. Cette petite chambre est celle d'un neveu qui ne vient jamais. Vous allez vous ennuyer. Mais vous êtes si près du Havre, que si vous voulez vous y distraire rien ne sera plus facile. »

Je me confondis en remerciements pour ces généreuses propositions que je m'empressai d'accepter.

« Mais, fis-je, nous ne parlons pas d'un détail : le prix de ma pension en un hôtel si bien situé et avec des maîtres si obligeants. » Mes deux hôtes se regardèrent.

— Oh! répliqua la maîtresse de maison, nous ne demandons rien du tout.

— Comment, rien du tout? Il m'est, alors, impossible d'accepter.

Ici s'établit une assez longue discussion, ou, pour mieux dire, un assaut de politesses, à la suite duquel il fut convenu que le tiers de la dépense serait inscrit à mon compte. Mme Rassent était très bonne cuisinière, faisait son marché tous les matins et composait d'excellents menus, agrémentés de coquillages, crustacés, poissons, de la plus succulente fraîcheur et arrosés d'un cidre pétillant. A la fin de mon séjour, qui dura six semaines, elle me montra son livre de dépenses. L'addition totale s'élevait à 140 francs pour nous trois, soit à 46 fr. 65 centimes pour mon compte, le logement étant par-dessus le marché. Je crois bien qu'elle avait dû oublier le cidre, le sucre, le café et les provisions habituelles des ménages (*).

La vie matérielle, d'ailleurs, ne m'occupait guère plus que mes hôtes si désintéressés. Je passais mon temps, soit sur ma terrasse, soit dans les falaises, soit au cap de la Hève, à observer, à contempler, à admirer, à étudier le spectacle constamment changeant de la mer et du ciel. Cette plaine liquide, immense et sans bornes, me représentait une image de l'infini et de l'éternité. La distance de l'horizon paraît indéterminable et semble varier sans cesse.

(*) Cette petite maison de la rue des Pêcheurs existe toujours, et j'ai eu le plaisir de la revoir récemment (mai 1911). Elle porte aujourd'hui le n° 5.

Tantôt verte, tantôt grise, tantôt bleue; quelquefois calme et silencieuse, le plus souvent agitée et bruyante, parfois violente et terrible, la mer étend sous nos yeux le plus changeant et le plus mobile des tableaux de la nature, et jamais l'esprit contemplateur ne peut s'en lasser. La montagne et la forêt nous parlent plus directement peut-être, parce qu'une vie confuse y habite et y respire : mais la mer s'impose à nous par sa grandeur, et sa voix la rappelle à notre attention, même aux heures de la nuit et du sommeil. Les marées produites par l'invisible et mystérieuse attraction de la lune et du soleil l'amènent et la reculent deux fois par jour, semblant nous entretenir de l'éternelle oscillation des choses. Alors, les falaises de Sainte-Adresse étaient belles et solitaires; maintenant elles sont saccagées par l'industrie et l'exploitation : la méditation du poète n'y trouverait plus aucun refuge. Souvent, j'allais m'asseoir seul, au milieu des herbes sauvages, en face le couchant, regardant le disque du soleil descendre lentement dans la mer, comptant les deux minutes vingt secondes qu'il emploie à franchir la limite de la vue, songeant aux apparences trompeuses de l'atmosphère, dont la réfraction nous montre le disque solaire entièrement au-dessus de l'horizon, à son lever et à son coucher, lorsqu'il est réellement entièrement au-dessous, et semble nous avertir que la vie entière n'est qu'un mirage. On aura une idée de ces falaises, à cette époque, par une modeste photographie que j'en ai prise, d'une fenêtre d'une maison de Saint-Adresse, exposée au nord.

Les couchers de soleil sur la mer sont parfois d'une formidable splendeur. Celui qui les contemple, qui les observe, qui cherche à suivre la descente graduelle de l'astre du jour au delà de la courbure des mers, la coloration et la décoloration des nuages baignés dans les derniers rayons de lumière, se sent écrasé par l'immensité du spectacle, lorsqu'il sait que cette étendue d'eau occupe les trois quarts du globe,

Les falaises du Cap de la Hève et Sainte-Adresse, en 1865.

que ce globe roule dans l'espace, et que nous sommes emportés par les lois insondables du Destin avec une vitesse incompréhensible pour notre faible conception, puisqu'elle surpasse cent mille kilomètres à l'heure, et que notre projectile s'envole à travers les champs du ciel vers un but inconnu et inconnaissable. La mer s'étend, sans bornes, devant nos yeux, le soleil ne se couche qu'en apparence, car il est toujours midi pour un méridien, et c'est l'insaisissable mouvement de la Terre qui nous donne les heures successives. Devant cette mer sans bornes, qui sous l'attraction astrale s'élève et s'abaisse comme un sein qui respire, devant cette atmosphère lumineuse et ces nuages aux formes capricieuses qui naissent et s'évanouissent, devant ce mouvement perpétuel des choses, nous ne pouvons nous empêcher de nous demander ce que nous sommes. Oui, que sommes-nous? Qui sommes-nous? Que faisons-nous ici? Où allons-nous? A quoi servons-nous? Que signifie notre existence? Pourquoi vivre? Pourquoi penser? Pourquoi souffrir? Notre insignifiance relative semble se proclamer d'elle-même avec une irrésistible évidence. Et pourtant nous sentons que nous existons. Mais c'est peut-être déjà trop. L'être qui ne penserait pas ne souffrirait pas de l'insolubilité des problèmes.

***

Le cap de la Hève est l'un des plus magnifiques observatoires pour la contemplation des couchers de soleil. Il s'avance vers l'ouest comme un promontoire élevé de cent mètres au-dessus de la mer, et les falaises de ce « chef de Caux » sont un enseignement à la fois géologique et historique. A la grande marée basse de septembre 1865, un vieux pêcheur me conduisit en barque à 1.400 mètres environ du rivage, et me montra des fonds qui représentaient pour lui les vestiges de l'ancien pays, Saint-Denis, chef de Caux, submergé par une tempête en 1372, longtemps avant l'existence du Havre. On appelle ces fonds le banc de l'Éclat et on croyait bien, en effet, y distinguer des ruines.

Il y a peu de siècles encore, cette partie de la Gaule qui s'appelait la Normandie formait les limites extrêmes du monde connu des Latins et des Grecs.

Là où d'épaisses forêts étendaient leur voile impénétrable, là où les druides élevaient leurs autels de pierre, une brillante civilisation discute aujourd'hui sur ces origines. Nous sommes, en effet, sur cette côte, à la limite occidentale de la terre, et c'est là que nos pères se sont arrêtés, ayant suivi dans leurs migrations le mouvement apparent du soleil, direction naturelle qui se manifeste jusque dans les agrandissements lents des villes vers l'ouest, et dont Paris même est un remarquable exemple.

Ce chef de Caux était le Caput Caleti, la tête des *Calètes* qui occupaient la Normandie au temps de César et dont Lillebonne (Juliabona) était la capitale. C'était un port bien connu au XIVe siècle, et là fut établi l'un des premiers phares de France (1345). Mais en 1372, une violente tempête détruisit tout. On raconte qu'un vaisseau allait périr dans cette tempête et que l'équipage désespéré s'était mis en prières en invoquant le patron saint Denis, lorsque le capitaine s'écria avec énergie : « Voyons, mes amis, relevez-vous, ce n'est pas saint Denis qui nous sauvera, c'est sainte Adresse. Allons! du courage! » Une heureuse manœuvre amena le navire au port, et le nom de sainte Adresse fit fortune. Les falaises, rongées depuis longtemps, s'écroulèrent, avec l'église, le cimetière et une partie du village. Une ordonnance royale de janvier 1373 en décida le rétablissement dans la vallée où nous voyons aujourd'hui Sainte-Adresse, nom adopté par le nouveau pays. La mer a continué de ronger les falaises; le phare a dû être reculé de siècle en siècle; les deux tours que l'on voit aujourd'hui ont été élevées en 1775, et la mer ne tardera pas à les atteindre de nouveau. Le sentier que je suivais en 1865 le long de la falaise a été emporté il y a une vingtaine d'années. D'après les comparaisons que j'ai pu faire depuis l'année 1865, la terre perd en moyenne 2 mètres par an, ce qui représente 200 mètres par siècle.

Au-dessus de la rue des Pêcheurs habitait, en un élégant pavillon au milieu d'un jardin, un ami de l'Astronomie qui possédait un petit observatoire et une belle bibliothèque, M. Dufour, dont nous aurons sans doute occasion de parler plus tard. Je me liai avec lui.

A propos du Cap de la Hève, une petite curiosité locale, en passant. Il y avait près des phares une maisonnette où l'on allait prendre des rafraîchissements. Je remarquai au-dessus de la porte cette enseigne bizarre : « Cidre de Normandie pur sang ».

Je m'intéressai, à partir de cette année 1865, à l'étude de la variation des rivages, sujet sur lequel j'ai publié un grand nombre de recherches variées, depuis ce cap de la Hève au nord du Havre, jusqu'à la cité de Limes, près de Dieppe, jusqu'à Dunkerque et la Hollande, au nord, jusqu'à Noirmoutier, Arcachon et Saint-Jean-de-Luz à l'ouest, jusqu'aux Bouches-du-Rhône, et aux Saintes-Maries au midi, et jusqu'à la ville d'Adria, qui donna son nom à l'Adriatique.

Ce premier voyage à la mer m'avait instruit, tout en me reposant. Pour revenir à Paris, je fis une partie du voyage à pied, c'est-à-dire que je suivis d'abord le rivage de la mer, tantôt par le sentier des douaniers, tantôt par la route, jusqu'à Etretat, Fécamp, Saint-Valéry et Dieppe, où je pris le train pour Paris. Un jour, traversant un village, non loin de la mer, j'avais faim et demandai une tasse de lait à une brave femme assise à sa porte. C'était une grand'-mère entourée de trois ou quatre petits enfants joufflus, roses, sales et charmants, qui se roulaient dans l'herbe. Elle s'informa de mon voyage et s'étonna d'apprendre que j'étais venu de Paris pour voir la mer, m'affirmant qu'elle ne l'avait jamais vue, quoiqu'elle n'eût, pour ainsi dire, qu'à se retourner pour la regarder, car elle n'en était pas à plus de 400 ou 500 mètres. J'ai connu un cultivateur, à Juvisy, qui n'avait jamais vu Paris, et nous en sommes à 20 kilomètres. Il y a vraiment des êtres bien peu curieux! Cette brave Normande paraissait regretter son grand âge et craindre une mort prochaine. « Mais, lui dis-je, nous ne mourrons pas entièrement, on ressuscite. — Oh! monsieur répliqua-t-elle, en me montrant ses petits-enfants : la voilà! la résurrection ».

A Dieppe, ce qui m'intéressa le plus, ce fut la cité de Limes, dite aussi camp de César, ou ancien camp gallo-romain, au sommet de la falaise de Puys. Là aussi, comme au cap de la Hève, je pris quelques mesures et plaçai des pierres le long du cap, au bord de la falaise, me promettant de revenir quelques années après, voir si l'érosion se continuait. Je le constatai précisément en 1871 et dans la suite. Sur cette côte, la falaise est rongée à sa base par la mer, presque aussi vite qu'au cap de la Hève.

Dieppe fut la dernière étape de ce premier voyage. Je pris le train pour rentrer directement à Paris, fort en retard dans tous mes travaux.

Je trouvai la grande ville, les boulevards, les journaux, fort agités par un petit théâtre, la salle Hertz, où deux Américains, les frères Davenport, donnaient des séances retentissantes. Ils se faisaient lier et enfermer dans une armoire, et produisaient là un charivari infernal. Quelles étaient les forces en jeu dans ces exercices? personne ne le savait. Ils prétendaient que c'étaient des esprits, sans toutefois le prouver en aucune façon. Avant d'avoir rien vu, les journaux de Paris déclarèrent qu'il n'y avait sûrement là que des tours de passe-passe et accablèrent les expérimentateurs de leurs sarcasmes, n'ayant pas, d'ailleurs, la patience d'observer ce qu'ils faisaient. Ils nièrent d'avance, de parti pris, et empêchèrent toute expérience. Assurément, il était tout naturel d'attribuer ces merveilles à la prestidigitation, mais il n'était pas rationnel d'affirmer sans rien voir. A la Librairie académique, M. Didier me demanda de protester contre cette méthode, qui n'est ni logique ni scientifique, et je rédigeai alors (20-25 octobre 1865) un petit livre de 152 pages intitulé : *Des Forces naturelles inconnues*, établissant que, d'une part, nous n'avons le droit de rien nier de parti pris, et que mon expérience m'avait déjà convaincu, d'autre part, qu'il y a des *forces inconnues*. Je prenais soin de déclarer, d'ailleurs, que je ne défendais pas les frères Davenport, qui m'étaient inconnus et indifférents, mais seulement *le principe* même de la discussion. J'avais signé cet opuscule du pseudonyme d'HERMÈS. On y trouve, en appendice, la relation d'un séance donnée par les expérimentateurs au palais de Saint-Cloud, le 28 octobre, en présence de l'empereur, de l'impératrice, du jeune prince impérial, du général Favé, du baron Mario de l'Isle, préfet du palais, du marquis de Lagrange, écuyer de l'impératrice, de

M. Duperré et d'autres familiers de la cour. Cette séance, tranquillement observée, laisse dans l'esprit l'impression qu'il y a là des phénomènes inexpliqués. On a prétendu que l'on y a pris Home en flagrant délit de tricherie ; ce n'est pas probable, puisque l'empereur est resté très perplexe sur ces phénomènes, d'après ce que raconte Alfred Maury dans ses *Lettres* écrites de Vichy.

Cet essai sur *les Forces naturelles inconnues* est devenu, longtemps après, en décembre 1906, l'important ouvrage de plus de 600 pages publié sous le même titre, réimprimé, plus complet encore en 1908 et en 1909, dans lequel l'existence de ces forces physiques et psychiques inconnues est irrévocablement établie.

C'était là mon cinquième ouvrage.

J'eus le regret, le chagrin, la douleur, de perdre quelque temps après (5 décembre 1865) l'éditeur Didier qui m'avait pris en si vive affection et avait offert à mes débuts dans la carrière sa protection toute paternelle. On me pria de prononcer sur sa tombe un discours résumant sa vie; j'acceptai, mais je fus rarement plus ému que dans l'accomplissement de ce triste devoir (*).

Au mois d'octobre 1865, je répandais les connaissances astronomiques dans le public : 1° par mes premiers ouvrages, *la Pluralité des Mondes habités*, *les Mondes imaginaires*, *les Merveilles célestes;* 2° par la revue hebdomadaire *le Cosmos ;* 3° par son Annuaire; 4° par le *Magasin pittoresque*. Il me sembla que je pouvais faire un peu plus encore et ajouter la

(*) Lui aussi, m'avait promis de se manifester : jamais rien.

parole aux écrits. Je me souvins de l'Association polytechnique et des services que ses cours m'avaient rendus, lorsque je n'avais d'autres ressources que ces cours gratuits pour continuer mon instruction ; j'avais là une dette de reconnaissance à payer ; je songeai à faire gratuitement un cours soigneusement préparé ; l'astronomie n'y était pas enseignée ; j'allai aux informations, près du président, Auguste Perdonnet, qui me renvoya au secrétaire général, Menu de Saint-Mesmin, lequel était préfet des études au collège Chaptal. Lorsque je m'y rendis, celui-ci était déjà prévenu de ma visite par Perdonnet, ingénieur de la Compagnie de l'Est, directeur de l'École centrale, qui avait tout de suite désigné l'École centrale pour mon cours projeté. Mais Menu de Saint-Mesmin, au collège Chaptal, me convainquit que le quartier de Paris le meilleur pour la diffusion populaire était le quartier du Conservatoire des Arts et Métiers, et que l'amphithéâtre de l'École Turgot, rue du Vert-Bois, était tout à fait indiqué pour le succès. En effet, dès le premier jour, la salle était archi-pleine, et je fus accueilli par une chaleureuse ovation. Des ouvriers et des apprentis de tous les âges s'y pressaient en foule, avec le plus avide désir de s'instruire. Il n'y eut qu'une voix dans la presse pour comparer ce cours à celui d'Arago, si unanimement regretté, et pour célébrer mon triomphe.

Devant cette comparaison, le sentiment d'un devoir absolu s'imposa à ma pensée : tâcher de me rendre digne d'un si grand maître.

XVIII

Le Journal *le Siècle.* — Henri Martin. — Léonor Havin. — Louis Jourdan. — Anatole de la Forge. — Émile de la Bédollière. — Conception de *Lumen*, mon sixième ouvrage. — L'Ecole Turgot.

Le journal *le Siècle*, notamment, signala ce cours avec de grands éloges. J'avais, à ce journal, des amis inconnus. Dans le numéro du 4 octobre 1865, un grand article de deux colonnes et demie, signé Louis Jourdan, est consacré à mon ouvrage *les Mondes imaginaires*. J'y avais aussi un ami bien connu de moi et très aimé, l'historien Henri Martin, que j'étais allé remercier de sa bienveillante présentation de mon premier livre, en deux articles particulièrement étudiés au point de vue philosophique, et qui m'avait pris en affection. Mme Henri Martin s'était tout de suite attachée à moi, comme une mère comprenant mes enthousiasmes. Ils habitaient alors rue du Montparnasse, près de l'église Notre-Dame-des-Champs, dans la maison avec jardin qui est devenue, me semble-t-il, le presbytère, et j'allais quelquefois discrètement causer avec eux en sortant de ma salle de travail du

Bureau des Longitudes, voisine de leur habitation. L'auteur de l'*Histoire de France* se faisait construire alors, au cimetière Montparnasse, ce beau tombeau qui devait, heureusement, l'attendre un grand nombre d'années. Mais avant la guerre de 1870 même, ils émigrèrent à Passy, en un hôtel familial dont les portes m'étaient toujours ouvertes. J'y couchai même plus d'une fois, restant tard à leurs charmantes soirées et oubliant l'heure.

En ces dîners, en ces réunions, on vivait en pleine atmosphère intellectuelle. C'était l'école de Jean Reynaud (l'Esprit de la Gaule), celle d'Hippolyte Carnot (la République libérale), celle d'Édouard Charton (l'Indépendance littéraire), celle d'Ernest Legouvé (l'Art littéraire pur); c'était l'école platonicienne moderne, et j'aimais désaltérer à sa source limpide les ardentes soifs de mon âme.

M. et Mme Henri Martin étaient entourés d'une délicieuse famille, celle de leur fils, le docteur Charles Martin : un jeune homme de haute culture intellectuelle, aujourd'hui docteur en médecine comme son père, et deux jeunes filles tout à fait angéliques. Le bonheur rêvé sur la terre semblait avoir établi là son oasis. Contemplation pure du beau et du bien, nulle envie, nulle ambition. Et quelle simplicité! Un jour, je reçus de la librairie Furne les 17 volumes in-8° de l'*Histoire de France*, avec une dédicace amicale de l'illustre historien. Sa gloire et ses cinquante-cinq ans donnaient simplement la main à mes vingt-trois ans. Cette œuvre magnifique occupe, depuis, le premier rayon de ma bibliothèque.

Mon désintéressement, mon manque d'ambition avait frappé ces excellents cœurs, et je ne sais vraiment lequel des deux était le meilleur, de M. ou de

HENRI MARTIN (1810-1883).

Mme Henri Martin. A la Noël de 1865, l'aimable historien me dit : « Je veux vous faire un cadeau pour vos étrennes. Le directeur du *Siècle* me charge de vous offrir d'entrer à la rédaction de ce journal pour une collaboration scientifique. Il faut que vous ayez un grand journal de Paris à votre disposition. Il n'y en a qu'un, d'ailleurs, qui soit lu de tout le monde, c'est le nôtre ».

J'acceptai avec reconnaissance cette agréable proposition, me doutant bien que le directeur du *Siècle* n'avait pas du tout songé lui-même à ma chétive personne, et que l'offre venait de M. Henri Martin. Je cherchai un beau sujet d'article pour inaugurer cette carrière, et je choisis une découverte alors assez nouvelle dans la science : *La Composition chimique des astres, révélée par l'analyse de leur lumière.* Je le rédigeai de mon mieux et le portai à la rédaction du *Siècle*, alors enfoui dans une vieille maison de la rue du Croissant. Ce premier article de ma collaboration aux journaux quotidiens a été publié dans le *Siècle* du 12 janvier 1866. J'en donnai deux par mois. Ils étaient inscrits à raison de cent francs par article.

Le *Siècle* était le journal français le plus répandu, non seulement en France et dans les colonies, mais encore à l'étranger. Dans tous les pays, que ce fût en Amérique, en Angleterre, en Allemagne, en Italie, en Espagne, en Hollande ou en Suisse, si l'on demandait un journal français, on vous apportait le *Siècle*. Il tirait à 60.000 exemplaires et avait certainement au moins dix fois plus de lecteurs. Ses rédacteurs exerçaient une sorte d'apostolat ; ils savaient qu'ils étaient lus, écoutés, et que leurs paroles ne devaient jamais s'envoler légèrement au vent du hasard.

Les bureaux du journal ne tardèrent pas à émigrer en un bel hôtel, rue Chauchat.

Le directeur était Léonor Havin, député de la Manche, né en 1799, fils d'un conventionnel qui avait voté la mort du roi (mais avec sursis et appel au peuple). Il est mort à son château de Thorigny, le 12 novembre 1868, et nous lui avons fait de belles funérailles. C'était un républicain à la fois convaincu, modéré et fort habile, qui sut, non sans difficultés, diriger son journal pendant l'Empire et louvoyer sur une mer hérissée d'écueils. Le *Siècle* avait été fondé en 1836 et avait toujours soutenu, depuis sa fondation, les principes de 1789. Havin en avait pris la direction en 1851, avait protesté énergiquement contre le coup d'État du 2 décembre et avait réussi à sauver son journal du naufrage de la République en lui conservant une puissante autorité, notamment lors des élections législatives.

Les principaux rédacteurs se réunissaient le matin, vers dix heures, dans sa chambre à coucher. Il restait au lit et parlait des nouvelles importantes. On y voyait notamment Louis Jourdan, Émile de la Bédollière, Léon Plée, Edmond Texier, Anatole de la Forge, Taxile Delord, Victor Borie, Eugène Tenot, Castagnary. Les autres rédacteurs, tels que Henri Martin, Legouvé, Charles Floquet, Corbon, Auguste Luchet, Oscar Comettant, venaient plutôt dans l'après-midi. M. Havin habitait rue d'Aumale, et ses fenêtres donnaient sur le jardin de M. Thiers, que l'on apercevait quelquefois, levé d'ailleurs dès l'aurore. On causait surtout politique, naturellement, parfois littérature, rarement science ou philosophie. Vers onze heures, on entendait du bruit dans une pièce voisine, qui était la salle à manger. C'était Mme Havin qui passait, donnant des ordres. M. Havin se levait devant nous, comme autrefois Louis XIV à Versailles devant ses intimes, et nous prenions congé. Assez souvent aussi, on se trouvait réunis vers quatre heures de l'après-midi au bureau du journal, rue Chauchat, mais alors, on parlait à peu près exclusivement de la composition du numéro. Le célèbre directeur se rendait de la rue d'Aumale à la rue Chauchat dans un luxueux landau attelé de deux superbes chevaux, qu'il eut plus d'une fois la gracieuseté de m'offrir pour mes courses, avec cocher et valet de pied. Mais comme je ne pouvais moins faire que de donner un pourboire convenable, ce bienveillant service me coûtait un peu plus cher qu'une course à pied et même en voiture, et je trouvai prudent d'esquiver ces offres charmantes.

Les rédacteurs du *Siècle* étaient anticléricaux, mais non matérialistes. Louis Jourdan était même parfois d'un spiritualisme presque mystique. Il a écrit, notamment, une curieuse préface à *La Clef de la vie* de Michel de Figanières. Affilié aux Saint-Simoniens, il avait été lié avec le père Enfantin et Émile Barrault. Avec lui, on pouvait s'entretenir de sujets philosophiques et l'on conservait toujours de ces conversations des impressions lumineuses de justice et de vérité. L'âme en restait ensoleillée, comme en cette atmosphère de Provence dont il était fils.

Anatole de la Forge était un ardent républicain et un patriote enflammé, défenseur éloquent des peuples opprimés, de l'Italie jusqu'en 1870, de la Pologne toujours. Nommé préfet de l'Aisne par le gouvernement du 4 Septembre, il organisa la résistance de Saint-Quentin, ville ouverte, avec une telle énergie, que les Prussiens envahisseurs furent obligés de reculer.

Il resta partisan de la guerre à outrance. Ce soldat civil était un homme fort doux et des plus modestes. Je me souviens qu'en 1866 le statuaire Guerlain, occupé à faire son buste, vint me trouver de sa part, avec une lettre de lui, me priant de prendre le temps de poser parce que, disait-il, « on devait commencer par moi ». Et, en effet, il temporisa de telle sorte que mon buste fut terminé avant le sien.

A l'établissement de la République, en 1871, il fut député de Paris, puis vice-président de la Chambre. Il me semble que sa mort prématurée a été volontaire.

Taxile Delord était un critique assez acerbe, juge un peu sévère des hommes et des choses, d'ailleurs écrivain caustique et souvent amusant, notamment dans ses chroniques du *Charivari*. On lui doit une *Histoire du second empire*, qui ne manque pas de détails intéressants et de portraits finement esquissés.

Émile de La Bédollière était le type de la gaieté perpétuelle, épicurien, grand buveur devant l'Éternel, poète, écrivain d'un style net, précis, incisif, qui n'a pas peu contribué à la popularité du *Siècle* par son courrier quotidien, d'une intarissable fécondité. La Bédollière était marquis, mais d'un républicanisme si désintéressé qu'il ne s'est jamais paré de ce titre. Il était aussi chansonnier, et je me souviens entre autres de la chanson qu'il avait composée pour l'inauguration du pont du Rhin, entre Strasbourg et Kehl, fête dans laquelle nous avions à notre tête l'ingénieur Perdonnet. Étions-nous tous, alors, assez dupes du machiavélisme de Bismarck! Ce fameux pont était terminé à ses deux bouts, côté France, côté Allemagne, par des chaussées mobiles, que l'on devait faire pivoter en cas de guerre ; mais ce n'était là, proclamait-on, qu'une précaution stratégique inutile, car les deux peuples frères ne devaient jamais plus s'armer l'un contre l'autre.

J'ai raconté dans mon ouvrage : *L'Inconnu et les problèmes psychiques*, l'anecdote du mariage de La Bédollière, dû à un rêve prémonitoire de sa fiancée.

Tous mes collègues de la rédaction du *Siècle* étaient d'un âge fort supérieur au mien. Havin, avons-nous dit, était né en 1799, Henri Martin et Louis Jourdan en 1810, Émile de La Bédollière en 1814, Taxile Delord en 1815, Anatole de la Forge en 1821. Ils m'avaient, néanmoins, tous adopté avec cordialité. D'ailleurs, présenté par Henri Martin, comme je l'avais été, on ne m'avait pas discuté.

Je me souviens pourtant qu'un jour de printemps de 1866, comme j'avais raconté, un peu naïvement, peut-être, mon voyage au Havre, dont il a été question plus haut, j'aperçus de légers sourires sur les lèvres de mes vénérables confrères.

M. Havin, directeur du journal, étant resté l'un des derniers, je lui demandai s'il savait pourquoi on avait eu l'air de se moquer de moi : « Vous seriez longtemps à le deviner, répliqua-t-il, car il ne s'agit pas du tout de votre récit. — Mais de quoi, alors ? De ma figure ? — Encore moins, car vous savez bien que vous nous êtes très sympathique. — Je donne ma langue au chat. — Eh bien, on souriait parce que vous avez payé votre place en chemin de fer et voyagé en 3e classe. — Pourquoi ? Je n'ai pas trop d'argent, et j'achète des livres. — Ce n'est pas cela. Mon jeune ami, ces messieurs sont fiers d'appartenir à la rédaction d'un grand journal, et se disaient que l'on ne doit voyager qu'en première classe, — et ne pas payer. — Si je ne me trompe, vous avez fait là votre dernier voyage payant ; désormais, vous voyagerez comme je vous le dis ».

J'appris alors que les journaux avaient des traités avec les compagnies de chemins de fer et que les écrivains connus recevaient des permis. M. Havin avait raison : ce premier voyage à la mer fut mon dernier voyage payant, et depuis j'ai suivi l'usage de voyager en première classe sans ouvrir mon porte-monnaie.

On s'occupait peu de science au journal *Le Siècle*, et, à part Victor Borie et Marc-Antoine Gaudin, j'y étais à peu près le seul à traiter des questions scientifiques. M. Havin s'y intéressait sans les approfondir. Il y a des esprits très distingués au point de vue des études littéraires, de l'érudition historique, des connaissances du Droit et du Barreau, etc., qui sont absolument fermés aux spéculations scientifiques un peu transcendantes. Tel me paraissait être le directeur du *Siècle*. J'en donnerai comme exemple ce fait, assurément bizarre, qu'il n'a jamais pu comprendre le principe sur lequel j'ai conçu mon roman astronomique de *Lumen*.

Cette histoire céleste s'est formée dans mon esprit, un certain soir de la fin de l'année 1865. J'habitais alors, comme je l'ai dit, le passage du Saumon, ayant pu concilier le besoin de silence du travailleur intellectuel avec les travaux de mon père et de ma mère. L'appartement était au premier étage, avec de hautes fenêtres cintrées du style de Louis XIV. L'air n'était peut-être pas très pur, puisque les fenêtres donnaient sur le passage ; mais, de l'autre côté, il y avait une cour assez vaste. Donc, un soir, je m'asseyais dans un fauteuil et songeais comme en un gîte, les fenêtres ouvertes. Le bruit monotone des pas dans le passage ne tarda pas à m'assoupir.

J'avais publié, en 1864, dans le *Magasin pittoresque*, une note sur le retard causé dans nos observations des aspects des astres par le temps que les rayons lumineux emploient pour venir de ces astres à nous. Cette note avait été l'objet d'une contestation, auprès de M. Charton, par les membres du Bureau des Longitudes, MM. Mathieu et Laugier. J'y songeais dans un demi-rêve, lorsque, tout à coup, la pensée suivante frappa mon esprit : puisque nous voyons les étoiles avec un retard de plusieurs années causé par la durée du trajet de leur lumière jusqu'à nous, de même, de ces étoiles, l'histoire de la Terre est en retard de la même quantité, et de telle étoile, l'observateur qui pourrait distinguer notre planète, la verrait actuellement, non pas telle qu'elle est aujourd'hui, mais telle qu'elle était au moment où est parti le rayon lumineux qui arrive là-bas, telle qu'elle était il y a dix ans, il y a vingt ans, il y a cinquante ans, selon les distances.

Mon roman astronomique de *Lumen* venait de se créer spontanément dans mon esprit. La forme de dialogue entre un mort et un vivant, que j'imaginai, me parut être la meilleure — et même la seule possible — pour ce genre de démonstration.

Eh bien ! ce fait, pourtant fort simple, du retard des rayons lumineux transportant à travers l'espace l'histoire des mondes, retard d'autant plus grand que la distance parcourue est plus longue, n'a jamais pu être compris par M. Havin. Lorsque je lui disais qu'en s'éloignant assez de notre planète, on pourrait revoir directement le coup d'État du 2 décembre, il ne l'admettait pas. Son objection était toujours la même : l'événement de telle ou telle date est passé, n'existe plus, et il est impossible de le voir. Je lui donnais l'exemple du son d'une cloche, se transportant dans l'air à raison de 335 mètres par seconde, et, n'étant entendu, perçu, que dix secondes après le choc si l'on se trouve à trois kilomètres du clocher. Supposez, ajoutai-je, que la cloche soit cassée immédiatement après le dernier choc du battant, sa destruction n'empêcherait pas le son de voyager. Ces objections, faites également par d'autres personnes, m'ont été fort utiles pour me forcer à expliquer ce phénomène physique, d'ailleurs assez original à première vue, et je crois que si ce petit livre de *Lumen* s'est répandu dans le public à plus de cent mille exemplaires, c'est parce que je me suis cru obligé d'expliquer clairement et populairement cette sorte de paradoxe en vertu duquel les événements passés restent présents par la lumière.

Cette composition, qui fut imprimée d'abord par la belle revue d'Arsène Houssaye, l'*Artiste*, et publiée ensuite en volume dans mes *Récits de l'Infini*, puis séparément sous son propre titre, se trouve être, dans l'ordre chronologique, mon sixième ouvrage.

M. Havin n'est pas le seul, comme je l'ai dit, à ne pas avoir pu comprendre ce paradoxe. Il y faut apporter une attention très lucide et très tenace. Le *Siècle*, d'autre part, n'était pas un journal scientifique, assurément.

Je me souviens qu'en me voyant investi de cette rédaction, l'un de mes anciens collègues de l'Observatoire me blâma fort en me disant qu'en devenant journaliste, je cessais d'être astronome. — Est-ce que Léon Foucault, répliquai-je, a cessé d'être le premier physicien de France en acceptant la rédaction scientifique des *Débats?*

Mais revenons à mon cours d'astronomie populaire de l'Association polytechnique.

Ce cours avait lieu tous les jeudis soir.

L'amphithéâtre de l'École Turgot était, à chaque leçon, beaucoup trop exigu pour contenir la foule des élèves et des auditeurs, et la cour était pleine de curieux désireux de s'instruire, mais arrivés trop tard pour prendre place sur les bancs, ou le long des murs. Un jour même, cette cour était si bourrée qu'il me fut impossible de la traverser à mon arrivée, et que cette foule houleuse ne consentit à me laisser passer qu'en entendant le bruit de la salle trépignant l'air des Lampions. On parlait beaucoup, en ce moment, de la reconstitution de l'École, avec entrée rue Turbigo, et son directeur, M. Marguerin, caressait le plan d'un bel amphithéâtre, double ou triple du premier. Il m'avait souvent fait partager ses regrets des lenteurs de l'administration sur l'adoption d'un projet déjà ancien. C'était en mars 1866, et l'on commençait le percement de la rue de Turbigo, où est maintenant l'entrée de l'École Turgot L'idée me vint d'aller trouver le ministre de l'Instruction publique, M. Victor Duruy, et de savoir par lui si cette salle tant désirée pourrait être construite pour la rentrée d'octobre. La jeunesse ne doute de rien !

XIX

Le ministre de l'Instruction publique. Victor Duruy. — Les décorations. — Fondation des conférences au boulevard des Capucines. — Les projections. — Fondation de l'Association polytechnique de Chaumont. — Vacances dans la Haute-Marne. — Un coup de fusil scientifique.

Je fus très étonné, en arrivant au ministère, d'être reçu immédiatement par le ministre, car je m'étais figuré qu'il était nécessaire de faire antichambre assez longtemps, peut-être même de demander une audience et d'attendre le jour et l'heure accordés. C'est un heureux hasard, sans doute, que le ministre ait été libre précisément en ce moment-là. Quoi qu'il en soit, à mon arrivée dans son cabinet, il se leva, me tendit les mains et me fit asseoir auprès de lui. Je lui exposai le but de ma visite et il me promit de s'occuper de la question et de me répondre avant huit jours. Ce qui eut lieu, en effet. Puis il me fit compliment de mes articles du *Siècle*, qu'il lisait, assura-t-il aimablement, avec le plus vif intérêt. C'était la première fois de ma vie que je m'entretenais avec un ministre, et j'étais à la fois honoré et surpris de l'affabilité et de la simplicité de cet écrivain célèbre, dont les ouvrages faisaient loi dans toutes les écoles de l'Empire, et que l'on savait en grande intimité avec l'empereur, à propos de sa collaboration à l'*Histoire de Jules César*. Les ministres avaient alors le titre d'Excellences, et j'avais cru devoir me conformer à l'usage en employant quelquefois ce mot, au lieu de monsieur le ministre tout court. J'avais 24 ans et lui 55. Il était né en 1811, la déférence était ordonnée à tous les égards.

— Excellence! me répliqua-t-il. Oh! une Excellence qui va aux cabinets, qu'en pensez-vous, monsieur l'astronome? Vous qui planez si haut, vous avez bien raison de dire dans vos ouvrages que les habitants de notre planète sont assez mal réussis. Non. Pas d'Excellence entre nous.

Duruy était un très bel homme, grand, élégant, visage expressif, rasé, tête de Romain, yeux vifs, bouche admirablement dessinée, avec un air de noblesse, de bonté et de douceur répandu sur toute sa physionomie. Il avait tous les titres pour poser en Grand-maître de l'Université et en ministre de l'Empereur. Sa réflexion si inattendue, sa manière d'être avec un jeune homme qui ne faisait guère qu'entrer dans la vie, me montrèrent immédiatement en lui un esprit de jugement supérieur. Je me sentis attaché à lui, et, en effet, sans jamais avoir abusé de son temps précieux, je restai son ami le plus sincère et lorsque, plus tard, j'habitai Juvisy une partie de l'été, comme il résidait à Villeneuve-Saint-Georges, n'étant guère séparés l'un de l'autre que par la Seine, nous restâmes jusqu'à sa mort en excellente relation de voisinage, discourant parfois sur la fragilité des empires et sur les caractères des hommes. C'était un philosophe stoïcien dont les entretiens transportaient à Marc-Aurèle, en passant par La Bruyère et La Rochefoucauld.

Victor Duruy est, avec Hœfer et Henri Martin, l'un des hommes parfaits que j'ai entièrement estimés. Sans doute, il était plus ambitieux que le savant docteur et que l'éminent historien; il était membre de l'Institut et appartenait même à trois académies à la fois, à l'Académie Française, à l'Académie des Sciences morales et à l'Académie des Inscriptions; mais cette fantaisie était excusable, car elle ne doit pas lui avoir fait perdre beaucoup de temps. Pourtant... ce serait à examiner. Ce n'est pas par ambition qu'il devint ministre. Fils d'un dessinateur des Gobelins, élève du collège Sainte-Barbe, il avait d'abord été professeur d'histoire au collège Henri IV, et le roi Louis-Philippe l'avait chargé de donner des leçons particulières à ses fils, le duc d'Aumale et le duc de Montpensier. Il était républicain, vota contre le prince Louis-Napoléon Bonaparte et pour Cavaignac au scrutin du 10 décembre 1848, et après le coup d'État prononça *non* dans les plébiscites. Cependant, quelques années plus tard, l'empereur le fit appeler et le questionna sur les institutions romaines. En 1861, Victor Duruy était nommé successivement inspecteur de l'Académie de Paris, maître de conférences de l'École normale supérieure, professeur d'histoire à l'École polytechnique, puis, en 1862, inspecteur général.

C'est alors que Napoléon III appela de nouveau Duruy aux Tuileries, pour le consulter sur son ouvrage en cours. Le professeur d'histoire n'hésita pas à contester la justesse des théories de l'empereur sur « les hommes providentiels » et sur les cas où la légalité peut être violée « légitimement ».

— On fait quelquefois de ces choses-là, dit l'historien au souverain, mais il vaut mieux n'en pas rappeler le souvenir.

Napoléon III ne modifia pas son ouvrage, mais il ne garda pas rancune à Duruy de sa franchise; il apprécia, au contraire, son indépendance d'esprit, et, le 23 juin 1863, il l'appela au ministère de l'Instruction publique, en remplacement de Rouland.

Lorsqu'il fut invité à laisser sa place à un autre, à Bourbeau, le 17 juillet 1869, l'empereur envoya Gressier, l'un des membres du nouveau ministère, lui faire, comme collègue et ami, cette commission un peu difficile. Il le trouva à Villeneuve-Saint-Georges, philosophiquement couché dans l'herbe, fumant un cigare. Duruy n'exprima aucun regret et laissa seulement échapper ces mots : « Quatre mille francs de rente et quatre enfants! « Gressier rapporta cette phrase à l'empereur en ajoutant : « Il y a des places de sénateur vacantes ». L'empereur se tourna vers Duvergier, qui faisait également partie du nouveau ministère : « Nommez-le ». C'étaient trente mille francs par an. Mais ils ne devaient pas durer longtemps.

Duruy avait épousé en secondes noces une jeune fille charmante et d'intelligence tout à fait supérieure, qui était lectrice de l'impératrice, gouvernante des enfants de sa sœur, la duchesse d'Albe, et qui se fit le secrétaire assidu et infatigable du laborieux historien. Ils étaient dignes l'un de l'autre, et ce fut là une union parfaite de deux grands cœurs et de deux esprits de la plus haute distinction. Né en 1811,

Duruy a quitté ce monde en 1894. Je ne sais au juste ce qu'il advint de sa bibliothèque après sa mort,

VICTOR DURUY
Ministre de l'Instruction publique sous l'Empire.
1811-1894

mais passant un jour chez un libraire du quai Voltaire, je remarquai les deux volumes de l'*Histoire de Jules César*, de l'empereur Napoléon III, grand in-8°, de la première édition de l'Imprimerie impériale, avec une dédidace *de la main de l'empereur*, à Victor Duruy. Comme je savais que l'éminent ministre y avait collaboré, je fis l'acquisition de ces deux volumes et je les conserve dans ma bibliothèque en souvenir de l'érudit collaborateur de celui qui était alors le maître de la France. L'écriture, très fine, de Napoléon III est assez caractéristique.

A propos de Victor Duruy, je ne crois pas être indiscret en rappelant ici une très flatteuse marque de sa sympathie. Un jour de l'année 1867, qu'il m'avait fait l'honneur de m'inviter à déjeuner au ministère, j'eus l'agréable surprise de trouver, sous ma serviette, un étui renfermant les palmes d'officier d'Académie, ornées de leur beau ruban violet. Comme ma figure exprimait sans doute un épanouissant étonnement : « Vous êtes célèbre, fit-il, depuis quatre ou cinq ans déjà, vous avez publié plusieurs ouvrages, vous êtes rédacteur du *Siècle*, du *Magasin pittoresque*, du *Cosmos*, vous avez déjà considérablement travaillé, et dût M. Le Verrier m'en garder rancune, je vous offre cette décoration, en attendant l'autre ». Duruy attachait une certaine valeur à ce titre d'officier d'Académie, aujourd'hui banal ; ses titulaires n'étaient pas encore nombreux ; fondée en 1808, cette distinction universitaire avait été modifiée et reconstituée par lui-même, l'année précédente, en 1866, et le ruban noir changé en ruban violet ; il la considérait comme une récompense destinée uniquement aux travaux scientifiques, littéraires ou artistiques, sans aucune préoccupation politique. Je remerciai très sincèrement le ministre de cet honneur inattendu. Aujourd'hui, ce sont surtout les députés qui font décerner les palmes, et elles servent principalement aux intérêts électoraux.

Et puisque le hasard de la plume m'a amené à parler de cette décoration, j'ajouterai que je n'avais jamais songé à voir ce modeste ruban violet transformé en rosette, et les palmes d'argent d'officier d'Académie remplacées par les palmes d'or d'officier de l'Instruction publique, quand, une quinzaine d'années plus tard, me trouvant à Nice, les premiers jours de janvier 1882, et bouquinant un beau matin dans la librairie ensoleillée de M. Visconti, je vis celui-ci accourir vers moi en brandissant l'*Officiel*, qu'il venait de recevoir. Mon savant ami Paul Bert, qui avait cru pouvoir associer la Politique à la Science et avait pris le portefeuille de ministre de l'Instruction publique, m'avait fait la surprise de me nommer officier de l'Instruction publique. C'est ainsi que l'une et l'autre distinctions me sont arrivées sans que j'aie fait le moindre geste pour les obtenir.

J'avais déjà reçu, d'ailleurs, un grand nombre de décorations *offertes* par les gouvernements étrangers. Il me paraît tout naturel que les chefs d'État reconnaissent, par ces marques d'attention, les mérites d'un savant, et il me paraît tout naturel aussi que ce savant les accepte. Quant à les demander lui-même, c'est une autre question. Lorsque, par exemple, à propos du voyage triomphal en Espagne, dont on me fit l'honneur d'encadrer mon observation de l'éclipse totale de soleil de l'année 1900, le gouvernement espagnol me nomma grand-croix de l'ordre d'Isabelle-la-Catholique, pourquoi aurais-je refusé cette distinction, qui rappelle la découverte de l'Amérique par Christophe Colomb? Lorsque le savant empereur du

Brésil don Pedro II vint lui-même m'apporter, à mon observatoire de Juvisy, son élégante plaque de commandeur de l'ordre de la Rose, pourquoi l'aurais-je refusée? Lorsque le roi de Roumanie et la reine Carmen Sylva me parlèrent, dans une inoubliable réception, en leur palais de Sinaïa, d'une décoration presque astronomique, l'*Étoile* de Roumanie, pourquoi aurais-je refusé la nomination de grand officier de cet ordre, qui fut signée le même jour au Conseil des ministres? Pourquoi aurais-je refusé également la croix de grand-officier de Charles III d'Espagne? Lorsque la Grèce et l'Italie m'offrirent leurs belles croix de commandeur, pourquoi aurais-je dédaigné cette attention? Il en a été de même pour une douzaine d'autres décorations, dont on a bien voulu m'honorer. Ce ne sont pas là des paiements de services électoraux : ce sont des marques d'estime, dont tout honnête homme ne peut être que flatté.

J'ai été, sans contredit, très reconnaissant envers Jules Ferry, ministre de l'Instruction publique, de m'avoir décerné la Légion d'honneur (18 janvier 1881), sur l'invitation qui lui en avait été faite par Jules Laffitte, directeur du journal *le Voltaire*, dont j'étais le rédacteur scientifique. Mais j'avoue que s'il avait fallu adresser moi-même une demande au ministre ou au président de la République Grévy, que je connaissais pourtant personnellement, je n'aurais pas trop su comment m'y prendre.

Si l'on considère ces distinctions comme des récompenses, c'est le devoir des gouvernants de choisir eux-mêmes les plus méritants, et de s'honorer en leur rendant justice. La République française ne se serait-elle pas honorée en conférant, par exemple, à Victor Hugo, les titres successifs de Commandeur, Grand-Officier et Grand-Croix de la Légion d'honneur, lors même qu'il les aurait refusés? Louis-Philippe ne s'est-il pas honoré en nommant le même jour Le Verrier chevalier et officier lors de la découverte de la planète Neptune?

Mais c'est assez sur ce sujet, qui n'a été traité d'ailleurs, ici, qu'en passant, et à propos d'un geste aimable du ministre Duruy.

Cette dissertation nous a fait oublier mon cours d'astronomie populaire.

D'ailleurs, je n'ai rien à en dire, sinon que je fus extrêmement heureux de voir le goût et la connaissance de l'astronomie se répandre, s'infiltrer, dans les rangs des classes laborieuses, souvent si intelligentes, souvent plus instruites que les classes opulentes. Son succès se continua en se développant encore, au milieu de l'enthousiasme des auditeurs, qui se manifestait surtout le jour de la distribution des prix, sous la présidence du ministre Duruy, précisément. La cérémonie avait lieu au Cirque d'hiver, boulevard du Temple, tous les ans au mois d'août. J'eus le plaisir d'y couronner des élèves qui sont devenus des hommes remarquables. Ces élèves étaient souvent beaucoup plus âgés que moi. Je citerai, notamment, l'ingénieur italien Trémeschini, qui avait peut-être vingt ans de plus que moi, et qui s'est illustré depuis par d'excellents instruments d'optique et de mathématiques, et l'architecte Barnout, âgé également de quarante à cinquante ans, qui se fit construire un télescope Foucault à l'aide duquel il se livra à de fructueuses études astronomiques.

On n'est pas toujours récompensé de la peine que

l'on se donne pour servir en quelque chose au progrès de l'humanité.

Un jour de l'année 1866, que malgré une grande fatigue due au surmenage, et un commencement de grippe, j'avais tout de même fait mon cours gratuit à l'École Turgot, je revenais chez moi très satisfait du bien moral que cette instruction scientifique paraissait produire sur la mentalité des ouvriers, et que je me berçais des rêves de l'amélioration progressive de l'humanité mieux éclairée, j'aperçus à la vitrine d'un mouleur une fort jolie statuette de la Vénus de Médicis, si gracieusement éclairée qu'elle en paraissait vraiment céleste et digne de la brillante Étoile du soir. Il y avait là une pureté de lignes et une jeunesse de formes véritablement enchanteresses. Depuis longtemps, je l'avais remarquée, et souhaitais pouvoir en faire l'acquisition et la placer sur un petit socle, non loin de ma table de travail. Ce soir-là, elle était particulièrement bien placée à l'étagère et ressortait mieux que jamais pour un regard contemplateur. Je m'informai du prix, qui d'ailleurs n'était pas fort élevé, l'achetai et la mis avec précaution sous mon bras, prenant bien soin de ménager les mains, et tout ce que pouvait heurter le moindre obstacle. Je la voyais déjà en place, mettant une note de beauté dans ma bibliothèque un peu sévère, et je songeais à la Grèce antique, à Phidias, aux divinités d'Athènes, quand je vis un gamin d'une quinzaine d'années me regarder obliquement de l'autre côté du trottoir, fixer des yeux le chef-d'œuvre de plâtre que je portais avec tant de soins, arriver sur mon bras gauche en me bousculant de son coude, faire tomber la statuette qui s'étala en morceaux sur le trottoir, et s'enfuir en traversant la rue, fier et enchanté de son exploit...

— Voilà l'humanité ! m'écriai-je. Tuez-vous donc pour elle ! Vraiment, je suis stupide, et ne devrais pas faire mon cours jeudi prochain.

J'oubliai l'incident, je continuai mes rêves de perfectionnement du genre humain, et mon cours dura jusqu'à l'année de la guerre, qui nous montra un autre exemple de la mentalité humaine, et qui changea sensiblement la face de la France.

La renommée de ce cours conduisit Yves Henry, fondateur de la *Société des conférences* du boulevard des Capucines, à m'inviter à unir mes efforts aux siens pour en assurer le succès (1866).

Ces conférences, comme on s'en souvient encore, avaient un auditoire assidu et empressé. Tous les quinze jours, le samedi, je traitais un sujet astronomique, visitant tour à tour le soleil, la lune, les diverses planètes de notre système, les comètes, les étoiles, les univers lointains, les splendeurs de l'immensité infinie. J'avais amené un jeune opticien, Alfred Molteni, à reproduire par des projections les principales curiosités du ciel ; son oncle, directeur de la maison (rue du Château-d'Eau), s'y était d'abord opposé, comme étant une fantaisie sans avenir, mais j'avais fini par le convaincre. On sait ce que cette maison est devenue : je lui avais apporté la fortune.

Nous avions commencé les projections avec les trente figures des *Merveilles Célestes*. Ce catalogue en renferme aujourd'hui des milliers et des milliers, et les appareils sont répandus dans toutes les écoles, dans toutes les maisons d'éducation, dans tous les pays. Ces projections étaient si utiles que l'on ne put bientôt plus s'en passer. Nous étudiâmes spécialement le chalumeau à la lumière oxhydrique, et j'imaginai les meilleures vues astronomiques, géologiques, etc., qu'il était possible (*).

Un public nombreux et de bon ton s'initiait ainsi à la connaissance de l'univers. La salle était comble; il était rare qu'une place restât libre, et bien souvent presque toute la salle était louée d'avance. Je remarquai que les sujets que nous connaissons le moins étaient ceux qui attiraient le plus la curiosité, par exemple la fin du monde — ou le commencement du monde — ou les habitants de Mars. Toutes les imaginations aiment s'envoler vers l'inconnu.

Nous avions fondé cette salle des conférences du boulevard des Capucines, 39, en compagnie d'Émile Deschanel, lettré fin et délicat, de Francisque Sarcey, critique dramatique, de Lapommeraye, Chavée, Lissagaray, Jules Simon, Frédéric Passy et d'autres orateurs. La salle des conférences du boulevard des

(*) Dès le début, je constatai que l'on pouvait facilement se tromper en les plaçant dans l'appareil, et les présenter à contresens, la lentille renversant les images, mettant le haut en bas et la gauche à droite. Comme un jour, en préparant ces projections, j'étais agacé de ces renversements (il y a huit manières différentes de placer le cliché) j'envoyai chercher chez l'épicier un paquet de petits pains à cacheter blancs, et j'en collai un au coin de droite en bas pour marquer le vrai placement. Cette indication a été suivie, depuis, dans le monde entier.

On m'a dit souvent que j'aurais dû me réserver un intérêt quelconque, pour le principe, de un pour cent, par exemple, sur la vente de toutes les vues scientifiques préparées par moi pendant quinze années. Je n'y ai jamais songé.

Capucines a duré une quinzaine d'années et a fait place ensuite au théâtre mondain que l'on connaît. Elle a eu son heure de gloire dans le centre de Paris, sur ces célèbres boulevards où l'on aime flâner, sans doute, mais où l'on aime aussi s'instruire. Si Paris est la ville où l'on s'amuse le plus, il me semble que c'est aussi la ville où l'on travaille le plus. Il y en a pour tous les goûts.

Un soir, je venais de terminer ma conférence, quand le brave Henry, s'approchant de moi et me tendant mon chapeau, me dit à l'oreille : « Partez vite par la porte du public, ne passez pas par mon cabinet, je vous dirai pourquoi demain ».

C'était sous le gouvernement de l'ordre moral et sous la présidence de Mac-Mahon. Il paraît que le commissaire de police était, avec deux agents, dans le cabinet du directeur par les portes duquel les conférenciers sortaient après le règlement de la soirée. Ma conférence avait eu pour titre : *Histoire d'une planète extravagante située entre Mars et Vénus.* Cette planète, comme tout le monde le sait, est la nôtre, et j'avais montré son extravagance en résumant l'histoire des guerres qui l'ensanglantent et la ruinent, au seul profit de quelques ambitieux. Les applaudissements avaient été un peu trop chauds. Le lendemain, dimanche, dans l'après-midi, traversant le jardin du Luxembourg et me dirigeant du côté de la musique, je fus tout surpris de voir un grand nombre de personnes me saluer. Je me trouvais être, tout en marchant, une sorte de point de mire. Henry, qui était venu me voir le matin, m'avait appris qu'il avait été question de m'arrêter et que déjà les journaux en avaient parlé. L'alerte se borna là.

Autre souvenir de ces conférences.

J'en revenais un soir, à pied. C'était en décembre 1871, par un froid sec. Passant près du pied de la colonne Vendôme alors démolie, je fus étonné de voir un factionnaire transi monter là une garde d'honneur, comme au temps où l'Empereur planait sur le bronze des canons transformés. Depuis la Commune, il n'y avait plus que la grille et la base démantelée. Je m'approchai doucement, et lui demandai avec politesse ce qu'il gardait là. — « Passez au large ! — Mais, ajoutai-je, il n'y a plus de colonne. — Passez au large ! — Pourquoi ne dites-vous pas à votre sergent qu'il n'y a plus de colonne ? » Le factionnaire croisa la baïonnette et me mit en joue. Je lui tournai le dos et continuai mon chemin. Cependant, quelques jours après, ce poste inutile fut supprimé.

Cette garde dérisoire rappelait l'histoire de Catherine de Russie (*).

Mais nous anticipons. Revenons à l'année 1866. Cette année, dis-je, fut la date de la fondation des conférences du boulevard des Capucines, fondation

(*) Sous le second Empire, un diplomate français se promenant avec le czar dans le jardin d'été de Saint-Pétersbourg, remarque, au milieu d'une pelouse, une sentinelle immobile et demande à l'empereur ce que cet homme fait là. « Je l'ignore », répond le czar. Et il se tourne vers un adjudant pour lui poser la même question. Celui-ci va s'informer à son tour et reçoit partout le même renseignement, qui ne lui apprend rien : C'est l'ordre ! On consulte les archives, mais sans y rien trouver. Enfin, un vieux laquais se rappelle que son père, vieux laquais aussi, lui avait raconté autrefois que, vers l'an 1780, l'impératrice Catherine avait découvert un beau matin, en cet endroit, un perce-neige, et avait défendu de le cueillir. On avait fait venir un soldat pour avoir l'œil sur la fleur, et le factionnaire y était resté... pendant près de cent ans.

qui eut quinze années de gloire et d'utilité. Mon cours de l'École Turgot était pour le peuple; mes conférences étaient pour le monde, et des deux côtés le succès répondait à mes efforts.

Je n'avais pas revu mon pays, — ce cher pays natal, qui tient tant à nos cœurs qui y ont battu pour la première fois, — depuis l'année 1856, depuis mon arrivée à Paris, emporté par les vents incertains de la destinée ; mes parents avaient laissé à Montigny des amis qui avaient suivi, de loin, les péripéties de leur existence, et leur avaient toujours donné de vifs témoignages d'estime et d'affection. J'y avais encore des parents plus ou moins éloignés, et surtout, à Illoud, mon adoré grand-père et mon adorée grand'mère. On m'appelait un peu, d'ailleurs, et je formai le projet d'aller passer dans la Haute-Marne un mois tout entier, et de donner une conférence astronomique à Langres, la capitale de mon enfance, et une à Chaumont, chef-lieu du département, afin de faire servir mes vacances à une œuvre utile.

A la rédaction du *Siècle*, M. Havin m'encouragea et m'offrit le permis de circulation en première classe, à propos duquel il m'avait prévenu, comme on s'en souvient peut-être.

En descendant de wagon à la gare de Chaumont, je fus tout surpris de voir le quai plein de monde et une députation des principaux personnages de la ville accompagnant l'hôte qui m'avait invité à descendre chez lui, M. Geoffroy, de Montigny, vérificateur des poids et mesures. On venait fêter l'enfant du pays, dont la visite était précédée par une notoriété déjà très répandue, et pendant les six semaines que je pus consacrer à la Haute-Marne, je restai sous le charme d'un triomphe perpétuel et bien inattendu.

Chacun des dimanches du mois d'août fut consacré à une conférence, la première à l'hôtel de ville de Langres, mon arrondissement natal, la seconde au théâtre de Chaumont, la troisième à Bourbonne-les-Bains, la quatrième à Saint-Dizier ; puis, je dus encore continuer, à Wassy et à Nogent. J'avais d'abord pensé n'en donner que deux, à Langres et Chaumont, mais elles eurent l'une et l'autre un tel retentissement que je ne pus me refuser aux invitations pressantes des autres villes. Ces conférences étaient publiques et gratuites. Celle de Langres avait magnifiquement inauguré la série. Toute la matinée, les routes avaient amené dans la ville des auditeurs arrivés des environs, notamment de Montigny. Aussi, en reconnaissant dans l'auditoire des parents, que je n'avais pas vus depuis si longtemps, accourus pour m'entendre, je ne fus pas médiocrement ému. Mes anciens professeurs y étaient aussi. Les journaux furent pleins de comptes rendus. On lit dans le premier, celui de Langres, du jeudi 9 août : « Nul n'est prophète en son pays, dit un vieux proverbe, auquel M. Camille Flammarion vient d'infliger le plus complet démenti. » Je ne veux donner ici aucun extrait de ces articles élogieux, mais je dirai qu'il y eut des notes discordantes, celles des critiques faites dans la *Semaine religieuse* de Langres, notamment, par mon ancien condisciple Lavrillet, devenu vicaire à Wassy, et par un protonotaire apostolique, l'abbé Justin Fèvre, qui écrivit contre moi une longue série d'articles, fort laborieusement étudiés d'ailleurs, dans l'*Union de la Haute-Marne*.

Il y eut aussi une autre note un peu discordante,

d'un caractère tout opposé. A la fin d'un banquet qui m'avait été offert par la ville de Chaumont, comme j'avais terminé mon toast en portant la santé de M. Duruy, « le ministre de l'Instruction publique indépendant, progressiste et éclairé », l'un des principaux personnages du banquet éloigna ostensiblement son verre en le posant loin de lui. C'était une victime du 2 décembre, qui ne pût s'empêcher de protester ainsi contre l'Empire (*).

Pendant ce séjour haut-marnais de six semaines, durant lequel je pus passer quelques bonnes journées avec mon grand-père et ma grand'mère, à la vigne

(*) Le résultat de ce mouvement scientifique et littéraire dans le chef-lieu du département de la Haute-Marne, fut la création d'une branche de l'Association polytechnique de Paris, avec cours publics et gratuits à l'hôtel de ville. Mon hôte, M. Geoffroy, s'était chargé de professer l'arithmétique ; un de mes lecteurs et disciples les plus enthousiastes, le docteur Châtelain, fit le cours d'hygiène ; un ingénieur du chemin de fer, M. Nel, se chargea de la chimie ; un professeur du lycée, M. Sorel, de l'histoire ; un autre professeur, M. Delaumonne, de la géographie et de la cosmographie ; un agrégé de l'Université, M. Martin, de l'histoire naturelle ; M. Guignet, ancien répétiteur à l'École polytechnique, des terres cultivables ; M. Lachèze, arboriculteur, de la physiologie botanique ; le célèbre avocat Merger fit un cours de droit, etc. (*). Je dus revenir dans la Haute-Marne, après les vacances, pour cette fondation, que j'inaugurai le dimanche 18 novembre 1866 par une conférence au théâtre, sur *Les Héros du Travail* et on lit dans l'*Écho de la Haute-Marne* du 17 novembre : « M. Flammarion n'a pas voulu rentrer à Paris sans assister aux premiers cours et nous l'avons vu, pendant cette semaine, se mêler parmi les auditeurs de l'hôtel de ville. Il emporte à Paris la conviction que les professeurs sont à la hauteur de leur tâche et que la population accueille comme un bienfait une fondation si utile pour le bien de tous et pour le progrès de notre département ».

Ainsi fut fondée l'*Association polytechnique de Chaumont*, qui dura jusqu'à la guerre.

(*) Tous ces collaborateurs sont morts aujourd'hui, à l'exception de l'avocat Merger, qui a actuellement (1911) 98 ans.

de la Côte-la-Biche, sur la colline, dans les bois, à Bourmont, à Montigny, mon quartier général était Chaumont, car on avait profité de la circonstance pour organiser des fêtes, des excursions aux châteaux environnants, des réceptions mondaines, des dîners, soirées, bals, et de charmants essaims de jeunes filles y apportaient partout une note gracieuse, enchanteresse, et parfois un peu troublante. Les brunes, les blondes, le châtain clair, le châtain foncé, se disputaient le prix de beauté, qui me parut, une fois, remporté par une rousse. Les yeux noirs, les yeux bleus, les bouches roses, les nuques frisottantes auraient pu servir de thèmes à de jolies strophes d'un poète élevé à l'école d'Ovide ou de Boccace. Les femmes ont raison d'être belles et de répandre autour d'elles l'illumination de leur rayonnement et le parfum de leurs grâces.

C'était une distraction pour un travailleur perpétuel, — car, dans ces vacances, je ne pouvais négliger ni le *Siècle*, ni le *Cosmos*. — Un autre genre de distraction m'était plus ou moins directement proposé par les hommes politiques. Le député, M. Chauchard, n'était pas en parfaite odeur de sainteté, et l'on songeait à ne pas le conserver au renouvellement des élections, que l'on souhaitait plus républicaines et plus indépendantes que les précédentes. Mais je n'éprouvais pas plus d'ambition de ce côté-là que du côté des places officielles, et je préférais à toutes choses la libre recherche scientifique et la tranquillité d'esprit nécessaire à la méditation.

Pendant ces vacances fort occupées de 1866, dans la Haute-Marne, les déjeuners, dîners et banquets ne manquèrent pas. Un jour, dans un village, après un grand déjeuner d'une trentaine de personnes fort notables, je me trouvai conduit à faire une expérience assez curieuse. On avait causé un peu de tout, et surtout d'une discussion entretenue par les journaux sur un ouvrage retentissant de Buchner, *Force et Matière*, auquel je préparais une réponse. Les uns soutenaient avec le philosophe allemand que la matière est tout, et moi je déclarais qu'elle n'est rien, ou à peu près. Il y avait là des chasseurs.

— Savez-vous ce qui tue dans une balle? m'écriai-je. Eh bien, ce n'est pas le plomb, ce n'est pas la balle.

— Qu'est-ce donc, s'il vous plaît ?

— C'est sa vitesse. Donnez-moi une balle.

La faisant alors sauter sur ma main :

— Vous voyez bien, dis-je, qu'elle n'est pas dangereuse par elle-même.

— Assurément, répliqua-t-on. Nous n'avons jamais dit cela. Mais dans un fusil?

— Dans un fusil, ce n'est pas elle qui agit, c'est la vitesse. N'importe quel objet produirait un effet analogue.

On était au fromage. « Tenez ! ajoutai-je, voilà un morceau de gruyère. Si l'un de ces messieurs, habitué à charger un fusil, veut bien remplacer une balle par un cylindre de ce fromage calibré à la dimension de son arme, je parie tout ce que vous voudrez que vous percerez avec ce fromage la planche la plus épaisse ».

On crie à l'impossibilité, on s'anime, on parie : chacun parie un franc. Si l'expérience réussit, je gagne les trente francs. En attendant que le café soit servi, on sort dans la cour, on trouve une vieille porte de chêne, de deux centimètres d'épaisseur, je l'appuie obliquement contre un mur, de façon à ce qu'elle se présente perpendiculairement au canon du fusil, et j'invite à tirer à bout portant, à vingt centimètres environ de distance.

Le chasseur qui avait préparé son fusil me le tend.

— Mais non, fis-je, à vous l'honneur.

— Non, non à vous !

— Pourquoi ? Je n'ai jamais tenu de fusil de ma vie.

Supposez-vous qu'il y ait un danger? Tout à l'heure vous affirmiez que sans balle le coup n'avait aucune valeur.

Finalement, personne ne voulut tirer.

Je pris alors le fusil et tirai. Un trou net traversa la porte de chêne, faisant partir en éclats l'arrière de l'ouverture.

Applaudissements, stupéfaction, collecte des trente francs.

— Je les prends, fis-je, mais je ne les garde pas. Vous les donnerez à l'instituteur pour en faire le meilleur usage qui lui conviendra en faveur de son école.

« Mes chers compatriotes, ajoutai-je en rentrant pour le café, mettez-vous dans la tête la formule mv^2. La force augmente comme le carré de la vitesse v et la masse m finit par devenir insignifiante si la vitesse est considérable. Avec une masse faible, animée d'une grande vitesse, on obtient les mêmes effets qu'avec une forte masse animée d'une vitesse faible. Essayez de traverser d'un coup de sabre le jet d'eau d'une lance d'arrosage, vous n'y parviendrez pas s'il est rapide. Et n'oubliez pas qu'en voiture, dans les descentes de nos côtes, le danger n'augmente pas en proportion de la vitesse, mais en proportion de la vitesse multipliée par elle-même. Si la vitesse est trois fois plus grande, le danger est neuf fois plus à craindre. »

Pendant ces vacances, d'ailleurs charmantes, une ombre avait assombri mon ciel. Une observation douloureuse était venue traverser les plaisirs et les satisfactions de tous genres dont on avait entouré mon séjour dans la Haute-Marne. Je n'avais pas trouvé parfaitement heureux mes chers grands-parents, mon grand-père et ma grand'mère, que j'aimais tant. Leurs terres, vignes, prés, champs ou bois ne rapportaient presque plus rien, car ils n'avaient ni enfants, ni parents, ni domestiques, pour les cultiver, et à leur âge, de soixante-quinze ans et plus, leurs forces diminuaient. Ils avaient même dû faire des emprunts, à un chiffre un peu lourd, de plusieurs milliers de francs, dont il fallait payer les intérêts à 5 pour 100. C'était la gêne, le tourment, la préoccupation perpétuelle, et tout en récoltant leur blé, leur vin, leurs légumes, etc., c'était presque la pauvreté.

Le sort me favorisant, il me sembla que mon premier devoir était de les tirer d'embarras. Sans ces maudits intérêts à payer chaque année, ils pouvaient encore vivre. Je les consultai. Pour ces quelques milliers de francs, je pouvais rembourser les sommes prêtées et acheter à mon nom toutes leurs petites propriétés, en leur en laissant l'usufruit. Ils seraient ainsi délivrés de tous soucis. C'est ce que je fis. Ils purent désormais vivre tranquilles. A leur mort, je laissai également l'usufruit du tout à mes parents, qui étaient revenus dans la Haute-Marne. C'est ainsi que mes premières économies furent consacrées à l'achat de propriétés qui ne m'ont jamais rapporté un centime, et qui ne m'en donneront jamais davantage, car mes parents sont morts depuis, et le modeste fermier qui les cultivait pour leur compte n'en tire aucun rapport appréciable. La misère est grande dans ces pauvres pays. Ce que j'ai fait là, peut-on penser, est absurde. J'écris mes souvenirs, même dans leurs absurdités, et je les donne tels qu'ils sont.

XX

Dieu dans la Nature : mon septième ouvrage. — *Études et lectures sur l'Astronomie :* mon huitième ouvrage. — Un petit observatoire près du Panthéon. — Agrément des recherches astronomiques. — L'Exposition de 1867. — L'œil de Gambetta. — La Société aérostatique de France. — Le ballon de l'empereur et le maréchal Vaillant. — Voyages en ballon. Invention d'un photomètre. — Une descente sensationnelle. — Mon neuvième ouvrage : *Voyages aériens.*

A mon retour à Paris, je me remis au travail avec une ardeur plus grande que jamais : études astronomiques dans le *Cosmos*, dissertations scientifiques dans le *Magasin pittoresque*, collaboration régulière au *Siècle*, cours d'astronomie populaire à l'École Turgot, conférences du boulevard des Capucines. Mais par-dessus tout cela une idée générale me harcelait. La nouvelle philosophie allemande faisait grand bruit dans les journaux français : Virchow, Büchner, Moleschott affirmaient que l'Univers n'est qu'un mécanisme et que la vie et la pensée ne sont qu'un produit de la matière. On les écoutait, on les proclamait, et, en même temps, à l'opposé, les écrivains catholiques restaient enfermés dans un cadre non scientifique datant de saint Thomas d'Aquin et me rappelaient l'histoire de l'autruche cachant sa tête sous son aile et s'aveuglant pour ne pas être vue. Il me sembla que le spiritualisme pur pouvait se défendre contre les négations brutales et mal fondées du nouveau matérialisme, et que l'on pouvait montrer, par la contemplation, l'examen et l'analyse de l'Univers, les manifestations d'un esprit directeur, législateur, organisateur. Je consacrai à cette étude, à la fois astronomique et biologique, tout l'hiver de 1866-1867, et mon livre *Dieu dans la Nature, ou le Matérialisme et le Spiritualisme devant la science moderne*, put paraître en mai 1867. C'était mon septième ouvrage. Il en est actuellement à sa trentième édition.

Depuis quarante-cinq ans, j'ai continué l'étude de la nature et la recherche de l'explication des phénomènes. Mes idées sur la Cause générale de tous ces effets se sont dégagées de plus en plus de toute conception anthropomorphique, (*) et de plus en plus aussi cette Cause immatérielle me paraît inconnaissable pour notre faible entendement et l'exiguité du cadre de nos observations. L'absolu nous échappe.

Tandis que ce livre était publié à la librairie académique Didier, M. Gauthier-Villars, qui avait acheté la librairie Mallet-Bachelier, me demandait de réunir en volumes mes articles astronomiques du *Cosmos*, etc., et de continuer la série des *Etudes et Lectures* de M. Babinet. Le premier tome de mes *Études et Lectures sur l'astronomie* fut publié en 1867. C'était là mon huitième ouvrage. Neuf volumes se sont succédé.

(*) Comme me l'écrivait un de mes lecteurs, les dates des publications sont utiles pour ceux qui veulent suivre le développement de la pensée d'un auteur.

Dans ce même hiver de 1866-1867, une grande satisfaction m'était réservée.

Tous les travaux dont je viens de parler m'occupaient, m'intéressaient, captivaient mon esprit, mais ne me donnaient pas le plaisir intellectuel auquel je tenais le plus : l'observation directe des merveilles du Ciel. Depuis mes excursions télescopiques à l'Observatoire, à l'équatorial de Chacornac, je n'avais eu aucun moyen de voyager dans le Ciel. Le Bureau des Longitudes n'avait pas d'observatoire. La lunette de Goldschmidt ne pouvait me permettre que de rares et rapides coups d'œil. Posséder moi-même un instrument d'études était le comble de mes vœux. Mais où et comment? Dans les appartements de Paris, le Ciel est masqué presque partout. A divers points de vue, le problème n'était pas d'une solution facile.

Un jeune auteur de mon âge, collaborateur de la Bibliothèque des Merveilles, Armand Landrin, me confia un jour que, regardant les ruines du jardin d'un couvent traversé par l'ouverture de la rue Gay-Lussac, que l'on venait de percer entre la place Médicis et la rue des Feuillantines, il avait aperçu dans le jardin un pavillon au-dessus duquel se trouvait une terrasse qui lui paraissait très propre à recevoir une lunette. Le lendemain même, j'accourais au point indiqué, voisin de la rue Saint-Jacques, et je m'informais, auprès de la concierge du pavillon, si cette terrasse était à louer. « Ma foi, me répliqua-t-elle, je n'en sais rien, et personne n'y va jamais. Il n'y a que trois locataires à ce petit pavillon : un au rez-de-chaussée, un au premier et un au second. Quant au troisième étage, c'est un grenier. Mais si vous le voulez, je demanderai au propriétaire ».

Quelques jours après, j'entrais en possession du grenier et de la terrasse qui le dominait, moyennant un très modique loyer (140 francs par an). Le pavillon, avec perron, était au milieu de vastes jardins appartenant aux propriétés voisines. De la terrasse, la vue s'étendait, au sud, le long des jardins, jusqu'à l'Observatoire, c'est-à-dire sur plus d'un kilomètre, et aucune maison n'était encore bâtie là, en bordure de la rue Gay-Lussac, de sorte que l'on aurait presque pu se croire en pleine campagne. On accédait à la terrasse par un escalier couvert d'un petit dôme au-dessus duquel grinçait une vieille girouette en fer forgé, portant cette inscription : *Et elégit unum*, c'est-à-dire : « Tourne, mais choisis un bon vent ». Ce devait être là une maisonnette de curé, d'aumônier, élevée dans un parc de couvent au temps de Louis XIII. On avait en face, à l'est, le couvent des Dames de Saint-Michel, propriété de trois hectares, qui n'a été sécularisée qu'en 1907, et où s'élèvent aujourd'hui l'Institut océanographique et les divers bâtiments de la nouvelle rue Pierre-Curie. A cette époque-là, c'était un véritable bois, avec de vastes pelouses.

Sur ma terrasse, une lunette montée sur pied Cauchoix à roulettes pouvait facilement circuler et être remisée sur le palier d'arrivée de l'escalier.

Mon rêve était donc à demi réalisé. J'avais un observatoire, ou du moins, la place pour en établir un, bien modeste assurément, mais suffisant pour des études. Seulement... je n'avais pas d'instrument.

Le cœur plein d'espérance, j'allai trouver l'opticien de l'Observatoire, Auguste Secrétan, qui me connaissait déjà par mes articles du *Cosmos* et mes ouvrages, et me reçut les bras ouverts. Justement, il venait de terminer lui-même un excellent objectif de quatre pouces de diamètre (108 millimètres) et ne demandait qu'à le voir sérieusement utilisé. Secrétan était à la fois un artiste et un homme de cœur, très épris d'astronomie et extrêmement serviable pour les travailleurs. Il comprit que je désirais vivement avoir un bon instrument, construit avec le plus grand soin, monté sur un pied solide et de maniement facile, mais que ma fortune patrimoniale n'avait rien de commun avec celle de Rothschild. L'aimable constructeur m'offrit de me donner cette lunette montée sur pied Cauchoix, avec oculaires, chercheur, accessoires, etc., pour six cents francs au lieu de mille.

Cette lunette, que je possède toujours, est la meilleure que j'aie vue de cette dimension, et certes, j'en ai eu de nombreuses à examiner depuis. Son achromatisme est parfait, et les images y sont d'une netteté remarquable. J'ai eu l'occasion d'en essayer de beaucoup plus grandes, et plus encombrantes qui sont loin de la valoir. La maison Lerebours et Secrétan, dont les ateliers étaient rue Méchain et les magasins place du Pont-Neuf, était alors, sans contredit, l'une des premières du monde entier et l'une des plus consciencieuses.

C'était en 1866. Je me mis passionnément à observer et dessiner les taches du Soleil, les si curieuses configurations lunaires, les aspects de Jupiter, de Saturne, de Mars, les groupes d'étoiles, les étoiles doubles. Dans le cours de cette année, un changement probable fut signalé sur la Lune, au cratère Linné, par l'astronome Jules Schmidt, directeur de l'Observatoire d'Athènes. Je dessinai et suivis avec soin cette région et constatai que le cratère avait disparu et était remplacé par un nuage blanc. J'en fis l'objet d'une communication à l'Académie des sciences.

La planète Mars, dont j'avais discuté les observations dans le *Cosmos* en 1863 et 1865, m'occupa spécialement en 1867, 1869, et 1871, avec cette même lunette, qui me donna les plus vives satisfactions. Je pus l'étudier ensuite avec des instruments plus puissants.

Ceux qui n'ont pas goûté au plaisir, au bonheur des observations astronomiques, ne se doutent pas de leur captivant intérêt. Je ne connais pas de spectacle plus ravissant, plus délicieux, et en même temps plus saisissant, j'allais dire plus idéal, plus sublime, que celui de la Lune observée au télescope pendant une tranquille soirée, aux environs du premier quartier. Obliquement illuminée par les rayons du soleil, couché pour nous, la surface lunaire offre alors le relief de ses cirques et de ses montagnes, rehaussé par les ombres noires qui s'allongent nettement à leurs pieds ou qui emplissent le fond des cratères. Dans l'azur du ciel, encore éclairé dans la vaste clarté du crépuscule, le bord intérieur du croissant lunaire, non dur et éblouissant comme à la nuit tombée, mais doucement lumineux, clair, pur, candide, semble une broderie d'argent fluide flottant dans l'air, suave comme l'éther, céleste, divine. L'anneau de Saturne; le disque de Jupiter entouré de son cortège; les phases de Vénus; l'aspect des étoiles doubles colorées, telles que γ d'Andromède, β du Cygne, le Cœur de Charles, γ du Dauphin; les étoiles doubles éclatantes, telles que Mizar, Castor, γ de la Vierge; les créations lointaines et splendides, telles que la nébuleuse d'Orion ou l'amas d'Hercule, nous transportent plus loin dans l'infini sans nous charmer davantage. L'aspect de cette île de lumière vaut celui de ces merveilles.

Quel est l'être intelligent, quel est l'être accessible aux émotions inspirées par la contemplation du beau, qui pourrait regarder, même dans une lunette de très faible puissance, les dentelures argentées du croissant lunaire frémissant dans l'azur, sans éprouver l'impression la plus vive et la plus agréable, sans se sentir transporté vers cette première étape des voyages célestes et détaché des choses vulgaires de la Terre? Quel est l'esprit réfléchi qui pourrait voir sans admiration le brillant Jupiter accompagné de ses satellites pénétrer dans le champ du télescope inondé de sa lumière, ou le splendide Saturne marchant entouré de son anneau mystérieux, ou un double soleil écarlate et saphir se révélant au milieu de la nuit infinie?... Ah! si les hommes savaient, depuis le modeste cultivateur des champs, depuis le laborieux ouvrier des villes, jusqu'au professeur, jusqu'au rentier, jusqu'à l'homme élevé au rang le plus éminent de la fortune ou de la gloire, et jusqu'à la femme du monde en apparence la plus frivole, oui, si l'on savait quel plaisir intime et profond attend le contemplateur des cieux, la France, l'Europe entière se couvrirait de lunettes au lieu de se couvrir de baïonnettes, au grand avantage de la paix et du bonheur universels.

On comprend difficilement, en effet, que, de toutes les écoles normales, de tous les collèges, de tous les lycées, de tous les séminaires, de tous les couvents, aucun de ces établissements ne jouisse d'un petit observatoire où l'on s'intéresse aux choses du ciel. Il y a pourtant là des professeurs qui devraient aimer les sciences en général et adorer l'astronomie en particulier. On comprend aussi difficilement que, parmi tant d'hommes fortunés qui ont souvent trop de loisirs, on en compte si peu (pour ainsi dire pas du tout) qui se donnent le plaisir d'observer les merveilles célestes, au lieu de faire tourner imperturbablement leur fortune dans le même cercle : accroître inutilement des rentes déjà superflues, faire courir des chevaux ou entretenir des actrices. Il faut croire que personne ne se doute de l'intérêt si captivant qui s'attache à l'étude de la nature, ni des joies intimes que l'âme éprouve à se mettre en relation avec les divins mystères de la création.

Toute modeste qu'elle était, cette installation astronomique de la rue Gay-Lussac me permit de faire régulièrement d'intéressantes observations, jusqu'en l'année 1871, en laquelle le grand balcon de 25 mètres qui borde à l'est et au sud mon appartement de l'avenue de l'Observatoire pût lui être substitué sans trop de désavantages, avec un télescope approprié. Plus tard, en 1883, j'eus le bonheur de posséder, à Juvisy, un observatoire parfaitement installé. Mais on éprouve souvent autant de plaisir avec de petits instruments d'étude qu'avec de très puissants.

Quelquefois, j'observais pendant le jour, soit les taches du Soleil, soit les phases de Vénus, soit d'autres phénomènes célestes, et je recevais la visite imprévue de quelques curieux. Un jour, un brave ouvrier, qui était venu faire une réparation à la balustrade de ma terrasse, me demande la permission de mettre l'œil à l'oculaire. Je l'avertis, en dirigeant l'instrument vers le Panthéon, que les lunettes astronomiques renversent les images. Les lunettes terrestres les redressent, par l'adjonction d'une lentille supplémentaire; mais toute lentille renverse les images par le croisement des rayons. En astronomie, on ne se donne pas la peine de les redresser, car ce renversement n'a aucune importance, et la lentille supplémentaire des lunettes terrestres absorbe toujours un peu de clarté.

— Vous allez, dis-je à mon visiteur, voir le sommet du Panthéon renversé.

— Et cela arrive pour tout ce que l'on regarde? me demanda-t-il.

— Assurément.

— Alors, les dames qui passent là-bas, rue Soufflot, je vais les voir aussi la tête en bas et les jambes en l'air?

— Oui.

— Oh! monsieur, voyons, que je regarde.

Le brave homme s'était figuré que les images étant vues renversées, la pesanteur agissait sur les vêtements... comme dans l'histoire de miss Helyett.

Cette idée n'est pas la plus saugrenue que les observations astronomiques inspirent parfois aux ignorants.

Parmi les études que ce petit observatoire m'a permis de faire, je citerai l'observation de l'étoile nouvelle apparue dans la Constellation de la Couronne boréale, en mai 1866, et découverte en France par un astronome amateur, l'ingénieur Courbebaisse, à Rochefort; cet ingénieur était grand ami des étoiles. Nous fûmes assez vite en relation amicale. Mme Courbebaisse était une femme particulièrement distinguée; son fils, esprit scientifique et noble cœur, est aujourd'hui général de division et commandant de corps d'armée. M. Courbebaisse m'avait écrit et proposé de donner le nom de *Pax*, « la Paix », à cette étoile ; ce serait peut-être, ajoutait-il, un bon conseil pour une couronne boréale qui menace le paix de l'Europe. Mais l'étoile temporaire allumée au ciel ne dura que quelques jours, semblant nous signifier que « la Paix » est aussi éphémère au ciel que sur la terre.

Dans les observations diverses qui m'intéressèrent le plus, je pourrais citer également la disparition des quatre satellites de Jupiter le 21 août 1867, la conjonction des planètes Mercure, Vénus et Jupiter au mois de février 1868, l'examen des phases de Vénus pendant ce même printemps, la segmentation d'une grande tache solaire, suivie de jour en jour, au mois de mai 1868, le passage de Mercure devant le Soleil, le 5 novembre 1868, des comparaisons photométriques sur les couleurs des étoiles, à l'aide d'un sextant que j'avais construit dans ce but, la détermination de la position précise du pôle céleste par la rotation diurne des étoiles qui l'avoisinent, les éclipses de Soleil et de Lune, etc., etc.

L'année 1867 a été, comme on s'en souvient, marquée par l'Exposition universelle, fête mondiale qui se renouvela onze ans plus tard (1878), et de nouveau onze ans après (1889), et enfin onze ans encore après (1900), ces deux dernières correspondant ainsi au centenaire de la Révolution et à la dernière année du XIXe siècle. A l'ouverture de cette fête, je me trouvai sur le passage de l'Empereur et de l'Impératrice, suivis d'un brillant cortège. Ils étaient alors à l'apogée de leur fortune et paraissaient heureux et tranquilles, malgré les revers de l'affaire du

Luxembourg, tandis que Bismarck commençait à tendre ses filets. Bismarck et le roi de Prusse furent choyés aux Tuileries comme d'excellents et sûrs amis ; mais ils n'étaient guère préoccupés l'un et l'autre que d'abaisser la grandeur de la France.

Le roi de Prusse fit même à l'empereur cette remarque de très bon goût qu'il trouvait Paris très changé depuis le séjour des alliés en 1815...

Ce même jour de l'ouverture de l'Exposition, je fis la connaissance personnelle d'un laborieux astronome, avec lequel j'étais en relation épistolaire depuis longtemps déjà, le Père Angelo Secchi, Directeur de l'Observatoire de Rome, appartenant à la Compagnie de Jésus, mais qui ne me paraissait pas « jésuite » du tout. C'était un savant fort affable, dont j'éprouvai plus complètement encore la sincère amitié lors d'un voyage à Rome quelques années plus tard. Ses beaux travaux sur le Soleil m'intéressaient spécialement. Son exposition fut très remarquée, et il fut nommé d'emblée officier de la Légion d'honneur.

J'ai publié dans la première édition, depuis longtemps épuisée, de mon ouvrage *Contemplations scientifiques*, imprimé en 1870, mes rapports sur les instruments astronomiques, appareils de précision, etc., exposés à Paris pendant cette exhibition générale; mais ces chapitres n'ont pas été réimprimés dans les dernières éditions, car ils me paraissaient un peu surannés. En parcourant tout à l'heure ces pages descriptives, je me suis arrêté sur les grands instruments de Secrétan et Brunner, sur les ingénieuses sphères célestes en creux de Silbermann (plus logiques que les globes habituels), et sur les yeux artificiels, si remarquablement imités.

L'EMPEREUR NAPOLÉON III A L'EXPOSITION DE 1867.

A propos des yeux artificiels, je me souviens qu'un soir, j'avais l'honneur de m'entretenir avec M. Poinsot, du Bureau des Longitudes, et de l'entendre sur un sujet très absorbant de mécanique, lorsque je le vis tout à coup prendre tranquillement l'un de ses yeux et le poser sur sa table, comme il y aurait mis des lunettes. Étrangement surpris de cette action, et craignant presque qu'il n'en fît autant de son autre œil, je ne pus m'empêcher de reculer sous l'impression d'un sentiment indéfinissable. « Oh! vous ne saviez pas... » me dit-il. Puis il eut la gracieuseté de remettre son œil et de me regarder, dès lors, avec les deux yeux, en continuant la conversation interrompue par ma surprise.

Dans mes comptes rendus de l'Exposition, j'avais exprimé mon admiration sur la perfection de ces yeux artificiels, sans me douter qu'en ce même moment (mai 1867), un jeune avocat dont le nom ne devait pas tarder à s'inscrire brillamment dans les annales de l'Histoire de France, Léon Gambetta, se faisait extirper l'œil droit, perdu et décomposé, et le remplaçait aussi par un œil de verre. Il écrivait à son père (26 mai) : « Le docteur Vecker m'a extirpé l'œil et me remettra un œil artificiel que j'ai déjà essayé et qui me va au point de faire illusion. Cet œil me coûtera à peu près neuf cents francs. Si tu peux me venir en aide, etc... ».

A propos des yeux également, je fis une expérience assez curieuse, que j'ai souvent renouvelée depuis, sur l'appréciation des couleurs par notre rétine : c'est que si des deux yeux nous en tenons un exposé à la lumière, l'autre restant dans l'ombre, le premier verra les couleurs plus pâles, tendant vers l'extrémité bleue du spectre solaire. Ainsi, regardons, par exemple, une coupe garnie d'oranges, en tenant la tête éclairée d'un côté par la vive lumière du jour : l'œil de ce côté verra les oranges plus pâles que l'autre, se rapprochant du ton du citron, un jaune clair deviendra même bleuâtre. L'œil non éclairé voit plus rouge. Il résulte de cette observation que tous les yeux humains ne voient pas les couleurs identiquement. Et il en est sûrement de même des animaux.

En cette même année 1867, je fus pris avec véhémence du désir de m'élever en ballon dans les airs, de me plonger dans l'atmosphère en la visitant longuement, d'étudier la marche des courants aériens, d'en rechercher les lois et de préparer un grand ouvrage sur *l'Atmosphère*.

Je m'informai des moyens de réaliser ce projet, et j'appris qu'il existait à Paris une association spéciale, la Société aérostatique de France, tenant des séances mensuelles auxquelles on pouvait être présenté. Je m'y rendis, et j'exposai mon programme. Il se trouva que cette séance était consacrée au renouvellement annuel des membres du Bureau. Sans me demander mon avis, on me nomma président.

J'acceptai, et je pris possession du fauteuil. Lorsque l'ordre du jour fut épuisé, je demandai de quels ballons on se servait pour les voyages et expériences.

On me répondit que la Société aérostatique de France n'avait pas de ballons à sa disposition.

Cette déclaration me fit tomber des nues. Alors? Que faisait-on?

On faisait de la théorie. On discutait les problèmes de la navigation aérienne.

Je regrettais déjà d'avoir accepté la présidence d'une Société aérostatique sans aérostats, et je discutais ses travaux insuffisants, quand l'aéronaute Eugène Godard s'écria :

— Si M. Flammarion tient à faire un voyage aérien je connais un excellent ballon, en soie double, de Lyon, qui n'a jamais servi.

— Où est-il?

— C'est le ballon de l'empereur.

Eugène Godard portait le titre d'aéronaute de l'empereur.

Il nous apprit que, lors de la guerre d'Italie, en 1859, l'empereur avait fait faire un ballon, destiné à servir de ballon captif pour l'observation des positions de l'ennemi, mais que la guerre avait été terminée avant l'aérostat, et que celui-ci avait été remisé au garde-meuble.

— Depuis huit ans! répliquai-je. Il doit être en fort mauvais état.

Godard proposa d'aller l'examiner. Une semaine plus tard, il venait m'en donner de bonnes nouvelles, me déclarant qu'il n'avait aucunement souffert et était apte à prendre l'air. Mais il y avait une difficulté. Comment obtenir la disposition de ce ballon?

Le maréchal Vaillant, ministre de la Maison de l'empereur, en était responsable et pouvait seul l'accorder.

Le maréchal recevait le mardi, aux Tuileries, en soirées ouvertes. Il suffisait de se faire présenter.

L'observateur des étoiles filantes, Coulvier-Gravier, qui habitait les combles du palais du Luxembourg,

LE MARÉCHAL VAILLANT

ne manquait aucune de ces soirées. Je m'y rendis avec lui et, profitant d'un instant où le maréchal me paraissait moins entouré, je lui exposai mon désir de faire des études météorologiques en ballon et lui demandai celui de l'empereur, non pour moi personnellement, mais au nom de la Société aérostatique de France dont j'étais président.

— Vous voulez y monter vous-même? fit-il.

— Oui, Excellence.

— Alors, je vous le refuse.

Je demandai une explication. J'insistai. J'exposai mon programme. Le maréchal voulut bien m'écouter.

— Oui, ajouta-t-il, je vous le refuse. Vous avez vingt-cinq ans, et une longue carrière devant vous, très bien commencée. Je ne veux pas mettre entre vos mains le moyen de vous casser le cou. N'en parlons plus, n'est-ce pas?

Et il me tourna le dos pour causer avec un sénateur tout brodé d'or.

Qui revint penaud chez lui? Ce fut le pauvre président de la Société aérostatique. J'habitais, depuis le 15 janvier 1867, tout près des Tuileries, rue des Moineaux, sur la butte des Moulins, qui a été, comme je l'ai dit, littéralement rabotée depuis par le percement de l'avenue de l'Opéra, et où mes parents et moi nous étions installés, surtout à cause de la proximité de l'école de ma petite sœur Marie, au passage Saint-Roch. Je me couchai fort agité et ne pus fermer l'œil de la nuit.

Nous rendîmes compte, Godard et moi, de cet insuccès à la séance suivante de la Société aérostatique. Comment sortir de cette impasse?

Reprenant mon courage à deux mains, je me retrouvai un autre mardi devant le maréchal Vaillant et osai lui reparler du ballon de l'empereur. Il était alors voisin d'une fenêtre donnant sur la cour du Carrousel, et il y avait fête aux Tuileries, brillamment illuminées.

— Regardez! me dit-il, en s'approchant de la fenêtre. Vous voyez bien cet immense salon tout resplendissant de lumière?

— Oui, Excellence.

— L'empereur et l'impératrice sont là, en train de danser. Il n'y a que la largeur de la cour d'ici là. Eh bien, mon jeune ami, si l'on me proposait de monter ici en ballon pour redescendre là empereur, je n'accepterais pas. Ce doit être pourtant bien agréable d'être empereur des Français.

— Comment, monsieur le Maréchal, vous qui avez fait le siège de Rome, vous qui...

— Oui, oui, je ne veux pas servir à vous faire casser le cou, entendez-vous bien, et je ne vous prêterai jamais le ballon de l'empereur.

Trois semaines plus tard, cependant, je lui faisais arracher le *bon* nécessaire à la sortie du garde-meuble. Je l'avais si odieusement ennuyé dans ses soirées du mardi qu'il préféra, définitivement, m'envoyer promener, à mes risques et périls.

Ce ballon, en effet, était en parfait état, et avec un pilote comme Eugène Godard, il n'y avait aucun danger à s'en servir. Mais... encore un autre problème : je n'avais pas d'argent pour gonfler cet aérostat de 800 mètres cubes, à raison de 30 centimes le mètre cube de gaz, et la Société aérostatique n'en avait pas non plus. Et puis, où s'installer pour le départ? Avec M. Le Verrier, il n'y avait pas à songer à l'Observatoire, comme l'avaient fait, en 1850, au temps d'Arago, dont j'ambitionnais de continuer le programme, Barral et Bixio. Une circonstance nous fut offerte pour nous sauver. Godard connaissait le directeur de l'Hippodrome. Voir un ballon s'élever dans les airs est toujours un spectacle attractif pour le public. L'Hippodrome s'offrit à payer le gaz. Tout d'abord, j'eus un mouvement de recul. N'était-ce pas là profaner la science? Mais après tout, que l'on parte de n'importe où pour un voyage aérien, l'important est de partir. Je finis par accepter, et ma première ascension put avoir lieu le jeudi 30 mai 1867, le jour de l'*Ascension*, date choisie exprès par moi, en souvenir d'une association d'idées qui m'était agréable, quelque indigne que je me sois reconnu dans la comparaison de cette ascension avec celle de Jésus-Christ, et quelque transformation qu'ait subi ma pensée depuis la date de ma première communion (jour de l'Ascension 1854).

Les impressions d'un premier voyage aérien sont simplement délicieuses.

L'instant du départ a quelque chose de solennel. Au milieu des amis qui sont venus assister à votre premier voyage, sous leurs regards qui vous suivent, vous vous élevez lentement, majestueusement dans l'espace. C'est déjà là une première sensation, unique, toute nouvelle et très singulière. Le mouvement qui nous emporte est *complètement insensible pour nous* : le ballon semble immobile, et c'est la terre qui descend. J'éprouvai là à la fois un étonnement et une désillusion, car j'avais parfois rêvé voler dans l'air et j'avais éprouvé une agréable sensation de mouvement. Mais, si nous nous sentons immobiles, *nous savons* que nous nous élevons, car progressivement Paris s'agrandit au-dessous de nous, et bientôt notre vue l'embrasse dans son entier, encadré des verdoyantes campagnes qui l'environnent. Nous jetons un dernier regard, nous adressons un dernier signe aux yeux qui nous cherchent, et dont quelques-uns, trop sensibles pour une situation aussi simple, ne nous distinguent plus qu'à travers un voile humide, et nous cherchons nous-mêmes à définir les sensations nouvelles qui nous agitent.

Que c'est beau! Que c'est beau! C'est la première exclamation qui s'échappe de nos lèvres.

Nulle description ne saurait rendre la merveilleuse magnificence d'un tel panorama. La plus ravissante, la plus grandiose scène de la nature, vue du haut d'une montagne, n'approche pas de la grandeur de cette même nature, vue librement dans l'espace. La planète se montre belle, l'atmosphère l'enveloppe d'un rayonnement de vie. Oui, la vie s'élève comme un chant de la surface de la terre caressée par les rayons du soleil.

La première impression qui domine est une sensation de bien-être tout nouveau, à laquelle s'ajoute la vaniteuse petite joie de se voir au-dessus du reste des autres hommes, et le plaisir d'admirer un spectacle immense et inattendu. Quant au mouvement, *il est absolument insensible;* nous ne le sentons en aucune façon. Et cela se conçoit : nous avons toujours les pieds appuyés sur le fond de la nacelle, notre centre de gravité est dans la nacelle : physiologiquement, nous ne sommes pas suspendus. De plus, aucune sensation de vent. Par le plus grand vent, de légères feuilles de papier ne s'envolent pas. Nous nous croyons *immobiles*. Le groupe de nos amis s'éloigne et diminue, leurs adieux n'arrivent plus que faiblement; ils sont bientôt couverts par la voix colossale de Paris, qui domine tout d'un brouhaha gigantesque. La populeuse cité développe sous nos yeux ses mille toits, ses dômes, ses tours, ses édifices, ses jardins, ses boulevards, sa ceinture extérieure, ses campagnes environnantes; c'est un spectacle féerique devant lequel s'éclipsent tous les contes des *Mille et une Nuits*.

Les œuvres humaines s'effacent vite dans une telle contemplation. Les palais élevés, les basiliques séculaires, les hautes coupoles, les clochers de pierre qui perçaient le ciel de leurs délicates broderies, se sont abaissés au niveau du sol. Notre-Dame, dont la noblesse nous saisissait d'admiration, l'Arc de Triomphe, colosse de pierre qui veille au couchant de la grande ville, le Louvre assis au bord du fleuve, les dernières tours que le temps a laissées debout : toutes les splendeurs de l'architecture s'humilient devant le ciel. La première ville de l'Europe, la capitale de la Terre, Paris, s'est réduite pour nous aux dimensions des plans en relief que l'on voit au musée des Invalides. Vues de haut, toutes les perspectives sont changées. Les vastes avenues et les grands parcs sont devenus de minces allées et de petits jardins. Nous traversons un minuscule filet d'eau qu'on appelle la Seine. Quelques points de vue descendent même au grotesque. Le palais de l'Exposition universelle ressemblait pour nous (pardon de la ressemblance) à un petit rouleau de boudin blanc de Nancy. Au delà du Louvre, la tour Saint-Germain-l'Auxerrois, flanquée de l'église et de la mairie, donnait l'idée d'un huilier. Son nouveau carillon nous salue.

Ainsi, la première impression qui domine, c'est en quelque sorte *la sensation de l'immobilité*, par opposition à l'idée qu'on se fait d'avance de sentir un grand mouvement à travers l'air. La seconde, c'est le

L'AUTEUR À L'AGE DE VINGT-CINQ ANS

ravissement du spectacle inattendu et sans précédent que l'on voit tout à coup déployé devant soi. Mais une troisième impression ne tarde pas à succéder aux deux premières : c'est un doute sur la solidité absolue du navire aérien. La nacelle est suspendue par des cordes au filet qui enveloppe entièrement l'aérostat, et les huit cordes qui la soutiennent sont tissées dans l'osier même, passant sous nos pieds et revenant par l'autre côté. Nos moindres mouvements la font crier. La soupape se trouve au sommet du ballon. La corde qui permet de l'ouvrir tombe par l'intérieur du ballon jusqu'à portée de la màin de l'aéronaute ; l'aérostat n'est pas fermé en bas, de sorte que nous en voyons l'intérieur et que nous nous sentons littéralement suspendus à une bulle de gaz. Le ballon avec sa nacelle a la hauteur d'une maison de cinq étages. L'abime immense ouvert sous nos pieds fait faire quelques réflexions auxquelles il est difficile de se soustraire. Si le gaz s'échappait du ballon ?... Si le ballon sortait du filet ?... Si une corde cassait ?... Si la nacelle se défonçait ?... Si on ne pouvait plus redescendre ?... Si on était saisi par une trombe ?... Réflexions variées qui se résument en définitive dans ces trois mots : *Si nous tombions !...* Mais on reconnait vite l'invraisemblance de toutes ces émotions du système nerveux. Physiquement parlant, l'aérostat est en équilibre parfait dans l'air. Et puis, si l'on devait tout craindre, on ne sortirait jamais de chez soi...

Ma première ascension rencontra un orage sur la forêt de Fontainebleau, qui nous obligea à descendre en pleine forêt. Toute mouvementée qu'elle fut, elle ne me découragea pas, au contraire, et je fis en deux mois neuf ascensions consécutives, dont la principale est celle du 14 juillet 1867, qui m'emporta jusqu'en Prusse, par Rocroi, Liège, Aix-la-Chapelle et Cologne.

Nous descendîmes près de Solingen, à cinq heures et demie du matin, et nous ne tardâmes pas à être entourés par une centaine de paysans hostiles.

L'aérostat dans les airs.

Lutfballon! Luftballon! Französisch! Französisch! criaient-ils. Des conciliabules se formèrent, dans lesquels on parlait d'espionnage. Enfin, un brave jeune homme qui arrivait de Paris où il était allé visiter l'exposition, leur fit comprendre que nous n'étions ni des ennemis, ni des espions, que la preuve en était que nous avions arboré le drapeau français, que c'était là un voyage d'études scientifiques, et lorsqu'on eut dégonflé le ballon, sous le commandement d'Eugène Godard, et qu'on l'eût convenablement plié dans la nacelle, on nous conduisit à Cologne, où nous entrâmes précédés par un cavalier portant le drapeau tricolore.

J'ai fait en tout douze voyages aériens, dont les derniers, en 1868, 1874 et 1880, ont eu pour points de départ le Conservatoire des Arts et Métiers, l'usine à gaz de la Villette et l'usine Giffard, au Champ-de-Mars.

On rencontre souvent, dans le monde des nuages, de grandes différences de lumière, et c'est ce qui me conduisit à inventer, en 1867, un *photomètre* pour mesurer ces différences. Il se composait d'un cylindre tournant par un mouvement d'horlogerie, entouré d'une bande de papier photographique, enfermé dans un cadre concentrique portant une petite fenêtre. En passant au-dessous de l'ouverture, le papier sensible se teintait plus ou moins suivant l'intensité lumineuse. Cet instrument a été décrit, avec les expériences faites, dans mon ouvrage *l'Atmosphère*. Je m'en servis, d'autre part, pour enregistrer la variation de lumière de l'éclipse de soleil du 22 décembre 1870.

Les ascensions scientifiques que j'ai accomplies m'ont permis d'observer certains faits importants dont la connaissance a jeté quelque lumière sur les problèmes encore si obscurs de la météorologie. Pénétré de la conviction que tous les mouvements de l'atmosphère sont soumis à des lois régulières, aussi bien que ceux des corps célestes dont la mesure constitue aujourd'hui l'édifice inébranlable de l'astronomie moderne, j'ai pensé qu'il serait utile à la fondation de la science du temps de chercher à voir de près le mécanisme de la formation des nuages, la circulation des courants, l'état physique des différentes couches d'air, en un mot, d'observer, en s'y transportant, le monde atmosphérique dans son action multiple et permanente. La perspective des bienfaits que la science météorologique répandra un jour sur le travail de l'homme, l'examen de la connexion de cette science avec l'astronomie et la physique du globe d'une part, avec la physiologie de la vie des plantes, des animaux et de l'homme lui-même d'autre part, ont soutenu ma confiance en l'utilité de ces excursions aériennes. Ces douze ascensions ont été effectuées en diverses conditions atmosphériques, de nuit comme de jour, le matin et le soir, par un ciel couvert comme par un ciel pur. Quelques-uns de ces voyages ont eu une durée de douze à quinze heures.

J'ai vu avec bonheur cette série de voyages aériens devenir le point de départ d'un réveil de l'aérostation scientifique en France (*). J'accomplissais ma sixième

(*) Un ancien adage de la philosophie grecque assure que ce n'est pas nous qui faisons notre vie, mais que c'est la vie, avec toutes ses circonstances, qui nous conduit. Il était écrit, par exemple, que je devais voir la ville d'Orléans en 1867. Si l'une des circonstances qui m'y ont amené m'avait échappé, une autre l'aurait fait. Tout d'abord, j'eus le grand plaisir d'y être invité à une charmante fête de mariage, par l'une des plus anciennes familles, celle de M. Amédée Bollée, le célèbre fondeur de cloches, dont le neveu, du même nom, devait s'illustrer, au Mans, par ses magnifiques inventions mécaniques, notamment par la direction des automobiles. L'un de mes cousins de la Haute-Marne, M. Emile Habert, épousait Mlle Marthe Bollée, et j'avais été appelé à être l'un des témoins de cette heureuse union. Depuis cette époque, M. Bollée est devenu

traversée (Paris à Angoulême, 23 juin 1867) quand Wilfrid de Fonvielle s'élança pour la première fois dans les plaines de l'air, et, un an plus tard, Gaston Tissandier commençait à son tour ses nombreuses et importantes expéditions aéronautiques. Nous avons eu depuis des successeurs. Et ce sont maintenant de brillants novateurs qui ont créé l'aviation et la direction des ballons en ce fécond XXe siècle.

Ces voyages, j'en publiai régulièrement dans *le Siècle* mes impressions, écrites séance tenante, soit dans la nacelle même, soit à ma descente, impressions immédiates des scènes si frappantes et si variées

patriarche ; né en juillet 1812, il approche du siècle, et nous saluons en lui aujourd'hui le doyen des membres de la Société astronomique de France. Quelque temps après, le 10 juin, étant descendu de ballon à Lamothe-Beuvron, je n'eus pas d'autre chemin pour rentrer à Paris que de passer par Orléans et de visiter la ville une seconde fois. Peu de jours après encore, le 23 juin, notre ballon traversa la cité de Jeanne d'Arc, si près des toits, que je pus causer sur la route, non loin du pont, avec un voyageur qui rentrait dîner et se chargea de porter une dépêche au journal. Une autre fois encore, revenant d'une descente à Beaugency, je me retrouvai de nouveau pour quelques heures citoyen d'Orléans. Je ne parlerai pas de cette ville, que tout le monde connaît, ni de l'histoire de Jeanne d'Arc, mais je ne puis m'empêcher de laisser un doux souvenir s'envoler, sur les ailes du Temps qui détruit tout, vers l'image d'une élégante jeune fille qui ne devait commencer de vivre les années fleuries de l'adolescence que pour s'endormir du fatal sommeil avant l'aurore même de sa vingtième année. Pourquoi naître, si l'on doit disparaître avant d'avoir vécu? Nous associons aux choses matérielles, aux maisons, aux rues, aux aspects les plus indifférents, nos impressions, nos émotions, nos pensées, et, lorsque je revois dans mes souvenirs la place du Martroy, la cathédrale de Sainte-Croix, le faubourg de Bourgogne, les rives de la Loire, une image ineffaçable, qui ne fut que fugitive, leur est associée. Chacun de mes lecteurs, chacune de mes lectrices, assurément, est dans le même cas. N'est-ce pas surtout par le cœur que nous vivons?

offertes par l'aérostation. Elles ont été ensuite réunies en un volume : *Mes voyages aériens*, lequel, dans l'ordre chronologique de mes écrits, représente mon neuvième ouvrage.

Ces voyages aériens m'intéressaient infiniment, sans interrompre mes autres travaux.

Comme souvenir, je rappellerai ici l'une des plus curieuses observations que j'aie faites, celle de l'ombre lumineuse du ballon et du cercle anthélique qui l'environne, avec nos ombres et tous nos gestes. J'ai fait cette

étude en pleins nuages, le 15 avril 1868, à 1.415 mètres de hauteur, et ai pu en déterminer toutes les conditions. Le directeur de l'*Illustration*, M. Auguste Marc, vint m'en demander la relation, et la publia le 2 mai suivant, avec le dessin réduit ici au format de ce volume. J'étais parti du Conservatoire des Arts et Métiers et suis descendu à Beaugency.

XXI

La Ligue de l'Enseignement. Jean Macé. — Fondation du Cercle parisien. J'en suis le premier président. — Emmanuel Vauchez. — Mes soirées du mercredi. — Histoire d'un avaleur de sabres. — Apulée. — La médecine et les médecins. — Les premières boucheries hippophagiques à Paris. — Babinet et le calcul des probabilités. — *Galerie astronomique*, mon dixième ouvrage.

Tandis que je me consacrais, avec une ardeur juvénile et convaincue, énergique et passionnée, à répandre dans le monde la connaissance de l'astronomie et des sciences exactes, par mes ouvrages, par mes chroniques du *Siècle* et du *Magasin pittoresque*, par mes articles hebdomadaires du *Cosmos*, par mon cours de l'Association polytechnique, par mes conférences de Paris et de province, un autre ami du Progrès, Jean Macé, homme de grand cœur, professeur dans un pensionnat de demoiselles à Beblenheim (Haut-Rhin), déjà connu aussi par des publications populaires et notamment par sa charmante *Histoire d'une bouchée de pain*, jetait les bases de sa grande œuvre, LA LIGUE DE L'ENSEIGNEMENT. Un beau jour du mois de juin de l'année 1867, je reçus la visite d'une députation composée de MM. Emmanuel Vauchez, Delanne, Leymarie, Guilloteaux, Brelay, Wickham et Léon Richer, venant de la part de Jean Macé m'exposer l'importance de cette œuvre au point de vue de l'éducation populaire, la création de cercles à Metz, à Chevilly (Loiret), à Reims, à Dieppe, à Colmar, au Havre, à Orléans, à Rouen, à Nancy, la nécessité de créer un cercle analogue à Paris, et me demandant d'en être le président. Ces mandataires étaient peu connus, mais le nom du fondateur répondait pour tous, je l'avais rencontré plus d'une fois à la librairie Hetzel pour laquelle j'allais bientôt écrire mon *Histoire du Ciel*, et Vauchez était animé d'une ardeur conquérante. Comment ne pas s'enthousiasmer du programme de Jean Macé ? Je ne pouvais m'empêcher de reconnaître qu'il était le même que le mien, sauf une nuance politique plus marquée. J'objectai, cependant, que j'étais précisément alors président de la Société aérostatique de France et que, ayant entrepris pour l'étude de l'atmosphère un certain nombre de voyages en ballon, je ne pouvais promettre d'être assidu aux séances. L'insistance de mes visiteurs fut trop gracieuse et trop pressante pour me permettre de ne pas accepter cette offre si honorable, et je le fis sans ajourner ma réponse à huitaine ou à quinzaine.

On se réunit, chez moi, le mercredi suivant. J'habitais alors, comme je l'ai dit, une rue qui n'existe plus, dans l'emplacement actuel de l'avenue de l'Opéra, la rue des Moineaux, à la butte des Moulins, illustrée jadis par un épisode de la vie de Jeanne d'Arc, qui y fut blessée au siège de Paris. (La rue de l'Échelle garde encore aujourd'hui le souvenir de cette contrescarpe des remparts.) Ce quartier était le même qu'au temps de Jean-Jacques Rousseau, qui habita rue des Moineaux, et de l'officier indiscipliné Bonaparte, qui habita la rue des Moulins en 1792, très en peine de gagner sa vie, ne se doutant guère de ce qu'il serait quelques années après. Le dessin reproduit ici, extrait du livre de Georges Cain, sur « les Pierres de Paris », montre ce qu'était ce quartier en 1867. L'avenue de l'Opéra a *supprimé* toutes ces vieilleries, en abaissant le sol de cinq à six mètres au moins.

La rue des Moineaux
et la rue des Moulins en 1867.

Or, tous les mercredis soir, je recevais des amis, des collègues, des camarades, des publicistes, des savants. On y rencontrait notamment Henri Martin, Louis Jourdan, du *Siècle*, Georges Guéroult et Charles Sauvestre, de l'*Opinion nationale*, Glais-Bizoin, Edouard Gagneur, Jules Grévy, députés de la Gauche, Henri Delaage, petit-fils de Chaptal, initié des anciens rites, dont le fluide magnétique agissait violemment sur les tables ; Victorien Sardou, Gustave Doré, Charles Garnier, Gauthier-Villars, Adolphe Joanne, Charles Cros, Napoli, André Gill, Gustave Flourens, ardent démagogue, Gustave Lambert, qui préparait une expédition au pôle nord, le général Parmentier, assidu de mes conférences, Ferdinand Denis, Philibert Audebrand, Courbebaisse, ingénieur et astronome, A. Piédagnel, Victor Meunier, Louis Figuier, Cavalier, dit « Pipe-en-Bois », le célèbre boute-en-train des étudiants, Landur, mathématicien, Herreinschneider, philosophe, Gaston Tissandier, de Louvrier, Pline, Wlifrid de Fonvielle, Alphonse Penaud, scrutateurs du problème de la navigation aérienne, Charles Emmanuel, astronome original, qui faisait tourner la Terre à l'envers, Charles Tellier, qui étudiait les propriétés industrielles du froid de l'ammoniaque, Eugène Nus, auteur dramatique, poète et philosophe, Secrétan, Molteni, opticiens, Silbermann, du Collège de France, qui construisait des sphères célestes normales, c'est-à-dire en creux. Rappelons-nous encore Gambini, qui disait magnifiquement et chantait aussi, au piano, les œuvres du grand Hugo, idole de notre jeunesse, le capitaine Bué, magnétiseur, causeur et charmeur, des professeurs de l'Association polytechnique, des astronomes, des physiciens, des chimistes, des médecins, etc. Parmi mes collègues de l'Association polytechnique, je rappellerai surtout M. Joseph Fouché, qui avait dessiné les illustrations du traité de Delaunay sur l'Astronomie, et dont le fils, Maurice Fouché, âgé d'une quinzaine d'années en 1870, devait entrer à l'École polytechnique, puis à l'Observatoire de Paris, et devenir mon collaborateur le plus dévoué dans les fondations de la Revue *l'Astronomie* (1882) et de la Société Astronomique de France (1887); Ponton d'Amécourt nous y fit de brillantes causeries sur l'aviation, et Jules Marey sur le vol des oiseaux. Cet ingénieux physiologiste avait inventé un appareil enregistreur mesurant leurs battements d'ailes, et d'autres mesurant les battements du cœur. Il habitait rue de l'Ancienne-Comédie, 14, dans l'ancien hôtel de la Comédie française, encore signalé aujourd'hui aux passants par un fronton de Minerve, et y avait disposé un curieux laboratoire. Il aimait à enregistrer les battements de cœur des dames en posant l'appareil sur la pointe de leur cœur. Elles ne s'en effarouchaient pas et y prenaient plus d'un genre d'intérêt. Plusieurs s'alarmaient des intermittences et irrégularités cardiaques constatées. Pour moi, je refusai toujours à l'aimable savant de le laisser enregistrer mon pouls, parce que ce pouls est fort au-dessus de la normale (toujours plus de cent pulsations par minute, souvent cent dix, parfois cent vingt et cent trente) et que j'aurais craint que l'on me prît pour un malade. J'avais alors vingt-cinq à trente ans, et maintenant que j'en ai plus du double, l'idée m'est indifférente. Les cœurs diffèrent beaucoup entre eux. Napoléon n'avait que cinquante-sept pulsations.

A ces réunions du mercredi, on était toujours au moins une vingtaine, et nous reconnûmes du premier coup qu'il était impossible d'y tenir des séances tranquilles, même de cinq minutes, pour organiser la Ligue. On décida donc de se réunir chez un homme moins accaparé et plus isolé, et l'on choisit M. Delanne, qui habitait rue Saint-Denis, 319. Ce fut là le premier siège du Cercle parisien de la Ligue de l'Enseignement, ayant Camille Flammarion pour président et Emmanuel Vauchez pour secrétaire.

Le fils de M. Delanne, alors très jeune, est devenu l'ingénieur et l'écrivain distingué que l'on connaît.

L'un des meilleurs élèves de mon cours d'astronomie populaire de l'école Turgot était, comme on l'a vu plus haut, un ingénieur italien du nom de Trémeschini, et à la distribution générale des prix de l'Association polytechnique de 1867, au Cirque d'Hiver, présidée par Victor Duruy, j'avais prié le ministre, aux côtés duquel je me trouvais, de donner lui-même le premier prix à ce lauréat. Trémeschini avait une quarantaine d'années, était pauvre, grand travailleur, et d'une modestie rare. Il monta sur l'estrade, tout ému de l'honneur qui lui était fait, et me parut trembler un peu lorsque le ministre lui serra la main. Ce fut là, pour lui, un encouragement sans égal. Il se livra dès lors à la construction d'appareils de cosmographie qui l'ont rendu célèbre. Ce fut l'un de ceux qui s'inscrivirent des premiers dans les rangs du Cercle parisien.

Ces faits, déjà anciens, sont restés présents dans ma mémoire. Mais à défaut de mémoire, on peut lire dans l'ouvrage de Jean Macé sur *Les origines de la Ligue de l'Enseignement* (Paris, 1891), ces deux passages qui les résument :

« Un des premiers et des plus actifs adhérents de la Ligue, M. Vauchez, a organisé le groupe de Paris, dont M. Flammarion, le savant et populaire astronome, a accepté la présidence : il compte déjà 117 membres ». (P. 314, Rapport du 15 novembre 1867).

« Le groupe parisien présidé par M. Flammarion a un effectif de 133 membres, et a pris pour titre Cercle parisien pour la propagation de l'instruction dans les départements. Il a déjà envoyé un secours de cent francs à un instituteur de la Haute-Marne pour le couvrir des frais de son cours d'adultes, fait depuis vingt-cinq ans, et dont il a seul la charge, et déterminé la fondation de deux bibliothèques communales, à Champigny, dans l'Eure, et à Verrières, dans la Vienne. » (P. 389, 15 mai 1868.)

J'avais accepté la présidence pour une année. A l'expiration de ces fonctions, je cherchai un successeur et j'eus la joie de voir mon illustre et vénérable ami Henri Martin consentir à s'asseoir dans mon fauteuil. Notre grand historien fut ainsi le second président du Cercle parisien de la Ligue de l'enseignement. J'en fus alors le vice-président.

L'action du Cercle s'étendait rapidement. On lit encore dans l'ouvrage de Jean Macé :

« Il a été question d'organiser un service de conférences au dehors. Déjà, l'un de ses vice-présidents, M. Camille Flammarion, s'est transporté à Joinville, dans la Haute-Marne, pour présider une distribution de prix à l'école de Mlle Clémence Mugnerot, à qui le Cercle avait décerné une récompense pour son dévouement à l'instruction des femmes. Sa présence y a déterminé la fondation d'une bibliothèque populaire et d'un nouveau Cercle de la Ligue. » (P. 557.)

L'infatigable activité d'Emmanuel Vauchez frémissait de ne pas voir s'étendre plus vite encore le cadre de la fondation parisienne. En juin 1869, à l'expiration de la présidence d'Henri Martin, le Cercle avait pourtant déjà 445 membres et 2.280 francs de cotisations annuelles. On décida de se mettre dans ses meubles en louant, rue Saint-Honoré, 175, un appartement au nom de Jean Macé, et l'on constitua ainsi le Bureau : Jean Macé, président; Henri Martin et Camille Flammarion, vice-présidents; Emmanuel Vauchez, secrétaire général. Dans le comité : Louis Jourdan, Georges Guéroult, Guilloteaux, Brelay, Wickham, Léon Richer, Charles Sauvestre, Clamageran, Massol, Trémeschini, etc.

Tout en regrettant que mes travaux astronomiques et littéraires, mes recherches toujours trop laborieuses, auxquelles le temps fait trop souvent défaut, m'aient empêché de continuer à prendre une part personnelle aussi active que je l'eusse désiré, à l'œuvre si importante et si utile de la Ligue, j'ai constamment suivi ses travaux avec le plus profond intérêt et je suis fier et très honoré d'être resté membre de son Conseil général. Après Jean Macé, la Ligue a eu pour présidents successifs : MM. Léon Bourgeois, Jacquin, Buisson, Dessoye; son secrétaire général, M. Léon Robelin, est le digne et laborieux successeur d'Emmanuel Vauchez, admirablement secondé par M. Édouard Petit; ses progrès splendides ont toujours été grandissants. Aujourd'hui, le nombre des adhérents de la Ligue s'élève à 750.000 et le bilan du Cercle parisien, si humble à ses débuts, s'élève à 1.435.000 francs.

Le Cercle parisien de la Ligue de l'Enseignement a été reconnu d'utilité publique par décret du 4 juin 1880. La Ligue elle-même ne l'est pas encore. Les services rendus à l'Instruction publique par cette noble institution sont considérables.

Jean Macé et moi, nous fûmes violemment attaqués par les journaux cléricaux. L'une des premières attaques arriva à la suite de la distribution de prix que j'étais allé présider à Joinville (Haute-

Marne) et de la conférence que j'avais donnée, le 21 août 1869.

Le lendemain, le curé monta en chaire. On lit dans son sermon, publié par le *Temps* du 1er septembre 1869, des phrases telles que celles-ci : « Ils nous traitent d'ignorants, ces savants qui parlent des mondes qu'ils ne connaissent pas, qu'ils n'ont point vus... On apprend aux enfants à nier l'existence de Dieu, comme si la foi était incompatible avec la science... Qu'est-ce que cette Ligue? C'est une réunion d'hommes qui ont à leur tête un certain Jean Macé, auteur de livres impies ».

La mauvaise foi s'unit ici à l'ineptie. Prétendre que l'on est athée parce que l'on se détache des liens du catholicisme, c'est faire une confusion volontaire parfaitement mensongère. Qualifier de livres impies l'*Histoire d'une Bouchée de pain* et l'*Arithmétique de grand-papa*, de Jean Macé, c'est d'une injustice flagrante. Les livres que nous répandions alors dans les bibliothèques populaires sont presque tous déistes. Accuser d'athéisme Jean Reynaud, Henri Martin, Michelet, Édouard Charton, Jules Simon, Louis Jourdan, Jean Macé et nos collègues d'apostolat pour le développement de l'instruction publique en cette année 1869, c'était mentir à bon escient. Mais comme tout cela semble lointain! Dieu n'est plus à la mode du tout, et ce mot même paraît presque d'âge paléolithique.

La vérité est que nous préférions simplement la vérité à l'erreur, et qu'il nous semblait que le temps était venu de fonder l'éducation sur une base indépendante de toute forme confessionnelle. Nous restions déistes, avec Voltaire, avec Emmanuel Kant, avec Victor Hugo, avec tous les grands penseurs; mais, nous n'admettions plus l'*Histoire universelle* de Bossuet, qui réduit l'humanité à l'histoire des Juifs et des Chrétiens, nous pensions que la Terre n'est pas le centre du monde et que la congrégation romaine a commis une faute ineffaçable en condamnant Galilée.

Les idées sur les principes de l'éducation de la jeunesse ont sensiblement changé en ces derniers temps. On semble ne plus reconnaître l'existence d'un esprit dans la nature, et ne plus admettre non plus l'âme humaine et sa responsabilité morale. Est-ce un progrès?...

Je parlais tout à l'heure de mes soirées du mercredi. Simples et sans prétention, elles étaient fort variées, et bien souvent mon petit logement de la rue des Moineaux était trop exigu, car une quarantaine de personnes l'emplissaient. Les expériences scientifiques s'y ajoutaient assez souvent aux dissertations. Il y en eut parfois de fort curieuses. G. Trouvé (qui signait *Euréka*) y montra l'intérieur du corps des poissons traversé par un fil électrique. Je me souviens aussi d'un certain avaleur de sabres qui eut un instant de notoriété. Il s'enfonçait dans la bouche, dans la gorge, dans l'œsophage, un sabre de cavalerie tout entier, jusqu'à la garde. Ce tour de force anatomique était si extraordinaire que suivant les goûts de ma curiosité native je voulus en avoir le cœur net. Tout naturellement, je croyais à un truc, à un sabre de théâtre, à ces épées rentrantes à l'aide desquelles les acteurs assassinent tous les soirs leurs camarades. Cet avaleur de sabres exerçait son art dans les cafés-concerts, et j'étais allé, avec un ami, assister au spectacle donné par ce prétendu Chinois, affublé du nom de Ling-Look, et qui, d'ailleurs, n'avait rien de chinois, sa taille de géant étant contradictoire à l'hypothèse. Il était, me semble-t-il, originaire de Montmartre ou des Batignolles. Après la séance, je lui fis présenter ma carte, portant mes félicitations et l'invitation de venir prendre un bock avec nous. Il arriva immédiatement.

— Voyons! lui dis-je en riant, vous n'affirmeriez pas à un docteur en médecine que vous avalez vraiment un sabre de cavalerie? Mais j'avoue que votre tour est admirablement réussi.

— Comment, monsieur, vous en doutez?

— Oui.

— Voulez-vous que je répète le tour devant vous?

— Non. Pas ce soir. Je préfère une constatation plus complète. Si, par exemple, vous pouviez venir chez moi un de ces jours?

— Avec grand plaisir.

— Si vous avez un truc, il est inutile de vous déranger; si le fait est réel, vous aurez une belle réclame dans les journaux, car il y aura des journalistes. Il y aura aussi des médecins ou internes des hôpitaux, qui vous examineront sévèrement.

L'affaire étant convenue pour le mercredi suivant, j'invitai d'abord mon ami le docteur Édouard Fournier, dont mes lecteurs se souviennent peut-être par le service qu'il me rendit en organisant mon entrée à l'Observatoire de Paris. (Je lui en suis toujours resté reconnaissant et ne l'oubliais jamais). Il était spécialiste pour le larynx et d une compétence particulière sur le cas en litige. Une vingtaine de savants étaient là, non moins curieux que moi.

Eh bien! l'homme au sabre l'avala comme il le disait, jusqu'à la garde.

Mieux que cela, on posa un poids de dix kilos au-dessus du sabre, pour le faire enfoncer un peu plus encore, et l'artiste n'en souffrit pas.

Mieux encore, on attacha un pistolet sur la garde, et on le fit partir : le mouvement de recul, assez violent, ne troubla pas l'expérimentateur.

Ensuite, il avala deux œufs durs tout entiers; on constata au laryngoscope leur présence au fond du larynx; il fuma une cigarette; il appuya les mains sur la poitrine et vomit les deux œufs intacts.

C'était vraiment là un cas anatomique fort remarquable. Il avait obtenu graduellement, par l'exercice, cet étonnant résultat, en refoulant peu à peu son diaphragme, en allongeant de plus en plus l'estomac, au détriment de l'intestin.

Tout naturellement, il finit un jour (plusieurs années plus tard) par se blesser gravement, et mourut à la suite d'un exercice.

Une fois de plus, je constatai que si le doute est la première condition de l'étude, il importe de ne jamais rien nier de parti pris. Ni crédulité ni incrédulité. Observer, examiner. J'avais vérifié de nouveau la justesse de ce principe, tandis que plusieurs de mes concitoyens s'étaient contentés de nier, de se moquer et de rester dans l'ignorance.

Cet exercice du sabre ne date pas de notre temps. Ouvrez les ouvrages d'Apulée, écrivain carthaginois du IIe siècle de notre ère, et vous lirez au livre premier des *Métamorphoses* ou de *l'Ane d'or*, qu'il raconte avoir vu de ses yeux, devant le portique du Pœcile, à Athènes, un charlatan avaler par la pointe un sabre de cavalerie très affilé (*æquestrem spatham præacutam*) et aussi une épée de chasseur enfoncée jusqu'aux entrailles (*venatoriam lanceam in ima viscera condidisse*).

A propos d'Apulée, Romain d'Afrique, auquel devaient succéder dans la littérature latine Tertullien et saint Augustin, on peut remarquer combien le christianisme était encore peu connu, peu répandu et mal établi vers l'an 180. Parlant d'une femme de mauvaise vie, il dit (Livre IX) : « Elle méprisait et foulait aux pieds les saintes divinités, et, en guise d'une sorte de religion, feignait le culte mensonger d'un dieu qu'elle disait unique, vaines simagrées par lesquelles elle donnait le change à tout le monde ».

On a une tendance à croire que Jésus-Christ a été le fondateur du christianisme. Sans contredit, cette doctrine a été établie sur son enseignement ; mais un siècle et demi après sa mort, il n'y avait encore presque rien de fait.

La lecture de tous les auteurs de cette époque donne le même témoignage. Diogène Laërce, historien du IIIe siècle, semble absolument ignorer l'existence de Jésus-Christ et du christianisme, quoique tout son ouvrage sur les philosophes soit consacré aux diverses idées et croyances. Il parle constamment des dieux et des déesses, les considérant peut-être seulement comme des symboles de la nature. Il dit, par exemple, que pour Empédocle, Jupiter représentait le feu, Junon la terre, Pluton l'air et Nestis l'eau, éléments impérissables. Mais le dieu des chrétiens est ignoré.

Apulée était un grand personnage et un érudit. On lui éleva une statue de son vivant, à Carthage même.

Il parle des divinités grecques : de Minerve, de Vénus, de Mars, d'Apollon, de la Fortune, de Némésis, des divinités romaines, des divinités syriennes : d'Isis, d'Osiris, de Sérapis ; il parle aussi de la Judée superstitieuse ; mais le christianisme est assurément pour lui une invention négligeable.

Aux derniers temps de l'empire romain, les dieux étaient morts, ou à peu près. Mais l'humanité a besoin de croyances. La pure et sainte morale des Évangiles venait répondre à ce besoin. Saint Paul d'abord, quoiqu'il n'eût jamais connu Jésus-Christ, les croyants, les martyrs, les Pères de l'Église, fondèrent lentement le christianisme, qui ne s'affirma vraiment qu'au IVe siècle. Tertullien est né en 160 et mort en 240 ; saint Augustin est né en 354 et mort en 430. L'empereur Julien, qui s'était fait chrétien et y renonça pour revenir aux dieux païens, est né en 331 et mort en 363. La lecture d'Apulée m'avait conduit à relire ces origines, et c'était le sabre de Ling-Look qui m'avait invité à compulser Apulée. Tout se touche, surtout dans la rédaction de mémoires au jour le jour, mettant constamment sous nos yeux les mots de Térence : « Rien de ce qui est humain ne doit nous être étranger ».

J'ajouterai encore, à ce propos, que l'ère chrétienne n'a été établie qu'au VIe siècle, vers l'an 520, par le moine Dionysius Exiguus, Denis le Petit.

Nous parlions tout à l'heure des médecins qui venaient à mes réunions du mercredi. J'ai toujours aimé leur conversation, depuis Hippocrate, Galien et Celse jusqu'aux princes de la science moderne. On trouve réunies en eux les qualités de l'observation et de l'expérience. Il me semble qu'il y a plutôt des malades que des maladies, que chaque individu a son tempérament propre et qu'aucun principe n'est absolu. Les comparaisons que j'ai pu faire m'ont montré que des méthodes diamétralement contraires peuvent soulager et guérir. Ne serait-ce pas la nature qui guérit le plus souvent, aussi bien, par exemple, dans l'homéopathie que dans l'allopathie? On peut l'aider, sans doute, mais c'est tout.

Parmi les médecins que j'ai connus, le plus original me paraît avoir été le docteur Gruby. Il habitait Montmartre et s'était même installé un fort bel observatoire, avec vue magnifique sur Paris. Mais il ne croyait guère à la médecine. Pour la plupart des maladies, son traitement était d'ordonner aux malades d'aller manger une pomme sous l'Arc de Triomphe de l'Étoile à six heures du matin. Traitement d'été. En hiver, il recommandait de faire six fois le tour de la salle à manger en sautant d'une chaise sur une autre. A d'autres, un peu agités, il ordonnait de saler leurs œufs à la coque avec du gros sel et d'en compter soigneusement les grains. La plupart de ses malades guérissaient.

Tout Montmartre se montrait ce brave docteur, avec des appréciations diverses.

J'en ai connu un autre qui était toujours sûr du sexe de l'enfant à naître. Si la future maman désirait un garçon, par exemple, il lui affirmait qu'elle avait deviné juste et serait entièrement satisfaite, et sur son carnet de visites journalières, il inscrivait, à la date du jour : « Examiné madame X... aujourd'hui, étudié les pulsations, ce sera une fille, malgré son désir d'avoir un garçon ». Il avait bien soin de ne pas montrer son carnet à la future maman, qui restait enchantée. Si le sort des naissances donnait un garçon, le docteur triomphait : « Je vous l'avais bien dit, c'était évident, un observateur attentif ne s'y trompe pas ». Si le sort donnait une fille : « Voyez, madame, faisait-il en montrant son carnet, je le savais depuis deux mois, mais il eût été inhumain de vous contrarier, et tout en l'inscrivant, je n'ai rien voulu en faire paraître; mais un observateur attentif ne pouvait pas s'y tromper ».

Ce n'est pas le docteur Gruby qui se donnait cette importance. Il restait toujours fort modeste, disant avec Ambroise Paré : « Je le pansai, Dieu le guérit ».

J'ai connu un magnétiseur encore plus fort que ce docteur utéromancien. Il ne se lassait pas de célébrer sur tous les tons la puissance du magnétisme, l'influence du regard, la transmission de la pensée et faisait surgir, pour le triomphe de la cause, les témoignages les plus exorbitants. Un jour, assis sur l'impériale de l'omnibus, il prétendait absolument convaincre son voisin, fort sceptique et un peu railleur. « Eh bien, monsieur, s'écria-t-il, moi qui vous parle, je vous parie qu'en exerçant ma volonté sur tous ces gens qui marchent là, sur le trottoir, j'en forcerai un à monter à côté de vous. » Et, joignant le geste à la parole : « Tenez, fit-il, celui-là ! »

En effet, il se lève, le passant accourt et se précipite vers l'omnibus. Étonnement du partenaire...

— Voulez-vous maintenant que je l'arrête tout court?

« Regardez!... »

En effet, le coureur s'était arrêté. L'opération avait été, pourtant, d'une extrême simplicité. Notre magnétiseur avait remarqué, sur le trottoir, un brave garçon qui suivait fébrilement l'omnibus, dans l'espérance de trouver une place. Dès que l'orateur se leva et fit mine de s'en aller, il se précipita pour prendre sa place. Le magnétiseur s'étant rassis, le candidat à l'impériale s'était arrêté. Rien de plus simple. Cet apôtre du magnétisme devait être originaire de Marseille, ou peut-être des bords de la Garonne.

Mais nous étions, je crois, à Montmartre, avec le docteur Gruby.

Dans les anciennes rues de Montmartre, on pouvait voir alors, à la place où s'élève aujourd'hui la basilique du Sacré-Cœur, de vastes jardins remplis d'arbres et de vergers, de longues allées de lilas, des souvenirs du temps d'Henri IV, non loin des moulins et des vestiges de l'arrivée des Alliés, en 1814 et 1815. La vieille église Saint-Pierre avec son cimetière silencieux semblait à cent lieues de Paris. Nous avions, vers le haut de la butte, des parents chez lesquels nous dînions quelquefois, non loin d'une fontaine qui a disparu (cinq sources ont disparu à Paris depuis un demi-siècle). Un jour, en montant, nous passâmes, mon frère, ma sœur et moi, devant l'étal d'une boucherie hippophagique (l'une des premières installées à Paris). Il y a contre la viande de cheval un préjugé fort ancien. J'ai toujours aussi combattu les préjugés. C'était là une belle occasion de nous montrer et de protester. Nous achetâmes un joli morceau de bifteck, sans nous préoccuper de l'étymologie du mot, et mîmes la cuisinière seule dans la confidence. Tout le monde se régala, en observant que ces tranches étaient particulièrement tendres, avec un petit goût spécial et agréable, que l'on attribua à l'habileté de la cuisinière. Après le dîner, je m'aventurai à dévoiler notre stratagème.

— Du cheval! s'écria ma mère. Comment, tu nous as fait manger du cheval?

— Mais oui, et nous l'avons tous trouvé excellent.

— Du cheval! répéta-t-elle, ce n'est pas possible, nous allons être empoisonnés!

Elle était convaincue, sans explication possible, que cette viande ne pouvait être que mauvaise. Et si convaincue, qu'elle ne tarda pas à éprouver un certain malaise à l'estomac, et qu'un quart d'heure après elle fut prise de vomissements. En fait, elle n'en garda pas un spécimen pour faire l'expérience de la digestion. Nous fûmes tous aux mille regrets de cette souffrance physique et morale, qui, heureusement, passa vite. Le préjugé était le plus fort. Il en est souvent de même dans les diverses circonstances de la vie.

Il est aussi difficile qu'intéressant de lutter contre les idées préconçues.

En fait, la viande de cheval est aussi bonne que celle du bœuf, seulement on n'y est pas habitué. Et puis, il faut avouer que l'on ne tue pas de jeunes et beaux chevaux pour les manger; on sacrifie les vieux. A Paris, 45.000 chevaux sont livrés chaque année aux abattoirs pour la consommation hippophagique, et l'on commence à s'y accoutumer. Mais nous avons été les premiers à y goûter, en 1866.

De tout temps, le cheval a été considéré comme indigne de la table. On se souvient que Vercingétorix réfugié à Alésia avec 80.000 hommes, et prévoyant qu'il n'aurait de vivres que pour un mois, avait renvoyé, dès le début du siège, plusieurs milliers de chevaux qui auraient pu servir de nourriture. Les papes interdirent cette alimentation parce qu'elle avait servi dans les sacrifices païens. Pendant le siège de Paris, de novembre 1870 à février 1871, le cheval a été notre principal aliment. Mais vraiment la variété manquait, et c'était un peu trop à la fois; les Parisiens, assurément, ont tous trouvé le cheval moins bon en 1871 qu'en 1866 ou 1869. L'excès en tout est un défaut. Mais on a eu le temps d'oublier depuis les exigences d'une ville assiégée, et la consommation augmente chaque année.

Avec le progrès de l'automobilisme et l'inutilité des chevaux pour la traction des voitures, on pourra, sans doute, élever des chevaux destinés à la consommation culinaire, laquelle rivalisera avec celle du bœuf, du mouton et du veau. Tout se transforme.

Si le docteur Gruby était original, je connaissais des astronomes qui ne l'étaient pas moins. De ce nombre était mon maître et ami Babinet, de l'Institut (titre de sa signature habituelle). Ses articles du *Constitutionnel* avaient un succès retentissant, digne du grand esprit qu'il y déployait, souvent avec de brefs coups de boutoir à l'adresse de Le Verrier. J'ai dit, je crois, qu'il vivait dans un demi-jour, rue Servandoni, près Saint-Sulpice, éclairé par des fenêtres jamais nettoyées et généralement couvertes de toiles d'araignées, pensant ainsi protéger sa vue contre les radiations de la lumière. Ses opinions scientifiques étaient arrêtées et fermées. Il affirmait que les câbles transatlantiques ne dureraient pas. Quoique je l'aie vu de mes yeux s'asseoir, dans une expérience de spiritisme, sur une table soulevée et fortement inclinée, sans arriver à la faire baisser, malgré son poids de

80 kilogrammes, il continua de penser que les tables ne pouvaient se soulever sous l'action d'une force inconnue, et publia dans la *Revue des Deux-Mondes* des articles niant remarquablement ces faits incontestables. Il faut avouer que cette célèbre Revue a souvent joué de malheur. A la même époque, Littré y déclarait avec conviction que dans toutes les expériences de spiritisme, il n'y a qu'une hallucination collective ! Depuis, Brunetière a affirmé à ces mêmes lecteurs la faillite de la science ! ! !

Babinet, astronome, physicien, examinateur à l'École polytechnique, se préoccupait surtout, vers 1860-1865, de calculer la date de sa mort, par les tables de mortalité en usage dans les Compagnies d'assurances. Il était né en 1794. Chaque année, il étudiait le nombre proportionnel des survivants, et n'ayant dans sa constitution aucune cause anormale d'affaiblissement, il examinait le temps normal qui lui restait à vivre.

Bien souvent, en 1862 surtout, lorsque je me liai davantage avec lui à ma sortie de l'Observatoire, il me répéta qu'il ne vivrait pas jusqu'au passage de Vénus devant le Soleil, ce qui le contrariait tout particulièrement, parce que la question de la parallaxe du Soleil était pour lui du plus haut intérêt. Il refaisait son calcul tous les ans et ne parvenait pas à pousser son existence jusqu'à la date de ce phénomène céleste, qui devait se produire le 8 décembre 1874. Il s'éteignit, en effet, le 21 octobre 1872.

Son ami M. Best, administrateur du *Magasin Pittoresque*, qui ne jurait que par lui, faisait chaque année les mêmes calculs, et connaissant d'avance, par la même méthode, la date de sa mort (à moins d'accident imprévu), s'était intéressé à construire lui-même son tombeau, avec mesures précises, au cimetière Montparnasse. Il ne se pressait pas, modifiait la forme de telle ou telle sculpture, prenant son temps tranquillement, et termina cette dernière demeure, dont il mit la clef dans son bureau, juste six mois avant d'aller s'y coucher. C'était un philosophe stoïcien. Mes lecteurs se souviennent peut-être que j'ai parlé de lui dans mon ouvrage *Uranie*, comme ayant vu sa mère lui apparaître, tandis qu'il était enfant, à Toul, son pays natal, le jour où elle mourait à Pau. Il avait fondé le *Magasin Pittoresque* en 1833, avec Édouard Charton. C'était un homme grave, froid, méthodique, qui n'avait jamais été doué d'un tempérament nerveux ou romanesque.

Dans sa maison de Paris, sorte de tranquille presbytère, rue des Missions (aujourd'hui rue de l'Abbé-Grégoire), il reçut un jour, en janvier 1871, un obus de 75 kilos qui démolit un mur. Et il apprit que l'un des graveurs qu'il employait au *Magasin*, un nommé Kautz, était Prussien et incorporé dans les bataillons qui lançaient des obus de Saint-Cloud sur Paris. Il se jura de ne plus jamais faire travailler un Prussien. Cet artiste gravait sur pierre, chaque année, les cartes de la marche des planètes que je dessinais pour le journal.

— Comment faire? me demanda-t-il, pour nos cartes de 1872? Je ne veux plus de cette maison, à aucun prix.

— Mais si, répliquai-je.

— Pour cela, non.

— Je vous assure que nos cartes pourront toujours être faites par le même artiste.

— Un Prussien qui m'a bombardé et qui est revenu vivre à Paris, vous n'y pensez pas!

— Écoutez-moi : ce n'est pas lui qui gravait mes cartes, c'est son employé, un jeune Parisien charmant. Il se nomme Eugène Morieu. Et depuis la Guerre il est établi à son compte.

— Ah! vous m'en direz tant! Eh bien, c'est entendu. Mais nous ne donnerons plus rien aux Allemands. C'est assez pour eux de cinq milliards, de l'Alsace et des trois quarts de mon pays si français. Bougres de *schwein!* »

C'est ainsi que l'artiste Morieu devint graveur du *Magasin Pittoresque*, puis, quelques années après, de *La Nature*, fondée par mon ami Gaston Tissandier, puis de *l'Illustration*, etc. Son fils, Émile Morieu, non moins laborieux et non moins habile, a dignement succédé à son excellent père.

Sur ces entrefaites, le désir de populariser sous une forme spéciale les enseignements de l'astronomie, me conduisit à publier, à la photographie Alexandre Martin, une *Galerie astronomique* en douze tableaux, portant d'un côté : 1° le soleil ; 2° la lune pleine ; 3° le premier quartier ; 4° la grandeur comparée des planètes ; 5° la Terre vue de l'espace ; 6° Mars ; 7° Jupiter ; 8° Saturne ; 9° les comètes, 10° le zodiaque ; 11° les nébuleuses ; 12° le ciel de l'horizon de Paris ; et, au verso de chaque figure, une explication appropriée. C'était là mon dixième ouvrage (1867). Il fut rapidement épuisé et n'a jamais été réédité.

XXII

Voyage en Normandie, Caen. — Guillaume le Conquérant. — L'ancien port de Dives et la variation des rivages. — Bayeux. — Tapisserie de la reine Mathilde. La comète de Halley en 1066. — Flamanville. — Un gardien de phare roi de Jérusalem. — Le roi d'Araucanie. — Le Mont Saint-Michel.

Les vacances étant arrivées, je songeai à prendre quelques semaines de repos, par un nouveau voyage. C'est peut-être là que nous nous instruisons le plus encore. Plusieurs attractions me sollicitaient. D'abord, le souvenir de mon premier voyage à la mer, le Havre, Sainte-Adresse, les falaises et le cap de la Hève, ma reconnaissance envers mes deux hôtes si désintéressés de la rue des Pêcheurs. Nous aimons voir du nouveau, mais nous nous attachons à ce que nous connaissons déjà et, par un sentiment contradictoire au plaisir des voyages, nous sommes disposés à y revenir et nous avons un effort de sentiment à faire pour nous envoler vers des curiosités nouvelles. Je songeai donc d'abord à revenir au Havre, au cadre maritime si charmant de Honfleur et de Trouville, et je me traçai un itinéraire de voyage en Normandie commençant par là. J'avais un vif désir de connaître le mont Saint-Michel et l'île de Jersey. D'autre part, un souvenir quelque peu astronomique, la tapisserie de la reine Mathilde, portant la comète de 1066, apparition ancienne de la comète de Halley, était une pièce à connaître pour un astronome s'intéressant à tout ce qui touche, de près ou de loin, à sa science favorite, et m'invitait à m'arrêter à Bayeux, où cette tapisserie est conservée. D'autre part encore, M. Henri Martin m'avait exprimé le désir de me voir faire une conférence à Saint-Brieuc, où il devait parler lui-même, en un Congrès celtique illustré par des bardes d'Écosse, et le député de Saint-Brieuc, Glais-Bizoin, m'avait offert une chambre dans son beau manoir armoricain. Enfin, un point de la côte normande m'attirait par sa désinence : le cap de *Flamanville.* Jean-Jacques Rousseau, ami du marquis de Flamanville, y avait habité. Toutes ces considérations réunies me conduisirent à aller passer trois jours à Sainte-Adresse, puis prendre, au Havre, un bateau conduisant à Caen. Ici, je m'arrêtai deux jours, pendant lesquels on me fit l'honneur de me nommer membre de l'Académie de Caen, dont les Mémoires annuels ont une réelle valeur. (L'année précédente, pendant mon séjour à Langres, on m'avait fait l'honneur de me nommer membre de l'Académie de Dijon dont les Mémoires sont également très estimés). Voltaire a eu tort de se moquer des académies de province, en les qualifiant de « jeunes personnes bien sages, qui n'ont jamais fait parler d'elles ». N'est-il pas agréable, n'importe en quel pays, d'être académicien, de siéger en des séances qui se prennent au sérieux et qui le sont en proportion de l'idée que chacun s'en fait, puisque tout est en nous, et les académies de Paris ont-elles une importance plus grande que celle que leur donnent les journalistes? Supposez que personne n'en parle jamais, les travaux des savants, des littérateurs, des artistes, des philosophes qui les composent, auraient-ils moins de valeur personnelle? Ce sont là des conventions. L'étiquette n'ajoute rien de sérieux. Je ne crois pas, par exemple, qu'à l'Académie des sciences de Paris, aucun géologue ait fait sur les tremblements de terre des travaux aussi importants que ceux d'Alexis Perrey, à l'Académie de Dijon, ni qu'à l'Académie de Caen, le philosophe Charma et Julien Travers soient inférieurs à leurs collègues de l'Académie parisienne des sciences morales et politiques. Ce n'est pas, toutefois, par son académie que la ville de Caen est célèbre. Elle l'est par son histoire; elle l'est par sa majestueuse église Saint-Étienne, commencée en 1066 par Guillaume le Conquérant, qui la destinait à recevoir sa dépouille mortelle, et qui y repose, en effet, mais après quelles péripéties! Ce premier roi de l'Angleterre moderne ne dort pas son dernier sommeil dans la capitale de son royaume. On lit l'inscription suivante sur une dalle de marbre noir de l'église Saint-Étienne (Je la traduis du latin) :

ICI EST ENSEVELI
LE VAINQUEUR GUILLAUME LE CONQUÉRANT,
DUC DE NORMANDIE, ROI D'ANGLETERRE,
FONDATEUR DE CETTE ÉGLISE, MORT L'AN 1087.

Tandis que je regardais cette sépulture, le vénérable M. de la Codre, qui m'accompagnait (M. de la Codre est auteur de l'ouvrage : *Les Desseins de Dieu*), me raconta la mort de Guillaume au couvent de Saint-Gervais, près de Rouen, l'abandon par tous ceux qui l'entouraient, de son cadavre laissé à peu près nu, sur le plancher, et le transport de ce cadavre, par eau de Rouen à Caen. Au moment où l'on creusait la fosse, entre le chœur et l'autel, où le clergé se disposait à descendre le corps, un homme sortant du milieu de la foule, poussa le cri *haro*. Tout le monde s'arrêta étonné.

— Clercs, évêques, cria l'interrupteur, cette terre que voici est l'emplacement de la maison de mon père ; l'homme pour lequel vous priez me l'a prise de force pour y bâtir son église. Je n'ai point vendu ma terre, je ne l'ai point engagée, je ne l'ai point forfaite (perdue pour *forfaiture* ou haute trahison), je ne l'ai point donnée : elle est mon droit : je la réclame. De la part de Dieu, je défends que le corps du ravisseur soit couvert de ma glèbe !

Les assistants confirmèrent la vérité des paroles de cet homme. Les évêques lui payèrent soixante sous pour l'endroit de la sépulture, et lui promirent un dédommagement équitable pour le reste du terrain ; sur quoi, il leva son opposition. Le corps du roi était dans un cercueil, revêtu de ses habits royaux. Lorsqu'on voulut le placer dans la fosse, qui avait été enduite de maçonnerie, elle se trouva trop étroite (Guillaume était d'une forte obésité), il fallut forcer le cadavre et « il creva » ! On brûla de l'encens en abondance, mais ce fut inutile ; le peuple se dispersa avec dégoût, et les prêtres eux-mêmes, précipitant la cérémonie, désertèrent bientôt l'église. Telle fut la fin de l'orgueil du roi Guillaume.

J'ajouterai que, pour moi, après avoir lu la vie de

Guillaume le Conquérant, j'ai gardé l'impression que ce fils naturel de Robert le Diable n'était qu'un rustre. De plus, je me suis toujours demandé pourquoi il n'avait pas annexé l'Angleterre à la Normandie, au lieu d'annexer la Normandie à l'Angleterre, et pourquoi il avait préféré habiter Londres au lieu de Rouen. Après sa mort, ses successeurs considérèrent la Normandie comme appartenant à l'Angleterre. De son orgueilleux calcul est résultée la rivalité séculaire de la Grande-Bretagne et de la France, le programme de s'annexer, après la Normandie, la Bretagne, l'Anjou, la Picardie, et graduellement notre pays tout entier. Les rois d'Angleterre portèrent le titre de rois de France jusqu'au traité d'Amiens (1802), pendant 236 ans ! Dans son ambition d'être « roi », Guillaume a manqué de jugement politique. C'était un simple soudard.

Or, remarquez que la conquête de l'Angleterre a été faite par les Français autant que par les Normands. On lit sur la tapisserie : *Franci in prelia, Franci pugnant*, etc.

Les événements historiques nous intéressent, même lorsqu'ils appartiennent à des époques de barbarie, et c'est en cela que les voyages nous instruisent le plus, peut-être. On ne peut guère traverser cette contrée sans se souvenir de l'embarquement de Guillaume, dans le port de Dives, pour la conquête de l'Angleterre avec une flotte immense emportant (si l'on en croit l'Histoire) 67.000 hommes d'armes, plus de cent mille valets, ouvriers et pourvoyeurs d'une cavalerie considérable. J'allai donc visiter ce port célèbre, que je cherchai inutilement. La mer s'est retirée à près de deux kilomètres, et de vastes prairies occupent l'emplacement de l'ancien port. Au lieu d'être une vaste cité, commerçante et populeuse, Dives n'est plus qu'un village de six à sept cents habitants; le silence et la solitude règnent à la place où s'agitait une population active et industrielle. La Dives est une humble rivière. Il s'est opéré là une transformation de rivage analogue à celle dont j'ai parlé plus haut pour Sainte-Adresse, quoique d'un autre ordre, puisqu'au cap de la Hève la mer s'est avancée, tandis qu'ici elle recule.

Ce chapitre des variations de la géographie terrestre n'est pas moins intéressant que celui de la politique. Il est l'image de la destinée qui nous emporte tous dans l'inconnu.

Après Caen et Dives, j'allai étudier, à Bayeux, la tapisserie de la reine Mathilde, femme de Guillaume. La cathédrale de Bayeux a été consacrée en 1077 par ces deux personnages, mais l'incendie et les reconstructions l'ont assez transformée. C'est un imposant édifice, qui s'élève au milieu d'une ville solitaire. Ne nous y arrêtons pas. Pendant la guerre de 1066, la duchesse Mathilde, restée au foyer, occupa ses heures de loisir, en compagnie de ses demoiselles et dames d'honneur, à broder une tapisserie représentant les phases successives de la guerre, depuis les démêlés de son époux avec Harold, et depuis le départ de la flotte jusqu'à la victoire d'Hastings et au couronnement. Cette tapisserie est conservée au musée de Bayeux. Elle ne mesure pas moins de 70 mètres (70 m. 34) de longueur, sur une hauteur de 50 centimètres. Elle se compose de 58 groupes. Le sujet qui m'intéressait le plus dans cette scène était le 32e tableau, qui représente la comète de Halley, et que je reproduis ici comme curiosité. On lit en haut *Isti mirant stella*, abrégé de ISTI MIRANTUR STELLAM. (Ils contemplent l'étoile). Ils regardent avec étonnement la comète. Le dessin offre la naïveté des primitifs. J'en ai en ce moment même, sous les yeux, un fac-similé curieux reproduit en gravure aux tomes VI et VIII de l'Académie des Belles-Lettres et publié à Paris en frimaire an XII (1804), avec commentaires. Dans cette notice, l'auteur dit : « Les écrivains du temps parlent de l'apparition d'une comète dans le courant du mois d'avril de cette année 1066. On a souvent donné ce nom à des météores ignés ». Ce brave commentateur, académicien de Paris, ne sait pas qu'une comète est un astre. Or, tout le monde peut le savoir depuis Newton et Halley.

Dans le compartiment suivant, Harold, qui a succédé au roi d'Angleterre Édouard le Confesseur, paraît inquiet sur son trône, se lève et prend une arme à la main. Il part ensuite pour tomber bientôt sous les coups de Guillaume.

La chronique attribue cette tapisserie à la reine Mathilde et à sa cour féminine. On y remarque pourtant certains détails équestres qui ne semblent pas être l'ouvrage de dames et demoiselles.

Cette comète de 1066 est, disons-nous, une ancienne apparition de la comète de Halley, qui reparaît en vue de la Terre tous les 76 ans en moyenne, que les astronomes ont observée depuis l'an 467 avant notre ère, qui, depuis 1066, est revenue en 1145, 1222, 1301, 1378, 1456, 1531, 1607, 1682, 1759 et 1835, et qui vient de revenir en 1910. Voilà une grande année, une année de 75 à 78 ans, variant selon les perturbations planétaires, pendant laquelle la comète passe graduellement des chaleurs torrides d'un brûlant été aux froids rigoureux d'un glacial hiver. Et que d'événements terrestres s'accomplissent dans l'humanité pendant cet intervalle de temps qui n'est qu'une année pour elle !

C'est pendant son apparition de 1682 que l'astronome anglais Halley, reconnaissant une similitude entre les orbites des comètes observées en 1456,

Fragment de la tapisserie de Bayeux, montrant la comète de Halley.

1531 et 1607 avec celle de la comète brillant alors au-dessus de l'Europe, soupçonna qu'il pouvait n'y avoir là qu'un seul et même astre, se mit au calcul et prouva qu'il en était réellement ainsi. Jusque-là, on ignorait absolument le cours des comètes, et on les prenait pour des météores, comme le faisait encore cent vingt-deux ans après l'auteur académique de la Notice sur la tapisserie de Bayeux.

De Bayeux, je me rendis à Cherbourg, ville et rade trop connues pour que j'y arrête ici mes lecteurs. Le rôle des Mémoires est d'instruire sur les questions les plus variées, mais non de présenter ce qui est visible à tous les yeux. Entre Cherbourg et Granville, il y a un petit port de refuge, Diélette, et j'y pus trouver une auberge avec vue sur la mer.

Ce petit port est sur le territoire de la commune de Flamanville, dont je désirais connaître le château, construit sous le règne de Louis XIV, dans une admirable situation, et dont le parc immense s'étend jusqu'au cap. Ce cap lui-même, dont les falaises forment peut-être la plus belle partie des côtes de Normandie, entre Cherbourg et Granville, domine la mer d'une centaine de mètres en certains points, et laisse entrevoir, çà et là, des abîmes à pic, des rochers granitiques formidables, des grottes et des cavernes fantastiques. Il en est une, notamment, dans laquelle les flots s'engouffrent en lames furieuses comme pour vous engloutir. Ce sont là de rudes et grandioses tableaux de la nature.

A l'une des extrémités du parc, celle qui touche au village, s'élève un pavillon en forme de tour, dit de Jean-Jacques Rousseau, construit en 1758, par le marquis de Flamanville, pour le philosophe genevois. Un jour, je m'enhardis à sonner à la grille et demandai si l'on pouvait visiter le château et ce pavillon. Le jardinier s'offrit à m'accompagner aussitôt.

Tandis que nous traversions un potager, une dame sortit du château et vint à nous. Je m'arrêtai, en prenant mon chapeau à la main, et le jardinier me dit que c'était la marquise de Sesmaisons, propriétaire du domaine. Alors, je m'avançai et lui présentai ma carte, en exposant mon désir relatif au pavillon de Rousseau. Très aimablement, la marquise me répondit que mon nom ne lui était pas inconnu et me pria d'entrer au salon.

Le marquis de Sesmaisons, mort depuis peu de temps, avait été, si j'ai bonne mémoire, ambassadeur à Rome, sous Louis-Philippe, et l'on peut voir à l'église de Flamanville une belle châsse contenant les reliques de sainte Réparate, découvertes en 1838, dans les catacombes de Rome, et données par le pape Grégoire XVI à la marquise de Sesmaisons, qui les a rapportées d'Italie. Pendant son séjour à Rome, elle avait fait, au bal et dans les soirées, la connaissance du prince Louis-Napoléon Bonaparte, le futur empereur, et elle en avait conservé le plus agréable souvenir. Un jour, qu'elle se trouvait à Paris, descendue en un hôtel de la rue de Rivoli donnant sur les Tuileries, étant allée se promener au jardin, jusqu'à la terrasse du bord de l'eau, elle fut arrêtée par un groupe de promeneurs stationnant devant une petite grille, derrière laquelle allait passer l'empereur. Elle se glissa au premier rang pour mieux voir, songeant qu'elle ne l'avait pas vu depuis une quinzaine d'années. L'empereur sortit du palais et vint à passer tout contre la grille. Leurs yeux se rencontrèrent : « Tiens ! fit-il, madame la marquise, quel plaisir de vous revoir ! que d'événements depuis les soirées romaines ! » Mme de Sesmaisons me disait que, stupéfaite de cette mémoire d'un homme aussi occupé que Napoléon III, elle s'était sentie instantanément, toute royaliste qu'elle était, devenir sincèrement bonapartiste.

La mémoire des figures et des noms est sûrement la première qualité des diplomates. Pour moi, je ne l'ai pas du tout. Je ne l'ai, d'ailleurs, jamais exercée.

Mme de Sesmaisons était une femme de beaucoup d'esprit et d'érudition éclairée. Elle avait alors deux jeunes fils terminant leurs études, et l'un d'eux est aujourd'hui le général comte de Sesmaisons. J'ai dit tout à l'heure que j'avais trouvé dans le port de Diélette une petite chambre ayant vue sur la mer. J'y avais installé quelques documents pour écrire l'*Histoire du Ciel*, que le libraire Hetzel m'avait demandée. Ce n'était qu'à trois kilomètres du château, par une charmante promenade. La marquise m'invita gracieusement à venir prendre mes repas au château, avec elle, ses fils et ses invités, quand j'y serais disposé, et même à choisir dans sa bibliothèque les livres qui pourraient m'être utiles. Elle m'invita ensuite à habiter le pavillon de Rousseau, ce que je n'eus pas l'indiscrétion d'accepter. Mais le château de Flamanville, le cap fouetté par le vent du large et les falaises de granit furent mon séjour presque quotidien pendant deux semaines, et j'en ai conservé le plus reconnaissant souvenir.

Un jour, surpris par la pluie diluvienne d'un orage épouvantable, assez loin du château, je ne trouvai de refuge qu'en courant m'abriter dans le logement du gardien du phare. Comme je regardais l'ameublement de la pièce, j'aperçus, dessinées sur le manteau de la cheminée, les armes des rois de Jérusalem, que connaissent tous ceux qui ont fait une heure d'héraldique.

— Tiens! fis-je au gardien, d'où cela vient-il?

— Ce sont mes armes, répondit-il.

— Comment, vous êtes roi de Jérusalem?

— Parfaitement.

— Et ici, gardien de phare?

— Oui, monsieur, à quinze cents francs par an.

— Vous êtes prince de Lusignan?

— Oui, monsieur, et voici la princesse, ma sœur.

En ce moment, arrivait dans la pièce une petite femme vêtue de noir, d'apparence très modeste. Nous causâmes. « Puisque la question paraît vous intéresser, fit-elle, faites-nous le plaisir, monsieur, d'entrer dans la chambre, je serai enchantée de placer sous vos yeux nos parchemins authentiques et nos sceaux ».

La pluie continuait à tomber. Je restai plus d'une heure à regarder ces pièces antiques et solennelles, et il me sembla qu'en effet ces deux personnes descendaient réellement des rois de Chypre et de Jérusalem. Ils me racontèrent qu'ils avaient des cousins, dont l'un était à Paris, attaché à la Cour de l'empereur, mais que ce n'étaient pas les vrais descendants.

Sept ou huit ans plus tard, comme je donnais une soirée dans mon appartement de l'avenue de l'Observatoire, à Paris, je vis arriver, présenté par le comte de Tocqueville, un personnage chamarré de décorations et portant en sautoir un grand cordon bleu. — Le prince de Lusignan. — Un moment après, je m'enquis auprès de lui des différentes branches de cette famille des croisades et de l'authenticité de celle du gardien du phare de Flamanville, et j'eus l'impression que ces branches sont nombreuses et probablement aussi authentiques les unes que les autres. Le dernier roi de Chypre (Jacques III de Lusignan) est mort en 1475, et Venise, pourrions-nous dire entre nous, a chipé Chypre et supprimé sa royauté, comme celle de Jérusalem l'avait été par les Turcs.

Si les rois en exil et les majestés défuntes ne sont

pas rares en France et à Paris, les souverains de fantaisie s'y rencontrent aussi. Un beau jour de l'année 1868, on m'annonça la visite du roi d'Araucanie et de Patagonie, Orllie-Antoine Ier, et je m'empressai de le recevoir avec tous les honneurs dus à son rang. C'était un bel homme à longue barbe noire, dans la quarantaine, dont le nom véritable était Antoine de Tounens, ancien avoué à Périgueux, et qui, en 1860, avait tenté de réunir les différentes tribus de l'Araucanie, alors divisées et en guerre avec le Chili, en un seul peuple dont il s'était, d'accord avec plusieurs caciques, proclamé roi constitutionnel. L'Araucanie coupe le Chili en deux : elle est bornée au nord et au sud-ouest par cette république, à l'ouest par l'océan Pacifique, à l'est et au sud-est par la Patagonie, dont il s'attribua également la souveraineté. L'expérience dura, assez platonique d'ailleurs, du 17 novembre 1860 jusqu'au 5 janvier 1862, date fatale à laquelle le monarque, ayant voulu passer de la théorie à la pratique, fut arrêté par le gouvernement chilien et jeté en prison. Il fallait entendre l'histoire de sa captivité racontée par le héros lui-même, convaincu d'avoir voulu créer là une « nouvelle France » deux fois grande comme la vraie, et de n'avoir été compris ni de l'empereur Napoléon III, ni de ses ministres, ni des députés, ni des journalistes de Paris, ni (encore moins) de ses compatriotes de la Dordogne. De retour en France depuis 1863, M. de Tounens n'avait perdu aucune de ses illusions, et se préparait à retourner à la conquête de son sceptre. Comme tout souverain prévoyant, il avait créé un ordre de chevalerie dont il devait nommer membres les écrivains qui l'aideraient dans sa revendication.

Plusieurs de mes amis, notamment Étienne Carjat, étaient déjà inscrits au grade de commandeur.

Je l'écoutais avec d'autant plus d'intérêt que dans une séance de spiritisme, une table m'avait déclaré, en 1862, que lors d'une existence antérieure j'avais été l'écrivain espagnol don Alonzo de Ercilla, auteur du poème l'*Araucana*, au temps de Philippe II. Je n'avais aucune raison d'admettre cette préexistence, et j'avais attribué cette communication à la subconscience ou à l'habileté du médium, écho des écrits publiés alors sur l'Araucanie; mais il y avait là une sorte de trait d'union fluide entre mon interlocuteur et moi, et il me semblait qu'en vérité, il n'avait pas plus été réellement roi d'Araucanie que je n'avais été l'auteur de l'*Araucana*.

Son prénom d'ORLLIE (et non Aurélie comme on serait tenté de l'écrire), m'étonnait un peu, car il est assez difficile à prononcer. Mais, en somme, il n'est pas plus surprenant que la tentative exotique de ce monarque *in partibus infidelium*. Ce brave homme est mort dans la misère, en 1878.

En ce même voyage de Normandie dont je parlais tout à l'heure, je me fis un devoir d'aller visiter le mont Saint-Michel.

Cette merveille du moyen âge trônait, alors, entièrement entourée des flots de la mer. On ne pouvait l'aborder qu'à marée basse ou en barque. Aux heures de la pleine mer, c'était une île parfaite. Quelle splendeur !

Le chemin de fer n'arrivait même pas à Avranches — et encore moins à Pontorson. Depuis cette époque, une digue hideuse, construite en 1877, relie le Mont à la terre. C'est tout simplement un crime contre l'art, une infamie, un vandalisme de barbares. Le mercantilisme envahit tout. Histoire de gagner quelques centaines d'hectares de mauvaises terres. Que l'on ait endigué les grèves lointaines, passe encore ; mais que l'on cherche à créer des terrains de culture jusqu'aux remparts de la vieille cité, c'est, je le répète, un véritable crime. Il faudrait, au contraire, maintenant qu'elle est faite, couper la digue à cent mètres, au moins, des remparts, afin que, dans les grandes marées, la mer pût, de nouveau, faire le tour de la fantastique montagne.

Avranches offre aux yeux du touriste une situation splendide, rappelant celle de Langres, plus belle encore, peut-être, à cause du Mont Saint-Michel, de la rivière Couesnon et des marées.

J'arrivai d'Avranches à Pontorson sur le haut d'une diligence occupée par des admirateurs de la France impériale, de l'Exposition universelle et de Napoléon III, qui célébraient, sur tous les tons, les louanges de l'empereur, et je me souviens, à ce propos, d'un contraste assez curieux. A la descente de la voiture, après avoir demandé une chambre à l'auberge, je suivis un couloir tout blanc, au fond duquel je vis, écrit en gros caractères, le quatrain suivant, qui ne rimait pas du tout avec l'enthousiasme dithyrambique des voyageurs de la diligence :

Dans nos gloires nationales
Les Napoléon sont rivaux :
L'oncle prenait les capitales,
Le neveu prend les capitaux.

Ce qui, d'ailleurs, n'est qu'un jeu de mots assez injuste, et ce qui me montra, une fois de plus, que l'on passe très vite, en voyage, du bleu au rouge ou du blanc au noir.

Les touristes sont appelés à lire sur les murs des sentences parfois bizarres, telles que celle-ci, qui me sauta aux yeux dans cet hôtel de commis-voyageurs :

La vie est un désert qu'il nous faut traverser ;
La femme est le chameau qui nous le fait passer.

Lamartine.

(Quoique ce puisse être là une maxime arabe sérieuse, je ne me porte pas garant de l'authenticité de la citation attribuée à l'auteur du *Voyage en Orient.*)

De Pontorson au mont Saint-Michel, il y a dix kilomètres, que l'on peut faire à pied, et cette route réserve (réservait, surtout), les plus agréables surprises, en faisant surgir graduellement devant nos yeux le célèbre mont, son abbaye dominatrice, ses pittoresques remparts. Le rocher pyramidal s'élevait peu à peu au-dessus de l'horizon, dans la brume transparente de l'atmosphère, vision idéale, dont l'impression ressemblait un peu à celle que l'on éprouve la première fois que l'on arrive à Venise. On atteignait, à travers la grève, la seule porte d'entrée de l'antique cité. Trois heures ne suffisant pas, comme on le prétend parfois, pour visiter entièrement le mont Saint-Michel, j'y restai trois jours, et j'y suis bien souvent revenu depuis. Quelques années plus tard, vers 1874, on remarquait à l'arrivée une très jeune, très belle et très charmante femme, descendant un petit escalier du rempart, d'où elle venait d'inspecter l'arrivée des voyageurs, et l'on songeait aux cariatides grecques du temps du Parthénon. Les temps anciens et les temps nouveaux se mariaient en une noble harmonie, et tout de suite on éprouvait le désir de ne pas traverser le mont Saint-Michel avec la rapidité du touriste, mais à y demeurer un instant assez long, car on ne s'y sentait pas froidement étranger et l'on y était presque chez soi. Tous les voyageurs du mont Saint-Michel ont remarqué Mme Victor Poulard, tous ont déjeuné à son hôtel renommé, tous connaissent ses omelettes, son cidre et son vin de Bourgogne, tous ont admiré son activité infatigable et reçu des marques de son obligeance perpétuelle.

Ce sont les flâneries à travers les ruelles, sur les jardins étagés, parmi les figuiers, les amandiers, les herbes folles des vieux murs, les tombes du cimetière, les arbres du petit bois, la fontaine Saint-Aubert, la maison de Duguesclin et de sa femme Tiphaine Raguenel, astronome du XIVe siècle, le chemin de ronde des fortifications, les mâchicoulis, les créneaux, les donjons, les tours, les arcades, les portes cintrées, les voûtes, les cryptes, les salles immenses de « la Merveille », (la salle des chevaliers est le plus vaste et le plus superbe vaisseau gothique qui existe au monde), les nefs de l'abbaye, le cloître du XIIIe siècle, et tout le reste de cette île sans égale, ce sont, dis-je, les flâneries au sein de ce noble passé, qui au mont Saint-Michel attachent par une attraction prenante et troublante le penseur transporté à cinq, six, sept, huit siècles en arrière, en un temps disparu pour toujours. Nul autre point du globe ne donne peut-être cette sensation de vivre dans le passé féodal, en des murs où vivaient ces chevaliers, ces nobles, ces seigneurs, ces abbés, ces moines, qui

Le mont Saint-Michel en 1867.

croyaient que leur ère de domination serait sans fin, durerait toujours. Qu'en reste-t-il ? Rien, qu'un merveilleux vestige.

Et je ne parle pas de la mer, que l'on aperçoit de partout, qui, aux heures de grandes marées, enveloppe le Mont à perte de vue, créant sans cesse des tableaux changeants qui varient avec la lumière, avec le mouvement des eaux, avec les vapeurs. Un coucher de soleil, vu du haut de la terrasse de l'abbaye, est tout simplement sublime, sublime surtout contemplé dans la solitude. Le tour du mont Saint-Michel en barque, au clair de lune, a quelque chose de divin. Situation unique au monde. Songez que les grèves au milieu desquelles il s'élève n'occupent pas moins de 25.000 hectares qui, découverts à marée basse, sont submergés aux grandes marées sur une épaisseur de 14 mètres en certains points. Telle est, en effet, aux grandes marées, la différence de niveau entre la haute mer et la basse mer! Deux milliards cinq cents millions de mètres cubes d'eau arrivent là sous l'influence de l'attraction de la lune. J'ai vu une fois l'eau envahir toute la rue basse de la ville et inonder la salle à manger de l'hôtel.

L'arrivée de la mer au mont Saint-Michel les jours de grandes marées est un spectacle aussi curieux, aussi imposant, aussi grandiose que celui du mascaret à Caudebec. Assis sur les rochers dorés par le soleil couchant, ou debout sur les remparts de l'antique forteresse, attendons-la. Nous la distinguons au loin, vers l'horizon du nord, et on en retrouve les récents vestiges dans les lacs que les dernières eaux descendantes ont laissés sur les grèves ravagées. Il y a seulement dix heures, toute cette plaine immense était inondée sous les flots. En ce moment, la marée basse la laisse à découvert et les pêcheurs ou les curieux peuvent la traverser à pied, en tous sens.

Cependant, un bruit sourd se fait entendre au large. C'est d'abord comme un simple bruissement de feuillage, léger, intermittent, ondulant avec la brise. En prêtant mieux l'oreille, on remarque qu'il est permanent, et l'on pressent en lui le signal précurseur de l'inondation. Malheur au pêcheur, malheur au touriste qui resterait confiant sur l'un de ces îlots de sable déjà séchés par le soleil! Plus d'un a payé de sa vie l'imprudence de se laisser surprendre par la mer envahissante, de même qu'à marée basse plus d'un malheureux est mort enlisé dans le sable mouvant.

Le flot arrive. La barre aquatique s'avance comme un mur liquide, ondulant mais formidable. Tout l'Océan est derrière cette muraille, et c'est lui qui la pousse. Ah! nous distinguons maintenant la forme du phénomène, parce que nous dominons jusqu'au loin la vaste plaine liquide. Ce n'est pas une ligne blanche, ce n'est pas une muraille, ce n'est pas un torrent, c'est une nappe d'eau immense, miroitante, qui coule comme un lac de mercure, calme, tranquille, douce, mais forte, puissante, irrésistible. Progressivement, la première nappe avance, sûre de sa force, ici refoulant les eaux de la rivière du Couesnon, qui arrive là, plus loin s'étendant comme une tache d'huile sur toutes les dépressions de la plage. En voici une seconde, qui s'étend sur la première, la pousse, la domine, interdisant toute hésitation, tout oubli, tout retard dans l'obéissance aux lois de la nature. En voici une troisième qui n'avance pas moins vite et ne recule plus. Elles s'étendent les unes sur les autres, poussant de toutes parts la rive mobile le long des grèves envahies, se fondant ensuite en ondes et en vagues, et bientôt (en moins d'une heure) la mer houleuse se répand sur l'immense baie, entourant entièrement l'île merveilleuse qui semble un palais de granit sculpté par un Titan, dominant l'espace à plus de cent cinquante mètres au-dessus du niveau des flots.

A tous les points de vue, le mont Saint-Michel est une merveille. La digue qui le rattache au continent, qui empêche désormais la mer de l'entourer entièrement, et qui prépare la destruction des remparts par le choc des flots au point d'arrivée, est un acte de vandalisme du gouvernement français et des ponts et chaussées. J'ai toujours regretté, en la suivant, de n'avoir pas quelques cartouches de dynamite dans ma poche et de ne pouvoir y ouvrir une belle brèche, que la mer se chargerait vite d'agrandir.

Je parlais tout à l'heure de la rivière du Couesnon, qui coule à l'ouest du mont Saint-Michel, et qui forme la limite entre la Normandie et la Bretagne. Il paraît qu'autrefois, elle coulait à l'est du mont, qui, aujourd'hui en Normandie, était alors en Bretagne; un vieux distique le rappelle :

> Le Couesnon, par sa folie,
> A mis le Mont en Normandie.

De ces grèves mouvantes, je me rendis à Dol, à Saint-Malo et à l'île de Jersey.

XXIII

L'île de Jersey. — Humphry Davy. Les derniers jours d'un philosophe. — Mon onzième ouvrage. — Congrès à Saint-Brieuc. — Un incident de chemin de fer. — Rentrée à Paris et conférences. — Philosophie astronomique. — Mentalité humaine; Arrivistes et intrigants. — L'avarice. — Les conférences de Vincennes.

L'île de Jersey, qui n'est qu'à 20 kilomètres de la côte française — tandis qu'elle est à 140 de l'Angleterre — est anglaise, par suite de l'annexion stupide de la Normandie à l'Angleterre au temps de Guillaume. Aux premiers siècles de la monarchie française, elle était non seulement française, mais même continentale, car elle n'a été séparée du continent que lors de la grande marée de l'an 709. Avant cette époque, on allait à pied jusqu'à « Cæsarea », comme s'appelait alors la ville de Saint-Hélier, par une vaste forêt, dont on retrouve encore les vestiges à une faible profondeur. « Cæsarea » a fait « Jersey ». C'est un pays bien français, ou, pour mieux dire, normand, et qui a conservé sa langue et ses traditions, quoique sous la domination nominale de l'Angleterre.

Le souvenir de Victor Hugo, qui s'y réfugia après le coup d'État du 2 décembre, avant de s'installer à Guernesey, plane encore dans son ciel.

J'habitai une dizaine de jours cette île située à la frontière même de France et sur le granit même du sol breton, dont un rameau vient émerger là au-dessus du niveau des ondes. L'âme qui cherche la solitude et le silence peut y aborder sans crainte, et jeter l'ancre sur ce verdoyant rivage. Malgré l'exiguïté du territoire dont l'étendue n'excède pas celle de Paris, malgré sa capitale Saint-Hélier et ses villages, malgré ses fermes et ses parcs, on y rencontre une telle variété de paysages, que l'on se croirait entouré d'un vaste monde en quelque endroit qu'on laisse errer ses pas.

Au coucher du soleil, tandis que l'astre du jour s'enfonce lentement dans la mer, nous distinguons, au delà des flots, les rives de France rougies par l'astre-roi; bientôt le crépuscule étend ses voiles sur l'île verte, « l'émeraude des mers »; les roses des villas vont fermer leurs corolles et répandent leurs plus suaves parfums; l'étoile du soir s'allume au couchant. Errant encore au bord des falaises, nous sommes surpris par les ondulations d'une mer phosphorescente, ou bien notre pensée, s'élevant plus haut que les lueurs d'en bas, plus haut que la mer, plus haut que les îles et les continents, monte jusqu'aux étoiles rayonnantes, jusqu'aux îles de l'espace, dans lesquelles elle salue d'autres terres et d'autres cieux.

L'émeraude des mers, cependant, n'est pas douée d'un printemps perpétuel, et l'on ne trouverait pas toujours sur son sein le paradis terrestre dont elle retrace l'image en ses jours de lumière. Parfois, les brumes de l'Océan s'étendent sur elle comme un linceul, d'épaisses couches de nuages s'amoncellent en une voûte surbaissée, le ciel est sombre, l'air glacé, et la pluie chassée par rafales inonde la pauvre terre émergée des flots, jusqu'à ce que l'arc-en-ciel renaisse en une heure de soleil sur la mer calmée.

Depuis trois jours, une pluie fine, incessante, sillonnait obliquement le ciel gris, apportant avec elle non plus la douce mélancolie du paysage solitaire, mais la sombre tristesse des monotonies invincibles. Impatient de sortir, lassé des quelques livres français qui seuls m'entouraient, fatigué d'ailleurs de journaux insignifiants, et peu disposé à écrire, je descendis de mon hôtel au hasard, me dirigeant machinalement vers la place du marché, dans King-street, si j'ai bonne mémoire (où l'on rencontre le samedi soir des promenades de blondes adolescentes qui rappellent un peu les mystères de l'île de Paphos). Le grand magasin de librairie qui trône là expose surtout aux regards du passant des photographies de l'île et des journaux illustrés, au milieu desquels s'étend l'inévitable *Illustrated London News*. Je voulais absolument trouver quelque chose de nouveau pour moi dans ladite librairie, et je furetai patiemment à travers les rayons.

Mes yeux rencontrèrent un petit livre finement relié portant le nom de *Sir Humphry Davy*, et, naturellement, s'arrêtèrent sur ce nom célèbre à juste titre de l'un des savants les plus éminents des temps modernes.

Le livre que je venais de remarquer avait pour titre *Consolations in Travel, or the last days of a phi-*

losopher. Je ne le connaissais pas même de nom. — *Consolations en voyage* : — Bon! me dis-je. Voilà précisément mon affaire. Le livre ne doit pas être mauvais, puisqu'il est du grand Humphry Davy. Qu'il soit gai ou triste, peu m'importe. S'il ne me distrait pas absolument, dans tous les cas il ne pourra manquer de m'intéresser et de m'instruire.

J'emportai donc ce volume, comme on emporte un trésor inconnu nouvellement découvert, et je rentrai, à travers la pluie, à ma chambre de l'hôtel de la *Pomme d'Or*, déjà impatient de goûter au fruit nouveau, au risque d'ailleurs de jeter au bout d'un quart d'heure l'œuvre du savant chimiste, si, comme les pommes d'or de la mer Morte, la couverture extérieure n'enveloppait que des cendres.

Il était alors trois heures de l'après-midi. Vers minuit ou une heure du matin, j'étais encore en compagnie de cet esprit profond, instruit et sage; et je ne le quittais qu'après avoir entièrement lu les six dialogues dont se compose le livre original que je venais d'acquérir. Je m'étais attaché à cette lecture, non pas comme à un vulgaire roman que l'on poursuit jusqu'au dénouement dramatique que l'auteur recule de page en page, au grand désappointement du lecteur, mais comme on s'attache à une conversation savante dont les personnages autorisés amènent successivement à une discussion sérieuse les grands problèmes de la nature et de nos destinées.

Le titre de l'ouvrage : *Consolations en Voyage* ou *les Derniers Jours d'un Philosophe*, était un cadre spécial pour la pensée qui s'interroge elle-même sur les plus profondes questions de la science et de la philosophie. J'avais trouvé dans cette lecture non seulement un tableau tracé de main de maître du progrès des sciences modernes, non seulement encore des vues supérieures sur les lois de la nature; mais, j'oserai le dire, une correspondance secrète avec mes idées les plus intimes sur l'aspect intellectuel de la création. J'avais été surpris de rencontrer dans l'illustre chimiste une identité singulière de convictions entre lui et moi sur certains points particuliers de la philosophie des sciences et même de l'astronomie et, de plus, avec quelques-uns de mes modestes travaux, une analogie dont je me sentais profondément honoré.

Je ne tardai pas à être convaincu qu'une traduction de cet ouvrage ne serait pas nuisible à la science française contemporaine, et qu'elle pourrait rendre quelque service à l'élucidation des problèmes philosophiques actuellement en discussion. Fermement convaincu que notre devoir est de profiter de toutes les circonstances favorables pour affirmer la *philosophie spiritualiste des sciences*, je pris la résolution de traduire en français cet excellent livre, dont les tendances sont si élevées, et dont les conclusions, combattant énergiquement les négations matérialistes, continuent, en la transformant et la complétant, la tradition spiritualiste qui est la gloire de l'esprit humain.

Elle fut faite, cette traduction, pendant l'hiver de 1867-1868, et publiée en 1868, à la librairie académique Didier. C'est là mon onzième ouvrage.

Mon séjour à Jersey m'avait donc fait faire connaissance avec la philosophie de sir Humphry Davy. A mon retour à Saint-Malo, après la visite réglementaire aux souvenirs de Chateaubriand, je ne pus faire qu'une excursion rapide en Bretagne, simplement à Saint-Brieuc, où m'attendaient Henri Martin, Glais-Bizoin, Hersard de la Villemarqué, Geslin de Bourgogne et plusieurs nobles celtisants réunis pour un congrès celtique. Des conférences d'un haut intérêt historique nous transportèrent aux temps des Celtes ; un barde venu d'Écosse, Griffith, célébra sur sa harpe les légendes d'Ossian et de la verte Eryn. Alexandre Bertrand, du Cleuziou firent l'histoire des dolmens et des menhirs, que je me promis d'aller visiter quelque jour, et le congrès fut terminé par une conférence astronomique, dans laquelle j'essayai d'exposer devant l'âme bretonne la grandeur des découvertes de la science positive.

J'habitai, ces quelques jours, la maison du député Glais-Bizoin, et mes fenêtres donnaient sur une vieille tour fendue en deux par un coup de mine au temps d'Henri IV, et qui, sur sa hauteur de 20 mètres (l'une des deux moitiés étant tombée), montre ses curieux étages, ses chambres à meurtrières, ses fenêtres carrées ou cintrées avec leurs profondes embrasures aux bancs de pierre, ses couloirs de communication, ses tuyaux acoustiques, son escalier à hélice et toutes ses curiosités d'archéologie militaire. Cette tour de Cesson, avec ses murs de 4 mètres d'épaisseur, est un beau spécimen de l'ancienne barbarie. Il semble qu'à cette époque, les seigneurs n'existaient que pour se battre entre eux, convaincus de posséder éternellement la terre cultivée par les manants. Qu'en reste-t-il aujourd'hui ? Des ruines.

A Saint-Brieuc, je reçus la visite d'un imprimeur, M. Ch. Le Maout, qui m'apporta un petit livre composé par lui, sur *Les Canonnades de Sébastopol, ou le canon et le baromètre pendant le siège de cette place*, thèse dans laquelle il soutenait que les canonnades amènent la pluie. On m'a souvent, depuis, envoyé des observations sur le même sujet. Il m'a toujours semblé qu'elles ne sont pas suffisantes pour trancher la question. Il est probable, toutefois, que si des nuages au-dessus de nos têtes sont prêts à se résoudre en pluie, la commotion de l'air produite par des coups de canon peut déterminer cette chute.

La tour de Cesson, au fond d'une anse de la baie de Saint-Brieuc, domine la mer. C'est un paysage où j'aurais aimé pouvoir demeurer plus de trois jours, sur l'invitation de son spirituel propriétaire et de l'érudite châtelaine, sœur du géographe Antoine d'Abbadie. Mais mes vacances devaient avoir une fin, des travaux urgents me rappelaient à Paris. Je pris le train le plus rapide. A la sortie de Saint-Brieuc, la ligne du chemin de fer se rapproche de la mer, qui tout à coup apparaît sur la gauche, au nord, avec la vieille tour de Glais-Bizoin. J'étais dans mon compartiment de première classe, selon les usages dont j'ai parlé plus haut, seul, pour rêver tranquillement, assis à droite, au coin. A la vue de la mer splendide, je me précipite d'un trait pour regarder de nouveau, une dernière fois, le magnifique tableau de la mer et de la côte, illuminé par le soleil, quand je sens un choc étourdissant sur le front. La glace de la portière, fort épaisse et à biseaux, était fermée! J'avais passé ma tête au travers, emporté par un bond aussi rapide qu'enthousiaste vers la contemplation de la nature.

La glace avait volé en éclats avec un fracas formidable. Le train ne marchait pas encore rapidement et ne faisait pas grand bruit. Il se trouva qu'un inspecteur de la Compagnie était dans le compartiment voisin. Surpris d'un pareil choc, il arrive par le marche-pied, ouvre la portière et s'étonne de me voir à la fois stupéfait et tranquille. Je lui racontai que j'avais produit ce cataclysme avec mon front tout seul et sans autre arme que ma tête nue. D'ailleurs, ajoutai-je, qui casse les verres les paie.

Et je lui présentai mon permis.

— Ah! fit-il, jamais de la vie on ne vous laissera payer. Le fait est exceptionnel et tout à fait imprévu. Je vais, au contraire, faire ramasser les morceaux sur la voie, pour les offrir à M. Coindart.

M. Coindart était le secrétaire général de la Compagnie de l'Ouest. J'allai lui faire visite quelques jours après, pour le prier de féliciter l'homme chargé de nettoyer les portières, attendu que la glace cassée par mon front était si parfaitement propre, si nette et si pure, que je ne l'avais pas vue, et que la transparence était aussi absolue que rien.

Il me montra les débris ramassés, aigus et pointus.

— Comment, fit-il, en examinant de près ma figure, pas une égratignure! C'est incompréhensible. On pourrait recommencer cent fois l'expérience sans réussir à ce point.

— Je crois, répliquai-je, que les choses faites sans hésitation sont celles qui réussissent le mieux. On voudrait raisonner le coup et l'exécuter, qu'on hésiterait instinctivement, on aurait peur de se casser la tête, de se crever les yeux, de s'écraser le nez, de se déchirer les joues, de se taillader un bout d'oreille. Dans tous les cas, monsieur le secrétaire général, vous pouvez me donner tous les permis imaginables sur tout le réseau de votre administration, je vous jure de ne pas recommencer.

— La propreté de cette glace est peut-être un peu de votre faute ?

— Je ne devine pas.

— Mais si. A la gare de Saint-Brieuc, on aura voulu faire du zèle, à cause du député Glais-Bizoin, de ses amis, des illustres membres du congrès, et l'on aura fait un nettoyage de premier ordre, que vous ne retrouverez pas souvent, soyez-en sûr. Quoi qu'il en soit, lorsqu'on me parlera de votre tête, je pourrai témoigner de sa solidité.

Dans la traversée de Saint-Brieuc à Paris, je m'étais arrêté au Mans, où deux curiosités m'attiraient : le beau menhir druidique de 4 m. 55 de hauteur appuyé contre le côté sud de la cathédrale et les figures zodiacales du grand portail, où l'on voit, me semble-t-il, le roi Soleil (non Jésus-Christ), accompagné du Sagittaire et du Capricorne. Il y a là, réunis, des vestiges du culte druidique et d'une religion d'origine orientale. Les temples chrétiens ont souvent succédé, à la même place, aux temples païens antérieurs. A Paris, Notre-Dame a remplacé un sanctuaire gallo-romain, et l'on peut retrouver dans la vieille église Saint-Pierre-de-Montmartre l'une des colonnes du temple de Mercure.

Me voici donc revenu à Paris, à mon petit observatoire de la rue Gay-Lussac, à mon cours d'astronomie de l'école Turgot, à mes conférences du boulevard des Capucines, à ma rédaction scientifique du *Cosmos*, du *Siècle* et du *Magasin Pittoresque*, à mes études déjà trop encyclopédiques, à ma collaboration à diverses revues, françaises et étrangères.

Je poursuivais mon œuvre : LA DÉMONSTRATION DE LA VIE UNIVERSELLE, but de la nature, fonction de l'astronomie, et je ne négligeais aucune circonstance pour exercer cet apostolat convaincu. A chaque instant, des objections m'étaient présentées. La principale était que la nature ne peut pas avoir de but, parce que ce n'est pas un être. Assimiler la nature à l'esprit humain, qui agit avec but, était, assurait-on, de l'anthropomorphisme. Il y aurait des volumes à écrire pour répondre à cette objection, qui n'est pourtant qu'une pétition de principe, attendu qu'un esprit inconnaissable, qui n'aurait rien d'humain, et serait infini, pourrait cependant avoir un but, auquel nous ne comprendrions rien.

Une autre était que tous les mondes ne sont pas habitables actuellement. Cette objection n'est pas plus sérieuse que la première, notre époque n'ayant aucune importance particulière dans l'éternité. Mais il fallait y répondre aussi et analyser les temps.

Quant aux astronomes, en général, ils pensaient que l'astronomie n'a rien à faire avec l'idée philosophique de la vie universelle.

Il y avait là un long siège à soutenir. Ce seul programme suffirait pour remplir la vie entière de l'homme le plus laborieux.

L'univers n'est pas un assemblage quelconque et fortuit de molécules matérielles : c'est un dynamisme organisé, et la Vie est le but de cette organisation. Les mondes sont le laboratoire de la Vie. La Vie est la loi suprême de la nature.

Que la vie soit le but de l'existence des mondes, c'est ce que l'étude de la nature proclame en tout et partout. Notre planète est loin d'être complètement réussie. L'obligation de manger et de tuer pour vivre, la rudesse des climats, les inégalités des saisons, la densité et la lourdeur des corps, les tempêtes, les cyclones, les inondations, les tremblements de terre, les épidémies, les microbes malfaisants, les maladies, les divers fléaux de la nature, font de notre globe un séjour médiocre et très imparfait. Cependant, la loi de vie est si impérieuse que, malgré toute son imperfection, cette pauvre petite planète se montre aux yeux de l'analyste comme une coupe trop étroite débordant de l'élixir de vie qui la remplit sans cesse. Les champs, les prairies, les bois, les rivières, les mers, sont pleins d'êtres vivants.

Des centaines de milliers d'espèces végétales et animales se multiplient sans cesse, et chaque printemps renouvelle, avec une sorte de fureur et de frénésie, le combat toujours victorieux de la vie; les nids pullulent, les chants se succèdent, les insectes bourdonnent, un frémissement universel anime la surface du globe, et vous ne soulèverez pas une pierre dans un champ ou dans le fossé du chemin le plus solitaire sans mettre au jour toute une population grouillante, vous ne traînerez pas un filet le long de la rivière sans amener la frétillante peuplade des poissons surpris dans leur aquatique demeure. Descendez aux plus grandes profondeurs océaniques, vous y découvrirez les êtres les plus fantastiques et les plus merveilleux. Regardez une goutte d'eau au microscope et vous verrez s'agiter tout un monde, le monde richissime des infusoires. L'air lui-même est plein de germes. La procréation vitale est perpétuelle, prodigieuse, ardente et sans trêve. C'est la première loi : Croissez et multipliez.

Or, la Terre où nous sommes est un astre. C'est la troisième des planètes gravitant autour du Soleil, sans prééminence particulière en quoi que ce soit ; au contraire. Les autres astres gravitent comme elle dans l'illumination féconde du Soleil ; Mercure, Vénus, Mars, Jupiter, Saturne, Uranus, Neptune, et tant d'autres, sont des terres analogues à celle que nous habitons. Chaque étoile est un soleil, et des millions, des milliards de systèmes solaires, plus ou moins différents du nôtre, se succèdent dans l'immensité des espaces célestes, jusqu'à l'infini. Le spectacle que nous montre la planète terrestre n'est, et ne peut être, qu'une image de l'organisation générale de l'Univers.

Les écrivains cléricaux me faisaient une guerre perpétuelle sur ce sujet, et j'eus souvent des luttes très violentes à soutenir.

Notre planète est une province du ciel infini. L'Univers, c'est la Terre multipliée au centuple, et mille fois au delà, avec une variété dont la flore et la faune terrestres nous donnent elles-mêmes une idée infiniment petite.

L'astronomie, c'est le poème de la vie. Les rayons qui descendent des étoiles nous montrent cette vie à tous les degrés.

J'ai toujours été surpris de l'indifférence générale des habitants de la Terre. Ils ne se demandent même pas où ils sont et ressemblent aux crustacés au fond de l'eau, ignorant tout des lois qui régissent la création, vaquant plus ou moins tranquillement à leurs petites affaires quotidiennes ou à leurs plaisirs, sans se douter des merveilles de l'univers.

On demandait à Aristote quelle différence il y a entre un homme instruit et un ignorant. « Celle qu'il y a, répondit-il, entre un homme vivant et un cadavre ».

Il est inexplicable, surtout, que l'astronomie ait, jusqu'à présent, si peu d'adeptes, puisque sans l'astronomie nous ne savons rien de notre situation dans l'univers. Il est inexplicable que l'ignorance native suffise à la mentalité des habitants de notre planète.

Ce n'est pas un fait bien rare de se trouver à table ou dans un salon, avec des personnes, spirituelles et intelligentes, d'ailleurs, qui demandent *à quoi sert l'Astronomie.* C'est un peu comme si l'on demandait à quoi sert la musique, à quoi sert la peinture, à quoi sert la physique, à quoi servent tous les arts et toutes les sciences ; mais c'est moins excusable, car l'Astronomie n'est pas seulement *une* science ou un art, c'est *la* science par excellence, celle qui nous fait connaître l'univers au milieu duquel nous vivons, et sans laquelle nous serions dans une ignorance analogue à celle des animaux ou des plantes.

D'ailleurs, nous faisons constamment de l'astronomie sans le savoir. Si nous nous demandons à quelle date nous sommes aujourd'hui, nous posons là une question astronomique, car c'est à l'Astronomie que nous devons le calendrier, et, en même temps, la base indispensable de l'histoire. Consultons-nous notre montre ? C'est encore de l'astronomie en action, car l'heure est créée par le mouvement diurne de notre planète autour de son axe et par le passage de l'astre du jour aux divers méridiens. Apporte-t-on le champagne à la fin d'un succulent repas ? C'est du soleil en bouteille. Prenons-nous un fruit, respirons-nous une fleur, admirons-nous un champ de blé, nous chauffons-nous en hiver : tout cela, c'est du soleil emmagasiné. Buvons-nous une tasse de café ? Souvenons-nous que si le café est entré dans nos mœurs, c'est parce que, dès le principe, il put être transporté à des prix populaires, et que c'est à l'observation des éclipses des satellites de Jupiter que la navigation dut de pouvoir calculer exactement la route des navires par la détermination des longitudes en mer. D'autre part, la navigation tout entière elle-même n'existerait pas sans l'Astronomie. Etc., etc.

Comment se fait-il que les citoyens de la Terre connaissent, en général, si peu l'astre qu'ils habitent, quand rien au monde n'est aussi intéressant que l'étude de l'univers ! Il ne doit pas en être de même chez les habitants des autres mondes, car autrement l'univers infini serait peuplé d'êtres ne sachant même pas où ils sont. Si nous ne connaissions vraiment ni la nature calorifique du Soleil, ni la position de notre planète dans le système solaire, ni la cause des saisons, des années, des jours et des nuits, nous serions comparables à des aveugles, et n'aurions sur la création que des idées obscures, étroites, inexactes et imparfaites. L'Astronomie nous touche beaucoup plus intimement qu'on ne le croit en général ; non seulement elle est la première des Sciences, mais encore sa connaissance, au moins élémentaire, est indispensable à toute instruction qui veut être sérieuse, complète, intégrale, rationnelle.

Mon programme, comme on le voit, avait un double caractère : montrer, d'une part, que l'Astronomie est la démonstration de la vie universelle et éternelle, et faire connaître, d'autre part, les vérités astronomiques fondamentales, sans la connaissance desquelles l'humanité ne pourrait comprendre cette démonstration de la vie sans fin dans l'immensité de l'univers.

Je l'ai réalisé du mieux que j'ai pu, ce trop vaste programme, dans la mesure de mes facultés, et en dehors de toutes les opinions politiques et religieuses. Ce programme moderne domine tout, et s'est substitué, par la force même des choses, à l'ancienne doctrine cosmographique de la Terre centrale, but de la création. Il lui est diamétralement opposé. L'anthropormophisme doit céder la place à la vérité astronomique.

Avec un pareil programme, on ne peut consacrer aucune heure de la vie à l'ambition personnelle. On est esclave du devoir. De plus, on se heurte constamment à tous les préjugés de l'ignorance universelle et à la tyrannie des conservateurs du passé.

L'ignorance astronomique générale est véritablement stupéfiante. Un jour, le directeur d'un grand journal de Paris, qui allait chasser la panthère en Algérie, est venu me demander si les dates du clair de lune étaient les mêmes en Algérie qu'en France!... Lors du dernier passage de Mercure devant le Soleil, certains journaux ont annoncé qu'il allait y avoir une éclipse de soleil par Mercure. Or, ce passage est invisible à l'œil nu... J'ai entendu des personnes, causant entre elles, soutenir que le Soleil est plus près de nous en été qu'en hiver et montrer ainsi qu'elles n'avaient aucune idée de la cause des saisons et des climats... Au mois d'avril 1905, les habitants de Cherbourg ont pris Vénus, qui brillait au-dessus de leur horizon, pour un météore inexplicable, et des bateaux sont partis pour y aller voir ! Etc., etc.

Et pourtant l'Astronomie, c'est tout.

Sans elle, nous ne saurions rien. Si l'humanité,

par exemple, habitait un monde dont le ciel resterait constamment couvert, nous serions encore dans les limbes de l'ignorance la plus absolue, la plus grossière, la plus enfantine, la plus sauvage.

Mais l'Astronomie nous montre surtout notre infinie petitesse, notre *relativité*, notre infériorité, notre ignorance.

Un jour, dans une réunion littéraire où chacun devisait selon ses goûts et ses aptitudes, on m'invita à définir en six lignes ma pensée sur l'univers. J'écrivis le sixain suivant :

L'UNIVERS ET L'HOMME

Dans l'infini des cieux, la Terre est un atome ;
Du livre universel nous ne lisons qu'un tome.
Sur un étroit sentier nous allons pas à pas ;
Nous ne connaissons rien. Ne pontifions pas !
La nuit met partout l'astre en ses plages fécondes.
La vie et la pensée animent tous les mondes.

On conçoit qu'un astronome soit l'antipode des arrivistes et des intrigants. Un abîme les sépare. Pour moi, j'avoue ne pas les comprendre, et si je ne tenais à garder scrupuleusement ici toutes les règles de la bienséance, j'oserais avouer... qu'ils me dégoûtent tous profondément.

J'en ai vu, j'en vois toujours, j'en ai connu, j'en connais toujours, qui sont d'une nullité absolue comme savoir et comme talent littéraire, non seulement sans génie d'aucun genre, cela va sans dire, mais dépourvus de toute valeur et incapables d'en acquérir aucune par le travail, d'un esprit médiocre et d'un cerveau stérile, qui arrivent néanmoins à d'excellentes places et même à une sorte de célébrité.

Flattant les grands, dédaignant les petits, sempiternels flagorneurs, ils savent que la flatterie entre par une oreille et ne sort point par l'autre, l'amour-propre la retenant entre les deux. Ils ne valent rien, sont même sans honnêteté, et ils obtiennent tout ce qu'ils veulent. Ils se faufilent partout, vont quémander, à gauche et à droite, des articles sur leurs personnes ou sur leurs productions insipides, font les courbettes convenables, reviennent à la charge, ennuient les plus patients, et finissent par conquérir ce qu'ils demandent, des prix aux sociétés savantes ou littéraires ou à l'Institut, des citations qui mettent leur nom en vedette, des décorations d'une couleur quelconque, des approbations de faveur qui devraient aller à d'autres individualités plus méritantes, mais moins remuantes. Le piston... le piston! On rencontre des personnages portant haut leur rosette d'officier ou de commandeur de la Légion d'honneur, qui n'ont pas l'ombre de valeur personnelle.

Il y en a d'autres qui ne sont pas tout à fait nuls, et qui savent si bien mettre en relief leurs petites qualités, qu'on les voit s'asseoir à des places dont ils auraient toujours dû rester fort éloignés. J'en pourrais citer un, entre autres, depuis longtemps à l'Académie française, qui n'a jamais eu d'autre titre à cette distinction que sa vanité personnelle. Il ne sait même pas écrire en français, et néanmoins est arrivé là comme littérateur.

Il y en a d'autres encore d'une valeur réelle, mais pour lesquels la science, au lieu de porter son but en elle-même, n'est considérée que comme un moyen d'occuper des positions lucratives. Ils sont à la piste de toutes les places pouvant être disponibles un jour ou l'autre et ne vivent que dans le but de les prendre, soit en diplomates, soit à la baïonnette. Au besoin, ils font déménager les titulaires sous un prétexte quelconque. Les relations politiques sont très utiles dans ce cas, sous tous les régimes. Tout le monde a connu ce savant illustre qui était arrivé à accaparer les places les plus diverses, jusqu'au nombre de 22, et sur la tombe duquel on avait écrit cette épitaphe :

Ci-gît l'illustre .... :
C'est la seule place qu'il n'ait pas demandée.

A ces accapareurs, je préfère le caractère d'Arago, qui s'est toujours opposé au cumul et en a donné l'exemple lui-même. Tous ses appointements réunis ne se sont jamais élevés à la somme de *dix mille francs.*

Les personnages en places, qui avancent et qui arrivent, occupent la moitié de leur vie en démarches, en visites de sollicitations. C'est là un temps précieux perdu pour la science, et pour le progrès de l'humanité auquel ils auraient pu contribuer. Je parle, naturellement, des hommes de valeur. Pour les autres, ils peuvent perdre leur temps tout à fait : cela n'a aucune importance.

Dans la vie de ces ambitieux, le sentiment n'est jamais entré pour aucune part. Ils ne font de relations que par intérêt et en soupesant d'avance ce que cela pourra leur rapporter. S'ils reçoivent quelqu'un à leur table, ce n'est point par plaisir ou par sympathie, mais dans un but pratique qui se dévoilera tôt ou tard. Lorsqu'ils sont dans votre maison et qu'il s'y trouve un personnage influent pouvant servir leurs desseins, ils se font tout de suite présenter à lui, ne le quittent plus et cherchent à se lier le plus intimement possible. S'ils nous voient travailler à une étude, écrire des lettres, chercher un problème, leur première idée serait de se demander ce que cela nous rapporte. L'argent, l'intérêt, le profit, sous une forme quelconque, leur semble l'unique but de l'existence. Dans tous les actes de la vie, qui sont pour eux des transactions, ils tiennent à récolter « leur petit bénéfice ».

Je vois, mes chers lecteurs, quelques-uns d'entre vous sourire et s'imaginer que je pense ici aux descendants de ceux qui ont crucifié le Messie. Il n'en est rien; je connais des Juifs de la générosité la plus chrétienne, et je connais des chrétiens de l'avarice la plus judaïque; je ne parle ici que du caractère des arrivistes, qui se rencontre partout, surtout, me semble-t-il, à l'époque actuelle, tous les Français souhaitant d'être fonctionnaires.

La variété des types humains est vraiment fort intéressante, et nous aurions presque tort de la regretter.

Il y a des hommes qui travaillent sans cesse, pendant leur vie tout entière, sans un instant de répit, par exemple Le Verrier, Pasteur, Édison; il en est d'autres qui consacrent au travail la moitié de leur temps, et l'autre moitié à la vie mondaine; il en est d'autres, aussi, qui ne font rien du tout. Devons-nous les juger? Il me semble que tout le monde a raison, que personne n'a tort, tant que l'on n'est pas nuisible. En définitive, chacun agit selon son tempérament. On peut, évidemment, passer son temps de toutes les façons. Et quand on voit le minuscule souvenir qui reste des hommes, même les plus éminents, quelques années seulement après leur départ de ce monde, on peut penser que tout cela n'a guère d'importance.

Mais il n'en est pas moins intéressant de regarder passer la comédie humaine.

Cette comédie devient parfois tragédie. Un grand nombre d'êtres humains se rendent malheureux par leur faute, parce qu'ils rapportent les événements à leur propre personne, lors même que ces événements leur sont tout à fait étrangers. Cette erreur est déplorable pour leur tranquillité, et devient même parfois funeste pour leur santé ; selon l'expression vulgaire, ils « se font de la bile » injustement et inutilement.

La carrière scientifique est celle qui supprime le mieux les inégalités de la fortune et les vanités mondaines. Tandis qu'en général on remarque la richesse, ici elle est nulle et non avenue. J'avais l'autre jour à ma table une quinzaine de personnes, dont un peu plus de la moitié (côté des hommes) appartient à l'Institut. Je sais que l'un d'eux possède une vingtaine de millions, un autre quelques millions, d'autres rien du tout ou à peu près. Grande inégalité à ce point de vue. Or personne n'y songeait, personne n'y pouvait songer. Le plus illustre, le plus respecté, le plus admiré, le plus recherché, peut être le plus pauvre : Képler, mourant de faim, est supérieur au seigneur de son district. Il ne viendrait pas à l'idée d'un savant de faire publier, par les journaux mondains, qu'il va passer un mois au château du comte Untel, ou qu'il y attend sa belle-mère, la marquise de X. Or, tous les jours, de longues colonnes racontent ces importantes villégiatures de tel ou tel richard, avec une auto de tant de chevaux. Pour les êtres consacrés à la culture des sciences, ces vanités superficielles n'existent pas. Leur carrière est incomparablement plus simple et plus indépendante. Ils ne cherchent pas la fortune. Ils souhaitent la lumière dans les esprits, le bonheur et la justice dans l'humanité.

Les hommes sont égoïstes, presque tous ne voient que leurs intérêts personnels, c'est peut-être là une manière de sentir fort utile, mais j'avoue que je n'ai jamais pu la comprendre. La nature m'a incorporé dans la catégorie des altruistes.

Sans contredit, il importe de s'assurer le pain quotidien. Mais, lorsque l'on possède ce qui est nécessaire, pourquoi désirer davantage et se créer des besoins superflus? L'*aurea mediocritas* chantée par Horace, l'honnête aisance sans vanité et sans ambition, n'est-elle pas ce qu'il y a de meilleur? Le plaisir de l'étude est cent fois préférable au luxe. Travailler dans le but de gagner de l'argent indéfiniment est une fausse route pour l'homme de science comme pour l'artiste. Accumuler? Pourquoi faire?

L'avarice ne vous paraît-elle pas le plus inexplicable des vices? A quoi sert l'argent dont on ne se sert pas? J'ai l'honneur de compter au nombre de mes relations un certain nombre de millionnaires qui n'ont jamais pu se décider à donner un billet de mille francs pour aider au progrès de la science. Ils entassent les millions et les millions pour les laisser après leur mort. Il en est qui, au moins, s'en servent par vanité, au moment de leur mort, par exemple MM. Osiris et Chauchard, de fraîche mémoire, dont le second surtout est un remarquable exemple d'égoïsme et d'orgueil. Il n'y a là aucune générosité, puisque quand on est mort on ne peut plus jouir d'aucun bien terrestre.

La variété est grande parmi les hommes. Il n'y en a pas deux qui se ressemblent. Tous les badauds de Paris ont assisté aux obsèques retentissantes du multimillionnaire Chauchard, commentant sur tous les tons les legs de son testament. Les dispositions prises par le fondateur des Magasins du Louvre sont quelque peu déconcertantes, en effet. Voilà un individu parti de rien, et qui a eu le mérite d'arriver, par son travail, son raisonnement, son habileté, — et le concours d'un grand nombre de collaborateurs, — à créer au centre de Paris une œuvre considérable, qui l'a conduit personnellement à une immense fortune, évaluée à cent vingt millions. Le sentiment de la justice la plus élémentaire aurait dû lui inspirer le devoir d'en faire profiter d'abord tous les employés, grands et petits, de sa vaste industrie, proportionnellement à leur situation dans cette industrie, et à associer la Ville de Paris à ses générosités d'outre-tombe. Il aurait pu aussi ne pas oublier qu'il avait exploité le travail de pauvres femmes pour arriver à vendre certains objets de toilette au meilleur marché possible. Que fait-il? Il bombarde de quinze millions un ancien ministre et sa famille, parce que ce ministre des Beaux-Arts lui a fait croire qu'il était excellent juge dans l'achat de ses tableaux, parce qu'il flattait constamment son inépuisable vanité, et parce qu'il lui avait octroyé le plus haut grade dans notre décoration nationale.

Chauchard fréquentait beaucoup les coulisses de l'Opéra, en compagnie de M. Leygues. Un jour, pendant qu'il causait avec des danseuses, un grave accident mutila un machiniste. Une collecte fut faite. Chacun donna selon sa bourse. M. Chauchard, raconte-t-on, se récusa simplement en disant qu'il donnait suffisamment par ailleurs aux œuvres de bienfaisance.

Un jour de banquet anniversaire de sa naissance,

un convive porta, dit-on, un toast au maître de la maison : « Ce siècle a produit trois grands hommes : Victor Hugo, Pasteur et vous ». M. Chauchard, après une minute de recueillement, dit à son voisin : « Tiens, c'est vrai, je croyais qu'il n'y en avait que deux, j'avais oublié Pasteur ; il y en a bien trois ».

Ce qui valut surtout à M. Chauchard sa décoration de grand-croix de la Légion d'honneur, c'est le don qu'il fit au musée du Louvre de sa collection de tableaux. Deux de ces principaux tableaux, l'*Angelus* et la *Bergère et son Troupeau*, qui furent achetés à la vente du ministre belge Van Prad, sont de Milet. Or, Milet, qui mourut pauvre, a laissé plusieurs enfants dans la gêne. A plusieurs reprises, ils demandèrent au multimillionnaire, en raison du lustre que lui portait l'achat des tableaux de leur père, de leur venir en aide. Ils ne reçurent jamais de réponse.

Ces hommes-là n'ont pas de cœur.

J'ai, à Paris, une sorte de voisin dont la fortune tend vers la précédente : une soixantaine de millions, placés surtout en immeubles avantageux, rapportant net 5 à 6 pour 100. Il touche, à chaque terme, à midi précis, les 15 janvier, 15 avril, 15 juillet et 15 octobre, environ 825.000 francs, soit plus de trois millions par an ou 9.000 francs par jour. Ces sommes sont immédiatement employées, dès le lendemain de chaque terme, à l'achat de nouveaux immeubles productifs, à l'affût desquels il se tient sans cesse. Il n'en profite en aucune façon. Personne ne l'a jamais vu donner un sou à un pauvre, jamais il ne reçoit à sa table ni parents, ni amis ; ses vêtements et son chapeau sont toujours vieux et râpés ; son linge est de couleur jaune isabelle, couleur ainsi qualifiée, dit-on, parce qu'elle doit son origine à la fille de Philippe II, Isabelle, gouvernante des Pays-Bas, qui avait fait vœu, lors du siège d'Ostende (1601-1604), de ne pas changer de chemise jusqu'à ce que son mari revînt victorieux. Un jour, notre Harpagon reçut la visite d'un éminent personnage, de passage à Paris, arrivant d'un département assez lointain. On causa, et l'heure de midi arriva. Grande perplexité! Renvoyer l'influent personnage au moment du déjeuner eût été maladroit, d'autant plus qu'ils sont en relations depuis une vingtaine d'années. Mais, voilà! cette table est d'une frugalité et d'une parcimonie étroitement calculées. Notre homme avise un de ses employés, lui confie son embarras, et lui mettant une pièce de cent sous dans la main, le prie d'aller chercher du jambon chez le charcutier, et d'arranger un « déjeuner convenable ». Après le repas, après le départ du convive, ce parfait millionnaire revient vers son employé.

— Vous ne m'avez pas rendu ma monnaie, fit-il.

— Quelle monnaie?

— De mes cent sous.

— Mais, monsieur, je les ai dépensés, j'ai cru que votre intention était de les employer à arrondir votre déjeuner, et au jambon j'ai ajouté de la galantine et une tarte.

— Malheureux! s'écria-t-il, je m'étais déjà aperçu que vous ne savez pas compter. Vous mourrez sur la paille. Je vois que je ne pourrai jamais rien vous confier de sérieux.

Et, de fait, il se passa désormais de ses services.

Ces gens-là ne pourraient-ils se donner la satisfaction d'être utiles de leur vivant? Quand on pense qu'ils pourraient faire tant de bien, sans se gêner en quoi que ce soit, on ne leur pardonne que difficilement leur ladrerie. Le cercle de l'enfer que le Dante leur a consacré ne les punit pas encore assez. *Crescit amor nummi quantum ipsa pecunia crescit*, écrit Cicéron (*Attic.*); autrement dit : plus on a d'argent, plus on en veut.

Il me semble qu'en fait d'avares, le comble du genre est l'histoire du marquis d'Aligre, l'homme le plus riche de France sous Louis XV. Les promeneurs d'aujourd'hui peuvent encore longer son hôtel, rue Saint-Honoré. Sa famille a toujours passé, d'ailleurs, pour une collection fort réussie d'avares fieffés. (Je parle de l'opinion publique au XVIIIe siècle). Un jour que ce « gentilhomme » avait fait venir un notaire chez lui, afin de traiter une des innombrables affaires qui l'occupaient, il ordonna d'éteindre les bougies, quoiqu'il fît nuit, disant : « Nous n'avons pas besoin d'y voir clair pour causer; il ne faut pas brûler la chandelle par les deux bouts ». Le notaire ne répliqua rien, mais quand, l'affaire une fois traitée, d'Aligre eut commandé d'apporter des flambeaux pour reconduire le tabellion, il s'aperçut que celui-ci avait enlevé sa culotte, la portant sur son bras, et gardant ses jambes nues. Comme il s'en indignait, l'autre lui répondit simplement : « Vous m'avez donné un bon exemple, monsieur le marquis, en faisant souffler les chandelles par économie. J'ai pensé que ma belle culotte de soie était inutile pour causer d'affaires et je l'ai ôtée afin de ne pas l'user! »

On pourrait citer bien d'autres historiettes. Mais je ne suis ni Tallemant des Réaux, ni Molière, et c'est en causant que nous effleurons ici divers sujets, sans trop sortir de notre cadre.

Un homme de cœur, modeste, serviable et désintéressé, est plus estimable que cent millionnaires égoïstes réunis.

A côté des avares il y a les prodigues, il y a les opulents qui ne comptent pas. J'ai connu, entre autres, le comte Xavier Branicki, avec lequel je m'étais trouvé en relations à propos d'un voyage en ballon dans lequel il m'avait accompagné. Comme il m'avait, avec grande insistance, engagé à déjeuner, j'y fus un jour, et m'y trouvai au milieu d'une dizaine de convives. Il habitait un élégant pavillon avec jardin, rue de la Boétie. « Vous savez, me dit-il, que votre couvert est mis ici *tous les jours* ». C'était vrai, et je n'étais pas une exception. Douze couverts étaient là tous les jours de l'année, servis d'un copieux et succulent repas. Il me sembla qu'un certain nombre de Polonais s'y regardaient comme chez eux. Les vins de Bordeaux, de Bourgogne, de Champagne, les liqueurs et les boîtes de cigares avaient beau jeu. L'excès de générosité peut avoir ses inconvénients; mais, à coup sûr, tout le monde le préférera au premier.

Oui, la variété est grande dans l'humanité, et le progrès marche.

Il a toujours marché. C'est une loi fondamentale de la nature. En feuilletant les documents relatifs à l'année 1867, où ces Mémoires nous ont conduits, j'ai retrouvé une petite brochure verte, publiée par la librairie Hachette, ayant pour titre : *Les Héros du travail.* C'est une conférence que j'avais faite à l'asile de Vincennes (et à l'Association polytechnique de Chaumont). On avait fondé là, en 1866, « sous le patronage de l'impératrice », des conférences populaires destinées à répandre l'instruction. Duruy n'était pas étranger à cette fondation, quoique le cléricalisme de l'impératrice s'accordât mal avec ses principes libéraux. On était, d'ailleurs, en bonne compagnie : Daubrée, Egger, Franck, Quatrefages, Waddington, Levasseur, Lapommeraye, Baudrillard, Comberousse, Perdonnet, etc. On recevait pour ces conférences, causeries d'une heure, soit un billet de cent francs, soit une jolie médaille d'or de la même valeur. Je choisis la médaille. Elle me fut volée dix ans plus tard, ainsi que d'autres objets plus ou moins précieux, par un locataire habitant au-dessus de moi, au sixième étage, et descendu sur mon balcon à l'aide d'une échelle ingénieusement attachée.

Plus d'un conférencier avait été quelque peu courtisan, l'impératrice étant la protectrice de ces réunions. Pour moi, je le fus comme d'habitude. Voici l'exorde de cette conférence patronnée par l'épouse du neveu de Napoléon :

Messieurs,

Il y a dans le monde deux sortes de gloires : l'une, plus éclatante, est acquise aux hommes ambitieux qui se placèrent à la tête des nations et, entraînant au loin des armées de combattants, surent répandre le sang de leurs frères, conquérir des provinces étrangères et établir leur puissance et leur nom sur une base redoutable : sur la raison du plus fort. L'autre gloire, plus modeste, appartient aux bienfaiteurs de l'humanité qui travaillèrent, non pour leur intérêt personnel, mais pour accroître la somme de nos connaissances, élever l'esprit humain et l'affranchir. C'est de cet ordre d'hommes que je désire vous entretenir aujourd'hui.

Je présentai ensuite à l'admiration de mes auditeurs les travaux de Copernic, Galilée, Képler, Newton, Bernard Palissy, Denis Papin, Laplace,

Lagrange, Vauquelin, Franklin, William Herschel, Jacquard, Philippe de Girard, Richard Lenoir, le marquis de Jouffroy, Fulton, James Watt, etc. C'était le panorama des grands travailleurs de la pensée.

Les conférences que je pouvais faire en divers points n'empêchaient pas la régularité bi-mensuelle de celles du boulevard des Capucines, dont le succès servit à répandre les connaissances astronomiques parmi les gens du monde. On écrivit nombre d'articles sur ces conférences, on les compara à certains cours du Collège de France qui n'ont qu'une dizaine d'auditeurs et parfois moins, venus là pour se chauffer, et dont les titulaires sont grassement payés par l'État, et cette comparaison me créa de nouveaux ennemis, ce qui, d'ailleurs, m'était parfaitement indifférent. Mais on revint souvent sur l'idée de voir fonder un cours d'Astronomie populaire au Collège de France. Et, en effet, il est étrange que véritablement l'Astronomie ne soit pas enseignée en France dans les chaires de l'État. On n'y enseigne que la Cosmographie et la Mécanique céleste.

La conférence dont je viens de parler n'a pas été réimprimée. Autant en emporte le vent. Mais le titre en a été pris depuis par Gaston Tissandier pour un de ses ouvrages. Les feuilles de papier sont faites pour s'envoler, comme celles des arbres. Depuis Gutenberg, les imprimeurs en ont jeté des milliards aux quatre points cardinaux. Combien survivent dans les bibliothèques?

XXIV

L'humanité intellectuelle et les livres. Le commerce de la librairie. Mon frère l'éditeur. — Déterminisme. — Etudes astronomiques. — Le Soleil et le magnétisme terrestre. — Les pierres qui tombent du ciel. — Le docteur Flamarion. — Strasbourg. — Erckmann-Chatrian. — Napoli. — L'Observatoire de Montsouris. — L'Exposition maritime du Havre.

La librairie est, assurément, le commerce le plus intellectuel de tous. Il met en relation avec les hommes de pensée, et il sème les idées sur le monde.

Comment mon frère, M. Ernest Flammarion, est devenu libraire — et l'un des plus célèbres et des plus estimés de Paris, — c'est là une question qui m'a été plus d'une fois posée, et à laquelle il m'est fort agréable de répondre. De quatre années plus jeune que moi, mon frère est devenu libraire parce que j'étais écrivain. La librairie académique Didier, qui publiait mes ouvrages, eut, un jour, besoin d'un employé pour remplacer un jeune homme peu assidu au travail, qui manquait d'enthousiasme pour le commerce. Celui-ci allait quitter la librairie, et, charmant garçon, d'ailleurs, postulait pour entrer au secrétariat de l'Institut, en quoi il réussit admirablement, protégé par l'illustre chimiste Dumas, secrétaire perpétuel de l'Académie des Sciences. Il ne tarda pas à recevoir la croix de la Légion d'honneur, puis à être promu officier, pour avoir rédigé presque gratis le catalogue d'une Exposition universelle, puis à recevoir une perception pour se reposer de ses longs travaux, etc. Mais à la librairie académique, on n'était pas satisfait de son service et l'on désirait des aptitudes commerciales plus marquées. Comme on m'en parlait, je répondis à mon éditeur que je connaissais précisément un jeune homme fort laborieux, sur lequel on pourrait absolument compter, car il était lui-même dans le commerce, mais dans une maison de commission, dont l'avenir ne lui paraissait pas certain et à laquelle il préférerait sûrement un établissement de l'importance de la librairie Didier.

— Il adore le commerce, ajoutai-je, et serait enchanté de pouvoir donner cours à ses aptitudes remarquables.

— Vous le connaissez donc bien, que vous en parlez avec une telle conviction?

— Assurément : c'est mon frère.

— Vraiment! Alors, présentez-nous-le dès demain.

Ceci se passait en 1867. Depuis cette époque, mon frère s'est associé, en 1874, avec le libraire de l'Odéon, Marpon, et a plané bientôt de ses propres ailes dans le ciel de la librairie parisienne.

Son travail personnel, son activité, son goût éclairé, lui ont assuré rapidement une place brillante, dans ce commerce qui est, comme nous le remarquions tout à l'heure, le plus intellectuel de tous. Les deux associés s'accordaient absolument, et sans la moindre réserve, ce qui est assez rare; Marpon, plutôt dilettante que commerçant, était fier de son choix, qui avait rapidement doublé, triplé, quadruplé, le chiffre de ses affaires; c'était un honnête homme, dans la plus large acception du mot, et lorsqu'en l'année 1890, il fut emporté par une mort prématurée, j'ai pu dire avec certitude sur sa tombe ces mots qui y ont été gravés : « Le caractère dominant de cet esprit était la bonté. »

Puisque je parle de librairie, c'est ici le lieu d'ajouter que la librairie de l'Odéon a pris un immense développement par la fondation de la maison d'éditions de la rue Racine, d'une part, sous la direction de mon frère, et, d'autre part, par le mariage d'un actif et intelligent employé, M. Auguste Vaillant, avec ma jeune sœur Marie, qui avait elle-même pris la charge délicate de caissière sous les galeries.

Ce mariage de sentiment a été parfaitement heureux à tous les points de vue, et l'activité infatigable et éclairée de mon beau-frère n'a pas tardé à constituer une maison d'affaires qui représente aujourd'hui des millions. C'est une oasis, dans laquelle, comme leurs cousins de la rue Racine, les enfants n'ont qu'à s'épanouir en suivant la voie si large tracée par l'énergie et la sagesse de leur père. D'ailleurs, élevés à ces écoles, ils ont tous l'amour du travail.

C'est ainsi que tout se tient dans l'humanité comme dans la nature. Si mon premier ouvrage, *la Pluralité des mondes habités*, n'avait pas obtenu le succès dont il a été entouré à la librairie académique Didier, mon frère ne serait pas devenu libraire, selon toute probabilité, ni ses fils, brillamment associés aujourd'hui à son activité, ni ma sœur, ni son mari, ni mes neveux, ni toute une pléiade d'employés dirigés aujourd'hui dans le développement de la même œuvre commerciale. Je ne suis pour rien dans ce magnifique développement : mais il est agréable de penser qu'une graine ayant germé sur une bonne terre a commencé un jardin fleuri et fertile. Et cette première graine elle-même, si c'est moi qui l'ai semée, c'est ce bon libraire Didier qui l'a recueillie et arrosée. Dans tous ces petits mouvements, quelle est la part du hasard, de la destinée, de la chance, et de la volonté personnelle? Laplace a dit, dans son *Essai philosophique sur les probabilités*, que tout se tient dans les événements les plus petits comme dans les plus grands, et que la volonté la plus libre n'agissant pas sans un motif déterminant, c'est une illusion de notre esprit de penser qu'elle s'exerce librement par elle-même. L'avenir, ajoute-t-il, est déterminé par les causes qui l'amènent, et celui qui connaîtrait ces causes connaîtrait l'avenir comme le passé. En admettant ce raisonnement, nous n'avons pas grand mérite, ni les uns, ni les autres. Telle est actuellement la doctrine qui règne dans les hautes sphères intellectuelles. Supprimons donc toute idée de mérite, mais constatons seulement que les événements s'enchaînant nécessairement, il est excellent d'avoir à leur origine une direction favorable.

J'avoue, toutefois, que je ne suis pas absolument de l'opinion de Laplace. Nous sentons en nous-mêmes une certaine faculté de penser et d'agir, d'étendre le bras, par exemple, devant nous, ou bien à droite, ou bien à gauche, ou autrement. Le savant mathématicien ne nous prouve par aucun argument que ce sentiment intime soit une illusion, comme il l'affirme, et non une réalité. Laplace, fils d'un pauvre paysan de Beaumont-en-Auge, s'est fait nommer comte par Napoléon, puis marquis par Louis XVIII. N'y a-t-il pas mis là un peu du sien? On peut répondre qu'il l'a fait par vanité, par ambition, poussé par sa propre nature. Cependant, si sa femme avait été la marquise de Brinvilliers, n'aurait-elle pas eu tort de l'empoisonner? Il y aurait lieu ici à une série de dissertations qui pourraient durer plusieurs années sans rien nous apprendre. Convient-il de partager l'esprit de fatalisme des Turcs? A quels progrès cet esprit les a-t-il menés depuis Mahomet? Quelle part ont-ils prise aux inventions modernes? Mais, laissons là cette insoluble question... Et pourtant encore, quand un apache vient à pas de loup derrière un honnête homme, qu'il ne connaît ni d'Eve ni d'Adam, et lui plante son couteau entre les deux épaules pour s'exercer la main, il me semble que cet assassin sait parfaitement qu'il commet une *mauvaise* action, et il me semble aussi qu'un passant qui se jette à l'eau pour sauver un être qui se noie sait parfaitement qu'il commet une *bonne* action. Mais, encore une fois, arrêtons-nous, la discussion étant sans fin.

Si l'on me demande mon opinion personnelle, je dirai que, pour moi, la volonté humaine existe et fait partie intégrante de la nature. C'est une force, qui agit concurremment avec toutes les autres dans la marche générale de l'univers.

Guizot me paraît avoir raisonné avec une parfaite justesse lorsqu'il a écrit les lignes suivantes : « C'est par l'activité, par cette activité infatigable, née du besoin d'étendre en tout sens son existence, son nom et son empire, que se fait reconnaître un homme supérieur. La supériorité est une force vivante et expansive qui porte en elle-même le principe et le but de son action, regarde, sans s'en rendre compte, le monde ouvert devant elle comme son domaine, et travaille à s'y répandre, à s'en saisir, souvent sans autre nécessité, sans autre dessein que de se satisfaire en se déployant. Elle agit, pour ainsi dire, comme une puissance prédestinée qui marche, qui s'étend, conquiert, subjugue, pour assouvir sa nature et remplir une mission qu'elle ne connaît pas ».

Contrairement à Laplace et aux partisans modernes du déterminisme fatal, je crois à une certaine indépendance relative de la volonté humaine et à la responsabilité. Assurément, notre indépendance n'est pas absolue, mais nous sentons parfaitement en nous-mêmes que nous pouvons agir plus ou moins bien ou plus ou moins mal; que nous pouvons être plus ou moins égoïstes, plus ou moins utiles ou nuisibles. L'esprit existe en soi; le sentiment fait partie de l'esprit.

Celui qui s'intéresse à la connaissance de la vérité, celui qui souhaite savoir quelque chose de la constitution générale de l'univers et entrer en communication avec la nature a devant lui un panorama sans bornes et ne sait vraiment en quelle direction arrêter avec préférence ses regards. L'astronomie, naturellement, s'impose, puisqu'elle seule nous apprend où nous sommes. Mais l'astronomie embrasse tout et rien ne lui est étranger.

Mon observatoire du Panthéon me permettait de faire quelques recherches personnelles intéressantes.

J'étudiai le Soleil, observai et dessinai ses taches, quoique alors on les considérât comme dépourvues d'intérêt, et que mon maître Babinet, de l'Institut, les qualifiât de « pont aux ânes ». Pourtant, la vie de notre globe et de ses habitants est suspendue aux rayons de notre astre central, et il est impossible d'observer sans intérêt ces taches solaires si variables, dont quelques-unes, cinq, six, dix fois plus larges que la Terre, manifestent des mouvements et des transformations dans lesquels on perçoit toute une vie sidérale formidable. Une autre question m'intéressa : la correspondance entre ces taches solaires et les mouvements de l'aiguille aimantée. Dès l'année 1864, j'admis cette corrélation comme certaine, m'étonnant de l'hésitation des astronomes français à l'accepter. L'avenir ne tarda pas à me donner raison. Il n'est pas douteux que le Soleil magnétise la Terre à 149 millions de kilomètres de distance! J'étais en correspondance avec les savants étrangers, et l'un d'eux, le professeur Zantedeschi, de Padoue, ancien ami d'Arago, publia le résultat de nos discussions sous le titre de *Lettere al D. C. Flammarion, intorno all'origine della rugiada e della brina* (Padova, 1864). Ce vénérable professeur, qui avait commencé ses expériences en 1829, voyait de l'électricité et du magnétisme dans tout, même dans la rosée et dans la gelée blanche.

Si le Soleil qui illumine et féconde notre planète est intéressant à étudier, il en est de même de toutes les étoiles, puisque chacune d'elles est un soleil. Et quelle variété! Je me mis à observer leurs couleurs, leur variabilité, et dans cet examen je comparai surtout les étoiles doubles. Ce sont de curieux systèmes de deux soleils conjugués gravitant l'un autour de l'autre et donnant aux mondes qu'ils peuvent régir les plus étranges alternatives de lumière et de chaleur. Cette étude sur les univers lointains devait me conduire, une dizaine d'années plus tard, à composer le premier catalogue des étoiles doubles en mouvement.

Ces années 1864-1868 furent marquées par de curieuses chutes d'uranolithes. Le 14 mai 1864, un bolide était tombé à Orgueil (Tarn-et-Garonne) et avait été ramassé tout brûlant; le 30 mai 1866, un autre était tombé à Saint-Mesmin (Aube), à 66 mètres de la guérite d'un employé du chemin de fer, qui en avait éprouvé la plus profonde émotion; le 25 août suivant, à 50 kilomètres au nord de la ville d'Aumale, en Algérie, un effroyable coup de tonnerre avait été suivi de la chute d'un aérolithe ramassé par un Arabe « tout surpris de ne pas être mort »; le 9 juin 1867, à Tadjera (Algérie), autre chute non moins sensationnelle; le 30 janvier 1868, un bolide éclata sur la ville de Pultusk, en Pologne, et jeta une quantité de projectiles (trois mille) au milieu de coups de canon formidables; le 11 juillet de la même année, chute d'une météorite à Ornans (Doubs); le 7 septembre, à Sauguis-Saint-Étienne (Basses-Pyrénées), pierre tombée du ciel, à 30 mètres de l'église, etc., etc. Ces phénomènes, accompagnés d'explosions sonores et fantastiques, souvent entendues à plus de cent kilomètres de distance, se posaient comme autant de points d'interrogation à résoudre. J'en fis des études spéciales, ainsi que des étoiles filantes, et je conclus que par les 146 milliards d'étoiles filantes qui tombent par an sur notre planète, celle-ci augmente lentement de masse et ralentit son mouvement de rotation.

C'est ainsi que j'étudiais tous les sujets astronomiques, ne sachant vraiment lesquels étaient les plus passionnants.

Et si toutes ces études occupaient mon esprit, je ne perdais pas de vue pour cela les circonstances qui m'étaient offertes de développer en des articles de revues la thèse soutenue par mon ouvrage *Dieu dans la Nature*, prouvant l'existence d'un esprit organisateur manifesté dans l'univers tout entier, harmonies du monde sidéral, plan de la nature, construction des êtres vivants, intelligence humaine. Avec une indépendance constamment opposée à mes intérêts, je m'éloignais des deux écoles extrêmes, la religion généralement acceptée, et la négation matérialiste, pour chercher dans la philosophie rationnelle se tenant à égale distance de ces extrêmes les lueurs de vérité apportées par le flambeau des sciences positives. Mais en n'appartenant ainsi à aucun parti, on risque de rester isolé, comme le voyageur qui s'élève vers le sommet d'une montagne pour examiner et juger tout ce qui l'entoure à distance. La devise de Jean-Jacques-Rousseau me restait chère : *Vitam impedere vero*, consacrer sa vie à la vérité. (Cette sentence, pouvons-nous remarquer en passant, est de Juvénal).

Plusieurs personnes ont exprimé leur étonnement de voir un astronome se préoccuper de questions qui paraissent étrangères à l'astronomie, quand cette science est déjà si vaste par elle seule qu'il est impossible de l'embrasser. L'explication est simple, pourtant. Un esprit synthétique, qui voudrait tout savoir, est peut-être dans l'illusion, et son premier devoir est l'humilité. Mais comment se défendre des attractions, puisque, comme nous le remarquions plus haut, tout se tient dans la nature? L'astronomie sans la philosophie serait incomplète. Le temps, l'espace, la vie d'une planète, d'une humanité, d'une âme, c'est de l'astronomie. Il faut que les vérités s'accordent entre elles. De là l'obligation de tout regarder, tout au moins, si l'on ne peut tout analyser. Seulement il faudrait vivre plusieurs siècles. Contentons-nous de notre sort. Le moyen, d'ailleurs, de faire autrement?

Le système du monde physique est le cadre du système du monde moral; il est impossible de concevoir exactement celui-ci en dehors du premier. L'univers est une unité. De là une immense complexité d'études sans fin pour celui qui veut vivre dans la vérité.

Si la culture des sciences satisfait noblement notre esprit, les souvenirs du cœur n'en sont pas moins agréables pour cela. Je fis connaissance, en 1867, d'un cousin alors étudiant en médecine à la Faculté de Strasbourg, Alfred Flamarion (v. la note de la p. 16). Il devait être, quelques années après, docteur en médecine, partir avec les armées pour la guerre franco-allemande, recevoir, en commémoration, la croix de la Légion d'honneur, s'établir médecin à Nogent, non loin de son pays natal, se consacrer, lui aussi, par une carrière différente de la mienne, au bien public, s'occuper un peu de politique pour aider au triomphe de la République, et devenir membre du Conseil général de la Haute-Marne. Il m'écrivit pour m'inviter à venir visiter Strasbourg avec lui, et je pus répondre sans retard à son invitation, ayant fait partie d'une commission destinée à examiner l'efficacité d'un frein électrique, le frein Achard, et ayant même été autorisé à conduire moi-même le train en certaines sections de la ligne de l'Est absolument droites, telles que celle de Frouard à Nancy. Je passai quelques jours dans l'antique cité alsacienne, et fis notamment l'ascension de la haute flèche, non sans un vertige très désagréable à la descente. Du sommet de la flèche, nous eûmes une curieuse illusion. Des nuages très bas s'étendaient sur les toits si pittoresques de la ville et glissaient en silence, chassés par un vent d'ouest. A un certain moment, il nous sembla que les nuages étaient immobiles, et que c'était la cathédrale qui glissait. Elle fuyait l'Allemagne pour se précipiter vers Paris. Nous ne pensions guère qu'elle devait être bombardée brutalement quelques années plus tard par les canons prussiens, et que ce beau pays d'Alsace devait être arraché à la France, sans la moindre consultation sur le sentiment de ses habitants, traités comme des troupeaux inconscients et taillables à merci.

Je viens de lire, dans une biographie écrite sur moi en 1891 par cet excellent ami, les lignes suivantes :

« Je me souviens avec émotion de nos trop courtes journées de Strasbourg, et je n'ai pas oublié non plus une excursion à Kehl, de l'autre côté du Rhin, à la fin de laquelle nous avons bu un vin blanc, appelé le *liebfraumilch*, dans des coupes que l'on brise ensuite afin que plus personne ne s'en serve. Mon cousin l'astronome était poète et ce vin l'avait frappé par son nom singulier.

« J'ai toujours conservé ce souvenir amusant. Dès mon arrivée à Paris, il m'avait engagé à venir à ses soirées du mercredi, et on savait qu'il y avait là des personnages connus, hommes de science, littérateurs, artistes et même hommes politiques. Je n'eus garde de manquer et, un des premiers mercredis, persuadé qu'il fallait se mettre en tenue de gala, je revêtis mon plus bel uniforme d'élève stagiaire du Val-de-Grâce : chapeau à claque, habit à queue, épée au côté. Quelle fut ma stupéfaction de trouver tout le monde dans la tenue la plus simple ! Comment ? ces grands hommes-là venaient en soirée comme à une simple causerie d'amis ! C'était bien cela ! Mais que d'esprit et de gaieté, que de science en même temps, au milieu de ce sans-gêne !

« Aucune pose. Tous collègues. Je revins souvent à ces réunions si cordiales et si instructives, mais non plus en tenue militaire : en simple jaquette. C'était déjà la République. »

Ce cher docteur Flamarion devait mourir prématurément. Né en 1844, il s'éteignit en 1896, victime d'une constitution trop délicate pour ses travaux multipliés et ses devoirs professionnels. Un monument élevé à Nogent par la reconnaissance de ses concitoyens conserve pieusement son souvenir.

En parlant de Strasbourg, j'aurais pu parler de la gare de l'Est. Je connaissais là deux hommes remarquables. L'un, chef du bureau des titres, était Chatrian, qui écrivit avec son confrère Erckmann les beaux livres populaires qui ont eu un si immense succès. ERCKMANN-CHATRIAN : aucun lecteur ne se doutait qu'il y avait là deux collaborateurs différents, deux auteurs, longtemps réunis comme deux frères, mais qui devaient, hélas ! après la guerre, pour des raisons certainement insuffisantes, se séparer cruellement. L'autre, chef du service électrique, s'appelait Napoli, et n'avait, en son genre, pas moins de valeur que Chatrian. Il était électricien et inventeur par faculté native. C'était un esprit d'une finesse remarquable, d'une indépendance très rare, et un cœur excellent. Peu courtisan. Pauvre, naturellement. Un jour qu'il s'était rendu dans la capitale de l'Autriche avec un congrès officiel, et que l'empereur d'Autriche recevant les congressistes, adressait un mot aimable à chaque savant venu le saluer :

— Monsieur Napoli, fit-il, qu'est-ce qui vous a le plus frappé pendant votre séjour à Vienne?

— Les femmes, Sire !

— Vraiment?

— Oui, Majesté, les Viennoises sont épatantes.

C'était parler sans fard.

Napoli était un Napolitain d'origine pifférarienne, se souciant peu du protocole. Artiste jusqu'au bout des ongles. Le travail, les privations, minèrent assez vite sa santé. Il n'était pas fait pour travailler, quoique plein d'entrain et d'imagination. Il aimait, il adorait sa femme, à ce point qu'il sut prolonger sa vie uniquement pour elle. En effet, elle ne pouvait avoir droit à une modeste retraite de la compagnie de l'Est que s'il arrivait à en avoir une lui-même, et il ne pouvait l'obtenir qu'à cinquante ans. Il mourut à cinquante ans et deux jours.

Le premier buste qui avait été fait de moi par le statuaire Guerlain, en 1866, lui avait été offert par l'artiste. Il me faisait présider, en effigie, aux réunions amicales qui se tenaient dans son atelier, où les recherches sur les applications de l'électricité étaient coupées par des discussions métaphysiques sur le spiritisme et l'immortalité de l'âme.

A l'Observatoire de Paris, les services grandissants de la Météorologie menaçaient de nuire aux travaux astronomiques. Plusieurs savants pensaient que l'heure était venue de séparer ces services. M. Charles

Sainte-Claire Deville, M. Renou, M. Marié-Davy, furent d'opinion (sans bien s'entendre, toutefois), de fonder un observatoire météorologique indépendant, et M. Duruy concéda à la ville de Paris le kiosque du bey de Tunis inutilisé depuis la fermeture de l'Exposition de 1867. M. Alphand créa un très beau parc sur les terrains vagues de la butte de Montsouris, à 1.600 mètres au sud de l'Observatoire national, et ainsi fut fondé l'observatoire de Montsouris, spécialement consacré à la météorologie. On était alors là en pleine solitude de campagne. Une mire de la méridienne de l'Observatoire, élevée là au temps de Napoléon, y faisait, au sud, le pendant de celle de Montmartre au nord. Il y avait un grand trou dans l'inscription, le gouvernement de la Restauration ayant voulu y supprimer le nom de l'ogre de Corse, et ce trou grotesque n'avait pas été comblé, malgré le retour des cendres, ni par Louis-Philippe ni par Napoléon III. Il en est encore de même actuellement.

Dans le cours de l'année 1868, la ville du Havre offrit au monde le spectacle d'une magnifique Exposition maritime internationale. Toutes les gloires de la Marine, ainsi que les singulières productions de la mer y étaient représentées, modèles de navires, appareils, instruments d'observation, câbles sous-marins, cartes nautiques, courants océaniques, animaux marins, aquarium largement peuplé, etc. Le nombre des exposants s'élevait à sept mille. Ce n'était pas, assurément, une imitation rivale de l'Exposition universelle de 1867, à Paris, mais ce récent et éclatant souvenir ne l'éclipsait pas. Elle fut ouverte au mois de mai. Les exposants réunis me nommèrent président du jury de la classe des sciences, et l'on peut voir dans la première édition de mon ouvrage *Contemplations scientifiques*, publiée en 1870, le Rapport dans lequel j'ai discuté les principaux sujets de cette Exposition. J'y essayais surtout de mettre en évidence les inventeurs incompris et de rendre justice à tous les travailleurs. On m'avait élu président du jury, non assurément pour ma valeur personnelle, mais plutôt, me semble-t-il, comme une sorte de protestation contre M. Le Verrier, qui venait encore de faire des siennes.

Il y avait au Havre un observatoire, situé à peu près à la place actuelle de l'hôtel Frascati. Il était élégant, d'un joli style Louis XIV, et assez bien monté. Son propriétaire et directeur était un savant dévoué au progrès et à l'instruction publique, M. Colas. Mais cet établissement portait ombrage à M. Le Verrier, parce qu'il n'était pas sous ses ordres, et un jour que M. Colas était venu à Paris pour se plaindre au Ministre et attendait une sanction de ses justes griefs, l'irascible et puissant directeur de l'Observatoire de Paris trouva moyen de... faire vendre cet établissement! y compris les meubles, et fit si bien jouer le télégraphe qu'à son retour au Havre, M. Colas n'y retrouva plus que son lit, deux chaises et une table. Comment l'adroit sénateur s'y était-il pris? Je l'ai oublié, mais je me souviens qu'il avait mis le sous-préfet de connivence, et y avait même associé le nom de l'empereur. La vente s'était faite « par ordre supérieur ». Cet observatoire n'a pas été remplacé, ses instruments ont été dispersés, et l'un d'eux, la lunette méridienne de Gambey, est placé depuis l'année 1888 à mon observatoire de Juvisy.

Sans revenir sur les curiosités de cette exposition

du Havre, j'en signalerai cependant quelques-unes de fort intéressantes.

Il y avait une vitrine projetant tout autour d'elle des feux singuliers. C'était une exposition complète de diamants blancs et jaunes, réfractant devant les yeux éblouis les vives nuances colorées du spectre solaire, et projetant, sous le regard mobile de l'admirateur, des feux d'une vivacité, d'une pureté toute stellaire. Pourtant ce n'étaient pas là de vrais diamants. « Tout ce qui brille n'est pas or », dit un vieux proverbe. Il faut croire que l'art imitera bientôt tout ce que la nature a formé, et qu'on s'y trompera même sur les diamants. Ces pierres si étincelantes étaient les *strass inoxydables* de M. Feil, possédant la densité et la dureté du diamant. L'identité était si par faite que plusieurs lapidaires experts s'y sont trompés! Ce furent là, je crois, les premiers diamants artificiels, fabriqués à la suite de laborieuses expériences par le savant opticien de Choisy-le-Roi, qui ne tarda pas à leur adjoindre des rubis, des saphirs, des émeraudes, des topazes, non moins remarquables.

Je ne voudrais pas oublier non plus un gigantesque baromètre, le baromètre à cadran de M. Richard, qui mesurait 3 mètres de circonférence. Sur un tel cadran, les moindres variations atmosphériques étaient sensibles, et au lieu d'épier un mouvement de quelques dixièmes de millimètre, comme on doit le faire sur un baromètre ordinaire à mercure, l'œil était immédiatement frappé des sauts de plusieurs centimètres que faisait sur sa gigantesque circonférence la longue aiguille de cet anéroïde.

Un travailleur persévérant, mort à la peine au

moment où sans doute il allait recueillir le fruit de ses longs efforts, Auguste Chevalier, était représenté à l'exposition du Havre par sa *planchette photographique*, destinée à remplacer par un jeu fort simple les laborieuses opérations nécessaires jusqu'alors au lever des plans. Faire le levé d'un pays, c'est prendre les éléments de la projection horizontale des divers points de son relief. On s'attache d'abord aux points les plus saillants supposés liés entre eux trois à trois par des droites formant un réseau continu de triangles. Puis on mesure directement l'un des côtés et les angles des triangles, après quoi on calcule les longueurs de tous les côtés. Enfin on détermine par des opérations analogues les projections des points secondaires. La planchette photographique fait tout ce travail, dirigée par un individu quelconque qui sache simplement faire de la photographie et prendre un niveau.

Le colonel Laussedat a illustré depuis ce genre d'opérations.

L'excellence d'une invention n'est pas toujours une raison suffisante pour sa réussite, et, osons l'avouer, c'est quelquefois une raison défavorable lorsqu'elle a contre elle des inventions moins bonnes, mais puissamment soutenues, et des intérêts particuliers à combattre.

Ne quittons pas ce souvenir de l'exposition du Havre sans une visite à l'*aquarium*, où l'on pouvait, sans péril et à l'abri des ondes, admirer le merveilleux monde de la mer surpris dans ses mœurs les plus intimes par l'œil indiscret de l'observateur. Les anémones, fleurs animées, y rêvent, assoupies aux frontières du règne animal ; les zoophytes font songer à l'origine de ce règne sur le globe terrestre ; les pieuvres boursouflées allongent leurs tentacules vers les crabes gauches et stupides qui vont se livrer à un pouvoir qui les suce et les absorbe ; le petit cheval marin nage debout en agitant sa nageoire demi-circulaire, observant avec noblesse et fierté ce qui se passe autour de lui : cet hippocampe qui s'élève dans son élément, en manœuvrant sans fatigue sa petite nageoire dorsale, offre le plus beau spécimen terrestre de la locomotion aérienne naturelle dont les hommes doivent être doués sur des planètes plus agréables que la nôtre, sans déroger à notre attribut essentiel célébré par les deux vers les plus connus d'Ovide. J'ai devant moi un de ces élégants hippocampes, mort de nostalgie, je crois. Sous les ombres de la mort, il garde encore l'attitude sévère et distinguée qui le caractérise, et sans être embaumé, il conservera pendant des années cette belle figure et cette taille aristocratique. Bien des hommes ne pourraient pas en espérer autant !

Je revins au Havre en octobre, pour la distribution des récompenses. Entre mes deux visites, j'étais allé admirer et étudier les splendeurs de la Suisse, paysages fertiles et grandioses, alpes sublimes, lacs enchanteurs. Mais en traversant la Haute-Marne, sur la route de Paris à Bâle, je m'étais arrêté quelques jours auprès de mon grand-père et de ma grand'-mère, et j'avais fait avec un érudit et excellent camarade d'enfance, Joseph Legrand, en villégiature dans sa maison de campagne de Bourmont, un pèlerinage à Domrémy, à la maison natale de Jeanne d'Arc.

XXV

La maison de Jeanne d'Arc. — Domrémy. — La Meuse. — Voyage en Suisse. — Les ennemis de l'idéal : Arthur Ranc, Paschal Grousset. — Un grand esprit méconnu : Charles Cros. — Allix et les escargots sympathiques. — Scandale littéraire à l'Institut de France : Michel Chasles et ses autographes. — Conférences en Belgique. — Surprises de l'électricité.

Domrémy est à 33 kilomètres de Bourmont : c'est une visite de voisinage, les relations sont assez fréquentes. Je me souviens que lorsqu'on voulait planter des artichauts dans le potager de mon grand-père, on allait les chercher dans le jardin de la maison de Jeanne d'Arc, où ils avaient la réputation d'être excellents. Le trajet de Bourmont à Domrémy est charmant en voiture et le long de la vallée de la Meuse (il n'y avait pas alors de chemin de fer le long de la Meuse), parmi les prairies verdoyantes et fleuries, entre des bosquets d'arbres variés, peupliers, hêtres, frênes, et des coteaux boisés de chênes, d'ormes, d'acacias, de sapins. Une curiosité naturelle se montre sur la route même et sans détour : la Meuse se perd, près du village de Bazoilles, descend sous terre, est remplacée par la prairie, et reparaît plusieurs kilomètres plus loin. La ville de Neufchâteau, qui n'était pas alors un assemblage de casernes créé par les exigences de la défense nationale, s'élevait gracieusement au-dessus de la vallée. On arrivait au village de Domrémy, pauvre agglomération d'une centaine de maisons, et à l'antique demeure de la vierge sublime qui sauva la France de la domination anglaise.

Ce village de Domrémy est bien français, comme son nom l'indique, et appartenait à la Champagne, juste sur la frontière de la Lorraine. Il est singulier que l'on se soit imaginé que la Pucelle d'Orléans était Lorraine.

On ne peut visiter cette humble demeure sans une émotion profonde. Ces murs qui l'ont vue naître (*), cette chambre où elle a vécu, cette fenêtre par laquelle ses regards cherchaient le ciel, cette petite église où elle a prié, ce cimetière où elle espérait reposer, cette rivière le long de laquelle elle rêva, ce coteau sur le versant duquel elle gardait les brebis, la crête boisée du *Bois chesnu*, la fontaine des fées, à mi-côte, et, près de sa maison, le jardin paternel où elle entendit ses premières voix, la petite rivière de Meuse, qui coule silencieusement, tout cela nous transporte au temps de l'un des épisodes les plus extraordinaires de l'histoire de France et de l'histoire de l'humanité tout entière.

L'Église catholique vient de réparer le crime commis en son nom, par le cardinal Winchester et

(*) La maison de Jeanne d'Arc a été restaurée religieusement par les soins du roi Louis XI, en se servant des mêmes matériaux.

l'évêque de Beauvais, Cauchon, d'infâme mémoire, en béatifiant la pauvre martyre. Mais il y a longtemps que tous les honnêtes gens l'honorent. Le jour même du supplice, lorsqu'on eut jeté à la Seine les cendres de son corps, un secrétaire du roi d'Angleterre parlait tout haut en revenant : « Nous sommes perdus, disait-il, nous avons brûlé une sainte. »

Dix mille hommes pleuraient.

Jeanne d'Arc était plus que sainte. Nous devons voir en elle un être tout à fait supérieur, doué de facultés transcendantes. Il serait difficile de trouver, en aucun livre, plus de sagesse, plus de justice, plus de finesse, plus d'intuition, que dans les réponses qu'elle donne à toutes les insidieuses questions qui lui furent posées depuis le premier pas de sa carrière, jusqu'à son diabolique procès et à sa mort. Des juges intègres eussent été dans l'impossibilité absolue de la condamner. Mais au-dessus de cette immuable sagesse, il y avait des facultés d'un ordre surhumain, de suggestion, de divination, de prémonition, qui commandaient aux êtres et aux choses. Ce sont les forces psychiques établies d'autre part par les études dont nous avons parlé. L'héroïne de Domrémy nous prouve une fois de plus que la matière n'est qu'une apparence grossière. L'âme est au fond, l'âme, émanation de l'Être infini, mystérieuse et inconnue comme lui.

En allant de Domrémy aux Alpes, des Vosges en Suisse, je restais dans les hauteurs. Les hauteurs de la pensée sont plus élevées encore que les montagnes. Mais quelle sublimité que ces altitudes perdues dans le ciel et couronnées de neiges éternelles ! La Jungfrau, la célèbre vierge des Alpes, m'attira la première, et je me rendis d'abord à Interlaken.

Ce voyage me fit parcourir une partie de cette admirable contrée, étudier les montagnes, contempler les glaciers des Alpes, les vallées verdoyantes, les lacs alors silencieux et solitaires. On est là en communion directe avec la nature. Les paysages nous parlent et nous instruisent, et les habitants, simples et honnêtes, étaient comme les échos tranquilles de l'enseignement de la nature. Aujourd'hui, avec l'extension des chemins de fer, la profusion fantastique des hôtels, leurs prix devenus inabordables, l'exploitation des voyageurs par un peuple de laquais affamés, le partage des plus beaux sites, l'invasion des Anglais et des Américains, on ne trouve plus guère de solitudes, tout y est arrangé artificiellement, et la nature semble s'être graduellement éloignée pour faire place aux conventions mondaines. Ce n'est pas un progrès.

Un voyage dans les Alpes est une instruction à la fois géographique, climatologique, botanique, météorologique. C'est un livre plein d'enseignements.

A mesure que nous nous élevons, traversant des zones de température moyenne décroissante, nous remarquons la série des arbres et des plantes, qui se succèdent suivant le climat des zones, et nous faisons en huit ou dix heures un voyage vers le froid, absolument semblable à celui que nous pourrions entreprendre en nous dirigeant vers les pôles. Dès qu'une montagne dépasse, en nos climats, dix-huit cents, ou deux mille mètres, l'ascension fait passer en revue la curieuse succession des végétaux, jusqu'à leur disparition complète.

Parfois, comme au Righi, les sapins qui règnent

seuls à la dernière limite s'arrêtent tout d'un coup en se rapetissant soudain, et diminuent si vite sous l'action du climat, qu'à la hauteur d'un seul sapin au-dessus d'arbres encore fort respectables, on ne trouve plus que des arbustes et de la broussaille.

Parfois, comme au Saint-Gothard, après avoir gravi pendant des heures entières des roches dénudées et stériles et suivi les abîmes d'un désert sauvage sillonné par les torrents aux chutes retentissantes, après avoir laissé les bancs de glaces s'éclipser derrière les crêtes déchirées, on arrive sur de verts pâturages, arrosés par une eau cristalline et déployés comme d'opulentes prairies sur ces plateaux élevés.

Mais là encore un grand contraste attend l'œil observateur. Ces verdoyantes prairies s'étendent jusqu'aux noirs rochers ou jusqu'aux neiges éclatantes sans qu'un seul arbre vienne y donner son ombre, et sans que nul rameau au tremblant feuillage y appelle la douce rêverie et le repos.

Ce qui frappe le plus profondément l'esprit humain dans la nature de ces géants de pierre, debout devant les nations, c'est l'œuvre qu'ils accomplissent en silence dans leur immobilité séculaire.

Rois de l'Atmosphère, frères de l'Océan, c'est à eux qu'est réservé le soin de distribuer à la terre la sève des existences.

Les nues élevées du sein des mers vont se condenser à l'état de neige sur les cimes alpestres qui les arrêtent, et successivement amoncellent une eau solide, qui résiste là-haut au tourbillon de la nature. Ici et là les bancs de glaces assoupis dans les hauteurs silencieuses se réveillent ; une source gazouille, et toute jeune, fraîche, infatigable, se trace un chemin en chantant. Elle appelle ses sœurs, et voilà que plusieurs minces filets d'une eau argentée se réunissent et courent ensemble vers les belles campagnes que déjà l'on aperçoit. De crête en crête ils jaillissent et tombent en cascades neigeuses, et de roc en roc descendent jusqu'aux plateaux où naissent les torrents écumeux. Voici des lacs transparents encadrés de leurs montagnes. Les nuages s'y mirent en passant — nuage et lac ne sont-ils pas jumeaux?

Les rives escarpées balancent sur leur miroir les rameaux des plantes, et leurs rochers nus y reflètent leurs flancs sauvages. Mais l'eau continue de chercher les plaines basses, qui l'attirent sans cesse. Elle forme alors ces cours d'eau qui jouent un si grand rôle dans l'histoire politique des nations comme dans l'histoire naturelle du globe.

Les voyages instruisent en reposant la pensée. Malheureusement, ils ne peuvent pas toujours durer. En rentrant à Paris, je repris avec une nouvelle ardeur mes travaux, mes recherches astronomiques, mon cours de l'école Turgot, mes conférences.

***

Le succès des conférences du boulevard des Capucines m'avait fait plusieurs ennemis intéressants, notamment Paschal Grousset et Arthur Ranc, qui me lançaient de temps en temps, dans leurs journaux, de petites flèches qu'ils croyaient empoisonnées. Ils affirmaient que tous les hommes sont égaux, que les idées anarchistes doivent être imposées au nom de la liberté, que Dieu et l'âme sont des mots, et que les écrivains qui donnent à ces mots un sens réel sont des comédiens. Soupçonneux, atrabilaire, mécontent de tout, Ranc avait pour maxime : « On ne discute pas avec ses adversaires, on les supprime. » Ces deux démagogues ont été un peu plus tard remarquablement intransigeants dans le pseudo-gouvernement de la Commune. Ils furent condamnés à mort, puis se firent nommer, le premier député socialiste de la Seine, le second sénateur non moins socialiste et non moins radical. Pour moi, socialiste d'un autre ordre, je ne reconnus en eux que des sectaires intolérants, ne répondis jamais un mot à leurs attaques, les considérant comme les plus grands adversaires du progrès, et comme les préparateurs de toutes les réactions. Supprimer l'idéal, c'est enlever l'air aux poumons. Nous tenons tous à respirer. Sans 93, la France n'aurait pas eu l'empire, Bonaparte n'aurait pas fait place à Napoléon, la République aurait duré, et l'Europe entière serait républicaine.

J'aimais amener des orateurs nouveaux à la salle des Capucines, et un jour je voulus y faire parler un camarade, Charles Cros, esprit fort original et d'une valeur généralement incomprise. Il était né la même année que moi, et nous nous étions liés d'une amitié très vive, voyageant souvent dans les mêmes régions intellectuelles. Lorsqu'après la guerre on organisa en France une armée nationale, avec réservistes et territoriaux, il se trouva que notre classe fut la première exempte d'un service militaire quelconque, et en rentrant de la mairie de Montrouge à Paris pour partager le même déjeuner, nous devisâmes à perte de vue sur l'arrêt produit dans la marche de l'humanité par la réussite de l'ambition bismarckienne. Poète à ses heures, l'auteur du *Coffret de Santal* cultivait les sciences, et surtout l'astronomie, partageant entièrement mes convictions sur l'habitabilité des astres. En physique, il inventa le phonographe et un ingénieux procédé de photographie en couleurs. C'était

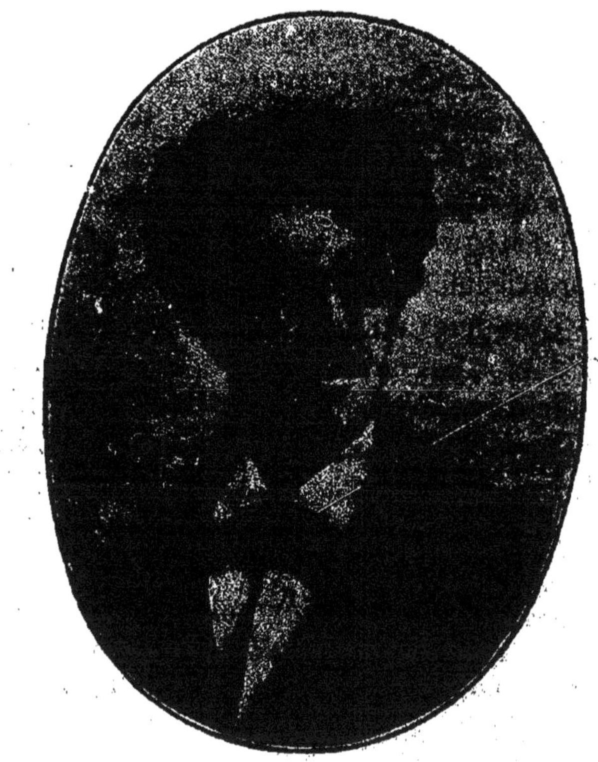

CHARLES CROS (1842-1888)

une véritable joie spirituelle de causer avec lui ; son audace avait des ailes frémissantes, et parfois il paraissait se perdre tout à fait dans les abîmes infinis. Nous essayâmes ensemble d'obtenir par les expériences spirites quelques clartés sur l'habitation des autres mondes, sans aucun résultat. Au mois de mai 1869, après avoir discuté sur la possibilité d'une communication optique entre la Terre et les autres mondes, je l'invitai à venir parler à la salle du boulevard des Capucines. A la fois audacieux et timide, il n'accepta qu'à la condition que je le présenterais à mon auditoire habituel. Un samedi donc, j'abrégeai ma conférence pour lui laisser une bonne demi-heure et j'eus le grand plaisir de faire cette présentation.

J'ai publié cette conférence dans mon petit livre *Excursions dans le ciel;* mais le sujet est trop curieux pour que je n'en dise pas ici quelques mots.

Il s'agirait de produire, avec des foyers électriques, une étoile artificielle, qui, vue de Mars, serait de huitième grandeur au moins et pourrait être, par conséquent, parfaitement aperçue des astronomes de Mars, en supposant qu'ils existent et qu'ils aient des yeux et des instruments analogues aux nôtres.

Voici le raisonnement de Charles Cros :

§ 1. Imaginons que les hommes ont réalisé le projet. Les habitants de la planète Vénus ou ceux de Mars peuvent apercevoir, sur le bord obscur du disque de la Terre, un point lumineux. C'est le signal que leur adressent les hommes de la Terre.

Ceux qu'on interrogera de la sorte penseront peut-être tout d'abord que le point lumineux est ou un volcan en activité ou tout autre effet optique inexpliqué, en un mot, un phénomène naturel où ne se manifeste d'autre volonté que l'insondable Volonté universelle. Par suite, si le signal restait ainsi, comme un point immobile et continuellement brillant, rien n'empêcherait qu'on le considérât comme un nouveau fait d'astronomie, digne d'être remarqué et enregistré ; voilà tout.

§ 2. Il importe donc que le signal n'ait pas ce caractère mais qu'il subisse des modifications telles que son origine *voulue* et son but ne restent pas douteux.

Ces modifications seront tout simplement des intermittences spéciales que nous allons déterminer.

§ 3. La première notion à échanger est celle d'une *numération*.

Or, les premiers signaux doivent être tels qu'ils aient un caractère en quelque sorte *vivant* et qu'ils expriment la loi de la numération dont on se servira ultérieurement.

Les chiffres élémentaires seront : l'éclair simple, l'éclair double, triple, etc.

§ 4. Si l'on se borne à trois signes élémentaires, voici l'ordre des apparitions, tel qu'il devra être dans les premiers signaux : les apparitions sont représentées par des points dont les intervalles sont proportionnels aux durées des disparitions :

.   . .   .
. .   .   .
. . .   .   etc., etc.

C'est-à-dire :

1, 2, 3 ; 1-1, 1-2, 1-3 ;
2-1, 2-2, 2-3 ;
3-1, 3-2, 3-3 ; etc.

L'étude la plus sommaire de cette série révèle sa loi. C'est une suite de groupes différents composés de un, de deux, de trois termes élémentaires, et ainsi de suite ; et ces termes élémentaires sont de trois espèces seulement : l'éclair simple, l'éclair double, l'éclair triple. Ils se substituent les uns aux autres dans tel terme des groupes consécutifs, suivant leur ordre de grandeur. Ce système peut se continuer indéfiniment et servir de cette manière à représenter la série des nombres naturels.

. . . .

Ici l'auteur entre dans des détails géométriques indiquant différents moyens de rendre cette communication pratique. Sans y insister davantage, j'ai tenu à rappeler à mes lecteurs cette création imaginaire de l'ingénieux esprit de Charles Cros.

La description du phonographe inventé par lui a été déposée à l'Académie des Sciences le 30 avril 1877, sans que l'on y prêtât grande attention, malgré tout son intérêt. Il manquait un constructeur, c'est-à-dire un capitaliste. Sept mois après cette présentation, le 16 décembre 1877, l'Américain Edison prenait position devant la même compagnie. Edison y trouva la fortune et la gloire ; Charles Cros mourut pauvre et presque méconnu.

Cet esprit si original était un véritable génie, dégagé d'ailleurs, il faut l'avouer, de toutes les conventions sociales, vivant en pleine liberté. Le souvenir me revient, en même temps, d'un esprit imaginatif, de valeur beaucoup moindre, Jules Allix, dont j'ai déjà cité le nom à propos des expériences spirites de Victor Hugo à Jersey, auxquelles il assista, et qui a été depuis membre de la Commune, condamné à mort, et ne s'est éteint que récemment, au dernier terme de la vieillesse, dans son pauvre domicile de la rue Tiquetonne. Simple rêveur, Allix a été l'inventeur des « escargots sympathiques » qui ont fort réjoui Paris il y a une soixantaine d'années. Mon ami le poète Auguste Dorchain, qui a rencontré chez moi, à Juvisy, cet étrange inventeur, raconte si bien cette histoire, que je lui laisse la parole, en supprimant la trop flatteuse relation de cette rencontre.

« Vous désirez, je suppose, établir la communication entre Paris et Bordeaux. Vous vous procurez, l'un pour Bordeaux, l'autre pour Paris, deux pianos pareils, de vingt-cinq notes chacun, et dont chacune des touches sera marquée de l'une des vingt-cinq lettres de l'alphabet. Préalablement, vous vous serez procuré cinquante escargots, que vous aurez accolés, deux à deux, par l'orifice de la coquille, afin qu'ils se puissent bien imprégner de leurs fluides mutuels. Lorsque vous sentirez qu'une sympathie profonde s'est, de la sorte, établie entre les deux conjoints, vous les disjoindrez et vous placerez chacun d'eux sur la touche correspondante des deux claviers. Vingt-cinq touches de chaque poste ainsi garnies, il ne vous restera plus qu'à vous servir du télégraphe, et ce sera très simple. Voulez-vous, par exemple, transmettre la lettre B, vous frapperez, à Paris, la touche B; l'escargot B, qui, comme tous ses collègues, est sensible à la musique, sortira aussitôt ses cornes pour exprimer sa satisfaction; et, maintenant, ai-je besoin d'ajouter qu'à la même seconde, par sympathie, l'escargot B de Bordeaux sortira ses cornes de même? »

Jules Allix, ai-je dit, n'était qu'un rêveur inoffensif. D'illustres savants peuvent parfois en arriver là, comme nous allons le voir.

Un scandale littéraire et scientifique d'une audace inouïe sortit des Comptes rendus de l'Académie des Sciences en 1867, et dura jusqu'en 1869. Le géomètre Michel Chasles, membre de l'Institut, ouvrit le feu à la séance du 8 juillet 1867. Amateur d'autographes, dupé par un faussaire, il présenta successivement à l'Académie de prétendues lettres de Pascal et de Newton, tendant à prouver que Pascal avait devancé Newton dans la découverte de la gravitation universelle. A chaque séance hebdomadaire, il pleuvait sur le bureau de l'Académie des autographes de Pascal, de Galilée, de Boulliaud, de Cassini, de Huyghens, de Montesquieu, de Bernoulli, de Fontenelle, de Maupertuis, de Leibniz, de Louis XIV, etc., la plupart en contradiction complète avec la vérité historique. Le faussaire était parvenu à vendre au naïf académicien, pour la somme rondelette de

150.000 francs, 27.320 pièces prétendues autographes émanées de 660 personnages différents. Sur ces lettres fantastiques, il y en a de Thalès, de Pythagore, d'Anaximène, de Sapho, d'Alexandre le Grand, d'Archimède, de Cléopâtre, de Jules César, de Vercingétorix, de Lazare le ressuscité à Saint Pierre, de Marie-Madeleine, de Caligula, etc., le tout *en français!!* On ne sait vraiment lequel est le plus admirable ici, de l'audace du faussaire (Vrain Lucas) ou de la crédulité du savant géomètre. Thalès, Pythagore, Jules César, Lazare, écrivant en français! Pour les autographes du roi Dagobert, de Charlemagne, d'Alcuin, de Grégoire de Tours, passe encore, si l'on n'y regarde pas de trop près ; mais pour les Grecs, les Romains, les Hébreux et les Gaulois, des pages écrites en langue française ne sont-elles pas du plus haut comique? La comédie dura jusqu'au 13 septembre 1869, date à laquelle Michel Chasles reconnut enfin ses illusions. Le Verrier, c'est une justice à lui rendre, prit la plus grande part au renversement de cette romanesque histoire.

Parmi les affirmations contenues dans ces papiers apocryphes, l'une m'avait spécialement frappé.

D'après ces manuscrits, Louis XIV aurait fait écrire par Cassini, le premier directeur de l'Observatoire de Paris, une biographie scientifique de Galilée, et le roi-soleil aurait écrit lui-même une notice sur cet astronome. Pour qui connaît l'ignorance de Louis XIV, la chose n'était guère admissible. Cette prétendue notice est imprimée tout au long dans les Comptes rendus de l'Académie des sciences du premier semestre de 1869. D'après elle, Galilée aurait découvert en 1639 la planète Uranus, qui, comme on le sait, n'a été découverte qu'en 1784, par William Herschel. Et même le nom d'Uranus aurait été donné à cette planète sur les indications de Louis XVI, qui aurait eu connaissance de la notice écrite par son bisaïeul sur les découvertes de Galilée. En 1639, Uranus se serait trouvé en conjonction avec Saturne, et dans la même constellation du zodiaque que lui.

Justement surpris de ces révélations stupéfiantes, j'eus la curiosité de rendre visite à M. Chasles pour lui demander à voir ces documents, puis de calculer les positions antérieures de Saturne et d'Uranus, et de construire pour chacune de ces deux planètes une carte représentant leur marche annuelle et séculaire le long du zodiaque. Ayant pu déterminer les positions des deux astres depuis l'année 1600 jusqu'à notre époque, j'ai facilement constaté que, contrairement aux assertions des documents, Saturne et Uranus ne se sont pas trouvés au même point du ciel en 1639, ni vers cette année-là. En 1639, en effet, Saturne traversait la constellation du Capricorne, et Uranus celle de la Vierge : il y avait plus de 90 degrés de distance angulaire entre les deux planètes. Ces deux astres s'étaient rencontrés en 1623, dans le Cancer.

Les lecteurs que la question intéresse trouveront cette figure des positions de Saturne par rapport à la Terre à la page 482 de mon *Astronomie populaire*. Je l'avais publiée d'abord dans le *Magasin pittoresque*.

M. Chasles, convaincu de l'authenticité de ses lettres de Galilée, datées de 1639, ne voulut pas se rendre à l'évidence que je lui faisais toucher du doigt, et continua d'acheter de faux autographes. Les lettres étaient fort habilement établies, jaunies par le temps, usées aux plis, avec indications postales, etc. Cependant, plusieurs de ces pastiches sont formidablement audacieux, entre autres celui que je reproduis ici pour la curiosité de mes lecteurs. C'est un défi de Jules César

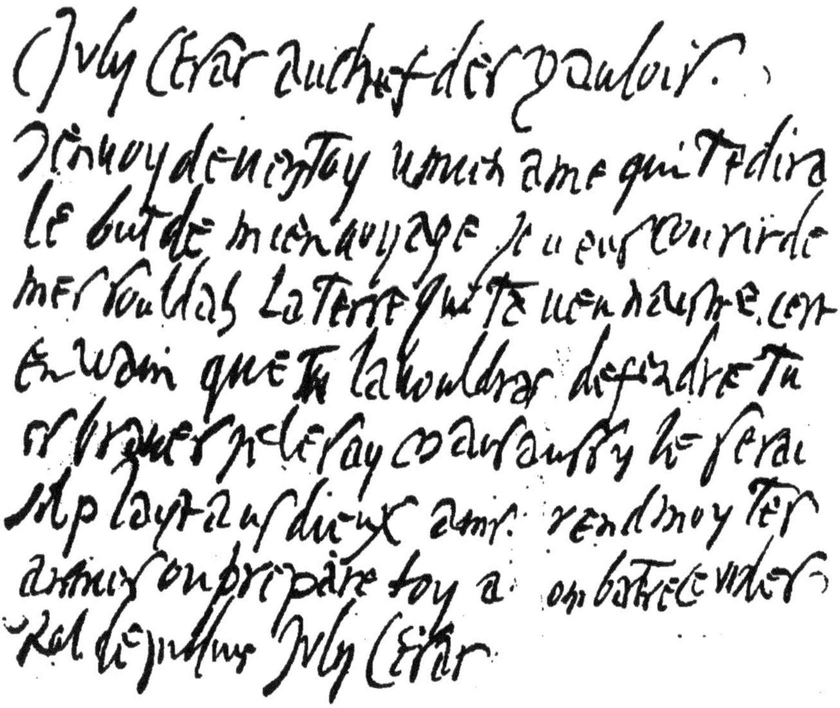

Prétendu autographe de Jules César.

à Vercingétorix, écrit en vieux français, ancienne écriture, bien imitée, qu'il sera plus facile de lire imprimée :

Julii Cesar au chief des Gaulois.

J'envoy devers toi un mien amé qui te dira le but du mien voyage. Je veux couvir de mes souldats la terre qui t'a veu naistre. C'est en vain que tu la vouldras défendre. Tu es braves, je le say; mais aussy le serai s'il plaît aux dieux. Ains rend moy tes armes ou prépare toy à combattre. — VI des Kal. de Jullius. JULY CÉSAR.

L'ignorance du faussaire est si crasse que non seulement il fait écrire César en français, avec des mots inventés longtemps après les Romains, mais encore qu'il lui fait signer *César* au lieu de *Cæsar* et employer comme date le mois de juillet, créé par Marc-Antoine en son honneur, après son assassinat et ses obsèques!

La conférence que je fis là-dessus au boulevard des Capucines, pour varier un peu mes sujets, eut un succès d'hilarité que je regrettai, car au fond, nous avions tous la plus profonde estime pour le savant géomètre et une véritable tristesse de sa sottise. Les savants sont honnêtes par leur nature même. Autrement il n'y aurait pas de science. Ils ne songent pas que l'humanité compte dans ses rangs des fourbes, des menteurs, des comédiens, des faussaires, des filous, des escrocs, et c'est à leurs dépens qu'ils l'apprennent dans l'expérience de la vie. Avouons cependant qu'il y a une limite à la crédulité.

Ces conférences du boulevard des Capucines, comme mon cours d'astronomie populaire à l'Association polytechnique, avaient ajouté à la notoriété de mes écrits celle de propagateur des mêmes enseignements par la parole, et je reçus de nombreuses et pressantes invitations de venir donner des conférences en plusieurs villes de France, au Havre, à Rouen, à Lisieux, Evreux, Lyon, Marseille, Lille, Epernay, ainsi qu'à Bruxelles, Anvers, Ostende, Bruges, Gand, Verviers, etc. Malgré mes travaux de plus en plus accumulés, je m'y décidai. La Belgique m'accueillit avec un tel enthousiasme, que je me trouvai engagé à m'y rendre trois années de suite, en 1868, 1869 et 1870. A Bruxelles, je descendis d'abord à l'Observatoire, chez son vénérable et savant Directeur Adolphe Quételet, ancien ami d'Arago et de Humboldt. Quelle famille patriarcale! Que de souvenirs scientifiques! Son fils Ernest Quételet lui était associé pour les observations astronomiques. On doit à Adolphe Quételet des travaux considérables sur la météorologie, la physique du globe et la statistique. Les anecdotes étaient variées dans les conversations du soir. Je me souviens, la première nuit que j'y couchai, d'avoir trouvé un bonnet de coton sur mon oreiller. Le lendemain au déjeuner, le célèbre Directeur, qui était président de l'Académie de Belgique, me dit à brûle-pourpoint : « Vous couchez donc nu-tête ? — Mais oui, je n'ai jamais rien sur la tête, ni jour ni nuit, et même dans la rue, j'ai bien du mal à garder mon chapeau. — On voit que vous êtes d'une génération nouvelle. Autrefois on se croyait obligé de dormir avec un bonnet de coton pour ne pas s'enrhumer. Tenez! la première fois que M. Arago a couché ici, dans votre lit d'aujourd'hui, je le vis, en lui disant bonsoir, un peu embarrassé. Il n'avait pas vu le bonnet de coton. — Est-ce que quelque chose vous manque, monsieur Arago ? — Écoutez, répondit-il doucement. J'ai l'habitude d'avoir la tête couverte. — C'est comme moi, répliquai-je. Eh bien ? — Le voilà, fis-je, en lui montrant le fameux couvre-chef. Bonsoir, je vais mettre le mien ».

L'Observatoire de Bruxelles était alors dans la ville, près du jardin botanique, et peu à peu des maisons furent édifiées, qui enfermèrent le temple d'Uranie en un cadre trop étroit. Dès lors, l'Observatoire royal de Belgique dut émigrer à la campagne. Depuis l'année 1890, il est installé à Uccle, non loin de la capitale du petit royaume.

En 1869 et 1870, des invitations pressantes me

firent descendre chez de nouveaux amis, notamment dans la famille de Bassompierre, dans celle de Vauchez, le frère du secrétaire général de la Ligue de l'enseignement, et dans la famille Gillis, dont les équipages rivalisaient avec ceux du roi. D'autres souvenirs affectueux me rattachent, à Anvers, à l'astronome Adolphe de Boë, vénérable de la Loge, à la famille de Harven, à la famille Steenveld, et d'autres, à Verviers, à l'excellent Ernest Gilon, fondateur des Bibliothèques populaires. Quelles fêtes charmantes dans toutes ces villes si variées de la Belgique, quelles soirées, quelles fleurs vivantes, quel luxe de toilettes, — et surtout, ajouterai-je, quels dîners, surtout pour un convive qui a toujours été plus astronome que gastronome!

Oserai-je me souvenir qu'à Verviers, le vendredi saint est un jour de bombance « maigre » extraordinaire, formidable, pantagruélique, arrosée de vins succulents? Tout le monde sait, d'ailleurs, que les meilleurs vins de France se boivent en Belgique. Toutefois, cette manière de commémorer le jour anniversaire du supplice de Jésus m'a paru plus païenne que chrétienne.

Un souvenir d'Anvers ne peut vraiment être oublié. Il est beaucoup plus récent, et postérieur de plusieurs années à la guerre. Je recevais la plus gracieuse hospitalité dans la famille de Harven. Émile de Harven était un parfait gentilhomme, et Mme de Harven était la plus accomplie des maîtresses de maison, dirigeant tout avec un tact exquis, sans avoir l'air de s'occuper de rien. Elle dirigeait même, à elle seule, l'éducation et l'instruction de six charmantes filles, échelonnées de quatre à seize ans. Un matin, vers dix heures, j'entrai dans la salle d'études, et je vis six petits bureaux s'élevant en gradins l'un derrière l'autre, le plus petit en bas, le plus grand en haut, et les enfants écrivant une dictée de leur mère. A mon arrivée, elles se levèrent toutes, comme obéissant à une discipline correcte, et Mme de Harven m'invita à examiner leurs cahiers. Aucune école n'était assurément aussi bien tenue.

Les exigences de la vie ont jeté toutes ces jeunes filles dans le tourbillon du monde, loin du pays natal, depuis le Canada jusqu'au Japon. L'aînée, qui porte le nom de l'héroïne de la guerre de Troie et qui est aujourd'hui Mme Maurice Fouché, m'a raconté une histoire qui me parut d'abord incroyable. Mais, étant donnés son caractère et son inattaquable loyauté, je ne pouvais pourtant m'empêcher de l'admettre. Elle revenait d'un voyage au Canada. A Winnipeg, m'affirma-t-elle, l'électricité atmosphérique est à un haut degré de tension, les aurores boréales sont fréquentes (elle en a dessiné et peint plusieurs, de fort belles), et l'on peut allumer un bec de gaz en approchant simplement le doigt, d'où jaillit une étincelle.

Sarah Bernhardt m'avait déjà raconté le même fait ; mais plusieurs habitants du Canada m'avaient déclaré qu'il y avait certainement là quelque illusion, quelque erreur. Toutefois, le Canada est grand, plus étendu que l'Europe, et les citoyens de Québec et de Montréal peuvent ignorer ce qui se passe à Winnipeg, de même qu'on peut ignorer à Paris ce qui se passe à Saint-Pétersbourg. Voici ce que me raconta Mlle Hélène de Harven. Il y a là un sujet d'instruction pour tous les lecteurs.

« C'était en hiver. Le thermomètre monte là, en été, jusqu'à 38 degrés centigrades, et descend en hiver jusqu'à — 42 degrés.

« Tandis que j'approchais de Winnipeg où des parents établis en cette ville m'avaient invitée à les rejoindre, je voyais la prairie se dérouler à perte de vue. Nous étions en décembre, la neige était venue. Jusque par-delà les limites visibles, comme une mer figée, la prairie s'étendait, déserte et uniforme. Aux endroits où le vent avait éraflé le sol, la neige poudreuse et grenue avait été balayée comme un sable et laissait des stries pareilles à celles des marées sur nos plages.

« Cependant çà et là des habitations s'échelonnent le long de la voie ferrée. Le Manitoba se peuple, et je m'amuse à regarder les panaches de fumée dont les cheminées se coiffent; ils ressemblent exactement à de grandes plumes d'autruche inclinées par la brise; à contre-jour, leurs masses noirâtres s'ourlent d'argent; on les croirait solides, incapables de se fondre dans les airs. Le soir vient; les ombres se teignent d'indigo pur; le soleil sombre, très rouge, derrière la ligne d'horizon, il lance des faisceaux flamboyants qui montent au zénith et soudain se noient dans la nuit.

« J'arrive à Winnipeg où mes amis m'attendent; je me trouve en une vaste pièce munie de grandes doubles fenêtres sans rideaux; mon pied enfonce dans de moelleux tapis et, malgré l'impression un peu étouffante du calorifère, l'aspect de cet intérieur civilisé me réconforte. Je reçois un accueil chaleureux; mon cousin s'avance avec empressement, la main tendue; j'ai ôté mon gant et je ressens au contact de sa main une piqûre à la paume et une secousse au coude. Quant à ma cousine, pour manifester sans doute la joie qu'elle éprouve à me voir, elle exécute un tour de valse autour de la chambre et me tend sa joue. « Embrasse-moi donc ! » insiste-t-elle; naïvement, je lui donne le baiser réclamé : le même élancement aigu me traverse les lèvres et me fait sursauter...

« Les espiègles se rient de ma stupeur et de mon ignorance. Fort experts, ils connaissent, comme tous les habitants du pays, la puissance des effluves électriques;

ils savent que partout autour de soi, aux moindres frôlements des corps, on sent, on voit, on entend l'électricité ambiante sous forme d'éclairs en miniature.

« Je fus bientôt initiée au jeu, et voici l'expérience que j'essayai séance tenante :

« On me fit marcher d'un pas glissant et rapide en évitant d'effleurer, même du bord de ma robe, aucun meuble ou aucun objet, afin de garder en moi-même le fluide accumulé ; — ceci m'expliqua le sens de la valse de tout à l'heure. — On ouvrit un bec de gaz ; je touchai l'orifice du bout de l'index... Instantanément, avec un petit bruit sec, l'étincelle bleue jaillit. Le gaz s'enflamma et... la lumière fut ! »

Cette description m'avait si fortement intéressé, que je priai Mlle de Harven de nous faire sur ce sujet une petite conférence à la Société astronomique de France. Elle la fit, en effet, le 2 mars 1904, et la séance fut présidée, ce soir-là, par l'un des physiciens les plus compétents du monde entier, M. Gabriel Lippmann. L'auditoire fut tout entier aussi intéressé que moi. Un physicien déjà célèbre également, M. Ch.-Ed. Guillaume, en prit occasion pour montrer que les phénomènes électriques atmosphériques dus à une grande sécheresse de l'air sont fréquemment observés en divers pays, et notamment en Égypte. La connaissance de ces phénomènes semble remonter à une époque très reculée, car, en lisant attentivement la description de l'Arche d'Alliance, construite sur les plans de Moïse, il y a un peu plus de 3.000 ans, on se défend difficilement de l'idée qu'elle a dû être constituée à la façon d'un condensateur électrique, dans lequel deux conducteurs sont séparés par une lame isolante. Le conducteur inférieur était en communication avec le sol, tandis que le conducteur supérieur prenait le potentiel de l'air soit par les pointes terminant les ailes des anges surmontant l'arche, soit plus facilement encore par les flammes des lampes allumées placées dans l'arche. Il était défendu d'y toucher. Dieu foudroyait les délinquants.

Un instrument ainsi constitué et placé en un lieu où le potentiel varie rapidement en fonction de l'altitude, donnerait sans doute de sérieuses commotions aux personnes qui en toucheraient la partie supérieure sans avoir pris la précaution d'établir préalablement une communication avec la terre. L'Arche semble, en effet, avoir possédé cette propriété.

Mes conférences de Belgique nous ont conduits au Canada. Revenons à Paris.

XXVI

Mort d'Allan Kardec. Mon discours sur sa tombe. — Douzième ouvrage : *Contemplations scientifiques.* — Nouvelles conférences en Belgique. — Descente dans une mine de houille. — L'Observatoire de Paris et la destitution de Le Verrier.

Le 31 mars 1869, le chef de l'école spirite, Allan Kardec, mourut subitement, à l'âge de 65 ans, et le 2 avril, était inhumé au cimetière du Nord. J'ai raconté plus haut comment j'étais entré en relations avec lui au mois de novembre 1861. Quoique mes travaux ne m'eussent permis aucune assiduité aux réunions de la Société spirite dont il était le président-fondateur, le comité de cette Société vint me demander, en son nom et en celui de Mme Allan Kardec, de présider ces obsèques civiles et de prononcer un discours. Je m'étais tenu à l'écart depuis quelque temps surtout, n'admettant pas que le spiritisme pût être la base d'une religion avant que les phénomènes ne fussent scientifiquement démontrés et expliqués. Cependant je me rendis à cette honorable invitation et prononçai un discours dont c'est peut-être ici le lieu de citer certains passages. Voici quelques extraits. On y verra combien je tenais, devant le cercueil du fondateur lui-même, à établir la valeur fondamentale du caractère scientifique à donner à ces études.

« En me rendant, avec déférence, à l'invitation sympathique des amis du penseur laborieux, dont le corps terrestre gît maintenant à nos pieds, je me souviens d'une sombre journée du mois de décembre 1865. Je prononçais alors de suprêmes paroles d'adieu sur la tombe du fondateur de la Librairie académique Didier, qui fut, comme éditeur, le collaborateur convaincu d'Allan Kardec dans la publication des ouvrages fondamentaux d'une doctrine qui lui était chère, et qui mourut subitement aussi, comme si le Ciel eût voulu épargner à ces deux esprits intègres les agonies douloureuses de la dernière heure.

« Aujourd'hui ma tâche est plus grande encore, car je voudrais pouvoir représenter à la pensée de ceux qui m'entendent, et à celle des milliers d'hommes qui dans l'Europe entière et dans le nouveau Monde se sont occupés du problème encore mystérieux des phénomènes surnommés spirites; — je voudrais, dis-je, pouvoir leur représenter l'intérêt scientifique et l'avenir philosophique de l'étude de ces phénomènes (à laquelle se sont livrés, comme nul ne l'ignore, des hommes éminents parmi nos contemporains). J'aimerais leur faire entrevoir quels horizons inconnus la pensée humaine verra s'ouvrir devant elle, à mesure qu'elle étendra sa connaissance positive des forces naturelles en action autour de nous.

« Ce serait, en effet, un acte important d'établir ici, devant cette tombe éloquente, que l'examen méthodique des phénomènes appelés à tort surnaturels, loin de renouveler l'esprit superstitieux et d'affaiblir l'énergie de la raison, éloigne au contraire les erreurs et les illusions de l'ignorance, et sert mieux le progrès que la négation illégitime de ceux qui ne veulent point se donner la peine de voir.

« Comme l'organisateur de cette recherche lente et difficile l'a prévu lui-même, cette complexe étude doit entrer maintenant dans sa période scientifique. Les phénomènes physiques, sur lesquels on n'a pas insisté d'abord, doivent

ALLAN KARDEC (1804-1869)

devenir l'objet de la critique expérimentale, sans laquelle nulle constatation valable n'est possible. Cette méthode expérimentale, à laquelle nous devons la gloire du progrès moderne et les merveilles de l'électricité et de la vapeur, cette méthode doit saisir les phénomènes de l'ordre encore mystérieux auquel nous assistons, les disséquer, les mesurer et les définir.

« Car, Messieurs, *le spiritisme n'est pas une religion, mais une science,* science dont nous connaissons à peine l' *a b c.* Le temps des dogmes est fini. La nature embrasse l'Univers, et Dieu lui-même, qu'on a fait jadis à l'image de l'homme, ne peut être considéré par la métaphysique moderne que comme un *Esprit dans la Nature.* Le surnaturel n'existe pas. Les manifestations obtenues par l'intermédiaire des médiums, comme celles du magnétisme et du somnambulisme, *sont de l'ordre naturel,* et doivent être sévèrement soumises au contrôle de l'expérience. Il n'y a plus de miracles. Nous assistons à l'aurore d'une science inconnue. Qui pourrait prévoir à quelles conséquences conduira dans le monde de la pensée l'étude positive de cette psychologie nouvelle ».

Je continuais ensuite par l'exposition des grandes découvertes de l'Astronomie et de la physique, en insistant sur les différentes espèces de rayons du spectre solaire, sur les invisibles notamment, infra-rouges et ultra-violets, sur la force psychique et sur la circulation des atomes, et je terminais en invitant tous les amis de la vérité à observer les faits sans aucune idée préconçue.

Ce discours marqua une date dans l'histoire du spiritisme. Le Comité m'offrit de succéder à Allan Kardec, comme président de la Société spirite. Je refusai, sachant que les neuf dixièmes de ses disciples continueraient à voir là, pendant longtemps encore, une religion plutôt qu'une science, et que l'identité des « esprits » est loin d'être prouvée.

Il y a de cela plus de quarante ans. Les disciples d'Allan Kardec ont à peine modifié leur foi, la plupart refusent encore l'analyse scientifique qui seule, pourtant, peut nous instruire exactement. Mes ouvrages successifs montrent que j'ai constamment suivi la même méthode, et que pour moi, malgré l'ironie de plusieurs de mes collègues dans l'étude des sciences positives, les phénomènes psychiques doivent désormais former une branche importante de l'arbre des connaissances humaines.

A propos de mes discours aux obsèques d'Allan Kardec et de son éditeur, je dois déclarer que comme dans les autres circonstances dont j'ai parlé, je n'ai jamais reçu d'eux aucune communication d'outre-tombe.

En continuant à m'occuper de ces intéressantes questions, qui touchent de si près à la connaissance de notre être, je ne pouvais, cependant, négliger mes travaux essentiels, l'astronomie et sa propagation par les écrits et par la parole. Ma collaboration au *Siècle* me forçait, d'autre part, à étudier plus ou moins tous les sujets d'actualité et à me tenir toujours au courant des progrès de plus en plus rapides de la science.

A la demande de la librairie Hachette, je réunis mes articles du *Siècle*, du *Magasin pittoresque*, du *Cosmos*, et choisissant ceux qui paraissaient dignes d'être conservés, je les examinai pour juger s'ils pouvaient composer un volume intéressant. Il y en avait environ dix fois trop. Pourtant un volume pouvait en être formé, en revoyant ces études, en les complétant sur certains points, car j'avais toujours choisi pour ces articles d'instruction populaire les sujets d'actualité les plus curieux. Ce choix formait une galerie variée de nouveaux tableaux de la nature. Je lui donnai le titre de *Contemplations scientifiques*, et le volume, publié en décembre 1869, porte la date de 1870. C'était là mon douzième ouvrage.

Le succès de ce volume engagea la librairie Hachette, après sa quatrième édition, à lui en ajouter un second, qui parut en 1887. Depuis cette époque, les deux volumes ayant été épuisés, et plusieurs pages ayant un peu vieilli, j'ai conservé ce qui pouvait être considéré comme relativement immuable, dans cette même unité d'ensemble du plan général de la nature, végétaux, animaux et origine de l'homme, et en complétant encore certaines esquisses, j'en ai rédigé récemment (1909) une édition définitive en un seul volume, sous le même titre. Ne devons-nous pas toujours tendre à être de moins en moins imparfaits ?

On m'appela à de nouvelles conférences en Belgique (décembre 1869-janvier 1870), et pendant ce voyage j'eus l'occasion de faire une visite à une forêt antédiluvienne.

Le 5 janvier 1870, je reçus, avant le lever du soleil, la visite d'un descendant de l'antique famille de Bassompierre qui vint me chercher à Liège, en compagnie de l'ingénieur Harzé, inspecteur des mines belges, pour nous rendre, en un petit groupe spécial, à la mine de Horloz (Saint-Nicolas-lez-Liège).

Déjà j'étais passé en ballon au-dessus de cette contrée, le jour, ou plutôt la nuit (14-15 Juillet 1867) où je traversai la Belgique dans mon voyage aéronautique de Paris en Prusse. Après avoir vu le pays d'un observatoire mobile planant à deux mille mètres au-dessus du sol et avoir remarqué pendant cette nuit le singulier spectacle des villes illuminées et des hauts-fourneaux flamboyant dans l'espace inférieur sombre et silencieux, j'étais particulièrement disposé à visiter, par le bas, ce même pays si privilégié par ses mines, et à descendre dans la terre à travers une coupe géologique montrant la succession des bancs et des âges.

Après avoir remplacé nos vêtements par le costume traditionnel du mineur et nous être munis du lourd chapeau de cuir qui résiste aux chocs de la tête contre les anfractuosités, sans oublier d'accrocher à notre ceinturon la lampe de sûreté due à l'esprit inventif de sir Humphry Davy, nous prîmes place, à nous six, dans la cage du puits de descente.

Au signal donné par l'ingénieur en chef, la machine à vapeur se met en mouvement et notre nacelle descend lentement dans la noire profondeur.

L'impression de cette descente vers l'inconnu ressemble d'une certaine façon à la première émotion d'une ascension aérostatique. Les yeux ne peuvent reconnaître la vitesse avec laquelle on s'éloigne du sol, ni la distance qui nous sépare de la surface. Debout dans la benne carrée, une main tenant fortement la traverse, nous descendons sans secousse, selon le déroulement du cable par la machine à vapeur, de même que dans l'ascension en ballon captif. Mais à côté de cette analogie d'impression, une grande différence se manifeste. Ici tout est noir, humide, triste, sale. Dans l'ascension atmosphérique, tout est lumineux, joyeux, splendide ; on monte vers la lumière et dans l'azur, on plane sur le monde : la pensée comme le regard règnent dans le ciel. On éprouvera toujours plus de plaisir à monter en ballon qu'à descendre au fond d'une mine.

Mais l'attention scientifique remplace le plaisir des sens et même celui de l'âme. En *descendant* à travers les couches de l'écorce géologique du globe, nous *remontons* en réalité à travers les âges disparus. Voici, au-dessous de la terre végétale de notre époque, une couche de sable déposée jadis par la mer, il n'y a pas très longtemps, peut-être dix ou quinze mille ans. Au-dessous, voici un terrain qui s'est trouvé émergé des eaux antérieurement à cette avant-dernière époque. Puis nous rencontrons de nouveaux vestiges des eaux douces ou salées, coquilles, mollusques et fossiles. Voilà des schistes et des grès ; voilà des épaves d'un temps évanoui, où l'humanité n'était pas encore apparue à la surface de notre globe.

Pendant notre lente descente, nous traversions des chutes d'eau se précipitant dans l'abîme, endiguées à grand'peine par la maçonnerie. Nous traversions des nappes différentes superposées. Parfois les eaux s'amoncellent dans les galeries fermées d'une mine ancienne, et, lorsque par hasard le pic du mineur arrive au contact de l'une de ces galeries abandonnées, l'irruption formidable arrive qui engloutit la mine et les houilleurs. En 1825, par exemple, les travaux d'une mine voisine de celle dont je parle ayant été poussés jusque sous la Meuse, des courants souterrains l'engloutirent en quelques heures. Il fallut sept ans pour maîtriser les eaux par les meilleures machines d'épuisement installées aux quatre puits à la fois. Sur 110 mineurs ensevelis dans l'irruption arrivée à Lalle en 1862, cinq seulement purent être sauvés. La houillère avait tenu dans ses flancs jusqu'à 200 millions de litres d'eau !

— Où sommes-nous ? demandai-je à l'ingénieur au moment où les pierres du puits cessant de monter, il me sembla que la benne était arrêtée.

— A mille pi ds sous terre ! Maintenant arrangeons notre escouade ! Castado, le conducteur des travaux, ouvrira la marche ; Charlier, ingénieur du charbonnage, la fermera. Quant à vous, Monsieur, veuillez rester au milieu pendant la marche.

Nous étions alors à l'entrée d'un tunnel de 3 mètres de haut et de 2 m. 50 de large. Une vingtaine de mineurs étaient là avec leurs tonnes chargées, des chevaux arrivaient traînant les lourdes caisses ; des femmes en costume de mineur traversaient la galerie ; tout un monde obscur de travailleurs noirs s'agitait dans cette sphère souterraine où nos yeux n'était pas encore préparés, malgré notre descente de six minutes.

Un bassin houiller offre généralement la forme d'un fond de bateau. La couche de houille, qui affleure au sol en ses points extrêmes, s'enfonce au-dessous de la surface, suivant une inclinaison plus ou moins rapide, descend jusqu'à une certaine profondeur (parfois plusieurs kilomètres) en s'arrondissant comme le fond d'une immense cuvette, puis se continue en s'élevant vers le sol qu'elle finit par atteindre à distance.

Les tourbières occupent bien souvent le fond d'anciens lacs, de marais, de vallées ou de mers disparues. Dans ces vallées surprises un jour par les eaux, régnaient primitivement les immenses forêts de l'époque primaire. Bien des siècles avant l'apparition des animaux qui vivent de nos jours, des mammifères, des quadrupèdes, de nos oiseaux et de nos poissons, longtemps même avant l'époque des formidables reptiles de la faune secondaire, il y avait à la surface du globe tout un monde végétal, gigantesque, touffu, serré, souverain. Les calamites énormes, les sigillaires aux troncs élancés, les cicadées géantes, des mousses hautes comme nos chênes et des champignons de trente pieds de hauteur, croissaient au milieu d'une lourde atmosphère saturée d'acide carbonique, et d'une température tropicale. A leurs pieds, les végétaux aquatiques composaient un épais tapis.

La houille résulte de la fossilisation des végétaux opérée sur place, c'est-à-dire dans les lieux mêmes où ces végétaux ont vécu.

Il y a toujours plusieurs couches de houille parallèles dans un même bassin, formées successivement. Elles diffèrent singulièrement d'épaisseur. Nous marchâmes sans nous courber le long d'une couche légèrement inclinée. Cette grande veine offre 2 m. 70 de puissance, donnant 1 m. 50 de charbon pur. Un peu plus loin, pour visiter une mince veine en exploitation, nous fûmes obligés de ramper à plat ventre ou « à quatre pattes » sur une longueur de 25 mètres. Cette couche ne mesurait que 80 centimètres de hauteur. Une couche s'étendant également tout le long du bassin, c'est-à-dire sur plusieurs kilomètres, n'a que dix centimètres d'épaisseur, et ne vaut pas le travail nécessaire pour être exploitée.

Dans ces couches si minces, le mineur reste constamment accroupi ou couché sur le flanc, faisant tomber à grand'peine le charbon par les coups répétés de son pic infatigable. Les veines s'exploitent de bas en haut, en suivant l'inclinaison. Le charbon tombe par son poids, et le traîneur amène jusqu'au puits d'extraction la houille péniblement arrachée. On remblaie à mesure les vides par des étais de bois.

L'extraction de la houille met à nu à chaque instant des vestiges de la forêt antédiluvienne cachée là depuis des millions d'années. Ici, c'est une feuille, qui a intégralement gardé sa forme, là un fragment de branche dont les fibres sont aussi visibles que s'il venait d'être pris à un morceau de bois sec ; plus loin une empreinte de poisson fossile ou de lézard, emprisonné là sans se douter de son sort futur. On a même découvert dans les schistes des empreintes de pattes d'animaux moulées sur une argile tendre et humide, des noix d'arbres inconnus, des coraux d'espèces éteintes.

En nous promenant dans ce gisement de houille, nous revenions au temps mystérieux de ces forêts. A la mine du Treuil, à Saint-Étienne, on a trouvé ces grands arbres pétrifiés sur place, avec des troncs de sigillaires debout et intacts. Des membres et des têtes d'animaux fossiles se présentent au milieu de cette résurrection. Ainsi, dans des milliers d'années, les géologues futurs fouillant le sol de Paris, qui alors aura été recouvert par la mer, puis découvert, trouveront, mêlé aux blocs de chênes et d'acacias du bois de Boulogne, le crâne de l'hôte illustre des Invalides, gisant peut-être à côté du dernier roi inhumé à Saint-Denis, ou peut-être leurs deux mains osseuses réunies pour la première fois, ou encore leurs ossements mélangés avec ceux des momies conservées au musée Guimet et ailleurs.

Une haute température nous enveloppe dans certaines régions de la mine, éloignée de la circulation aérienne entretenue par le ventilateur. Si l'air de la surface n'apportait pas dans la profondeur son oxygène et sa fraîcheur, l'atmosphère de ces régions souterraines serait invinciblement délétère. On sait que la température s'accroît environ de un degré centigrade par 35 mètres de profondeur. La température moyenne de la surface (à quelques mètres au-dessous) étant de 10 degrés, on aurait ainsi 15 degrés vers 175 mètres, 20 vers 350, 30 à 700 mètres, 40 vers un kilomètre de profondeur. Dans les tailles nouvelles et isolées, on éprouve immédiatement une température étouffante. Le savant ingénieur qui nous conduisait voulut nous montrer le grisou. On ne le trouva que dans ces cavernes isolées, et en lui donnant accès dans la lampe, nous vîmes brûler, en miniature, ce gaz qui a causé tant de malheurs.

Notre visite géologique et industrielle ne demanda pas moins de cinq heures, et le temps s'écoula incognito. C'est, en effet, un des caractères de l'emprisonnement souterrain de se trouver en dehors de la mesure du temps. C'est comme si la Terre ne tournait plus. Il n'y a point là de levers ni de couchers du soleil, de midi ni de minuit. Dans l'intérieur du globe, aussi bien que dans l'espace absolu, le temps n'existe plus. Lors de l'accident de la mine de Lalle, en 1862, deux captifs, délivrés sains et saufs après 78 heures d'angoisses, croyaient n'être enterrés que depuis 24 heures. Des mineurs du Hainaut, au XVIIe siècle, demeurés 25 jours captifs dans une remontée, pensaient n'y avoir séjourné que 8 ou 9 jours. Il est remarquable qu'en de telles conditions le temps paraisse moins long !

Notre excursion terminée nous ramena au puits par lequel nous étions descendus, et nous prîmes place dans la caisse attachée au grand câble.

La benne remonta lentement, tirée par le câble solide, et nos yeux déjà acclimatés voyaient les assises de maçonnerie, les solives et des tranchées descendre lentement sous nos pas...

Ah ! Voici le jour ! s'écria Emmanuel Vauchez, le secrétaire de la Ligue de l'enseignement, qui m'avait également accompagné dans cette excursion.

En effet, nulle impression n'est plus rapide, ni plus agréable, que la vue de la pure lumière du ciel après un séjour aux enfers, et cela nous donna le sujet de réflexions nouvelles sur la différence analogue qui sépare la lumière de notre époque scientifique des ténèbres du moyen âge. Au sortir des régions souterraines, le soleil, le ciel bleu, la vue de la Meuse où le bateau à vapeur venait nous prendre, et des gracieux paysages échelonnés sur ses rives, nous fit mieux apprécier que jamais la splendeur du jour.

Misérable est la vie toujours nocturne du mineur :

Ma lampe est mon soleil, tous mes jours sont des nuits !

Et maintenant, lorsque, assis l'hiver au coin d'une cheminée, je vois pétiller la houille lourde et luisante, je songe à la peine que son extraction a coûtée, aux milliers d'hommes courbés là-bas dans la nuit éternelle, et au monde antérieur que les révolutions du globe ont enseveli dans les noires catacombes.

Non loin de la Belgique, un pays curieux et peu connu, la Zélande, m'attirait. Je lui consacrai une visite trop courte, par Goes et Berg-Op-Zoom, mais suffisante toutefois pour me permettre de me rendre compte de l'existence ancienne des villes submergées et des envahissements de la mer.

Revenons à l'Astronomie. Pendant les travaux variés exposés dans les pages qui précèdent, je n'avais pas perdu de vue ma dette envers M. Le Verrier.

*
* *

En quittant l'Observatoire, en 1862, sans accusation précise du fougueux et irascible directeur, mais simplement parce que mes services ne lui plaisaient plus, en sentant ce geste dictatorial briser ma carrière sans aucun scrupule, je m'étais instantanément révolté contre cette féroce injustice et je m'étais promis de goûter quelque jour ce plaisir des dieux qu'on appelle la vengeance. C'est, me semble-t-il, la seule fois de ma vie que j'ai eu ce geste, d'ailleurs d'ordre inférieur.

Les circonstances me servirent divinement. Tout d'abord, au Bureau des Longitudes, je n'étais entouré que des ennemis de Le Verrier. Ensuite, à mon entrée au journal *le Siècle* comme rédacteur scientifique, j'avais pour directeur M. Havin, ennemi plus implacable encore, son adversaire politique dans leur département natal, la Manche, où ils avaient été députés en même temps, en 1848.

L'illustre astronome était en position ferme. Ami de l'empereur, sénateur, grand-croix de la Légion d'honneur, gloire de l'Institut, génie mathématique de premier ordre, l'idée même de renverser cette statue si solidement fixée me paraissait enfantine, aussi illusoire qu'audacieuse. D'ailleurs, si l'homme s'était fait détester, je ne pouvais me dégager d'une admiration sincère pour le savant.

Son génie mathématique était transcendant, je m'empresse de le répéter, sa découverte de la planète Neptune est l'une des plus splendides de l'histoire de l'astronomie. Par le calcul seul, il affirma que l'orbite d'Uranus ne marquait pas les frontières du système solaire et qu'une planète plus éloignée devait se trouver en un point déterminé du ciel, vers la longitude 326 degrés, non loin d'une étoile du Capricorne qu'il désignait. On construisait alors des cartes écliptiques à l'Observatoire de Berlin. Remerciant un jeune astronome de cet observatoire (M. Galle) d'un ouvrage qu'il lui avait envoyé, il ajouta quelques mots à sa lettre pour le prier de chercher la planète à l'aide de ces cartes. Sa lettre était du 18 septembre 1846; M. Galle la reçoit le 23; il faisait beau, une lunette est dirigée vers le point indiqué: l'astre nouveau s'y trouve; le calcul est exact.

Cette date du 23 septembre 1846 restera toujours célèbre, comme la vérification d'une admirable découverte. Remarque curieuse, c'est juste à la même date, le 23 septembre 1877, que Le Verrier a rendu le dernier soupir, au moment où il venait de terminer sa théorie complète du système solaire.

Cette découverte est splendide et de premier ordre au point de vue philosophique, car elle prouve la sûreté et la précision des données de l'astronomie moderne. Considérée au point de vue de l'astronomie pratique, elle n'était qu'un rude exercice de calcul, et les plus éminents astronomes n'y voyaient rien autre chose! Ce n'est qu'après sa vérification, sa démonstration publique, ce n'est qu'après la découverte visuelle de Neptune qu'ils eurent les yeux ouverts et sentirent un instant le vertige de l'infini devant l'horizon révélé par la perspective neptunienne. L'auteur du calcul lui-même, le transcendant mathématicien, ne se donna même pas la peine de prendre une lunette et de regarder dans le ciel si la planète y était réellement! Je crois même qu'il ne l'a jamais vue... Un soir de l'année 1876 que j'observais Neptune au grand équatorial de l'Observatoire de Paris, et qu'il était monté dans la coupole, comme il me demandait ce que j'observais (j'étais alors occupé à des mesures d'étoiles doubles, et c'est par hasard que je regardais Neptune, voisin de l'un des couples que je mesurais), je lui répondis que j'avais sa planète dans le champ de l'instrument, et qu'elle me paraissait bleue. « Tiens! fit-il, quelle idée! Qu'est-ce que cette observation peut avoir d'intéressant? »

Pour lui, du reste, déjà et toujours, jusqu'à la fin de sa vie, l'Astronomie était tout entière enfermée dans les formules : les astres n'étaient que des centres de force. Bien souvent je lui soumis les doutes d'une âme inquiète sur les grands problèmes de l'infini, je lui demandai s'il pensait que les autres planètes fussent habitées comme la nôtre, quelles pouvaient être notamment les étranges conditions vitales d'un monde éloigné du Soleil à la distance de Neptune, quels devaient être les cortèges des innombrables soleils répandus dans l'immensité, quelles étonnantes lumières colorées les étoiles doubles doivent verser sur les planètes inconnues qui gravitent en ces lointains systèmes : ses réponses m'ont toujours montré que pour lui ces questions n'avaient aucun intérêt, et que la connaissance essentielle de l'univers consistait, dans son esprit, en équations, en formules, en séries de logarithmes, ayant pour objet la théorie mathématique des vitesses et des forces.

Mais il n'en est pas moins surprenant qu'il n'ait pas eu la *curiosité* de vérifier lui-même la position de sa planète, ce qui eût été facile, même sans carte, puisqu'elle offre un disque planétaire, et ce qui eût pu d'ailleurs se faire à l'aide d'une carte, puisqu'il suffisait de demander ces cartes à l'Observatoire de Berlin, où elles venaient d'être terminées et *publiées*. Il n'est pas moins surprenant aussi qu'Arago, qui était plus physicien que mathématicien, plus naturaliste que calculateur, et dont l'esprit avait un caractère synthétique si remarquable, n'ait pas dirigé lui-même vers ce point du ciel une des lunettes de l'Observatoire, et qu'aucun astronome français n'ait eu cette idée. Mais ce qui va nous surprendre encore davantage, c'est de savoir que, *près d'un an auparavant*, en octobre 1845, un jeune étudiant de l'Université de Cambridge, M. Adams, avait cherché la solution du *même* problème, obtenu les *mêmes* résultats, et communiqué ces résultats au Directeur de l'Observatoire de Greenwich, M. Airy, sans que l'astronome auquel ces résultats étaient confiés ait pris ce travail au sérieux et sans qu'il eût, lui aussi, cherché dans le ciel la vérification optique de la solution de son compatriote!

Au reçu de la lettre de Le Verrier, le directeur de l'Observatoire de Berlin, Encke, n'y attacha non plus aucune importance (*).

Je ne pouvais pas ne pas admirer Le Verrier comme mathématicien, mais je ne pouvais pas non plus ne pas le détester comme Directeur de l'Observatoire. J'avais donc juré, après mon départ de 1862, d'employer tous mes efforts à amener sa chute.

De concert avec M. Havin, j'établis dans *le Siècle* une rubrique intitulée LE DOSSIER LE VERRIER, dans

(*) Voir la relation que j'en ai donnée, à propos du centenaire de Le Verrier, à la Société astronomique de France, avril 1911.

lequel je publiai tous les griefs élevés contre lui, toutes ses injustices, tous ses abus de pouvoir. Je commençai ce dossier le 10 février 1866 et le continuai jusqu'à la fin (février 1870). M. Le Verrier répondit d'abord à ces révélations publiques en nous envoyant l'huissier, et ses réponses furent publiées comme mes attaques, mais il se défendait mal, il ne pouvait pas se défendre réellement.

Le *Siècle* était le journal de France le plus répandu. D'autres journaux s'unirent à nous.

Ses collègues le connaissaient, le jugeaient. Plusieurs même de ses associés révoqués contestèrent sa découverte de Neptune, Emmanuel Liais, par exemple, parti au Brésil. Ce n'était pas juste, c'était jouer sur des mots, sur des chiffres. Je n'eus garde de les imiter, mais son affreux caractère élevait toutes les armes contre lui.

Le géomètre Joseph Bertrand, son confrère à l'Institut, parlant de Félix Tisserand, élève de l'Ecole normale, qui devait un jour succéder à Le Verrier, raconte que Pasteur, directeur des études scientifiques, avait deviné dans cet élève un élu de la science et l'avait signalé à Le Verrier, qui l'avait nommé astronome-adjoint à l'Observatoire :

« L'attrait était grand, écrit le secrétaire perpétuel de l'Académie des sciences ; mais Tisserand hésita. Malgré d'éminentes qualités, Le Verrier, d'après le bruit commun, inspirait de grandes préventions, et l'opinion générale lui reprochait un caractère difficile, dont ses collaborateurs se plaignaient ; agressif avec les uns, tyrannique avec les autres, il les tenait en défiance et en hostilité. Vigilant d'ailleurs et attentif aux détails, singulièrement habile à tout régenter, il avait fait de l'Observatoire une excellente école, réputée insupportable. On s'y élevait contre lui avec emportement, et au delà de toute vraisemblance. On amplifiait sans doute; et, sans vouloir trahir la vérité, les passions courroucées lui prêtaient de trop vives couleurs. Le maréchal Vaillant, ami de l'autorité, mais d'humeur conciliante, avait dit et aimait à redire : « l'Observatoire est impossible sans Le Verrier, et avec lui plus impossible encore ». Il n'importe; Tisserand avant tout recherchait et poursuivait la science; sans craindre la rigueur et l'âpreté de la règle, il l'accepta et fit de son mieux. Ce fut un bonheur pour l'astronomie et pour lui-même.

« Bon, cordial, capable de patience et de fermeté, Tisserand, en entrant à l'Observatoire, s'était promis d'ignorer les haines et les intrigues. Témoin pacifique d'une guerre sans cesse renaissante, sans entrer en révolte contre le grand astronome qui sut apprécier ses talents, il ne devint pas son ami.

« J'ai entendu, longtemps après, chacun d'eux parler de l'autre sans rancune ni amertume. Tisserand reprochait à Le Verrier de tourner trop souvent son obstination et sa force en sévérités inutiles, comme s'il prenait plaisir à justifier le mauvais vouloir opiniâtre qu'il ne pouvait plus accroître »(*).

Il était détesté même à l'Institut. Du reste, lorsqu'il entrait dans la salle des séances, le lundi à trois heures, il regardait tout du haut de sa grandeur, avec un air de dédain qui semblait dire : « Qu'est-ce que c'est que tous ces gens-là? » Il n'a jamais ajouté à son nom le titre de membre de l'Institut.

Un jour même, il révolta toute une classe de l'Académie des sciences en allant au tableau écrire des

(*) Joseph Bertrand, *Eloges académiques, Tisserand*. — Je puis ajouter qu'un jour de l'année 1877, M. Le Verrier, (avec lequel mes relations avaient été reprises) me parlant de son successeur éventuel, qui ne pouvait être Yvon Villarceau, alors sous-directeur, mais vaniteux et acariâtre, sans l'excuse de la gloire, me signala Tisserand comme le plus digne.

formules contre celles de son ennemi spécial, Delaunay, et en disant aux académiciens : « Je vais faire tous mes efforts, messieurs, pour être clair, et j'espère être compris de vous, même des botanistes et des vétérinaires ».

C'était peut-être vrai. Mais ces choses-là ne se disent pas.

Nous avions beau jeu, au *Siècle* et dans tous les journaux. Je ne me fis pas faute de l'attaquer aussi dans mes conférences, et chaque fois des tonnerres d'applaudissements couvraient mes paroles.

L'ensemble de mes articles formerait un gros volume. J'en citerai seulement quelques spécimens :

1867. — Depuis quatorze ans, cet orgueilleux savant s'est placé au-dessus du ministre de l'Instruction publique, au-dessus du souverain, au-dessus de la loi ; depuis quatorze ans il règne en autocrate, supprimant à sa fantaisie les traitements de ses administrés, s'opposant systématiquement à toute recherche personnelle, couvrant tout de son orgueil et de sa personnalité, jetant sur le pavé de la misère des astronomes qu'il avait d'abord fait venir de l'étranger avec mille promesses, détruisant des observatoires élevés à grands frais par des particuliers, suspendant de sa pleine autorité la plus importante opération géodésique du siècle, contre-carrant les résolutions du ministère de la Marine, et n'acceptant, sous sa haute protection, que des âmes qui consentent à une continuelle abnégation.

Sourd à toutes les plaintes, oublieux des devoirs inhérents à la mission qui lui est confiée, ennemi de la science même dont il aurait dû se faire l'apôtre et le défenseur, méprisant d'ailleurs hautement les œuvres de la pensée humaine et les travaux de la philosophie, ce présomptueux esprit, avouons-le, n'a de respectable qu'une incontestable aptitude au calcul et la connaissance approfondie des mathématiques.

Ne l'a-t-on pas vu exclure arbitrairement de l'Observatoire le plus illustre de nos physiciens français, M. Foucault, membre de l'Institut, et lui supprimer son traitement contre la volonté du ministre, qui continua de faire émarger au trésor les appointements suspendus par ce veto arbitraire ?

N'a-t-il pas indignement traité le chef de la division météorologique, le savant M. Marié-Davy, à qui l'on doit les progrès accomplis en météorologie pendant ces dernières années, parce que cet astronome publia un ouvrage, *Les mouvements de l'atmosphère et des mers*; il l'a accusé d'avoir volé, ou à peu près, les travaux de l'Observatoire pour se les attribuer personnellement, accusation aussi fausse que honteuse, puisque M. Le Verrier conseilla lui-même le livre et en corrigea les premières épreuves.

Voilà des faits que M. Le Verrier ne peut nier, pas plus que d'avoir cadenassé les portes de communication entre M. Marié-Davy et ses adjoints, et d'avoir défendu au domestique de faire du feu dans son cabinet au cœur de l'hiver ; pas plus que d'avoir supprimé le traitement à *vingt-huit* employés depuis quinze mois, dont sept le mois dernier (traitements intégralement réglés par le ministre) ; pas plus que d'avoir voulu fouler aux pieds ses plus éminents collègues, Faye, Desains, Babinet, Puiseux, Liais, Chacornac, etc., pour ne pas en nommer d'autres.

Cent deux fonctionnaires (*quorum pars minima sum*) ont passé par l'Observatoire depuis 1854. Il faut une grande patience et un vif amour de l'astronomie pour savoir rester quatre ans dans ce sanctuaire, où les savants devraient jouir de la tranquillité olympique des hautes régions de l'atmosphère. Et la conduite particulière de ce personnage à l'Observatoire n'est que l'indice de sa manière d'agir dans le monde scientifique, où il ne se fait aucun scrupule de traiter les questions nouvelles sans nommer même les astronomes qui les ont traitées avant lui, de manière à s'en faire attribuer toute la gloire, procédé d'une exquise délicatesse que cette année encore il a mis en pratique en exposant sa théorie cométaire des étoiles filantes, dont l'idée première appartient à M. Schiaparelli, directeur de l'Observatoire de Milan.

Mais comment reproduire tous ces faits! C'est assez, là mesure est comble. Napoléon III et M. Duruy l'ont compris.

On peut rire et plaisanter sans doute sur cette singulière conduite; on peut la montrer en spectacle sous un aspect ridicule et superficiel; mais il y a quelque chose de plus, il y a une justice à rétablir au nom de la dignité des sciences outragées.

L'astronomie elle-même s'est éclipsée à l'Observatoire sous les prétendus travaux de l'association scientifique et sous les paperasses des rapporteurs des orages. Le directeur de l'Observatoire a eu le talent d'enrayer la science à sa borne depuis quatorze ans. Ce sont les *Monthly notices* de Londres qui nous font connaître ses progrès : tout est démoli en France, jusqu'à l'amphithéâtre où la parole d'Arago se faisait entendre, et le directeur a même, dans son esprit, le projet d'un nouvel Observatoire de sa façon, bâti sur les ruines de l'édifice actuel.

Un tel état de choses n'est pas aussi stable que le système du monde, et l'opinion générale se préoccupe fort aujourd'hui de le voir changer.

Le jeune personnel de l'Observatoire se renouvelle comme les voyageurs d'une auberge. A peine entré, on a hâte d'être dehors. Pour la pratique si délicate et si minutieuse des mesures astronomiques, où il faut se faire longuement la main, tous les observatoires du monde cherchent à former et à conserver des hommes spéciaux. A Paris, ce sont chaque jour des recrues nouvelles.

La commission nommée par le ministre s'est déjà réunie quatre fois dans les bureaux du ministère de l'Instruction publique. Elle entend actuellement les dépositions des victimes et des témoins. Nous donnerons des nouvelles de la position de l'accusé aussitôt que la marche de l'affaire aura dénoué la discrétion que nous devons garder aujourd'hui. Il va sans dire que l'accusé s'est révolté et n'admet même pas la légalité de l'enquête.

Il est incontestable que c'est là une triste situation pour un sénateur. Mais à qui la faute? Et, du reste, lorsqu'on a assisté à cette scène de la comédie humaine, lorsqu'on a vu cet administrateur se jouer impunément de la science et des hommes, lorsque surtout on envisage la décadence de notre pauvre astronomie qui jadis faisait l'orgueil de la France et brillait au loin, dignement soutenue par les noms vénérés de Laplace, Delambre, Lagrange, Legendre, Poisson, Arago, on sent qu'il n'y a pas seulement ici en jeu de fugitives questions de personnalités, et que la vraie gloire de notre patrie comme l'avenir de la science réclament impérieusement une rénovation féconde.

Notre sublime science du ciel ne devrait-elle pas être représentée en France par un esprit qui en soit digne, qui en comprenne la grandeur et la beauté, et qui sache en interpréter l'enseignement dans l'ordre philosophique et social? Le génie de nos pères du XVIIe siècle est-il donc mort pour toujours, et n'avons-nous plus dans notre siècle que des machines à calculer ? — Ombres de Galilée, de Képler et de Newton, ne tressaillez-vous pas lorsque vous abaissez les yeux vers ceux qui prétendent être vos successeurs?

Le Phaéton de 1854 commence enfin à s'apercevoir qu'il a fait fausse route et qu'il s'est égaré dans la région des étoiles filantes. Il sent avec un effroi mal dissimulé le spectacle de sa chute prochaine. Ne pouvant s'en prendre ni à Jupiter, ni au Dieu d'Israël, ni au pape, il adresse ses supplications aux grands de la terre et à leur cour, poursuit de sa prose plaintive le monarque et ses ministres; mais sa voix n'est plus écoutée : *Vox clamans in deserto!* Loin d'imiter le soleil et de

Verser des torrents de lumière
Sur ses obscurs blasphémateurs,

le voici qui se révolte contre la commission d'enquête, contre ses collègues de l'Académie, contre ses collaborateurs, que sais-je encore? contre le gouvernement dont il a convoité et reçu l'habit brodé sénatorial.

En effet, il déclare qu'il va faire de l'opposition au Sénat. De l'opposition au Sénat! Avons-nous bien compris? Oui; c'est au Luxembourg que l'honorable sénateur va acclimater les interpellations du Palais-Bourbon. Une telle menace nous fait songer à Charles XII et à sa botte.

La commission dont nous avons parlé ne servit à

rien, M. Le Verrier continuant d'agir sans la consulter et dédaignant d'assister aux séances. La situation ne fit qu'empirer en 1868 et 1869. Enfin, en janvier 1870, tous les chefs de services, astronomes et astronomes-adjoints réunis, MM. Yvon Villarceau, Marié-Davy, Wolf, Lœwy, André, Folain, Fron, Leveau, Périgaud, Lévy, Rayet, Sonrel, Tisserand, tous rédigèrent un Rapport officiel adressé au ministre de l'Instruction publique, exposant en 18 pages grand format d'impression in-8°, que j'ai en ce moment sous les yeux, les griefs innombrables relevés depuis quinze ans contre l'administration du funeste directeur et déclarant qu'elle est absolument intolérable.

Ce Rapport, signé par tous les fonctionnaires de l'Observatoire, est significatif. Et il ne dit pas tout des cruautés exercées par M. Le Verrier. Par exemple ceci : Madame Lœwy, qui se trouvait dans ce qu'on est convenu d'appeler une position intéressante, s'est vu interdire l'usage du grand escalier, et condamner à descendre un étroit tourniquet en spirale, au risque de glisser et de subir de graves accidents. Silbermann, préparateur au Collège de France, m'a affirmé avoir vu le directeur de l'Observatoire poursuivre un chat réfugié dans un trou de mur et le larder à coups de sabre, etc.

Ce n'est pas sans regret que je raconte tout cela. Mais on m'a quelquefois reproché d'avoir concouru à la révocation du dictateur astronomique, et l'histoire doit être juste, avant tout.

Après le Rapport dont il vient d'être question, le gouvernement n'avait plus qu'à agir.

Notre grand établissement national fut enfin affranchi.

Voici ce qu'a écrit M. Émile Ollivier, chef du Cabinet du gouvernement impérial en 1870, dans son ouvrage *L'Empire libéral :*

Le ministre de l'Instruction publique, Segris, eut une affaire délicate à résoudre, celle de Le Verrier, le Directeur de l'Observatoire.

Le Verrier, sénateur, était un personnage considérable dans la science et dans l'État. On l'accusait d'avoir abusé de cette immunité pour exercer, dans son gouvernement de l'Observatoire, une dictature violente et désordonnée, contre laquelle s'élevaient des protestations véhémentes. L'Observatoire n'était plus un laboratoire scientifique, mais un véritable champ de bataille anarchique, où le travail sérieux était presque interrompu. Duruy, déjà préoccupé de ce désordre, écrivait, en 1867, à l'Empereur : « Sire, depuis quatre ans je n'ose pas regarder dans l'Observatoire. Il n'est plus possible de s'abstenir. L'Empereur en sera convaincu s'il veut bien jeter les yeux sur le dossier ci-joint. Votre Majesté y verra que onze astronomes ou astronomes-adjoints sont à peu près hors de service ; que tous les fonctionnaires qui se trouvaient en 1854 à l'Observatoire ont été renvoyés, sauf un seul, qui est resté sans emploi ; que, sur soixante-huit calculateurs successivement appelés par Le Verrier, quarante-huit se sont retirés. Les gens de service eux-mêmes n'y tiennent pas ; trente-trois sont partis. Les traitements sont arbitrairement suspendus, diminués, supprimés : la science souffre de ces changements de personnel et de l'irritation qu'ils causent », etc.

Segris trouva le mal aggravé. Mais profondément consciencieux, il s'informa de tous côtés, avant de prendre un parti, et surtout il voulut recueillir les explications de Le Verrier lui-même, qui les offrait en demandant une enquête. Sur ces entrefaites, tous les chefs de service de l'Observatoire et les astronomes se présentent au secrétariat du ministère et y déposent un Mémoire avec leur démission.

1er février. — « Je ne puis vous le dissimuler, écrivit Segris à Le Verrier en lui annonçant cette nouvelle, je suis péniblement affecté de voir un établissement aussi important que l'Observatoire dans un tel état de désorganisation ; je suis en même temps très préoccupé de l'impérieuse nécessité d'y apporter un prompt remède. Vous m'avez exprimé le désir d'être reçu par moi samedi prochain 5 février, vous serez assuré de me trouver à mon cabinet à huit heures et demie du matin. »

« Au Sénat, à la fin de la séance du 2 février, jour où Le Verrier était averti du rendez-vous que lui donnait Segris, Guyot-Montpayroux interpelle le gouvernement sur la situation actuelle de l'Observatoire. Segris répond en termes mesurés. En rentrant au ministère, il apprend que sans attendre le rendez-vous du 5 au matin, Le Verrier, abusant de sa position de sénateur, venait, dans la séance de ce jour, de déposer une interpellation par laquelle, en vertu du sénatus-consulte du 8 septembre 1869, il demandait à interpeller le gouvernement « sur les incidents relatifs à l'administration de l'Observatoire impérial ». Le ministre était ainsi appelé par son subordonné à la barre du Sénat et sommé de fournir des explications, lui qui avait droit d'en demander. Il ressentit l'impertinence et châtia la révolte. Il avertit le soir même Le Verrier de ne point venir au rendez-vous fixé et fit approuver par le conseil et l'Empereur l'arrêté suivant de destitution (5 février) :

« Considérant que la direction de l'Observatoire impérial est confiée à un directeur nommé par Nous et placé sous l'autorité de notre ministre-secrétaire d'État au département de l'Instruction publique ; considérant que tous les chefs de service de cet établissement ont donné leur démission motivée sur des faits imputés par eux au directeur et que les services de l'Observatoire impérial se trouvent ainsi compromis et désorganisés ; que sans attendre les résultats de l'enquête demandée par lui à notre ministre de l'Instruction publique par sa lettre du 29 janvier dernier et au moment où, après nomination d'une commission il allait y être procédé, M. Le Verrier, directeur de l'Observatoire, a cru devoir, en sa qualité de sénateur, porter devant le Sénat une demande d'interpellation adressée par lui au gouvernement sur les incidents relatifs à l'administration de l'Observatoire impérial ;

considérant qu'une telle interversion des situations et des rôles serait de nature à porter atteinte à toutes les règles hiérarchiques et à la discipline, si la qualité de

LE VERRIER EN 1870

directeur de l'Observatoire, avec les obligations qu'elle lui impose, était, en l'état, maintenue à M. Le Verrier, décrète :

M. LE VERRIER EST RELEVÉ DE SES FONCTIONS.

En frappant ainsi un personnage haut placé, réputé dans la faveur impériale, nous faisions savoir à tous que nous ne tolérerions nulle part un manquement aux règles de l'ordre et de la hiérarchie. Le Verrier essaya vainement de justifier sa conduite au Sénat. Les explications loyales de Segris, écoutées avec une faveur marquée, furent confirmées par un ordre du jour pur et simple, et votées à une immense majorité. Cette mesure reçut une approbation presque générale ; l'insupportable caractère de Le Verrier faisait oublier sa grande valeur scientifique.

Émile Ollivier ajoute à cet exposé, comme pièce justificative, la lettre suivante que je lui adressai à cette époque, et que je viens d'être bien étonné de trouver imprimée trente-huit ans après dans son ouvrage *L'Empire libéral* :

« Monsieur le ministre, votre ministère vient de rendre le plus éminent service à la science. En relevant M. Le Verrier de ses fonctions de directeur de l'Observatoire, on permet enfin à l'astronomie française de se constituer sur la base solide qui lui convient et de s'élever dans une atmosphère désormais pure et paisible. Permettez-moi de vous adresser les félicitations sincères et les remerciements profonds d'un ami de la science pour cet acte de courageuse justice. Quatre années passées sous cette pression ombrageuse m'en avaient assez fait sentir la fatale influence. Depuis plusieurs années j'avais déclaré la guerre à l'égoïsme dictatorial ; ce que nous n'avions entièrement obtenu du sage et consciencieux Duruy, vous venez de le donner libéralement à la France. Soyez assuré, monsieur le ministre, que l'acte qui vient d'être accompli aura un retentissement glorieux dans l'Europe entière et une page de reconnaissance dans l'histoire de l'astronomie. Cordialement dévoué au grand ministre qui sait mettre les intérêts généraux de la « République » au-dessus de toutes les mesquines querelles de parti, j'ai l'honneur d'être, etc. — CAMILLE FLAMMARION (*) ».

(*) ÉMILE OLLIVIER. *L'Empire libéral*, tome XII, 1908, p. 530.

En relisant l'autre jour cette lettre, qui m'avait été signalée par mon ami l'historien Arthur Lévy, j'en ai été tout d'abord étonnamment surpris, car je l'avais complètement oubliée. La première réflexion qui me vint fut celle-ci : « Lorsque vous écrivez une lettre, pensez qu'elle peut être imprimée, même près de quarante après, ou davantage ». Ensuite je ne fus pas fâché du tout de l'avoir écrite, et je remarquai qu'en plein Empire j'avais eu l'indépendance assez rare d'employer le mot *République* dans une lettre adressée au ministre confident de l'empereur et chef du ministère. Je considérais d'ailleurs Émile Ollivier comme républicain. N'avait-il pas commencé sa carrière en 1848, comme préfet de mon département ? Dans tous les cas, cette lettre complète l'histoire de la révocation du funeste directeur, à laquelle j'avais dû à la justice de contribuer de mon mieux. Nous retrouverons encore M. Le Verrier plus tard, car il me pardonna ma vengeance, revint à l'Observatoire, et m'y rappela indirectement, ce dont nous parlerons dans la suite.

Il eut pour successeur, en février 1870, son ennemi le plus acharné, Delaunay, avec lequel j'étais lié, comme on l'a vu plus haut. L'un de ses premiers soins fut de m'inviter à rentrer à l'Observatoire après huit ans d'absence ; mais je dus décliner cette invitation, ma vie ayant pris une direction un peu différente, tout en restant consacrée à l'astronomie.

XXVII

L'année terrible. — La guerre franco-allemande et le siège de Paris. — Les causes de la guerre de 1870. — Sottise de l'humanité prétendue civilisée. Stupide organisation sociale. — Espoir en l'avenir.

Nous arrivons, dans ces souvenirs, à l'année terrible, à l'épouvantable guerre de 1870, qui a scindé en deux parties inégales et distinctes la vie de tous les hommes de ma génération, et par laquelle doit se clore ce premier volume, déjà considérable pour la bienveillante attention de ses lecteurs.

Tout le monde connaît aujourd'hui les origines et les responsabilités de cet irréparable désastre, qui a arrêté le tranquille et lumineux progrès de la civilisation européenne, a rétabli l'antique et barbare droit des gens, fondé sur la conquête, a imposé aux peuples les perpétuelles et ruineuses dépenses du militarisme général, mis au tombeau plus de cent mille hommes, semé des deuils et des ruines dont nous ressentons encore aujourd'hui les effets, plus de quarante ans après, anéanti dix milliards, incarcéré deux provinces comme on parque des troupeaux (*), écrasé du talon les droits de la liberté humaine. Oui, tout le monde sait aujourd'hui que l'auteur de la guerre de 1870 est un Prussien du nom de Bismarck, né à Schœnhausen (province de Magdebourg) en 1815. Mais il n'est peut-être pas mauvais de rappeler en quelques mots cette histoire.

On lit l'aveu suivant dans les Mémoires de ce malfaiteur :

« J'étais convaincu que l'abîme creusé entre le sud et le nord de l'Allemagne par les divergences de sentiments, de races, de dynasties, de genre de vie, ne pouvait pas être plus heureusement comblé que par une guerre nationale contre le peuple voisin, notre séculaire agresseur. Ces considérations politiques touchant les États de l'Allemagne du sud pouvaient aussi s'appliquer à nos relations avec le Hanovre, la Hesse, le Sleswig-Holstein, etc. »

Ce programme de l'unification de l'ancienne Confédération germanique des traités de 1815 sous un même sceptre, commencé contre l'Autriche par le canon de Sadowa en 1866, devait se continuer par une guerre victorieuse contre la France. Mais comment arriver à obtenir une guerre avec un peuple pacifique et avec un souverain qui, à propos de l'Exposition de 1867, avait comblé d'attentions les Allemands en général et le roi de Prusse en particulier, ainsi que toute la famille des Hohenzollern? Il

(*) Incarcéré est le mot, au lieu d'annexé. L'annexion ne peut se faire que par consentement. Lorsque Nice et la Savoie ont été réunies à la France, en 1861, ce fut par un vote absolument libre des citoyens. Les moyens employés par l'Allemagne pour s'attacher l'Alsace et la Lorraine n'ont rien produit, et ne pouvaient rien produire d'efficace.

fallait chercher une « querelle d'Allemand », selon l'expression proverbiale.

Le philosophe latin Sénèque écrivait, il y a bientôt deux mille ans : « Le Rhin coule entre le monde romain et ses ennemis ; il sépare de nous la race germaine, toujours insatiable de guerre, *avidam gentem belli*. (Questions naturelles, VI.)

Cette mentalité n'a pas changé. Bismarck n'en est pas le seul représentant. Le parti militaire a de perpétuels coryphées, et il n'y a qu'à ouvrir les journaux officieux de Berlin ou de Cologne pour le constater. Tout récemment encore, le 7 octobre 1910, quarante ans après des conquêtes qui auraient pu satisfaire les plus affamés, Maximilien Harden écrivait à propos des menées anarchiques : « Ces agitations doivent être attribuées à cette paix interminable. Nous sommes faits pour la guerre ; prenons donc les armes avant qu'il soit trop tard ». Et des cartes d'écoles prussiennes montrent l'Allemagne non seulement avec l'Alsace et la Lorraine en toute propriété, mais encore avec le département des Vosges et celui de Meurthe-et-Moselle ajoutés, en attendant le reste de la France.

Le mot *Guerre* lui-même est d'origine germanique, dérivant de *guerra* et *werra*, issus de l'allemand *wehr* (*).

L'occasion de brouiller les cartes se présenta en janvier 1870. La reine Isabelle venait d'être renversée du trône d'Espagne, et le directeur de la politique

(*) Il est juste de constater que la dynastie des Hohenzollern assise sur le trône de Berlin n'est pas belliqueuse. Le roi de Prusse Guillaume Ier n'a fait la guerre de 1870 que poussé par Bismarck ; son fils, Frédéric III, qui lui succéda, était pacifiste, et l'empereur actuel Guillaume II l'est également. Soyons justes avant tout.

espagnole était le général Prim, ministre de la Guerre. Ce pays n'était pas mûr pour la République, et il s'agissait de trouver un roi. Bismarck saisit la balle au bond, couvrit d'or le général Prim, rattaché désormais par de solides fonds secrets aux intérêts allemands, et se dit que, contrairement à toutes les traditions historiques, il pouvait s'arranger de façon à faire asseoir un Prussien, un Hohenzollern, sur le trône de l'Espagne, à blesser ainsi les susceptibilités de la France, placée entre deux ennemis, et cela en ayant soin de mener la candidature en sourdine. Il en fit la proposition au prince Antoine de Hohenzollern pour son fils Léopold; mais le prince répondit que ce procédé était contraire à tous les usages diplomatiques, que, naturellement, jamais la France n'admettrait une pareille proposition et que de graves complications pourraient s'ensuivre. Dans des circonstances analogues, la France avait toujours été consultée, ainsi que les autres pays. Louis-Philippe avait refusé aux Belges son fils, le duc de Nemours, pour roi, l'Angleterre s'y étant opposée, ainsi qu'aux Espagnols, son fils, le duc d'Aumale, pour époux de leur reine. Sur l'injonction de la Russie et de la France, la reine d'Angleterre avait décliné l'offre de la couronne de Grèce pour son fils Alfred, etc. Il y avait là une tradition diplomatique constante. La France ne pouvait évidemment accepter d'être assise entre deux Prussiens. Le roi de Prusse, de son côté, s'opposa absolument à cette aventure (26 février 1870).

Ce refus des deux parts ne faisait pas l'affaire de l'astucieux diplomate, qui, de concert avec Prim, faisait assez bien accepter l'idée aux Espagnols, par une presse soudoyée. Il revint à la charge auprès du roi Guillaume et finit par obtenir de lui qu'il ne dirait ni oui ni non et laisserait faire le prince Antoine et son fils. Mais Léopold refusa. Il savait que la France ne pouvait pas accepter cette proposition, qu'elle serait la source de complications inextricables, et comme il était attaché à l'empereur par des liens d'affectueuse reconnaissance et honnête homme, il se récusa (15 mars.) Tout cela se faisait secrètement à Berlin, sans que rien transpirât, et l'empereur était soigneusement tenu dans l'ignorance absolue de ces agissements (*).

Le seul prétexte de guerre avec la France, créé par lui-même, échappait donc à Bismarck. Pendant deux mois, il tourna et retourna le problème, de complicité avec Prim. Les Espagnols continuaient de demander un roi. La fable des grenouilles se renouvelait. Enfin, au commencement de juin, il obtient le consentement éventuel de son candidat pour le cas où les Espagnols le demanderaient, et, envoyant ses émissaires à Madrid, toujours dans le secret le plus absolu, il convient avec Prim que les Cortès, ayant l'assentiment provisoire du prince, proclameront sa royauté sans prévenir la France, faisant éclater la nomination comme un coup de foudre, forçant le gouvernement français à manifester brusquement son étonnement et sa désapprobation et à protester à la fois contre l'Espagne et contre l'Allemagne.

Mais voilà que le guet-apens est subitement déjoué.

(*) Pour les détails de l'histoire de la guerre, v. EMILE OLLIVIER, *L'Empire libéral*, tomes XIII, XIV et XV, et *Philosophie d'une guerre;* BISMARCK, *Pensées et souvenirs;* WALTER SCHULTZ, *La candidature Hohenzollern*; MORITZ BUSCH, *Tagebuchblätter ;* KEUDELL, *Bismarck et sa famille.*

L'indiscrétion éclate tout d'un coup, comme une fusée, le 30 juin, dans un journal espagnol; l'ambassadeur de France à Madrid, Mercier, apprend le manège bismarckien; à Paris, la *Gazette de France* du 2 juillet l'annonce, et l'empereur en est informé en même temps par une dépêche de son ambassadeur à Madrid. Il en est stupéfait, outré; que faire?

Émile Ollivier et tout son ministère, joués par Bismarck, cherchent à pénétrer le mystère. Le plus pressé est de faire échouer l'intrigue, car on ne veut pas la guerre. Notre ministre des Affaires étrangères, le duc de Gramont, se met en communication immédiate avec notre ambassadeur à Berlin, Benedetti. Mais on a affaire à forte partie, à la fourberie du chancelier, caché dans la coulisse. En même temps, commence en Prusse une campagne de presse savamment organisée. Bismarck donne pour instruction que le ton des feuilles officielles et semi-officielles soit très réservé, pour ne pas donner prise au blâme des cabinets étrangers, mais que tous les autres journaux, non connus pour être sous son influence, insultent la France et son gouvernement. Le chauvinisme français ne reste pas en retard sur celui de son partenaire. Après tout, pourquoi ne relèverait-on pas le gant jeté par l'impertinente Allemagne? Les frontières du Rhin ont été à nous : c'est l'occasion de les reprendre. Le *Pays*, journal de l'Empire, dirigé par Cassagnac, déclare que c'est une insulte à notre honneur national et que nous ne pouvons pas supporter pareille humiliation. Ne valons-nous donc pas les Prussiens? Tous les journaux à l'envi chatouillent la fibre patriotique, si excitable chez nous comme ailleurs, et en quelques jours l'opinion publique est enflammée. Voilà le tour joué : nous tombons dans le panneau.

Bismarck et de Moltke, chef d'état-major de l'armée prussienne, exultent d'une joie sans pareille. Ils tiennent enfin leur guerre, préparée depuis si longtemps. Le piège a réussi : les Français s'y sont laissé prendre.

Mais le chef du Cabinet français, Émile Ollivier, est décidé à n'y pas tomber. Il cherche tous les moyens de négocier, et malgré l'impératrice, le maréchal Le Bœuf, ministre de la guerre, le maréchal Vaillant, Bourbaki, Frossard, Failly et les partisans de la guerre, il arrive à obtenir la renonciation de Léopold (11 juillet).

Le plan de Bismarck est donc une seconde fois déjoué, et l'affaire paraît arrangée. Furieux, déconcerté, désespéré, Bismarck apprenant en même temps les démarches faites par notre ambassadeur Benedetti auprès du roi, alors aux eaux d'Ems, pour obtenir son consentement à la renonciation de Léopold, écrit au roi pour le menacer de sa démission, s'il continue à recevoir Benedetti. Mais le roi est pour la paix; il ne veut pas entreprendre une guerre à l'âge de 76 ans, et la reine Augusta l'est plus encore. Malgré son ministre, il donne son consentement à la renonciation du prince.

L'empereur apprend ce résultat avec un véritable soulagement. L'ambassadeur d'Italie, Nigra, arrivant aux Tuileries, déclare à Napoléon III qu'il partage sa satisfaction, que cette solution est la solution désirée, et qu'elle efface tout prétexte de guerre (12 juillet). Mais le pays est ameuté, Paris bouillonne, on acclame l'empereur sur ses trajets quotidiens entre Paris et Saint-Cloud, et le souverain oscille.

En arrivant à Saint-Cloud après sa séance des Tuileries, l'empereur annonce que tout est arrangé, mais tombe dans un milieu surexcité. L'impératrice s'écrie que c'est une honte, qu'il faut relever le prestige de la France après l'humiliation subie ; le maréchal Le Bœuf affirme que nous sommes prêts, le général Bourbaki déclare que nous avons huit chances sur dix, que nous ne pouvons plus remonter le courant de l'opinion publique, qu'il ne peut être un lâche, tire son épée, l'étend sur le billard en disant à l'empereur : « Puisqu'il en est ainsi, je refuse de servir ». Déjà l'amiral Rigaud de Genouilly, ministre de la Marine, avait tendu son portefeuille en disant : « C'est à prendre ou à laisser ». Au Corps législatif, dans les journaux, on fait entendre que nous avons été dupés, qu'il n'y a aucune garantie pour l'avenir, et qu'il faut en exiger du roi de Prusse ; le parti de la guerre va se développant d'heure en heure, on montre la France avilie depuis Sadowa, on bafoue le vieux roi de Prusse et surtout le prince Antoine de Hohenzollern, que l'on n'appelle plus que « le père Antoine ». Mis en demeure de satisfaire tout le monde, l'empereur emploie la nuit du 12 au 13 à faire donner des ordres à Benedetti pour qu'il obtienne du roi la promesse que si la candidature Hohenzollern au trône d'Espagne se renouvelait dans l'avenir il s'y opposerait, en qualité de chef de la famille et de roi. Le roi fait répondre à Benedetti que le prince Léopold s'étant désisté sur les injonctions de son père, et que lui-même ayant donné son approbation au désistement du prince, il considère la question comme terminée et désire qu'on ne lui en reparle plus ; que, par conséquent, après trois conversations sur ce sujet, il est inutile que notre ambassadeur insiste davantage. Mais Benedetti revient à la charge pour obtenir les promesses de garantie réclamées par l'empereur. Fatigué de ces obsessions, le roi, qui avait près de lui trois agents de Bismarck, Abeken, Eulenbourg, et Camphausen, les charge d'adresser une dépêche à Bismarck en lui remettant le soin d'examiner la nouvelle prétention de la France. La dépêche, datée d'Ems, 13 juillet à 3 h. 40, faisait dire par le roi que le comte Benedetti l'avait *arrêté à la promenade*, ce qui était faux, car c'était le roi qui était allé lui-même à l'ambassadeur ; elle passe sous silence ce qu'il y avait toujours eu de bienveillant dans l'attitude du souverain, et elle fait supposer que le roi n'avait rien accordé des demandes de la France relatives au désistement, tandis qu'il n'avait refusé que la proposition des garanties pour l'avenir. Elle ajoutait de plus: « Sa Majesté s'en remet à Votre Excellence du soin de décider si la nouvelle prétention du comte Benedetti et le refus qui lui a été opposé doivent être communiqués à nos ministres à l'étranger, ainsi qu'à la presse. »

Cette autorisation de publicité, devons-nous dire avec M. Emile Ollivier, constitue un acte d'improbité diplomatique, car aussi longtemps que dure une négociation, le secret de ses péripéties doit être scrupuleusement gardé, et il était convenable d'attendre la réponse qui serait faite à ce refus. Mais elle remettait l'affaire entre les mains du chancelier, et c'est ce qu'il voulait.

Aussitôt cette dépêche reçue à Berlin, Bismarck consulte de Moltke et lui demande s'il est prêt à entrer en campagne. Le commandant en chef des armées se remet de sa torpeur et s'écrie : « ENFIN ! » Il n'avait ni bu ni mangé depuis la veille, réclame des litres de bière, se frotte les mains, chante victoire. « Eh bien ! crie à son tour Bismarck, ne perdons plus de temps, agissons ». Il se met à une petite table et rédige la dépêche suivante :

« Quand la nouvelle de la renonciation du prince héréditaire de Hohenzollern fut communiquée par le gouvernement espagnol au gouvernement français, l'ambassadeur français demanda à Sa Majesté le Roi, à Ems, de l'autoriser à télégraphier à Paris que Sa Majesté s'engagerait pour le temps à venir à ne jamais plus donner son consentement si les Hohenzollern revenaient à leur candidature. Là-dessus, Sa Majesté refusa de recevoir de nouveau l'ambassadeur français et envoya l'aide de camp lui dire que Sa Majesté n'avait rien de plus à lui communiquer ».

Ce laconisme supprimait toute trace des conversations du roi avec notre ambassadeur et proclamait un refus brutal sans transition et sans explication. Il ne disait pas que c'est après une série de pourparlers que le roi avait refusé de continuer une discussion devenue inutile puisque le principal avait été accordé, et au lieu d'être présenté comme la conséquence accessoire d'une dissertation épuisée, ce refus était mis en vedette comme étant l'essentiel. Cette falsification de la dépêche Abeken, déjà inexacte elle-même, résumait toutes ces conversations diplomatiques en ceci : « Le roi de Prusse a refusé de recevoir l'ambassadeur de France ».

Et Bismarck fait immédiatement envoyer cette note à toutes les ambassades. Il la fait imprimer spécialement et afficher sur les murs de Berlin. Le feu est aux poudres. Toute la population se lève et crie aux armes : A bas la France! La dépêche arrive presque en même temps à Paris et enflamme tous les cerveaux.

On pourrait peut-être s'étonner de l'audace de Bismarck si on ne connaissait pas l'homme, si l'on ne se souvenait pas de ses antécédents lors de la prise des provinces danoises et de sa guerre avec l'Autriche. Après l'affaire des duchés, notre ambassadeur, le marquis de Talleyrand, cherchait des détours pour manifester une désapprobation. « Ne vous gênez donc pas, répliqua le conquérant, il n'y a que mon roi qui croie que j'aie été honnête ».

Le ministère français ne se décidant pas encore à déclarer la guerre, les journaux l'appellent « le ministère de la honte ». Il avait reçu la dépêche de Benedetti exposant que le roi approuvait le désistement du prince au trône d'Espagne mais refusait de s'engager pour l'avenir. Le ministère pensait encore que l'on pouvait se contenter de cette solution, et avait résolu de présenter cette déclaration le 14 au Corps législatif, lorsque, devant l'exaspération de Paris, en émeute populaire, devant les protestations de la Chambre, devant les déclarations du parti de la guerre, devant le fait de la communication du gouvernement prussien aux cabinets étrangers, tous les membres du Conseil furent d'avis qu'il n'y avait plus moyen de faire la sourde oreille et de reculer. La discussion dura six heures. Le 15 juillet, la déclaration de guerre fut lue par le chef du Cabinet, Emile Ollivier. La Chambre et le Sénat, montés au niveau de la surexcitation générale, applaudirent avec un enthousiasme inénarrable. Quelques sages seulement, notamment Thiers, protestèrent encore contre cette maladresse.

Un mot malheureux échappa à Emile Ollivier. Après avoir exposé sa douleur d'en être arrivé à une aussi lourde obligation, il ajouta qu'il acceptait cette responsabilité d'un « cœur léger », voulant dire qu'il n'était pas réellement responsable lui-même de cette déception. On ne lui a jamais pardonné ce mot, malgré les explications qu'il en a données ; on aurait pu être indulgent et penser qu'après huit jours et huit nuits de lutte perpétuelle, une expression impropre peut bien s'échapper des lèvres d'un orateur.

Cette déclaration de guerre était ce que Bismarck avait voulu ; ses précautions avaient été prises avec les puissances : il fallait qu'elle parût venir de notre côté et que tous les torts fussent à Paris, afin d'empêcher toute alliance avec nous. Le malin diplomate avait entièrement réussi.

Paris était littéralement exaspéré. Celui qui n'a pas vu la tumultueuse capitale pendant les journées des 13, 14, 15, 16 juillet 1870 n'a rien vu. On ne peut se faire aucune idée de cette effervescence. La *Marseillaise*, le *Chant du Départ*, les *Girondins* étaient chantés dans toutes les rues par des bandes de patriotes exaltés, et l'on pouvait à peine avancer d'un point à un autre, tant les foules étaient compactes. Personne n'était resté chez soi, tout le monde était dehors. J'avais suivi avec attention les discussions politiques depuis quinze jours, et lorsque j'avais vu le désistement du prince, j'avais respiré, car il semblait que la cause du conflit disparaissant, l'effet devait disparaître aussi. Lorsque les journaux annoncèrent que l'empereur demandait au roi de Prusse de s'engager pour l'avenir, cet acte d'aberration me stupéfia ; c'était, évidemment, faire là le jeu de Bismarck, aveuglement inexplicable de la part d'un souverain qui, malgré le ministère constitutionnel du 2 janvier, s'était réservé le droit de déclarer la guerre. Mais Napoléon III oscillait constamment entre des influences diverses, et il subit l'influence de Cassagnac, de Jérôme David, de l'impératrice, du maréchal Le Bœuf, de tous les ardents et aveugles partisans de la guerre. Il n'aurait pu, d'ailleurs, remonter le courant de la fureur populaire excitée par les agissements de Bismarck. Paris était un brasier. Il fallut absolument, l'après-midi du 15 juillet, que l'empereur se montrât au balcon des Tuileries qui donne sur la rue de Rivoli, et reçût les acclamations multipliées et féroces de *Vive l'Empereur!* qui s'élevaient jusqu'aux nues. J'habitais, comme je l'ai dit, dans le voisinage, rue des Moineaux. Etant sorti avec un ami, H. Barnout, vers neuf heures du soir, pour le reconduire jusque chez lui, place Saint-Georges, nous fûmes arrêtés, au bout de la rue de Grammont, en arrivant au boulevard des Italiens, par l'impossibilité absolue de le traverser. Un véritable mur vivant le barrait, avec des chants et des cris formidables; Les sons que l'on percevait le mieux étaient : *A Berlin! A Berlin! A Berlin!* ou encore : *A bas Thiers! A bas Thiers! A bas Thiers!* Je ne pus m'empêcher de dire, assez haut, à mon voisin : Ils sont tous fous! Quelqu'un qui m'avait entendu s'écria : « Il y a des Prussiens ici ». Nous ne demandâmes pas notre reste, et, perdus dans la foule, nous tournâmes les talons. Oui, nous avions sous les yeux le spectacle d'une immense et lamentable folie, inconsciente comme toutes les folies. Le peuple est un troupeau aveugle et irresponsable.

On connaît la suite. L'armée prussienne était préparée à la guerre; la nôtre ne l'était pas, et ne pouvait pas l'être, puisque nous avions été surpris. Le plan était fait depuis longtemps par l'état-major prussien, les cartes étaient entre les mains des chefs, et ils n'avaient qu'à aller de l'avant. Nous étions pris à l'improviste, nos officiers n'avaient pas de cartes et plusieurs auxquels on en remit ne savaient pas les lire et prenaient les hauteurs pour des fonds. A Frœschwiller, entre autres, mon futur beau-frère, le capitaine Pétiaux, qui y fut blessé presque mortellement, fut stupéfait de recevoir l'ordre de descendre du coteau pour se livrer à la mitraille de l'ennemi qui vint immédiatement occuper la hauteur abandonnée. L'empereur avait tenu à diriger lui-même les opérations, mais il ne le pouvait, terrassé par la cruelle maladie de la pierre, incapable de se tenir à cheval, espérant une alliance de l'Autriche et de l'Italie et l'attendant en vain depuis le 15 juillet jusqu'au 2 août, date extrême où les premières escarmouches étaient forcées d'éclater à la frontière de Sarrebrück, ne se décidant pas à envahir l'Allemagne devant laquelle l'armée stationnait (*), disséminée sur une étendue de 265 kilomètres, de Thionville à Belfort, et laissant aux Allemands le temps de se concentrer, n'ayant rien des qualités indispensables à un général en chef : la santé, la force morale, la décision. On connaît ses discussions avec Mac-Mahon, qui n'avait aucune confiance en ses calculs stratégiques, et les rivalités de nos généraux entre eux. Défaites après

(*) Elle ne pouvait que s'organiser lentement, avec inespérance. Mon ami Emmanuel Vauchez s'engage avec passion : on l'incorpore dans les zouaves et on l'envoie à Alger pour s'y faire habiller !

défaites, on fut acculé vers une véritable souricière, vers Sedan, où il était impossible de ne pas succomber. La guerre de 1870 a été dirigée par l'état major français avec des principes diamétralement contraires à ceux de Napoléon, sans aucun plan stratégique, sans unité de commandement.

Le comte de Bismarck, devenu prince par cette guerre, est un « grand homme », et ses statues de bronze emplissent l'Allemagne, comme celles de son roi Guillaume, proclamé, grâce à lui, empereur à Versailles, dans les salons de Louis XIV. La France a perdu deux provinces, cinq milliards de rançon payés en or (*), une même somme de dépenses causées par la guerre, et, depuis quarante ans, un demi-milliard par an pour l'entretien de ses forces militaires. Il est difficile au penseur de ne pas réfléchir quelquefois sur l'état mental de l'humanité terrestre. Éviter de tomber dans le piège bismarckien eût paru une lâcheté, au lieu de paraître une manœuvre intelligente. J'ai écrit, immédiatement après la guerre, un livre intitulé *Histoire d'une planète extravagante gravitant entre Mars et Vénus*, mais ne l'ai jamais publié, parce qu'il est antipatriotique. Sur ce monde bizarre, le coup de poing est l'argument essentiel, et « la Force prime le Droit », comme l'a répété le brutal chancelier de fer au naïf et honnête Jules

(*) L'or vaut 3 francs le gramme (3 fr. 2258); le kilogramme d'or vaut 3.225 fr. 8. Dix francs pèsent 3 gr. 2258; vingt francs. 6 gr. 4514; cent francs, 32 gr. 258; mille francs, 322 gr. 58; un million, 322 kilogr. 580; un milliard, 322.580 kilogrammes, et cinq milliards, 1.612.900 kilogrammes, c'est-à-dire *plus de un million et demi de kilos d'or* que nos fourgons ont dû transporter à Berlin en 1873. Nous en payons chaque année les intérêts au budget.

Favre qui versait des larmes sur la perte de Strasbourg et de Metz, ces deux filles chéries de la France.

En s'imaginant s'attacher l'Alsace et la Lorraine par le droit du plus fort, le gouvernement prussien a commis une formidable erreur diplomatique, exprimée d'avance par le caricaturiste Cham. C'est, en effet, un véritable boulet qu'elle s'est mise au pied.

La Prusse s'attache l'Alsace.

Mais nos défaites se succédèrent sans répit : Wœrth-Reischoffen (6 août), qui fit des deux parts 10.000 morts et laissa aux Prussiens 6.000 prisonniers, 6 mitrailleuses, 35 bouches à feu et les bagages du commandant en chef (Mac-Mahon); Sedan (1er septembre) avec toute l'armée de l'Est, l'empereur et 80.000 hommes prisonniers, 25.000 tués ou blessés de notre côté, autant d'Allemands, 184 pièces de place, 350 pièces de campagne, 70 mitrailleuses, 12.000 chevaux et un immense matériel de guerre ; reddition de Strasbourg, après une héroïque résistance, à un sauvage bombardement (28 septembre), capitulation de Metz (28 octobre), dans laquelle le maréchal Bazaine livrait à l'ennemi 1.665 bouches à feu, 8.922 affûts, 3.230.225 projectiles, 419.285 kilos de poudre, 278.339 fusils, 22.984.859 cartouches, le tout avec la belle cité et ses forts, et ce qui restait de l'armée, dont 30.000 hommes avaient été anéantis aux batailles de Gravelotte et de Saint-Privat.

La guerre de 1870 a été l'une des plus barbares et des plus sauvages qui aient existé. Les habitants ne pouvaient même pas se défendre chez eux. Non loin de Chaumont, un groupe de francs-tireurs fut pris et fusillé sans aucune forme de procès; un autre qui, poursuivi, s'était réfugié sur les arbres d'un petit bois, en fut descendu comme des écureuils, à coups de fusil, et massacré. Qui peut avoir oublié l'épisode de Bazeilles, pris par les Bavarois après une résistance acharnée? Ces Allemands tuèrent sans pitié tout ce qui s'offrit à leurs coups: femmes, enfants, vieillards, personne ne fut épargné. Des enfants en bas âge eurent la tête broyée contre des murs; le village fut incendié, de malheureuses femmes fuyant le feu étaient repoussées à coups de crosse au milieu des flammes. Après cette épouvantable hécatombe, les Bavarois trouvèrent encore des habitants qui avaient survécu au massacre, ils les emmenèrent derrière le village, sans distinction d'âge et de sexe, et les fusillèrent impitoyablement, malgré leurs larmes et leurs supplications.

Ces faits ont été démentis par le commandant en chef, le général Von der Tann, aussi imposteur que ses maitres; mais la vérité a été rétablie par l'aumônier du 17e corps, l'abbé Domenech. Des officiers allemands, plus soucieux de la vérité, les reconnurent, en déclarant qu'ils ont été exécutés « en vertu des droits de la Guerre. »

Les vainqueurs frappaient désormais le sol de la France de leurs rudes talons.

Par étapes successives et peu entravées, les Allemands arrivèrent à bloquer Paris. Tous les habitants de la grande cité, qui étaient gardes nationaux, furent chargés de la défense et associés aux soldats. Chacun s'ingénia de son mieux à se rendre utile. On sait que les essais de résistance faits autour des fortifications, jusqu'aux positions allemandes, furent aussi stériles que les batailles antérieures.

Pour moi, je me trouvai assimilé au Génie.

Mon savant ami le colonel Laussedat, qui fut depuis directeur du Conservatoire des Arts-et-Métiers et membre de l'Institut, avait organisé un service d'observations de l'investissement prussien. Un poste installé au secteur de Passy, au château de la Muette, devait surveiller l'ouest de Paris, notamment les hauteurs de Saint-Cloud, de Sèvres et de Meudon. Nous étions là cinq observateurs, transformés en officiers du génie; j'étais capitaine, Paul Henry lieutenant, et Prosper Henry sous-lieutenant. Paul et Prosper Henry, astronomes de l'Observatoire de Paris, avaient vu leurs services naturellement interrompus : la terre primait le ciel. Deux autres compagnons appartenaient, l'un au service des phares, l'autre à celui des eaux. Les événements s'enchaînent. Lorsque seize ans plus tard, en janvier 1887, je fondai la Société astronomique de France, Paul et Prosper Henry furent mes vice-présidents, et Laussedat membre du conseil, puis vice-président.

Au château de la Muette, on avait installé de bonnes lunettes et l'on pouvait observer tous les travaux de l'ennemi préparant d'énormes pièces d'artillerie destinées à bombarder Paris.

On les laissait faire leurs travaux et on attendait le premier coup de canon. Ayant constaté exactement le point d'où il était parti, on relevait ce point sur la carte de l'état-major, et on le signalait aux trois forts d'Issy, Vanves et Montrouge, en communication télégraphique avec la Muette. Chacun d'eux, à cinq minutes d'intervalle, lance un obus sur ce point. Grand étonnement des Prussiens, qui ne continuent pas leur feu. On examine le résultat, très satisfaisant; on rectifie le tir, et l'on fait envoyer une seconde bordée de trois coups plus précise que la première et arrivant juste sur les pièces allemandes. Et l'on continue pendant une heure. Se voyant ainsi surprise, l'artillerie de Krupp changea ses batteries et disparut.

Quelques jours après, par échange du même procédé international, nous reçumes nous-mêmes des obus; l'un mit le feu aux combles du château de la Muette où nous agissions, et nous n'eûmes qu'à déguerpir. Etant ainsi découverts à notre tour, nous dûmes quitter la place.

Nous nous installâmes non loin de là, au cinquième étage d'une maison en construction de la rue Mozart, d'où la vue s'étendait également librement sur les coteaux de Meudon, de Sèvres et de Saint-Cloud, et nous mîmes de nouveau en observation. Les bombardeurs de Paris avaient changé leur tactique. Au lieu d'installer leur artillerie à la surface du sol, ils l'enterraient sur la pente du coteau, respectant les broussailles et préparant des ouvertures. On ne les apercevait que difficilement; mais il était évident qu'ils arrangeaient leurs pièces dans des tranchées

L'AUTEUR PENDANT LE SIÈGE DE PARIS
(octobre 1870 — mars 1871)

faisant face à Paris, dans le but de lancer leurs obus lorsque cet arrangement serait terminé. Nous les laissâmes faire et perdre du temps, et lorsque leur premier obus fut craché de ces tranchées, nous renouvelâmes le même manège avec les forts d'Issy, Vanves et Montrouge, et nous eûmes le plaisir de démolir ces tranchées.

En fait, par notre installation optique, nous empêchâmes les Prussiens d'agir en ce point comme ils le voulaient. Mais ils pouvaient tirer sur la grande cité de bien d'autres endroits, notamment du plateau de Chatillon, et des obus de 75 kilos étaient lancés jusqu'au centre de Paris, jusqu'à l'Observatoire, jusqu'au Panthéon, jusqu'au Jardin des Plantes où il en éclata 87, qui firent des dégâts sauvages, détruisant les serres et les collections (les animaux avaient été mangés). Ils pleuvaient un peu partout. Rue de l'Odéon, n°4 , il y avait deux fort beaux arbres dans une petite cour : je vis l'un d'eux coupé net par un obus. A l'imprimerie du *Magasin pittoresque*, rue de l'Abbé-Grégoire, M. Best, comme on l'a vu plus haut, en reçut plusieurs dans sa maison. A Vaugirard, la chute était copieuse, et parmi les pauvres gens qui faisaient la queue pour recevoir une faible ration de mauvais pain et de viande de cheval, beaucoup furent tués par les éclats de ces projectiles. On s'accoutumait à ce tapage infernal et à ce danger perpétuel. Le 15 janvier 1871, un mien cousin, l'instituteur Flammarion, de Vaugirard, qui venait de mourir après une longue carrière noblement consacrée à l'éducation et à l'instruction des enfants du peuple, était enterré au cimetière de Vaugirard, non loin des fortifications, et l'on m'avait prié de prononcer un discours sur sa tombe. Nous étions là une centaine. Les obus pleuvaient autour de nous. Ce qui m'étonne le plus aujourd'hui, c'est d'avoir fait tranquillement nos adieux à cet homme de bien, d'avoir été écouté pieusement par toute l'assistance, sans que nul de nous n'ait songé que l'explosion de l'un de ces obus monstrueux au milieu de notre groupe pouvait instantanément nous envoyer rejoindre le mort que nous pleurions. Le même jour, l'un de ces engins éclata non loin de moi, et j'allai en ramasser un lourd morceau qui me sert encore actuellement de presse-papier.

Oui, on s'habitue vite à tout. Lorsqu'on entendait le coup de canon lançant un obus, on avait le temps de se baisser contre le sol afin d'offrir moins de prise au passage du projectile. Le son va moins vite que le projectile à la sortie de la bouche à feu, car sa vitesse est de 335 mètres par seconde, tandis que celle de l'obus est de 600. Mais la vitesse du son est constante, tandis que celle du boulet va en se ralentissant, et lorsqu'on se trouve à plusieurs kilomètres de distance, la première a dépassé la seconde et frappe nos oreilles avant l'arrivée de l'envoyé Kruppiste. On a le temps de se baisser et de le laisser passer. Il passe avec le bruit strident d'un fer rouge plongé dans l'eau, puis fait explosion avec un éclat de tonnerre, semant la mort autour de lui ou détruisant les chefs-d'œuvre séculaires de la prétendue civilisation.

Au milieu de janvier, on y était habitué, et l'on ne songeait même plus à s'en garer.

Ce ne sont pas les obus prussiens qui tuèrent le plus de monde à Paris : ce sont les privations, c'est l'absence d'alimentation saine et suffisante, en cet hiver particulièrement froid. On y est mort de faim. Il suffit, pour s'en rendre compte, de comparer la mortalité de ces cinq mois avec celle de l'année précédente. Du 18 septembre 1870, commencement de l'investissement de la grande cité, jusqu'au 24 février, fin de cet investissement, la mortalité de Paris s'est élevée à 64.154, tandis que l'année précédente, pendant la même période, elle avait été de 21.979. Les constitutions faibles ne pouvaient que succomber à ces privations. Le pain noir du siège contenait de tout, excepté de la farine de blé; les viandes alimentaires avaient disparu; une dinde se vendait 125 francs, lorsqu'on pouvait en trouver; une oie, 85 francs; un lapin, 45 francs; un œuf de poule, 5 francs. On mangeait, et encore avec une parcimonie mesurée, du cheval, du chien, du chat, des rats. La nuit de Noël 1870, des amis nous ayant invités, mon frère et moi, à faire le réveillon et à célébrer par un succulent repas cette fête antique et solennelle, nous vîmes servir au rôti un beau chat, encadré de six rats et six souris. Il y avait un assaisonnement au vin blanc, et ma foi, pour des affamés, ce n'était pas trop mauvais.

Ce fut là une période bizarre dans notre existence; on était tellement accoutumé au grondement du canon, que lorsque cette voix sauvage cessa de se faire entendre, à l'armistice, nous en fûmes tous étonnés : il nous manquait quelque chose!

Paris ne pouvait que succomber. C'était clair comme le jour. J'ai entendu le général Trochu, gouverneur de Paris, dire à son entourage que la grande cité ne pouvait opposer au vainqueur qu'une « résistance galante », sûre qu'elle était d'être obligée de se rendre.

Le colonel Laussedat avait également organisé le service des ballons du siège, avec mes pilotes aériens, Eugène et Jules Godard, et m'avait invité à partir pour la province, si je la préférais au séjour de Paris. Je n'acceptai pas, pour plusieurs raisons, dont l'une (qui n'est pas la principale) est que les départs devaient avoir lieu à onze heures du soir, afin d'éviter d'être vus par les Prussiens, et que cette heure était mal combinée pour la vitesse du vent, qui pouvait fort bien porter les aérostats sur la mer avant l'arrivée du jour et les y perdre. Ce qui est arrivé pour deux aéronautes, Prince, parti le 30 novembre, et Lacaze, parti le 17 janvier. Sur les soixante-quatre ballons lancés pendant le siège, deux se perdirent en mer et quatre ne durent leur salut qu'à un heureux hasard.

Le 22 décembre 1870, il y eut une éclipse de soleil, totale en Algérie, assez grande pour Paris (83 centimètres); je l'observai sur le talus des fortifications et mesurai la variation de la lumière à l'aide du photomètre que j'avais inventé (v. p. 380); le canon n'arrêtait pas de tonner; mais le soleil trônait dans un ciel pur; quelques moineaux que l'on n'avait pas encore mangés sautaient autour de moi. La nature était calme, tandis que l'humanité était folle.

M. Janssen était parti en ballon pour aller observer cette éclipse en Algérie.

Un autre phénomène céleste, une magnifique aurore boréale, apporta une diversion aux horreurs du siège. Le 24 octobre, à sept heures et demie du soir, le ciel s'enflamma au couchant d'une lueur étrange et fantastique, qui bientôt se développa, vaste draperie flottante de moire rouge lumineuse. Tout Paris pensa que c'était un incendie au Mont Valérien ; mais certains esprits superstitieux y voyaient (et y voient encore) une manifestation divine. Comme je traversais la place du Trocadéro et que des milliers de spectateurs contemplaient ce rare spectacle, force me fut de donner là, en plein air, une petite conférence scientifique. Une heure après, arrivant chez M. Henri Martin pour y dîner, je trouvai toute la famille au jardin, admirant le phénomène et le commentant.

A propos de ces ballons du siège, Eugène Godard, qui avait la mission de leur donner des noms, ne crut devoir mieux faire que d'imposer militairement au dernier envoi vers les Prussiens investissant encore Paris, la veille de l'armistice, le nom de *Cambronne.*

Quand on pense que ce siège de Paris, comme tous les désastres de cette guerre bismarckienne, aurait pu être évité par un peu d'esprit, on se demande si les événements humains ne sont pas les chaînons d'une inéluctable fatalité. La responsabilité doit être tout entière rejetée sur l'imposteur Bismarck; il eût fallu flairer le piège et ne pas s'y laisser prendre. La renonciation du prince de Hohenzollern à la couronne d'Espagne satisfaisait notre amour-propre national et les usages diplomatiques. Nous aurions dû nous arrêter là dans nos réclamations et ne pas exciter la fibre patriotique du peuple, à la fois ignorant et victime. Mais la raison est encore loin de diriger les œuvres humaines. Quoique Bismarck soit le grand coupable, il faut avouer que nous avons été franchement imbéciles, et que les journalistes tels que Cassagnac, Émile de Girardin et tous ceux qui excitèrent le chauvinisme français ont une part de sottise à partager. Hélas! Il y a encore actuellement plus d'un journal aussi dangereux pour la patrie. Les journaux sont un peu responsables de l'état d'esprit de leurs lecteurs (*).

L'humanité terrestre est vraiment une singulière espèce. Un malheureux ouvrier vient d'être enseveli dans un éboulement : on se met en quatre pour le dégager, on creuse une galerie; après plusieurs journées de laborieux efforts on arrive à retirer un corps plus ou moins mutilé, mais encore vivant. Et quels soins incessants ensuite!... Voilà une personne malade, on court chercher le médecin, on applique les produits du pharmacien, on entoure le malade pendant des jours, des semaines, des mois, pour le disputer à la mort... Voilà un vieillard qui approche de la centaine, qui a longuement vécu : attention! qu'il ne mange pas trop! qu'il ne boive pas! qu'il dorme bien! qu'il n'ait pas froid! etc., etc... Voici un misérable tuberculeux qui se traîne à peine, soutenons-le par tous les moyens pour prolonger sa triste existence, et celle de cet infirme, de cet aveugle, de ce sourd, de cet impotent, de cet estropié, de ce cul-de-jatte. La vie est le premier des biens, proclame cette espèce humaine. Et, à côté de cela, un Bismarck excite deux peuples l'un contre l'autre, trente-six ou quarante millions d'hommes de chaque côté, arrive à les lancer comme des chiens enragés ou des tigres furieux pour s'entre-dévorer, et jette sur les champs de bataille dix, vingt, trente, quarante, cinquante mille cadavres et davantage, sans compter les blessés, et cette race prétendue intelligente trouve cela tout

(*) Les journaux agissent considérablement sur la mentalité. On me demande parfois quels sont les meilleurs et les plus mauvais. Je crois pouvoir répondre que, dans ma pensée, le mieux rédigé pour éclairer l'opinion générale est *Le Temps*, et que le plus mauvais et le plus dangereux est *La Croix*, adversaire perpétuel de l'affranchissement de la conscience humaine.

naturel, l'accepte tranquillement, se prépare constamment à ces holocaustes, les subit comme une nécessité qui ne dépend pourtant que de sa propre volonté, et élève des monuments aux vainqueurs et aux vaincus. Serait-il possible d'être plus inconséquent ? Et tout cela, souvent, pour les vautours de la Finance !

Quel contraste entre cette sottise et les œuvres glorieuses du génie humain qui nous transporte dans les sublimes hauteurs de l'idéal, qui a inventé le télescope, le microscope, la locomotive, le télégraphe, le téléphone, l'aéroplane, et tant d'autres merveilles ! On ne croirait pas qu'il s'agisse de la même race.

Depuis la guerre de 1870, l'Europe a établi, comme sécurité, le régime de ce qu'elle appelle : « la Paix armée » ; dès le lendemain de nos désastres, le service militaire obligatoire a été ordonné en France pour tous les citoyens ; l'Angleterre le subit à son tour ; toute l'Europe est militarisée à l'image de l'Allemagne ; jusqu'en Extrême-Orient l'épidémie s'est étendue, et le Japon, puis la Chine, se sont armés à l'imitation de l'Europe. Le nombre des hommes appelés aux stériles occupations militaires est de 580.000 en France, de 610.000 en Allemagne, de 1.380.000 en Russie, etc., au total, de 4.938.000 pour l'ensemble du globe, armées de terre et de mer, et les dépenses s'élèvent *annuellement*, pour la France, à 780 millions pour les armées de terre et à 312 millions pour la marine de guerre ; à 850 et 290 millions pour l'Allemagne, à 960 et 200 millions pour la Russie, à 600 et 555 millions pour les États-Unis (*), à 275 et 208 mil-

(*) Le président Edmund James, de l'Université de l'Illinois, a montré que depuis leur constitution, en 1789, les Etats-Unis

lions pour le Japon, etc., au total à 5 milliards 616 millions pour les armées de terre de toutes les nations et à 2 milliards 787 millions pour leurs marines de guerre, c'est-à-dire à 8 milliards 404 millions par an, soit 23 millions par jour! Pour la France seule, les soldats coûtent 3 millions par jour, plus le travail productif qu'ils pourraient faire s'ils étaient laissés chacun à son métier. C'est la ruine froidement organisée. Malgré les impôts toujours croissants, on ne peut réaliser ces fantastiques dépenses que par des emprunts perpétuels. La France est actuellement endettée de 30 milliards, l'Allemagne de 20, la Russie de 22, l'Angleterre de 19, etc., toutes les nations ensemble de 165 milliards! En résumé, comme l'écrivait récemment un apôtre de la Paix, Jean d'Ornac, la défense internationale coûte, par an, 8 milliards et demi ; cinq millions d'hommes vivent le fusil sur l'épaule, à monter la garde des frontières, et près de trois cents navires de premier rang attendent l'occasion de se canonner et de s'engloutir.

Je le demande à tout lecteur raisonnable, devons-nous qualifier la politique des nations autrement que par le titre d'idiote, d'infâme, de barbare, et de la dernière stupidité?

Mais ne restons pas sur ces tristes impressions. Songeons que l'humanité terrestre a plusieurs mil-

ont dépensé pour les guerres, leur préparation, les pensions, l'intérêt de la dette publique, la somme de 17 milliards et demi de dollars : 85 milliards de francs.

lions d'années d'existence devant elle, comme durée normale de sa vie; qu'elle a à peine trois à quatre cent mille ans d'âge, que comparativement à la vie humaine complète, estimée à un siècle, elle n'a pas plus de trois ou quatre ans; que cet enfant, encore irresponsable, grandira; qu'il paraît arriver actuellement aux premières lueurs de l'âge de raison; et considérons les rapides conquêtes de la science, si fécondes déjà depuis un siècle ou deux qu'elles sont vraiment commencées. Le Progrès est la loi suprême. Le principe de l'arbitrage tend de plus en plus à s'établir entre les peuples. Ayons confiance en l'avenir. La culture scientifique agrandira les esprits, éclairera les consciences, abolira l'esclavage politique. Les chaînes de la matière et de l'animalité héréditaire tomberont peu à peu, et l'affranchissement de la pensée humaine s'élèvera graduellement dans la lumière et dans la liberté.

BIBLIOTHÈQUE NATIONALE R.F. IMPRIMÉS

TABLE DES MATIÈRES

BIBLIOTHÈQUE NATIONALE R.F. IMPRIMÉS

R.F.

E. GREVIN — IMPRIMERIE DE LAGNY

www.ingramcontent.com/pod-product-compliance
Ingram Content Group UK Ltd.
Pitfield, Milton Keynes, MK11 3LW, UK
UKHW020255230726
13925UKWH00001B/57

9 782013 549028